큐브 개념 동영상 강의

학습 효과를 높이는 개념 설명 강의

1초 만에 바로 강의 시청

QR코드를 스캔하여 개념 이해 강의를 바로 볼 수 있습니다. 개념별로 제공되는 강의를 보면 빈틈없는 개념을 완성할 수 있습니다.

친절한 개념 동영상 강의

수학 전문 선생님의 친절한 개념 강의를 보면서 교과서 개념을 쉽고 빠르게 이해할 수 있습니다.

2주

2단원

	1회차	2회차	3회차	4회차	5회차	이번 주 스스로 평가
2주	개념책 028~031쪽	개념책 032~036쪽	개념책 040~043쪽	개념책 044~045쪽	개념책 046~049쪽	매우 잘함 / 보통 / 노력 요함
	월 일	월 일	월 일	월 일	월 일	

3주

3단원

이번 주 스스로 평가	5회차	4회차	3회차	2회차	1회차	
매우 잘함 / 보통 / 노력 요함	개념책 074~077쪽	개념책 068~073쪽	개념책 060~064쪽	개념책 054~059쪽	개념책 050~053쪽	**3주**
	월 일	월 일	월 일	월 일	월 일	

6주

6단원 / **총정리**

	1회차	2회차	3회차	4회차	5회차	이번 주 스스로 평가
6주	개념책 138~141쪽	개념책 142~145쪽	개념책 146~149쪽	개념책 150~154쪽	개념책 156~159쪽	매우 잘함 / 보통 / 노력 요함
	월 일	월 일	월 일	월 일	월 일	

학습 진도표

1 공부할 날짜를 빈칸에 적습니다.
2 한 주가 끝나면 스스로 평가합니다.

1주

1단원

1회차	2회차	3회차	4회차	5회차	이번 주 스스로 평가
개념책 008~011쪽	개념책 012~015쪽	개념책 016~019쪽	개념책 020~023쪽	개념책 024~027쪽	매우 잘함 / 보통 / 노력 요함
월 일	월 일	월 일	월 일	월 일	☐ ☐ ☐

4주

4단원

이번 주 스스로 평가	5회차	4회차	3회차	2회차	1회차
매우 잘함 / 보통 / 노력 요함	개념책 102~106쪽	개념책 098~101쪽	개념책 092~097쪽	개념책 086~091쪽	개념책 078~082쪽
☐ ☐ ☐	월 일	월 일	월 일	월 일	월 일

5주

5단원

1회차	2회차	3회차	4회차	5회차	이번 주 스스로 평가
개념책 110~115쪽	개념책 116~119쪽	개념책 120~125쪽	개념책 126~129쪽	개념책 130~134쪽	매우 잘함 / 보통 / 노력 요함
월 일	월 일	월 일	월 일	월 일	☐ ☐ ☐

큐브 개념

개념책

초등 수학

3·2

큐브 개념
구성과 특징

큐브 개념은 교과서 개념과 수학익힘 문제를
한 권에 담은 기본 개념서입니다.

개념책

1STEP **교과서 개념 잡기**

꼭 알아야 할 교과서 개념을 시각화하여 쉽게 이해

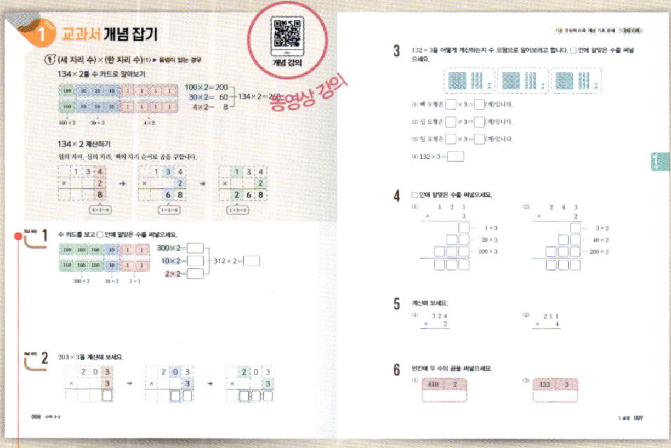

• **개념 확인 문제**
배운 개념의 내용을 같은 형태의 문제로 한 번 더 확인

2STEP **수학익힘 문제 잡기**

수학익힘의 교과서 문제 유형 제공

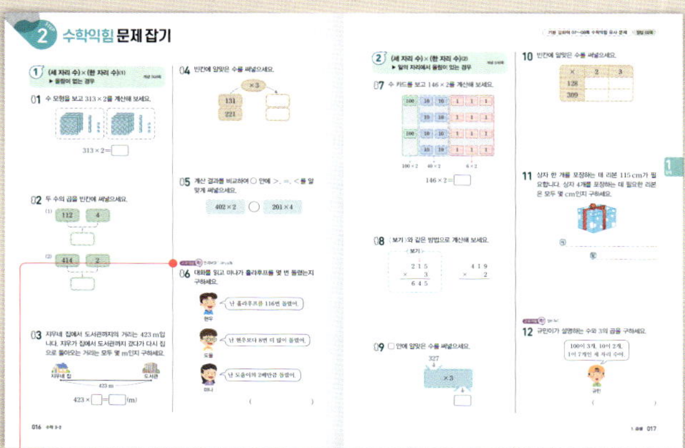

• **교과 역량 문제**
생각하는 힘을 키우는 문제로 5가지 수학 교과 역량이
반영된 문제

개념 기초 문제를
한 번 더!

수학익힘 유사 문제를
한 번 더!

기본 강화책

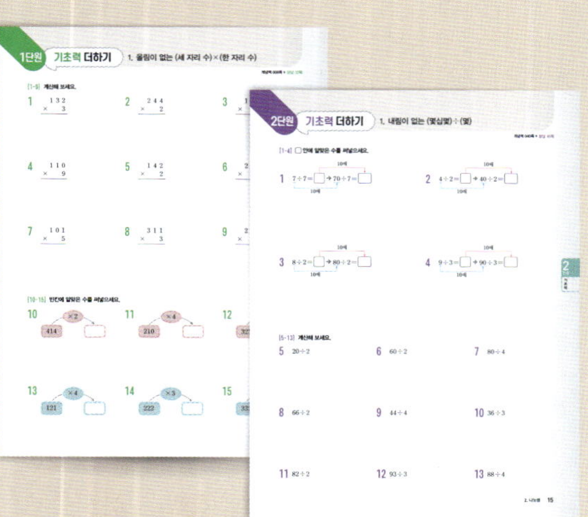

기초력 더하기
개념책의 〈교과서 개념 잡기〉 학습 후
개념별 기초 문제로 기본기 완성

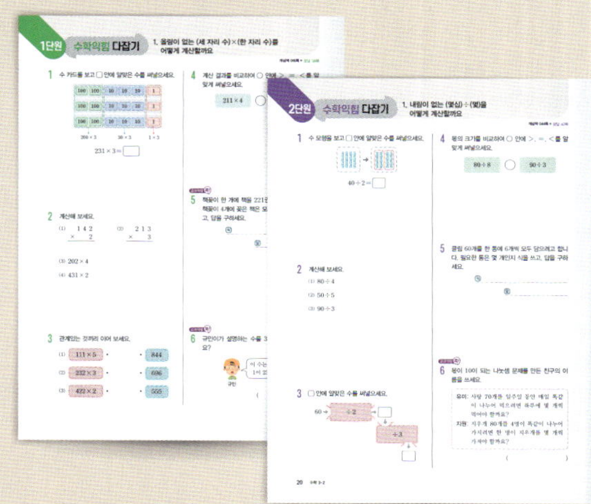

수학익힘 다잡기
개념책의 〈수학익힘 문제 잡기〉 학습 후
수학익힘 유사 문제를 반복 학습하여 수학 실력 완성

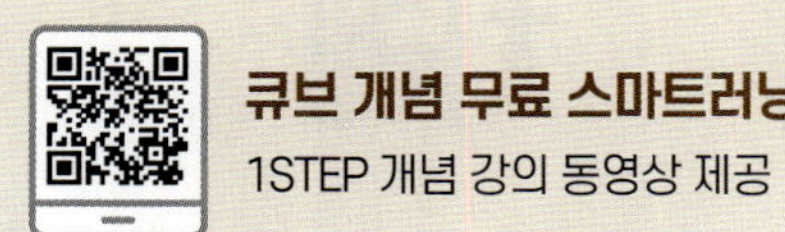

3STEP 서술형 문제 잡기

풀이 과정을 따라 쓰며 익히는 연습 문제와 유사 문제로 구성

평가 단원 마무리 + 1~6단원 총정리

마무리 문제로 단원별 실력 확인

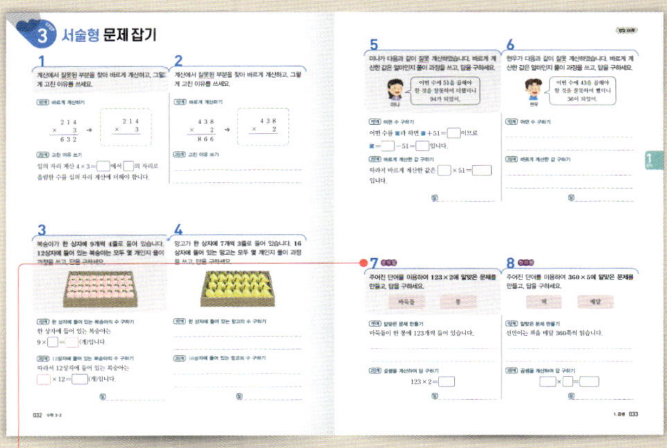

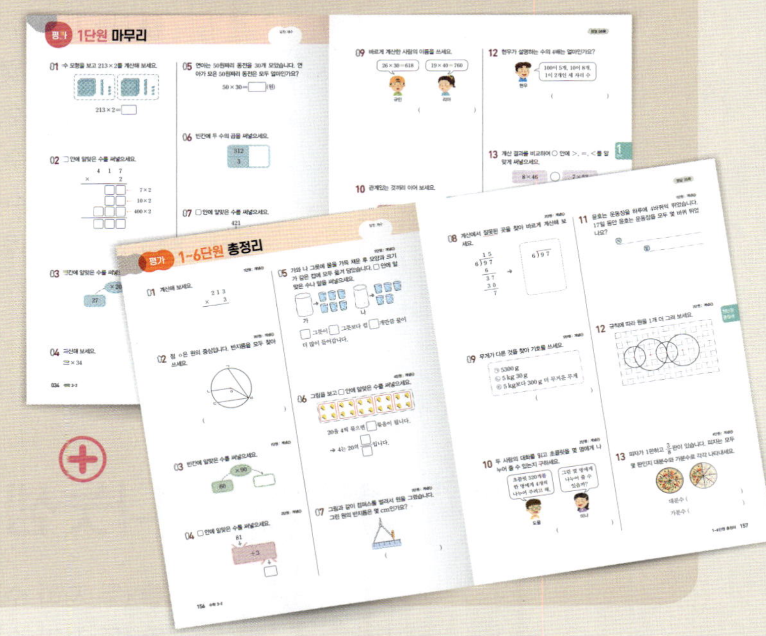

창의형 문제
다양한 형태의 답으로 창의력을 키울 수 있는 문제

✅ 큐브 개념은 이렇게 활용하세요.

❶ 코너별 반복 학습으로 기본을 다지는 방법

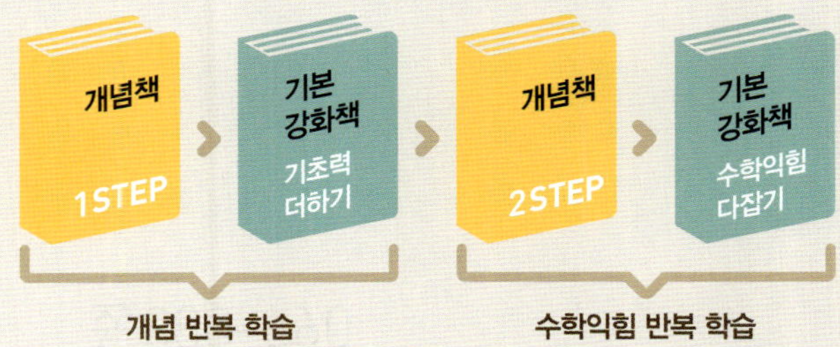

❷ 예습과 복습으로 개념을 쉽고 빠르게 이해하는 방법

큐브 개념 **차례**

1 곱셈   006~037쪽

❶ (세 자리 수)×(한 자리 수) (1)
❷ (세 자리 수)×(한 자리 수) (2)
❸ (세 자리 수)×(한 자리 수) (3)
❹ (몇십)×(몇십), (몇십몇)×(몇십)
❺ (한 자리 수)×(두 자리 수)
❻ (두 자리 수)×(두 자리 수) (1)
❼ (두 자리 수)×(두 자리 수) (2)
❽ 곱셈의 어림셈

2 나눗셈   038~065쪽

❶ (두 자리 수)÷(한 자리 수) (1)
❷ (두 자리 수)÷(한 자리 수) (2)
❸ (두 자리 수)÷(한 자리 수) (3)
❹ 나눗셈의 계산 확인
❺ (세 자리 수)÷(한 자리 수)
❻ 나눗셈의 어림셈

3 원   066~083쪽

❶ 원의 중심, 반지름, 지름
❷ 원의 성질
❸ 컴퍼스를 이용하여 원 그리기

4 분수　　084~107쪽

❶ 분수로 나타내기
❷ 분수만큼은 얼마인지 알아보기
❸ 진분수, 가분수, 자연수
❹ 대분수
❺ 분모가 같은 분수의 크기 비교

5 들이와 무게　　108~135쪽

❶ 들이 비교하기
❷ 들이의 단위 / 들이 어림하고 재기
❸ 들이의 덧셈과 뺄셈
❹ 무게 비교하기
❺ 무게의 단위 / 무게 어림하고 재기
❻ 무게의 덧셈과 뺄셈

6 그림그래프　　136~155쪽

❶ 그림그래프 알아보기
❷ 그림그래프로 나타내기
❸ 그림그래프 해석하기
❹ 자료를 수집하여 그림그래프로 나타내기

  평가 **1~6단원 총정리** >> 156~159쪽

1 곱셈

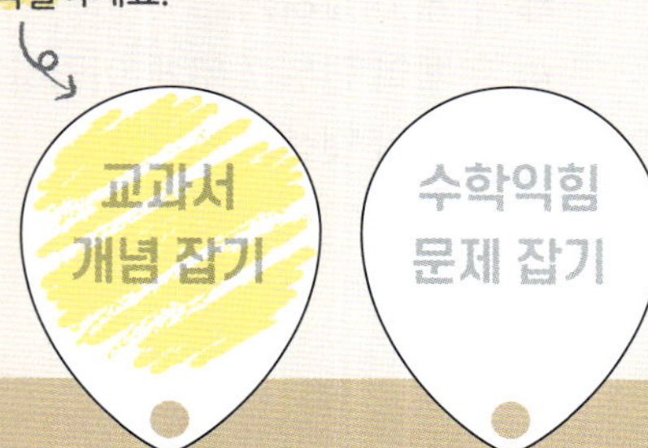

❶ (세 자리 수) × (한 자리 수) (1)
❷ (세 자리 수) × (한 자리 수) (2)
❸ (세 자리 수) × (한 자리 수) (3)
❹ (몇십) × (몇십), (몇십몇) × (몇십)

이전에 배운 내용

[3-1] 곱셈
(두 자리 수) × (한 자리 수)

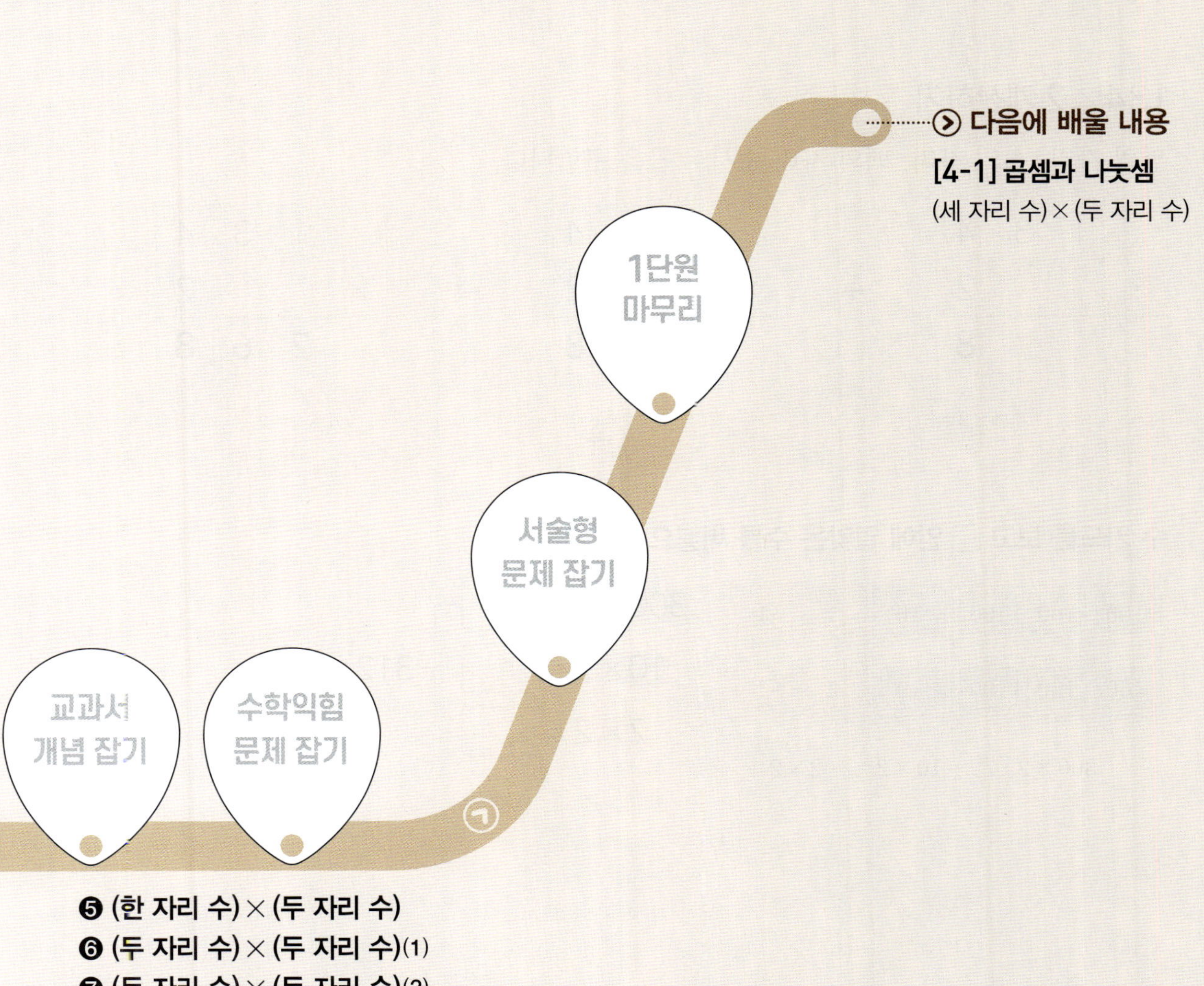
다음에 배울 내용
[4-1] 곱셈과 나눗셈
(세 자리 수)×(두 자리 수)
1단원
마무리
서술형
문제 잡기
교과서
개념 잡기
수학익힘
문제 잡기
❺ (한 자리 수)×(두 자리 수)
❻ (두 자리 수)×(두 자리 수)(1)
❼ (두 자리 수)×(두 자리 수)(2)
❽ 곱셈의 어림셈

① (세 자리 수) × (한 자리 수) ⑴ ▶ 올림이 없는 경우

134 × 2를 수 카드로 알아보기

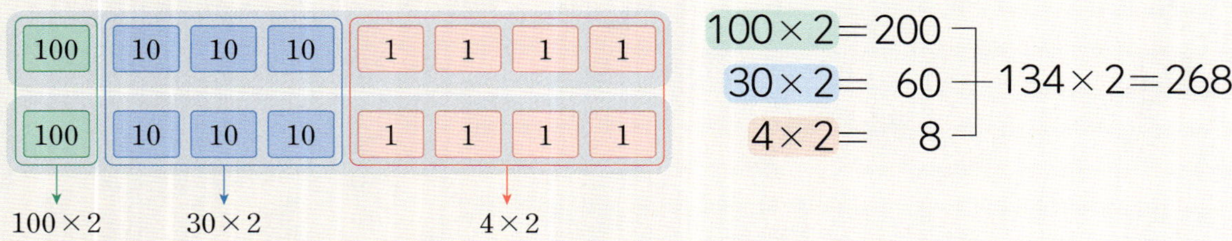

$$100 \times 2 = 200$$
$$30 \times 2 = 60$$
$$4 \times 2 = 8$$
$$134 \times 2 = 268$$

134 × 2 계산하기

일의 자리, 십의 자리, 백의 자리 순서로 곱을 구합니다.

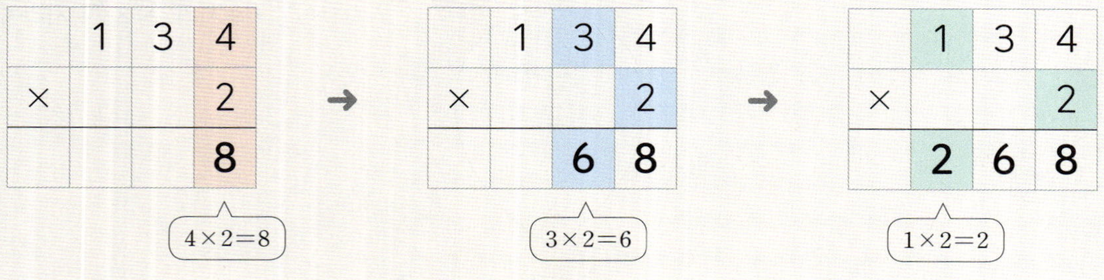

개념 확인 1 수 카드를 보고 ☐ 안에 알맞은 수를 써넣으세요.

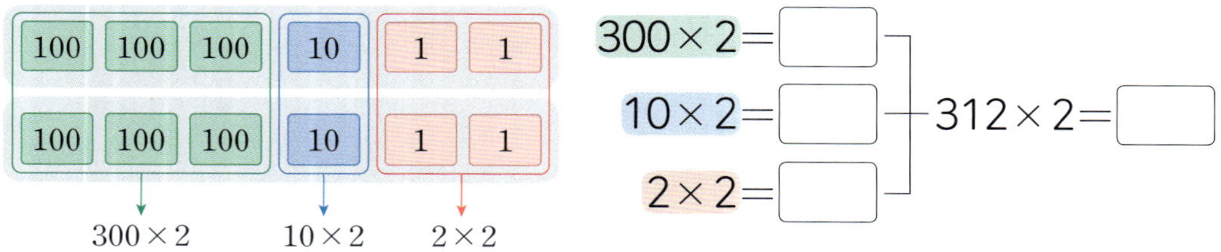

$$300 \times 2 = \boxed{}$$
$$10 \times 2 = \boxed{}$$
$$2 \times 2 = \boxed{}$$
$$312 \times 2 = \boxed{}$$

개념 확인 2 203 × 3을 계산해 보세요.

3 132×3을 어떻게 계산하는지 수 모형으로 알아보려고 합니다. ☐ 안에 알맞은 수를 써넣으세요.

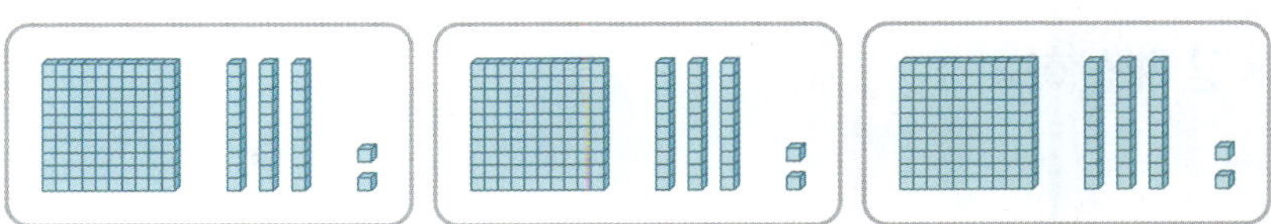

(1) 백 모형은 ☐ × 3 = ☐ (개)입니다.

(2) 십 모형은 ☐ × 3 = ☐ (개)입니다.

(3) 일 모형은 ☐ × 3 = ☐ (개)입니다.

(4) $132 \times 3 =$ ☐

4 ☐ 안에 알맞은 수를 써넣으세요.

(1)
$$\begin{array}{ccc} & 1 & 2 & 1 \\ \times & & & 3 \end{array}$$
☐ ← 1×3
☐ ☐ ← 20×3
☐ ☐ ☐ ← 100×3
☐ ☐ ☐

(2)
$$\begin{array}{ccc} & 2 & 4 & 3 \\ \times & & & 2 \end{array}$$
☐ ← 3×2
☐ ☐ ← 40×2
☐ ☐ ☐ ← 200×2
☐ ☐ ☐

5 계산해 보세요.

(1)
$$\begin{array}{r} 3\ 2\ 4 \\ \times \quad\ 2 \\ \hline \end{array}$$

(2)
$$\begin{array}{r} 2\ 1\ 1 \\ \times \quad\ 4 \\ \hline \end{array}$$

6 빈칸에 두 수의 곱을 써넣으세요.

(1)

(2)

② (세 자리 수) × (한 자리 수) (2) ▶ 일의 자리에서 올림이 있는 경우

126 × 2 계산하기

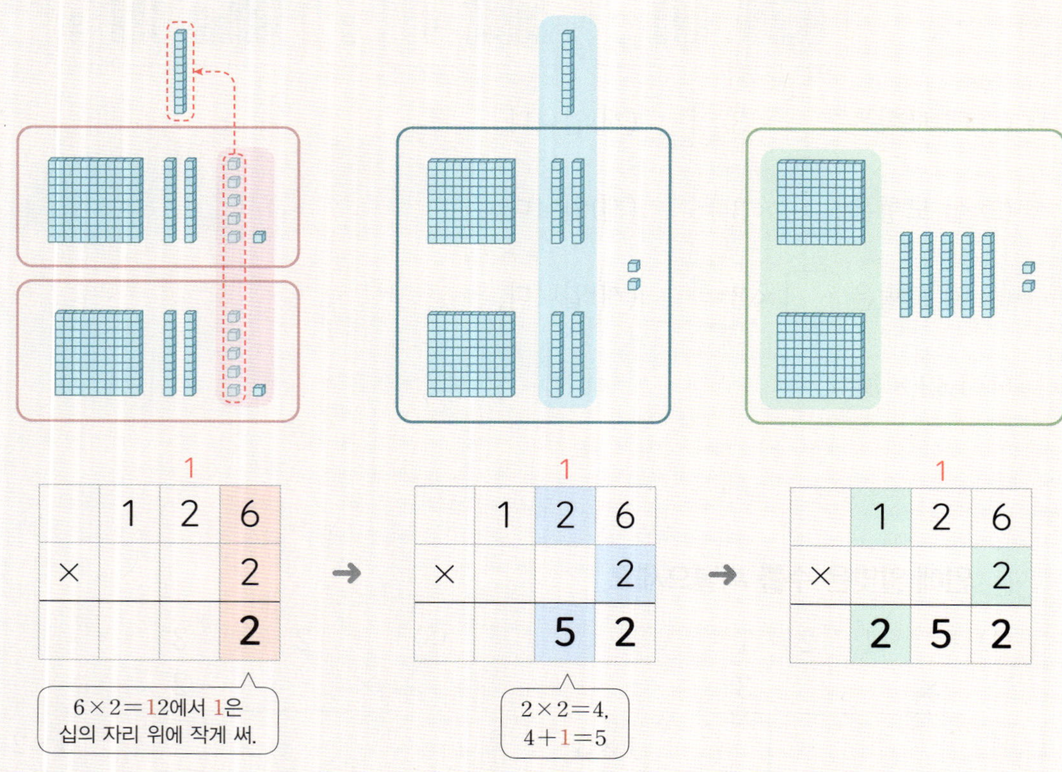

① $6 \times 2 = 12$에서 2를 일의 자리에 쓰고 **10은 십의 자리로 올림합니다.**

② $2 \times 2 = 4$와 일의 자리에서 올림한 **1을 더한 5를** 십의 자리에 씁니다.

③ $1 \times 2 = 2$이므로 백의 자리에 **2를** 씁니다.

개념 확인 1 218×3을 계산해 보세요.

2 수직선을 보고 ☐ 안에 알맞은 수를 써넣으세요.

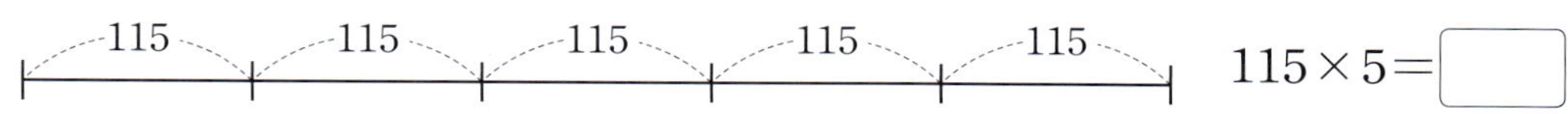

$115 \times 5 = $ ☐

3 215×4를 어떻게 계산하는지 수 모형으로 알아보려고 합니다. ☐ 안에 알맞은 수를 써넣으세요.

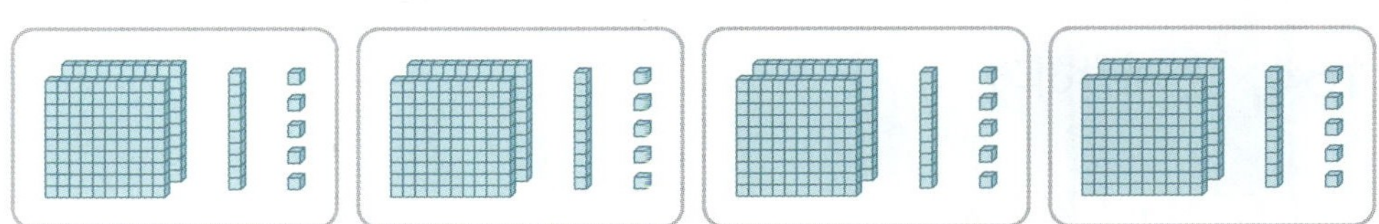

(1) 백 모형은 $2 \times 4 =$ ☐ (개)입니다.

(2) 십 모형은 $1 \times 4 =$ ☐ (개)입니다.

(3) 일 모형은 $5 \times 4 =$ ☐ (개)이므로 십 모형 ☐ 개로 바꿀 수 있습니다.

(4) $215 \times 4 =$ ☐

4 ☐ 안에 알맞은 수를 써넣으세요.

(1)
$$\begin{array}{r} 3\ 2\ 7 \\ \times \qquad 2 \\ \hline \end{array}$$
☐☐ ← 7×2
☐☐ ← 20×2
☐☐☐ ← 300×2

(2)
$$\begin{array}{r} 4\ 1\ 5 \\ \times \qquad 2 \\ \hline \end{array}$$
☐☐ ← 5×2
☐☐ ← 10×2
☐☐☐ ← 400×2

5 계산해 보세요.

(1)
$$\begin{array}{r} 1\ 2\ 3 \\ \times \qquad 4 \\ \hline \end{array}$$

(2)
$$\begin{array}{r} 2\ 1\ 6 \\ \times \qquad 4 \\ \hline \end{array}$$

6 빈칸에 알맞은 수를 써넣으세요.

(1)
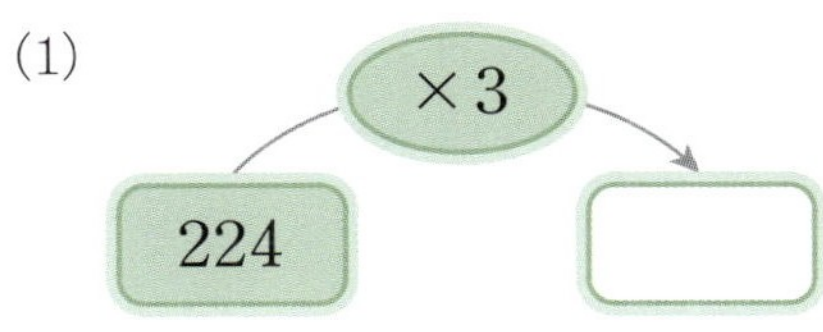

(2)
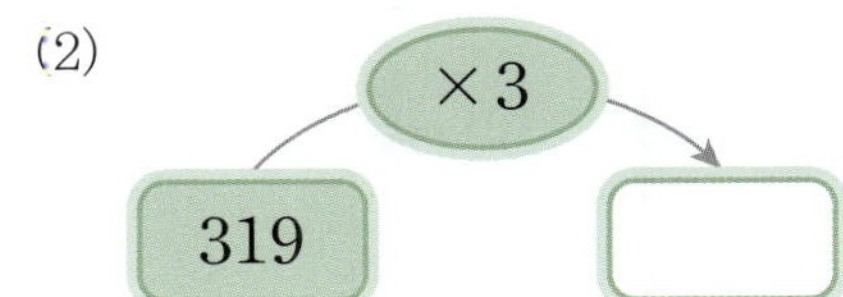

교과서 개념 잡기

개념 강의

③ (세 자리 수)×(한 자리 수)⑶ ▶ 십, 백의 자리에서 올림이 있는 경우

164×2 계산하기

① 4×2=8이므로 일의 자리에 8을 씁니다.

② 6×2=12에서 2를 십의 자리에 쓰고 **10은 백의 자리로 올림합니다.**

③ 1×2=2와 십의 자리에서 올림한 **1을 더한 3**을 백의 자리에 씁니다.

731×6 계산하기

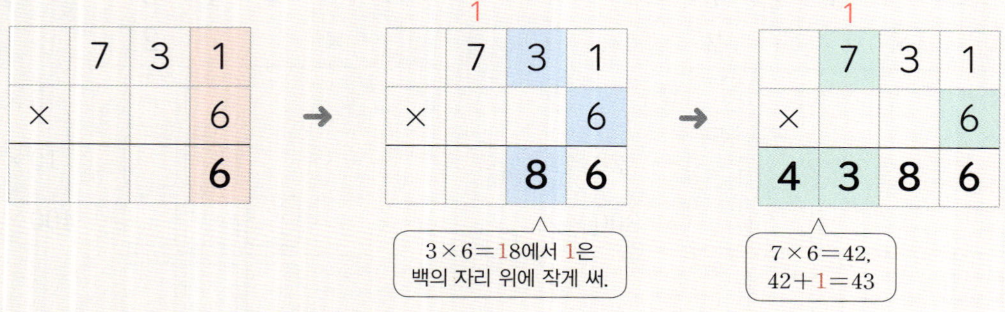

① 1×6=6이므로 일의 자리에 6을 씁니다.

② 3×6=18에서 8을 십의 자리에 쓰고 **10은 백의 자리로 올림합니다.**

③ 7×6=42와 십의 자리에서 올림한 **1을 더한 43**을 천의 자리와 백의 자리에 씁니다.

개념 확인 1

421×8을 계산해 보세요.

2 수 모형을 보고 ☐ 안에 알맞은 수를 써넣으세요.

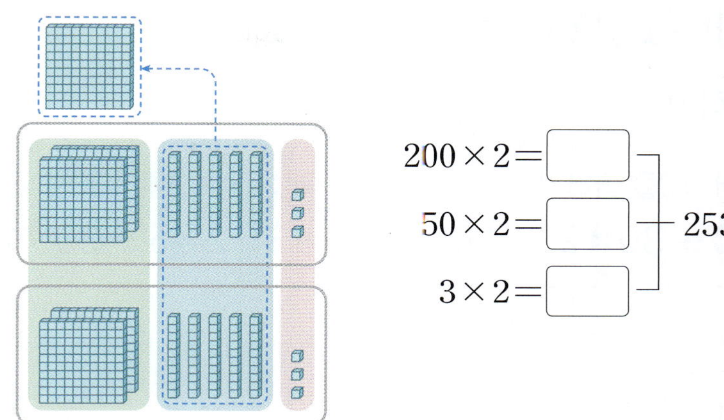

$$200 \times 2 = \boxed{}$$
$$50 \times 2 = \boxed{}$$
$$3 \times 2 = \boxed{}$$
$$253 \times 2 = \boxed{}$$

3 ☐ 안에 알맞은 수를 써넣어 391×5를 계산해 보세요.

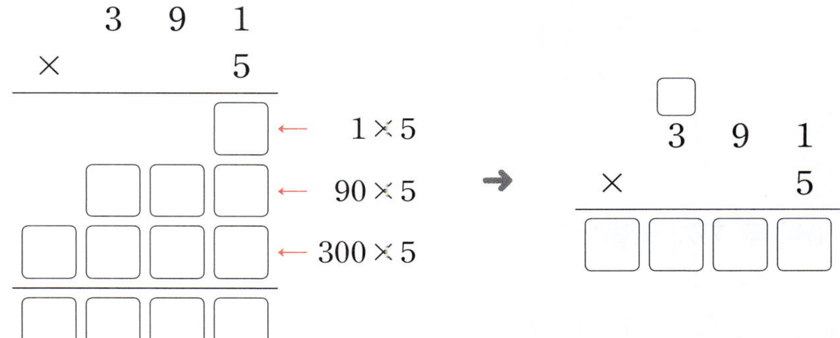

4 계산해 보세요.

(1)
$$\begin{array}{r} 1\ 7\ 4 \\ \times\quad 2 \\ \hline \end{array}$$

(2)
$$\begin{array}{r} 6\ 5\ 2 \\ \times\quad 4 \\ \hline \end{array}$$

5 빈칸에 알맞은 수를 써넣으세요.

(1)

(2)

교과서 개념 잡기

개념 강의

④ (몇십)×(몇십), (몇십몇)×(몇십)

30×20 계산하기

방법1 30×2에 10을 곱하기

$30×2=60 → 30×20=600$

×10

(몇십)×(몇)을 계산하고 10을 곱했어.

방법2 3×2에 100을 곱하기

$3×2=6 → 30×20=600$

×100

(몇)×(몇)을 계산하고 100을 곱했어.

23×20 계산하기

방법1 23×2의 10배로 계산하기

$$23×20=23×2×10$$
$$=46×10$$
$$=460$$

방법2 23×10의 2배로 계산하기

$$23×20=23×10×2$$
$$=230×2$$
$$=460$$

개념 확인 1 20×40을 두 가지 방법으로 계산해 보세요.

방법1 20×4에 10을 곱하기

$20×4=\boxed{} → 20×40=\boxed{}$

×$\boxed{}$

방법2 2×4에 100을 곱하기

$2×4=\boxed{} → 20×40=\boxed{}$

×$\boxed{}$

개념 확인 2 52×30을 두 가지 방법으로 계산해 보세요.

방법1 52×3의 10배로 계산하기

$$52×30=52×3×\boxed{}$$
$$=\boxed{}×\boxed{}$$
$$=\boxed{}$$

방법2 52×10의 3배로 계산하기

$$52×30=52×10×\boxed{}$$
$$=\boxed{}×\boxed{}$$
$$=\boxed{}$$

3 그림을 보고 ☐ 안에 알맞은 수를 써넣으세요.

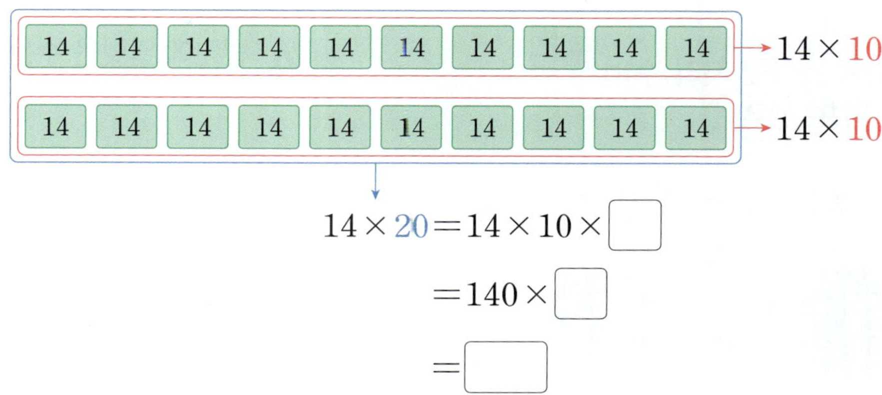

$$14 \times 20 = 14 \times 10 \times \boxed{}$$
$$= 140 \times \boxed{}$$
$$= \boxed{}$$

1
단원

4 ☐ 안에 알맞은 수를 써넣으세요.

(1)
$$\begin{array}{r} 2\,0 \\ \times\ \ 6 \\ \hline \boxed{} \end{array}$$
10배 →
$$\begin{array}{r} 2\,0 \\ \times\ 6\,0 \\ \hline \boxed{} \end{array}$$

(2)
$$\begin{array}{r} 2\,5 \\ \times\ \ 8 \\ \hline \boxed{} \end{array}$$
10배 →
$$\begin{array}{r} 2\,5 \\ \times\ 8\,0 \\ \hline \boxed{} \end{array}$$

5 ☐ 안에 알맞은 수를 써넣으세요.

(1) $60 \times 40 = \boxed{}00$

(2) $82 \times 70 = \boxed{}0$

6 계산해 보세요.

(1)
$$\begin{array}{r} 2\,0 \\ \times\ 7\,0 \\ \hline \end{array}$$

(2)
$$\begin{array}{r} 6\,2 \\ \times\ 4\,0 \\ \hline \end{array}$$

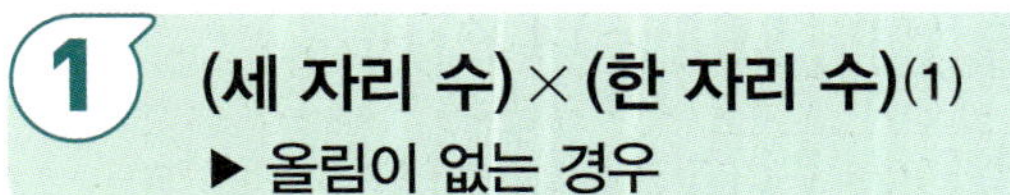

1 (세 자리 수) × (한 자리 수) (1)
▶ 올림이 없는 경우

개념 008쪽

01 수 모형을 보고 313×2를 계산해 보세요.

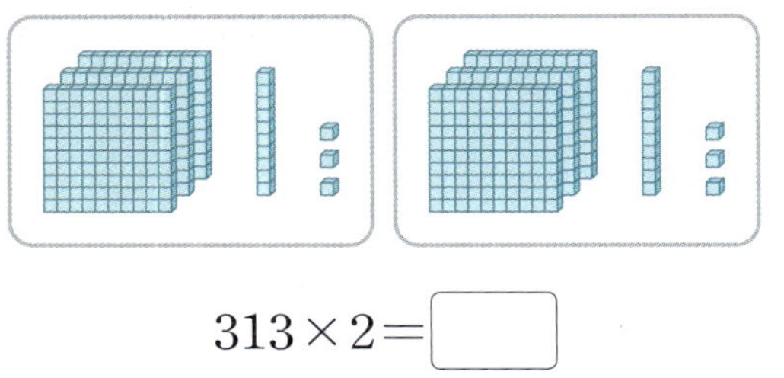

$$313 \times 2 = \boxed{}$$

02 두 수의 곱을 빈칸에 써넣으세요.

(1) 112 4

(2) 414 2

03 지우네 집에서 도서관까지의 거리는 $423\,\mathrm{m}$입니다. 지우가 집에서 도서관까지 갔다가 다시 집으로 돌아오는 거리는 모두 몇 m인지 구하세요.

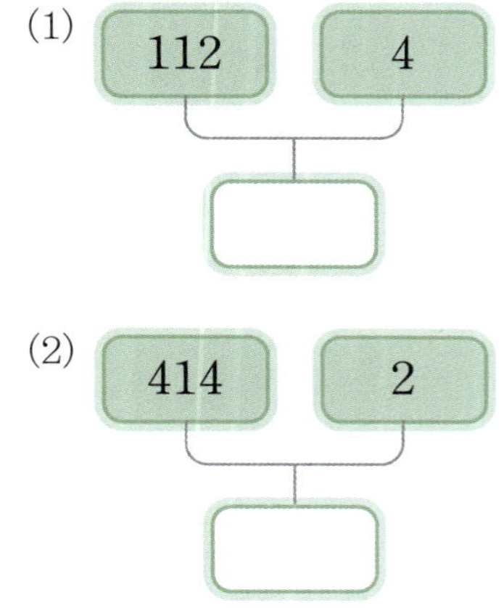

$$423 \times \boxed{} = \boxed{} \ (\mathrm{m})$$

04 빈칸에 알맞은 수를 써넣으세요.

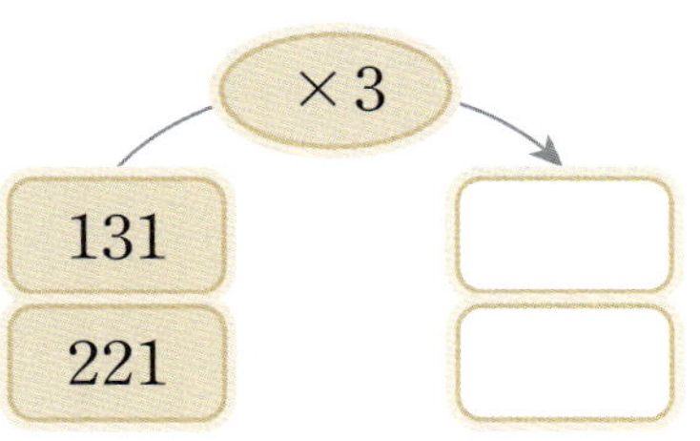

05 계산 결과를 비교하여 ○ 안에 $>$, $=$, $<$를 알맞게 써넣으세요.

$$402 \times 2 \quad \bigcirc \quad 201 \times 4$$

교과역량 콕! 문제해결 | 의사소통

06 대화를 읽고 미나가 훌라후프를 몇 번 돌렸는지 구하세요.

(   )

2 (세 자리 수)×(한 자리 수)(2)
개념 010쪽
▶ 일의 자리에서 올림이 있는 경우

07 수 카드를 보고 146×2를 계산해 보세요.

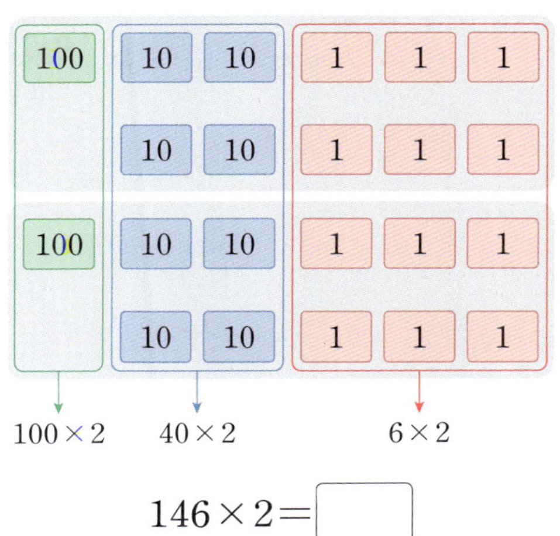

$$146 \times 2 = \boxed{}$$

08 〈보기〉와 같은 방법으로 계산해 보세요.

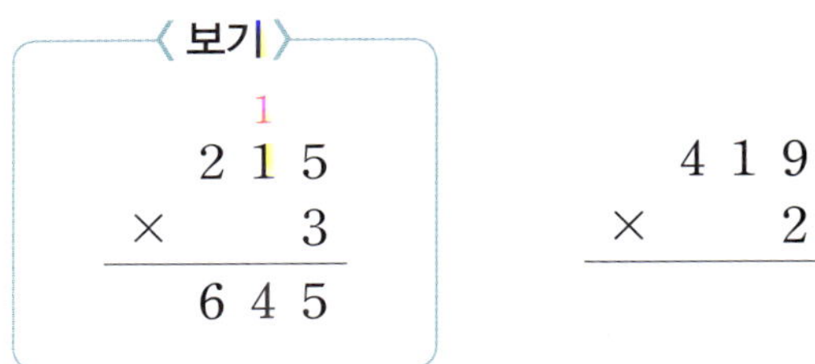

09 ☐ 안에 알맞은 수를 써넣으세요.

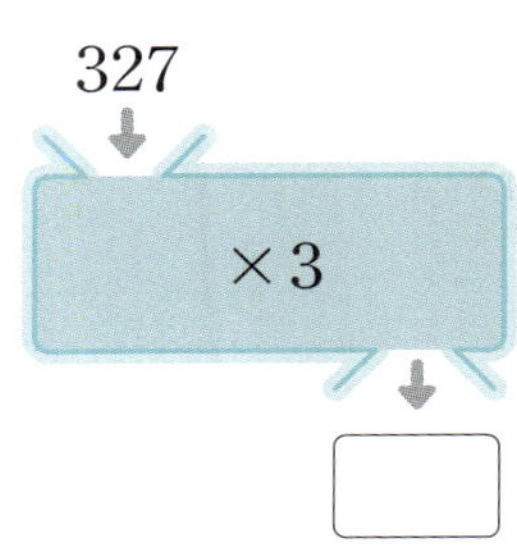

10 빈칸에 알맞은 수를 써넣으세요.

×	2	3
128		
309		

11 상자 한 개를 포장하는 데 리본 $115\,\mathrm{cm}$가 필요합니다. 상자 4개를 포장하는 데 필요한 리본은 모두 몇 cm인지 구하세요.

식 _______________________

답 _______________________

12 규민이가 설명하는 수와 3의 곱을 구하세요.

(　　　　　)

3 (세 자리 수)×(한 자리 수)(3) 개념 012쪽
▶ 십, 백의 자리에서 올림이 있는 경우

13 계산해 보세요.

(1) 240×4

(2) 681×2

(3) 742×4

14 관계있는 것끼리 이어 보세요.

(1) 362×2 ·

(2) 131×6 ·

· 786

· 686

· 724

15 경찰서에서 백화점까지의 거리는 슬기네 집에서 경찰서까지의 거리의 2배입니다. 경찰서에서 백화점까지의 거리는 몇 m인지 구하세요.

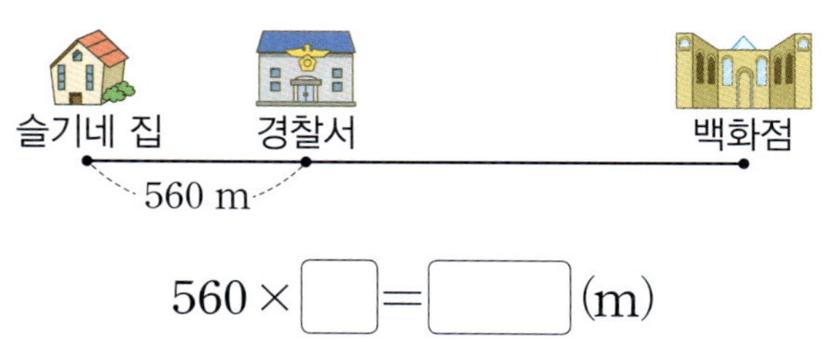

$560 \times \boxed{} = \boxed{}$ (m)

16 바르게 계산한 사람의 이름을 쓰세요.

( )

17 계산 결과를 오른쪽 칸에서 모두 찾아 색칠해 보세요.

251×3	653	768
192×4	753	468
381×2	762	736

교과역량 콕! 추론

18 ㉠에 알맞은 수를 구하세요.

$$\begin{array}{r} 2\ ㉠\ 3 \\ \times\quad\ \ 3 \\ \hline 8\ 1\ 9 \end{array}$$

( )

4 (몇십) × (몇십), (몇십몇) × (몇십)   개념 014쪽

19 ☐ 안에 알맞은 수를 써넣으세요.

(1) $50 \times 3 =$ ☐

→ $50 \times 30 =$ ☐

(2) $71 \times 4 =$ ☐

→ $71 \times 40 =$ ☐

20 빈칸에 알맞은 수를 써넣으세요.

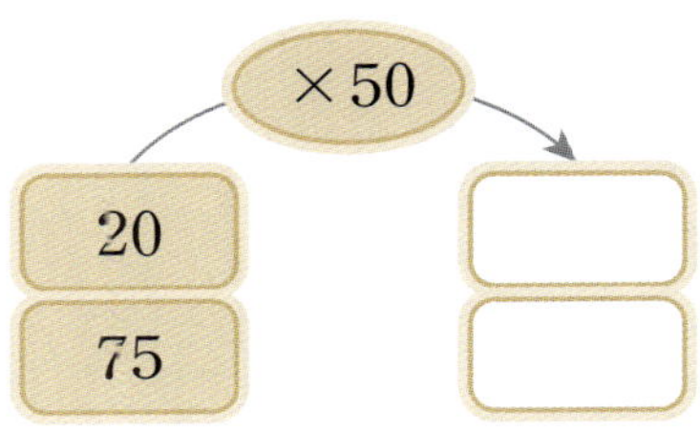

21 계산 결과가 2500보다 큰 것에 ○표 하세요.

(   )   (   )   (   )

22 계산 결과가 다른 것을 찾아 기호를 쓰세요.

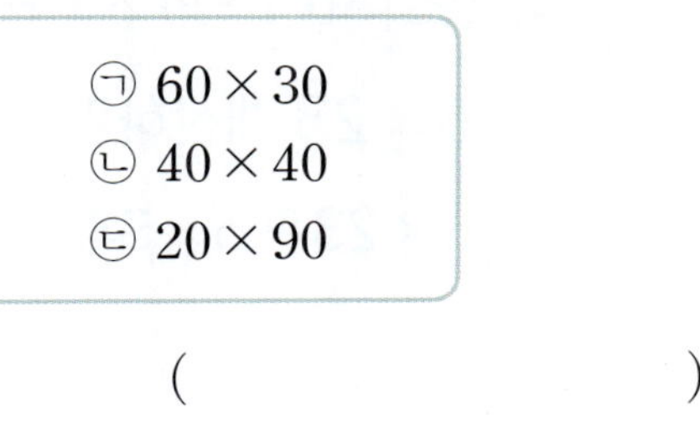

(   )

23 오전 9시부터 오후 9시까지는 12시간입니다. 12시간은 몇 분인가요?

(   )

힌트톡! { 1시간은 60분이야.

교과역량 콕! 추론

24 ☐ 안에 들어갈 수 있는 수를 모두 찾아 ○표 하세요.

$$100 \times \square < 20 \times 30$$

(4 , 5 , 6 , 7)

5 (한 자리 수)×(두 자리 수)

6×23 계산하기

6×23은 6×3과 6×20의 값을 더하여 계산합니다.

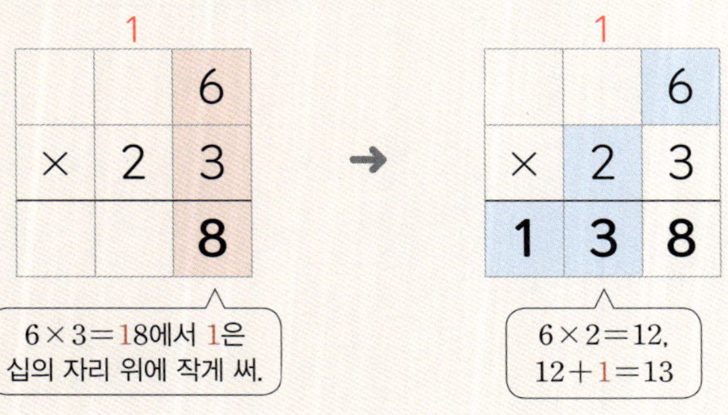

6×23과 23×6의 계산 결과 비교하기

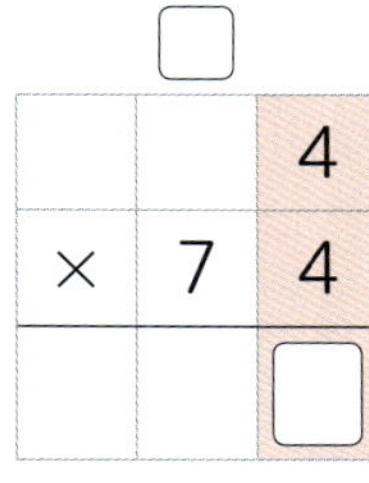

6×23과 23×6의
계산 결과는 **같습니다.**

개념 확인 1 4×74를 계산하고, 74×4의 계산 결과와 비교해 보세요.

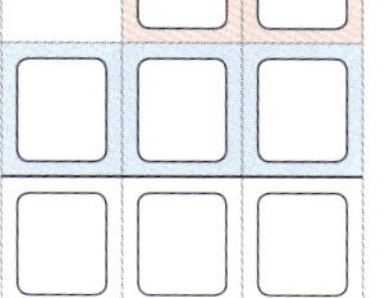

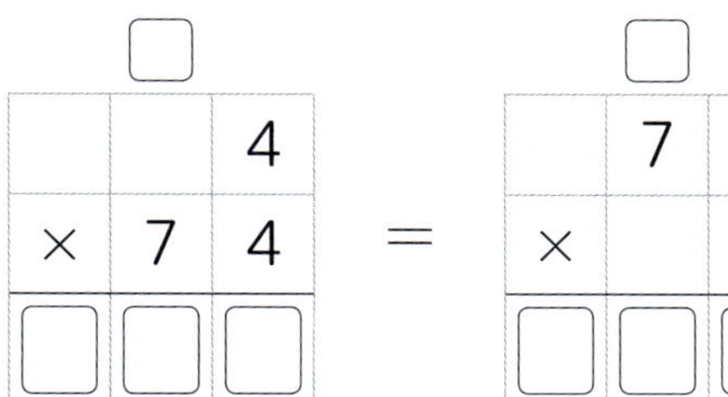

4×74와 74×4의
계산 결과는 [ ] .

2 8×25를 어떻게 계산하는지 모눈종이를 이용하여 알아보려고 합니다. ☐ 안에 알맞은 수를 써넣으세요.

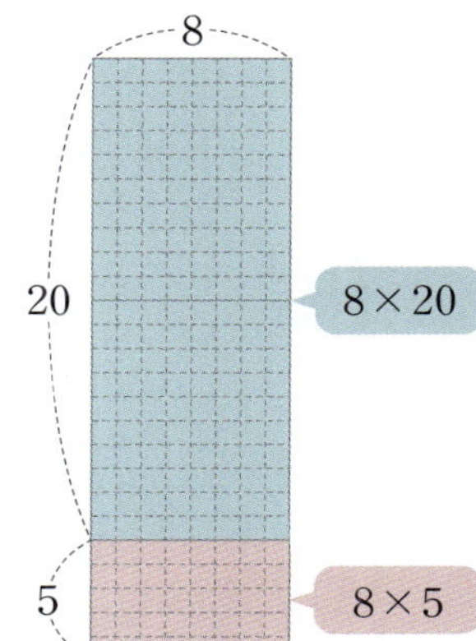

$8 \times 20 = $ ☐

$8 \times 5 = $ ☐

$8 \times 25 = $ ☐

3 ☐ 안에 알맞은 수를 써넣으세요.

(1)
$$\begin{array}{r} 3 \\ \times\ 5\ 8 \\ \hline \end{array}$$
← 3×8
← 3×50

(2)
$$\begin{array}{r} 6 \\ \times\ 7\ 2 \\ \hline \end{array}$$
← 6×2
← 6×70

4 ☐ 안에 알맞은 수를 써넣으세요.

(1)
☐
$$\begin{array}{r} 9 \\ \times\ 3\ 2 \\ \hline \end{array}$$

(2)
☐
$$\begin{array}{r} 7 \\ \times\ 4\ 9 \\ \hline \end{array}$$

5 계산해 보세요.

(1)
$$\begin{array}{r} 4 \\ \times\ 6\ 3 \\ \hline \end{array}$$

(2)
$$\begin{array}{r} 5 \\ \times\ 9\ 7 \\ \hline \end{array}$$

교과서 개념 잡기

⑥ (두 자리 수) × (두 자리 수) (1) ▶ 올림이 한 번 있는 경우

26 × 13 계산하기

26 × 13은 26 × 3과 26 × 10의 값을 더하여 계산합니다.

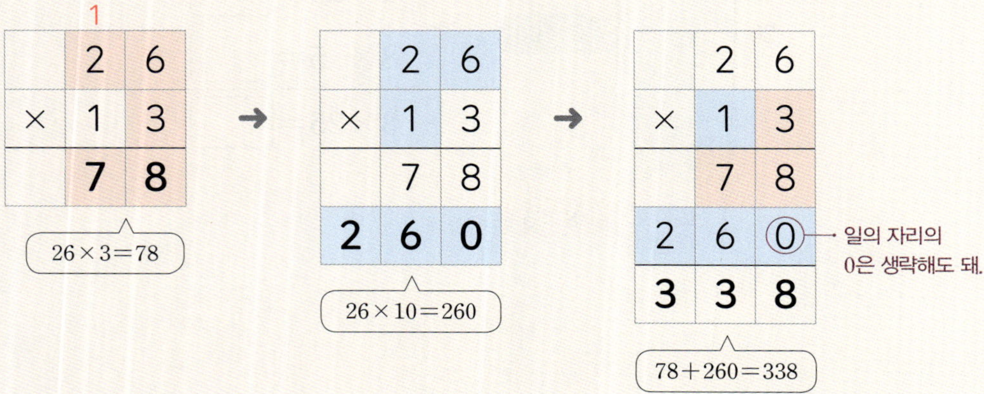

1 13 × 35를 계산해 보세요.

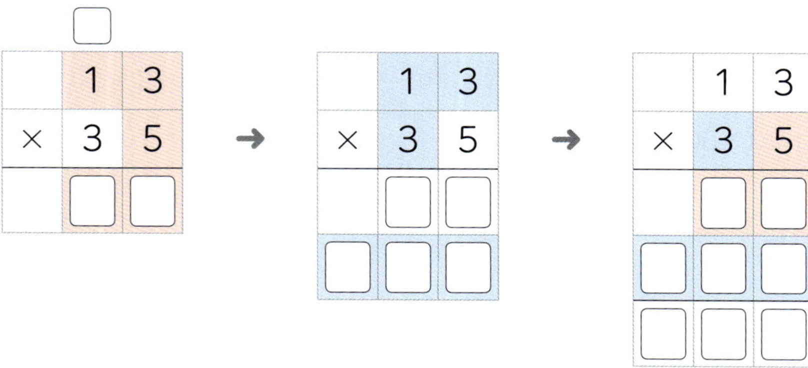

2 23 × 14를 어떻게 계산하는지 모눈종이를 이용하여 알아보려고 합니다. ☐ 안에 알맞은 수를 써넣으세요.

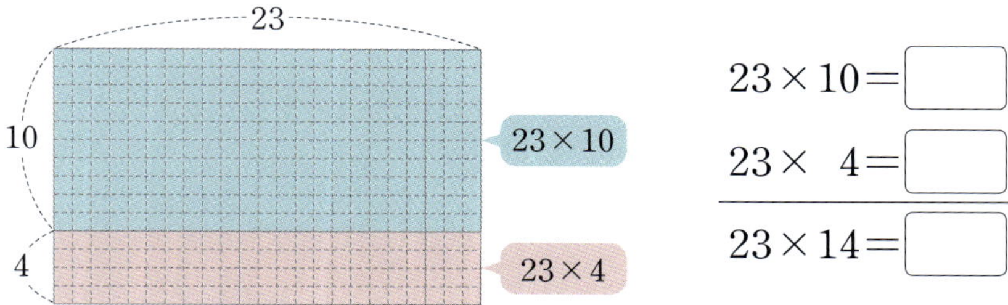

3 ☐ 안에 알맞은 수를 써넣으세요.

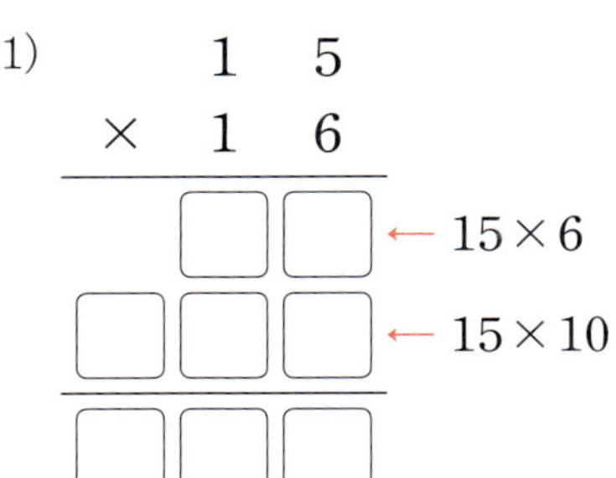

(1)
$$\begin{array}{r} 1\ 5 \\ \times\ 1\ 6 \\ \hline \end{array}$$
☐☐ ← 15×6
☐☐☐ ← 15×10
☐☐☐

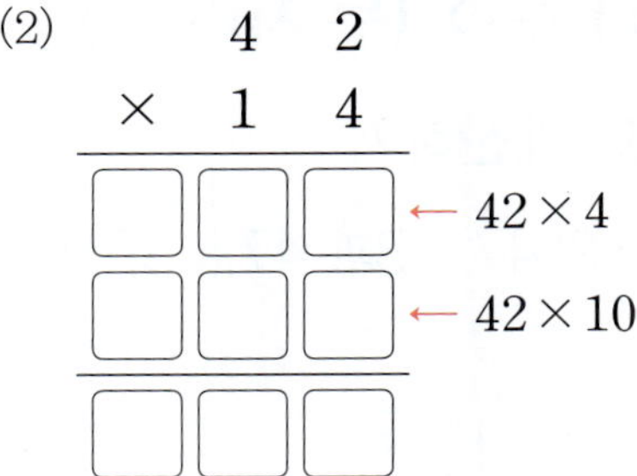

(2)
$$\begin{array}{r} 4\ 2 \\ \times\ 1\ 4 \\ \hline \end{array}$$
☐☐☐ ← 42×4
☐☐☐ ← 42×10
☐☐☐

4 24×32를 바르게 계산한 것에 ◯표 하세요.

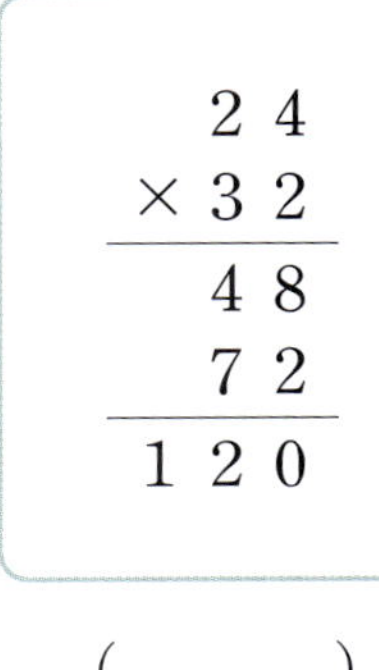

$$\begin{array}{r} 2\ 4 \\ \times\ 3\ 2 \\ \hline 4\ 8 \\ 7\ 2 \\ \hline 1\ 2\ 0 \end{array}$$

$$\begin{array}{r} 2\ 4 \\ \times\ 3\ 2 \\ \hline 4\ 8 \\ 7\ 2\ 0 \\ \hline 7\ 6\ 8 \end{array}$$

(　　) 　　(　　)

5 계산해 보세요.

(1)
$$\begin{array}{r} 8\ 3 \\ \times\ 1\ 2 \\ \hline \end{array}$$

(2)
$$\begin{array}{r} 1\ 6 \\ \times\ 4\ 1 \\ \hline \end{array}$$

6 ☐ 안에 알맞은 수를 써넣으세요.

(1) 62

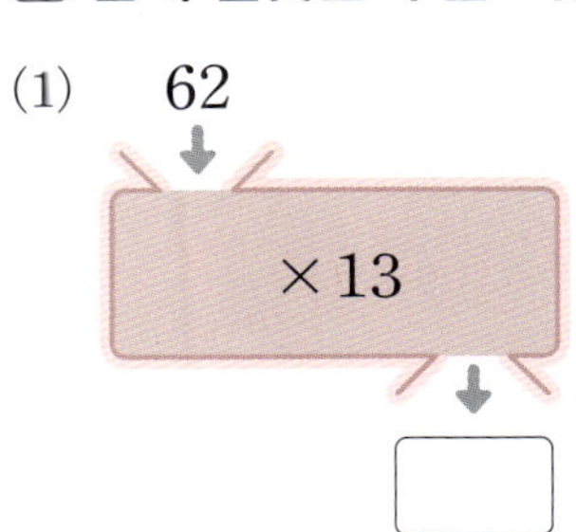

(2) 12

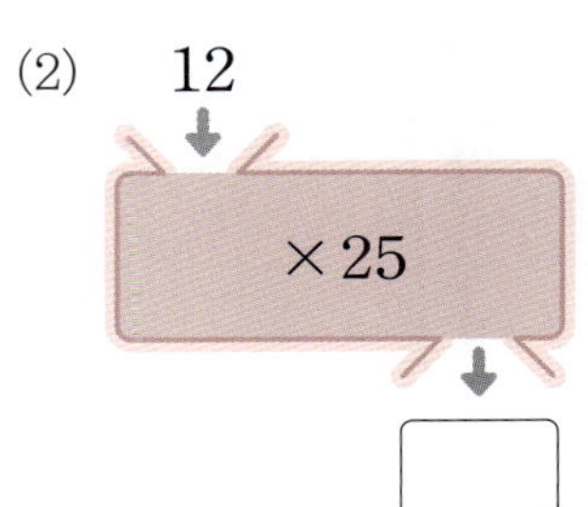

7 (두 자리 수) × (두 자리 수) (2) ▶ 올림이 여러 번 있는 경우

47×38 계산하기

47×38은 47×8과 47×30의 값을 더하여 계산합니다.

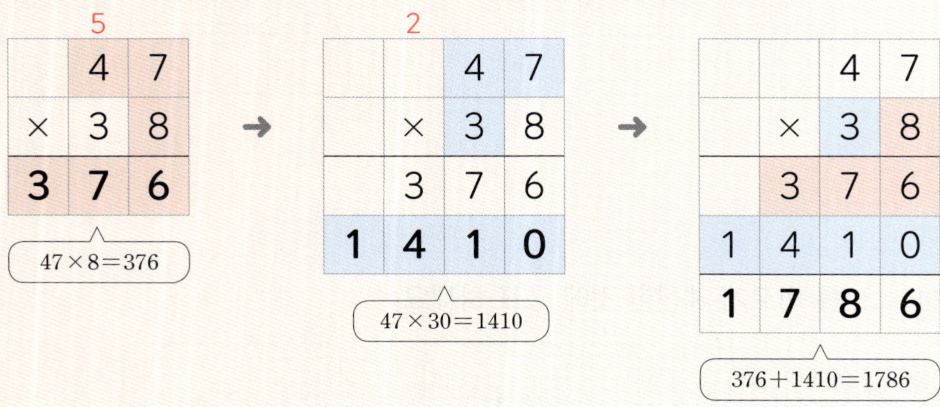

개념 확인 1 55×27을 계산해 보세요.

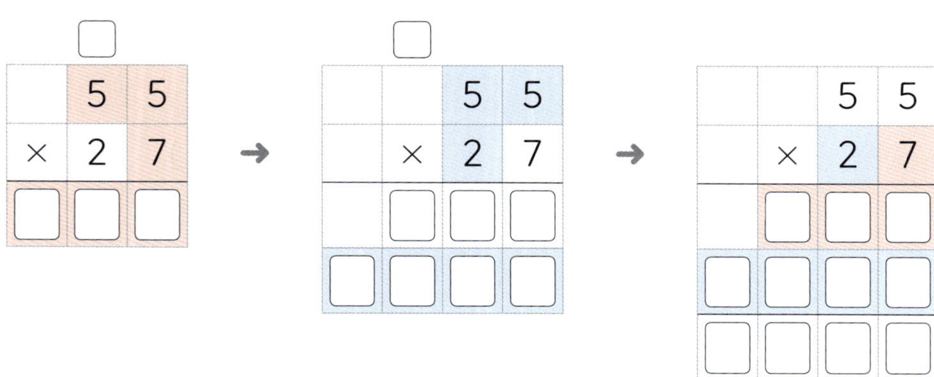

2 29×15를 어떻게 계산하는지 모눈종이를 이용하여 알아보려고 합니다. ☐ 안에 알맞은 수를 써넣으세요.

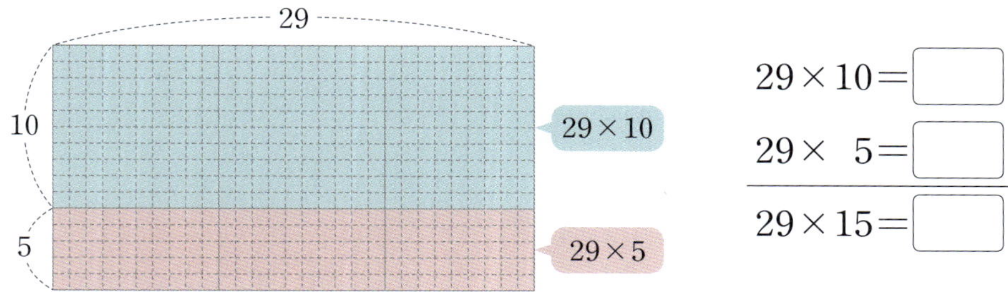

3 ☐ 안에 알맞은 수를 써넣으세요.

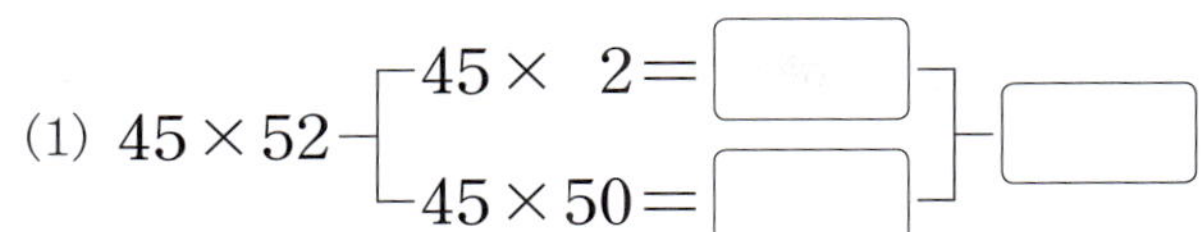

(1) 45×52 —
$45 \times 2 = \boxed{}$
$45 \times 50 = \boxed{}$
$\boxed{}$

(2) 74×23 —
$74 \times 3 = \boxed{}$
$74 \times 20 = \boxed{}$
$\boxed{}$

1단원

4 ☐ 안에 알맞은 수를 써넣으세요.

(1)
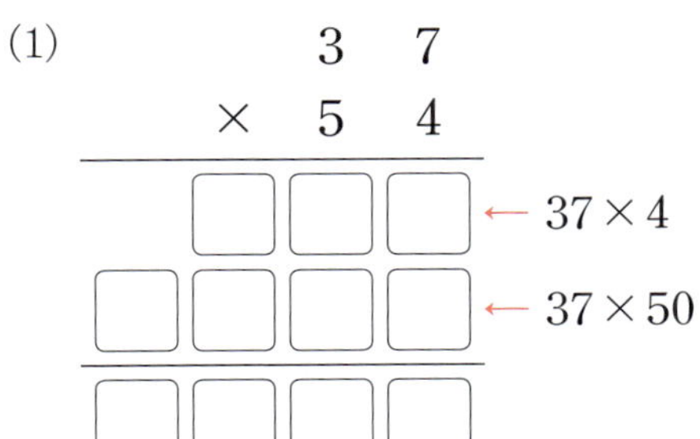

$$\begin{array}{r} 3\ 7 \\ \times\ 5\ 4 \\ \hline \end{array}$$
$\leftarrow 37 \times 4$
$\leftarrow 37 \times 50$

(2)
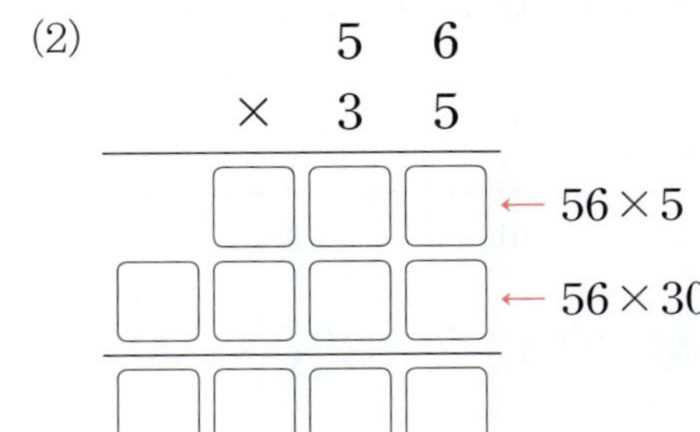

$$\begin{array}{r} 5\ 6 \\ \times\ 3\ 5 \\ \hline \end{array}$$
$\leftarrow 56 \times 5$
$\leftarrow 56 \times 30$

5 계산해 보세요.

(1)
$$\begin{array}{r} 2\ 6 \\ \times\ 5\ 7 \\ \hline \end{array}$$

(2)
$$\begin{array}{r} 5\ 2 \\ \times\ 4\ 9 \\ \hline \end{array}$$

6 빈칸에 알맞은 수를 써넣으세요.

(1)
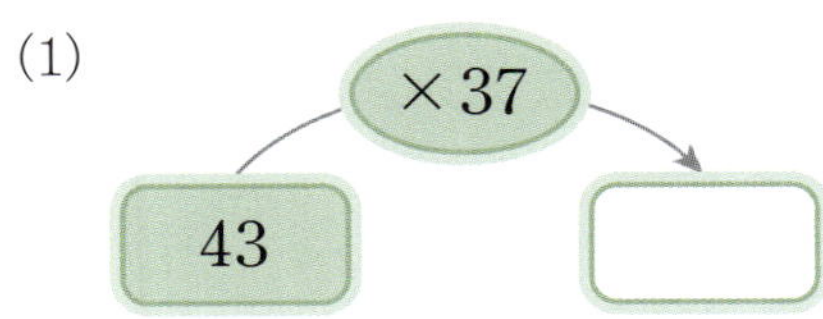

$43 \xrightarrow{\times 37} \boxed{}$

(2)
$72 \xrightarrow{\times 84} \boxed{}$

⑧ 곱셈의 어림셈

어림셈을 이용하여 계산하기

두 자리 수는 **약 몇십**, 세 자리 수는 **약 몇백**으로 어림하여 곱셈을 합니다.

지훈이네 학교 운동장 한 바퀴는 394 m입니다. 지훈이가 학교 운동장을 2바퀴 뛴 거리는 약 몇 m인지 어림셈을 이용하여 알아봅니다.

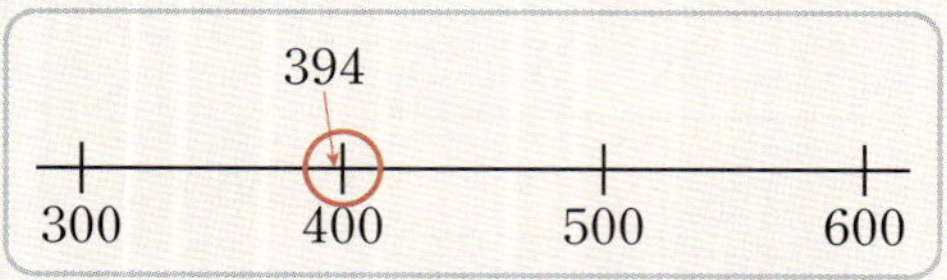

394를 **몇백**으로 어림하면
약 400입니다.

어림셈 **400 × 2 = 800** ➡ 학교 운동장을 2바퀴 뛴 거리는 **약 800 m**입니다.

개념 확인 1

해영이네 반 학생 28명에게 각각 색종이를 20장씩 주려고 합니다. 28을 어림하여 그림에 ○표 하고, 색종이는 모두 몇 장이 필요한지 어림셈을 이용하여 알아보세요.

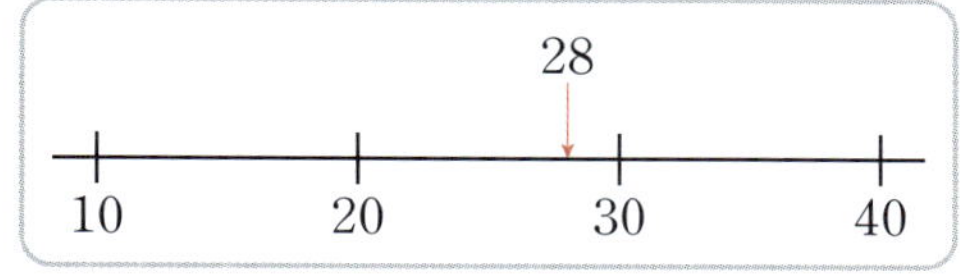

28을 **몇십**으로 어림하면
약 [ ] 입니다.

어림셈 [ ] × 20 = [ ] ➡ 색종이는 **약** [ ] **장** 필요합니다.

2 준호가 203×4를 어림셈으로 계산하려고 합니다. ☐ 안에 알맞은 수를 써넣으세요.

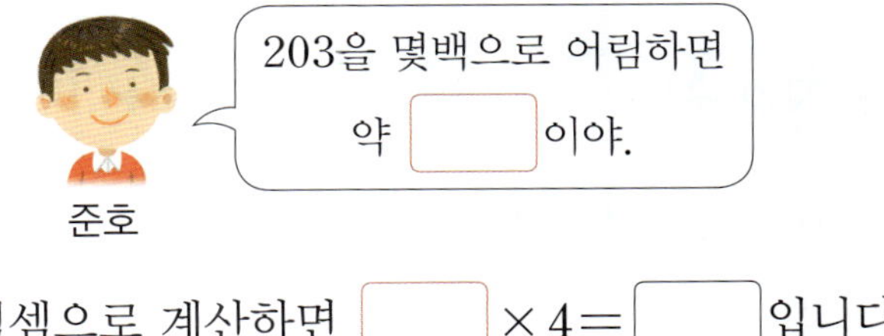

➡ 어림셈으로 계산하면 ☐ $\times 4 =$ ☐ 입니다.

3 어림셈을 하기 위한 식에 색칠해 보세요.

(1) 195×4 ➡

| 100×4 | 200×4 | 300×4 |

(2) 7×31 ➡

| 7×30 | 7×40 | 7×50 |

4 주경이가 두 수의 곱을 어림셈으로 계산했습니다. 실제 계산한 값은 어림셈한 결과보다 클지 작을지 알아보세요.

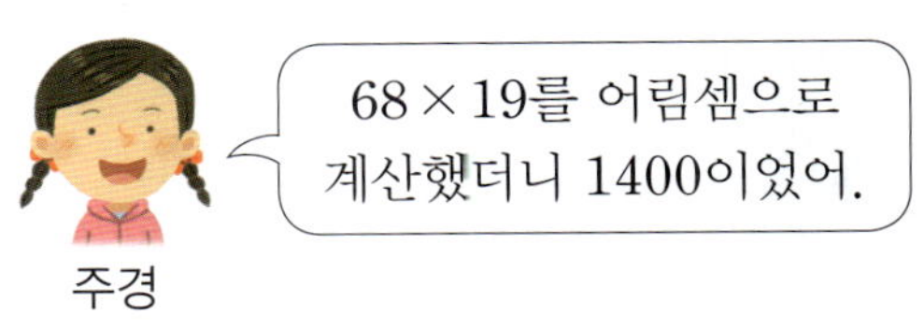

(1) 68을 가장 가까운 몇십으로 어림하면 ☐ 입니다.

(2) 19를 가장 가까운 몇십으로 어림하면 ☐ 입니다.

(3) 68×19를 (몇십) $\times$ (몇십)으로 어림셈을 해 보세요.

어림셈 ☐ $\times$ ☐ $=$ ☐

(4) 알맞은 말에 ◯표 하세요.

> 68은 70보다 (크고 , 작고), 19는 20보다 (크므로 , 작으므로)
> 68×19는 70×20보다 (큽니다 , 작습니다).

5 (한 자리 수) × (두 자리 수)

개념 020쪽

01 〈보기〉와 같은 방법으로 계산해 보세요.

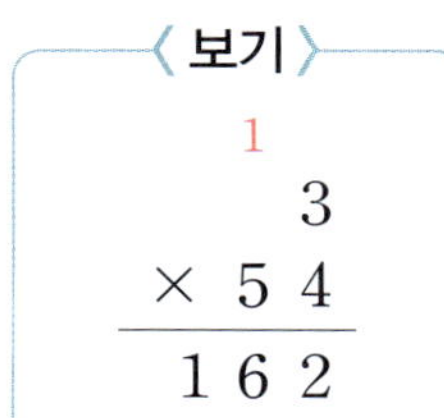

$$\begin{array}{r} 7 \\ \times\ 4\ 8 \\ \hline \end{array}$$

02 한 묶음에 6개씩 들어 있는 물병이 있습니다. 12묶음에 들어 있는 물병은 모두 몇 개일까요?

12묶음에 들어 있는 물병은
6 × 12 = ☐ (개)입니다.

03 빈칸에 알맞은 수를 써넣으세요.

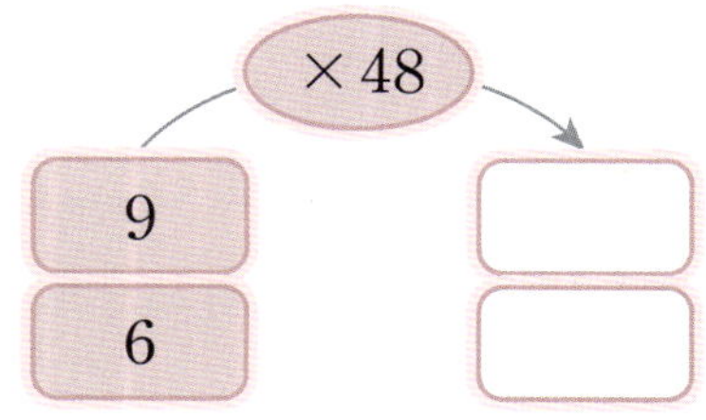

04 유정이는 운동장을 매일 3바퀴씩 뛰었습니다. 16일 동안 유정이는 운동장을 모두 몇 바퀴 뛰었나요?

식 ____________________

답 ____________________

05 가장 작은 수와 가장 큰 수의 곱은 얼마인지 구하세요.

| 5 | 4 | 28 | 32 |

(   )

교과역량 쿡! 추론

06 수 카드 3 , 8 을 ☐ 안에 하나씩 놓아 곱이 더 큰 곱셈식을 만들려고 합니다. ☐ 안에 알맞은 수를 써넣고, 계산 결과를 구하세요.

$$\begin{array}{r} \boxed{} \\ \times\ 5\ \boxed{} \\ \hline \end{array}$$

(   )

6 (두 자리 수)×(두 자리 수)(1)

▶ 올림이 한 번 있는 경우

개념 022쪽

07 계산해 보세요.

(1) 12×38

(2) 23×41

(3) 27×13

08 빈칸에 알맞은 수를 써넣으세요.

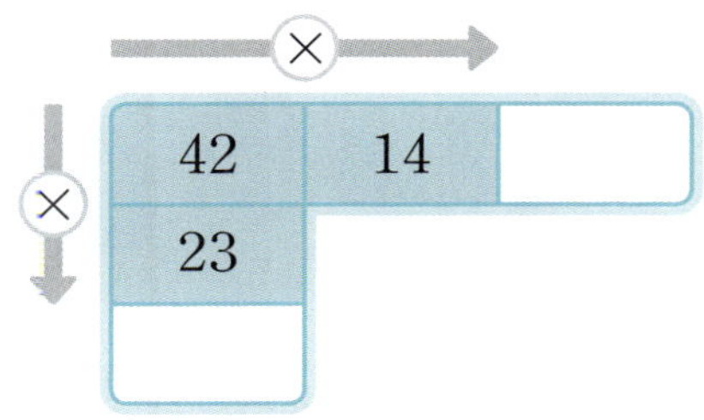

09 길이가 24 cm인 벽돌을 한 층에 13개씩 나란히 놓아 담장을 만들려고 합니다. 담장의 길이는 몇 cm인지 구하세요.

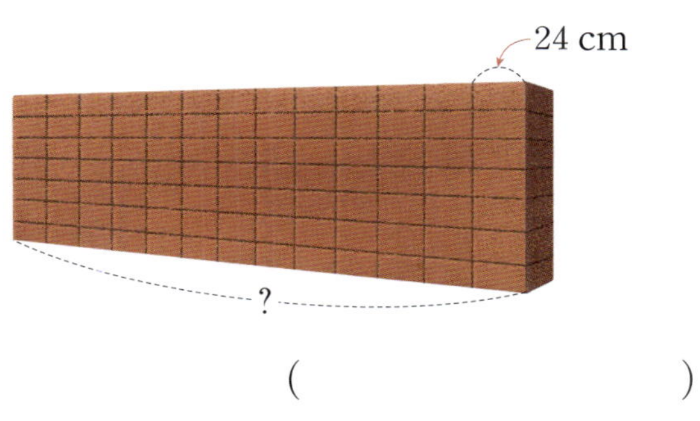

(   )

10 선우가 놀러 간 숙소에는 객실이 한 층에 12개씩 16층 있습니다. 이 숙소의 객실은 모두 몇 개인가요?

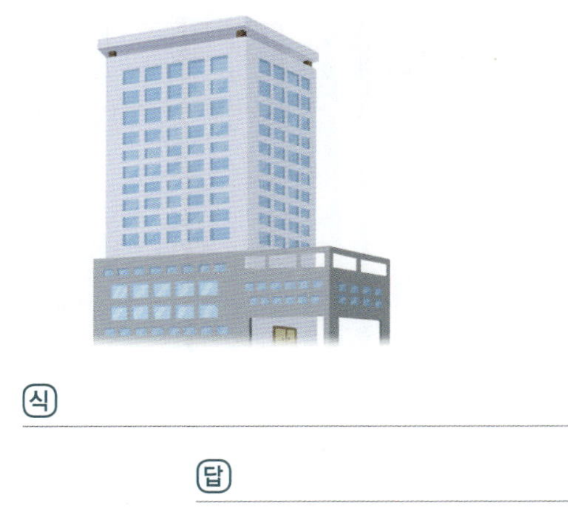

식 ______________________

답 ______________________

11 곱이 더 작은 곱셈식의 계산 결과는 얼마인가요?

$$16 \times 31 \qquad 21 \times 18$$

(   )

12 연서가 2주 동안 읽은 동화책은 모두 몇 쪽인지 구하세요.

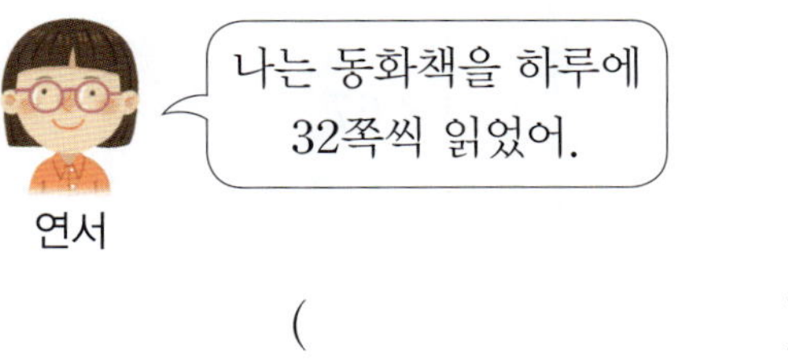

(   )

교과역량 콕! 문제해결

13 한 변의 길이가 13 cm인 정사각형 6개를 변끼리 맞닿게 이어서 만든 도형입니다. 빨간 선의 전체 길이는 몇 cm인지 구하세요.

13 cm

(   )

7 **(두 자리 수) × (두 자리 수)**(2)
▶ 올림이 여러 번 있는 경우

개념 024쪽

14 계산해 보세요.

(1) 73×28

(2) 29×44

15 빈칸에 알맞은 수를 써넣으세요.

52   ×38 → □

×67 ↓

□

16 계산 결과가 큰 순서대로 ○ 안에 1, 2, 3을 써넣으세요.

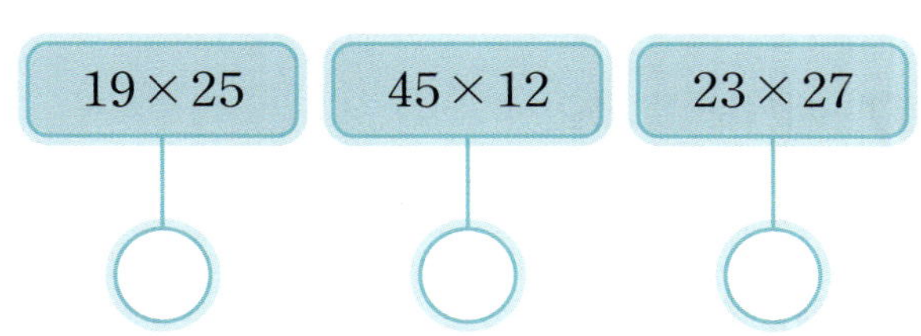

| 19×25 | 45×12 | 23×27 |

○   ○   ○

17 재민이가 연필 56타를 가지고 있습니다. 연필 한 타가 12자루일 때, 연필 56타는 모두 몇 자루인지 구하세요.

(1) □ 안에 알맞은 수를 써넣으세요.

연필 56타는 □ 자루씩 56묶음입니다.

(2) 연필 56타는 모두 몇 자루인가요?

□ $\times 56 =$ □ (자루)

18 □ 안에 들어갈 수 있는 수에 ○표 하세요.

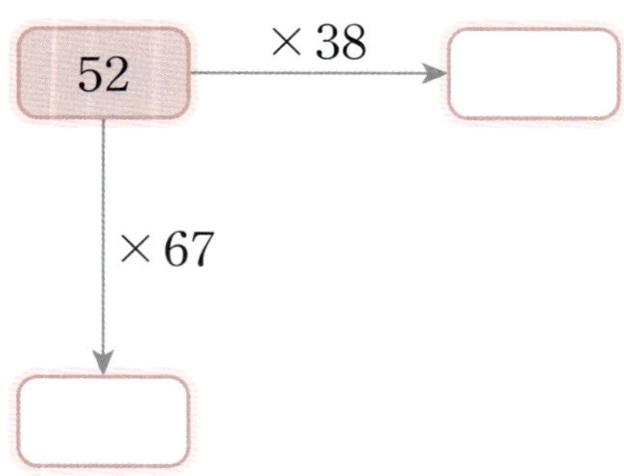

$$□ < 48 \times 36$$

(1727 , 1728 , 1729)

19 서진이네 학교 3학년 남학생 수와 여학생 수입니다. 어린이날 기념으로 학생 한 명에게 사탕을 16개씩 나누어 주려고 합니다. 3학년 전체 학생들에게 나누어 주려면 사탕은 모두 몇 개 필요한지 구하세요.

남학생	여학생
42명	36명

( )

20 도서관에 동화책은 24권씩 16칸에 꽂혀 있고, 위인전은 14권씩 25칸에 꽂혀 있습니다. 동화책과 우인전 중에서 어느 것이 몇 권 더 많이 꽂혀 있는지 구하세요.

(1) 도서관에 꽂혀 있는 동화책은 몇 권인가요?

( )

(2) 도서관에 꽂혀 있는 위인전은 몇 권인가요?

( )

(3) 동화책과 위인전 중에서 어느 것이 몇 권 더 많이 꽂혀 있나요?

( ), ( )

8 **곱셈의 어림셈** 개념 026쪽

21 머리끈이 한 봉지에 302개씩 들어 있습니다. 5봉지에 들어 있는 머리끈은 약 몇 개인지 어림셈으로 구한 값을 찾아 ○표 하세요.

약 1000개	약 1500개	약 2000개

22 미나는 하루에 21쪽씩 책을 읽었습니다. 7월 한 달 동안 읽은 책은 약 몇 쪽인지 어림셈으로 구하는 식을 쓰고, 계산해 보세요.

식 ______________

답 ______________

23 상자 한 개에 감자를 42개씩 넣으려고 합니다. 61상자에 넣은 감자는 약 몇 개인지 어림셈을 이용하여 구하세요.

( )

1

계산에서 잘못된 부분을 찾아 바르게 계산하고, 그렇게 고친 이유를 쓰세요.

1단계 바르게 계산하기

```
  2 1 4
×     3
─────────
  6 3 2
```
→
```
  2 1 4
×     3
─────────
```

2단계 고친 이유 쓰기

일의 자리 계산 $4 \times 3 =$ ☐ 에서 ☐ 의 자리로 올림한 수를 십의 자리 계산에 더해야 합니다.

2

계산에서 잘못된 부분을 찾아 바르게 계산하고, 그렇게 고친 이유를 쓰세요.

1단계 바르게 계산하기

```
  4 3 8
×     2
─────────
  8 6 6
```
→
```
  4 3 8
×     2
─────────
```

2단계 고친 이유 쓰기

____

3

복숭아가 **한 상자**에 **9개씩 4줄**로 들어 있습니다. **12상자**에 들어 있는 복숭아는 모두 몇 개인지 풀이 과정을 쓰고, 답을 구하세요.

1단계 한 상자에 들어 있는 복숭아의 수 구하기

한 상자에 들어 있는 복숭아는

$9 \times$ ☐ $=$ ☐ (개)입니다.

2단계 12상자에 들어 있는 복숭아의 수 구하기

따라서 12상자에 들어 있는 복숭아는

☐ $\times 12 =$ ☐ (개)입니다.

답 _______________

4

망고가 **한 상자**에 **7개씩 3줄**로 들어 있습니다. **16상자**에 들어 있는 망고는 모두 몇 개인지 풀이 과정을 쓰고, 답을 구하세요.

1단계 한 상자에 들어 있는 망고의 수 구하기

____

2단계 16상자에 들어 있는 망고의 수 구하기

____

답 _______________

5

미나가 다음과 같이 <u>잘못</u> 계산하였습니다. 바르게 계산한 값은 얼마인지 풀이 과정을 쓰고, 답을 구하세요.

(1단계) 어떤 수 구하기

어떤 수를 ■라 하면 ■+51=□이므로

■=□−51=□입니다.

(2단계) 바르게 계산한 값 구하기

따라서 바르게 계산한 값은 □×51=□입니다.

답

6

현우가 다음과 같이 <u>잘못</u> 계산하였습니다. 바르게 계산한 값은 얼마인지 풀이 과정을 쓰고, 답을 구하세요.

(1단계) 어떤 수 구하기

(2단계) 바르게 계산한 값 구하기

답

7 창의형

주어진 단어를 이용하여 123×2에 알맞은 문제를 만들고, 답을 구하세요.

바둑돌   통

(1단계) 알맞은 문제 만들기

바둑돌이 한 통에 123개씩 들어 있습니다.

(2단계) 곱셈을 계산하여 답 구하기

$$123 \times 2 = \boxed{}$$

답

8 창의형

주어진 단어를 이용하여 360×5에 알맞은 문제를 만들고, 답을 구하세요.

책   매달

(1단계) 알맞은 문제 만들기

선민이는 책을 매달 360쪽씩 읽습니다.

(2단계) 곱셈을 계산하여 답 구하기

$$\boxed{} \times \boxed{} = \boxed{}$$

답

01 수 모형을 보고 213×2를 계산해 보세요.

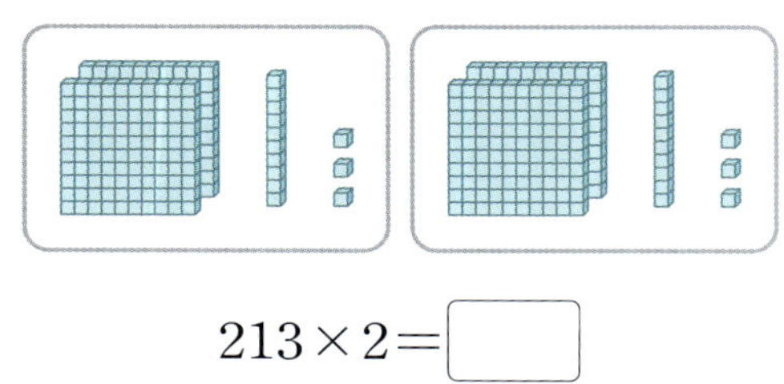

$$213 \times 2 = \boxed{}$$

02 ☐ 안에 알맞은 수를 써넣으세요.

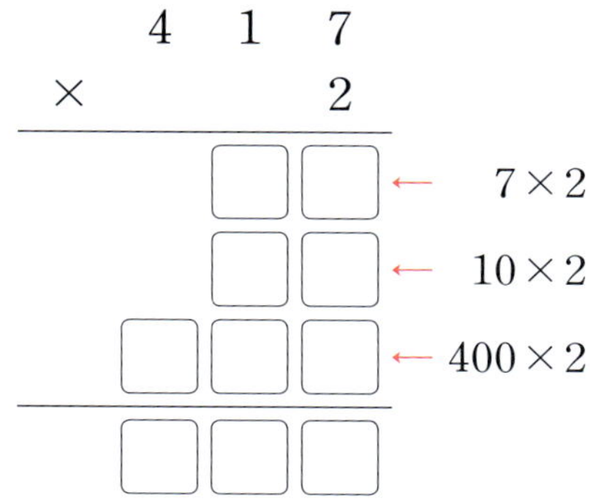

03 빈칸에 알맞은 수를 써넣으세요.

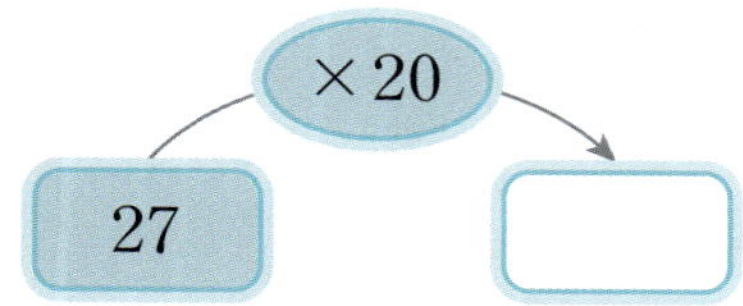

04 계산해 보세요.

32×34

05 연아는 50원짜리 동전을 30개 모았습니다. 연아가 모은 50원짜리 동전은 모두 얼마인가요?

$$50 \times 30 = \boxed{} \text{(원)}$$

06 빈칸에 두 수의 곱을 써넣으세요.

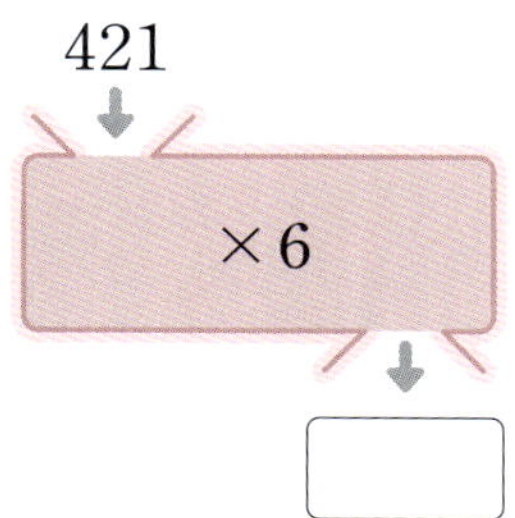

07 ☐ 안에 알맞은 수를 써넣으세요.

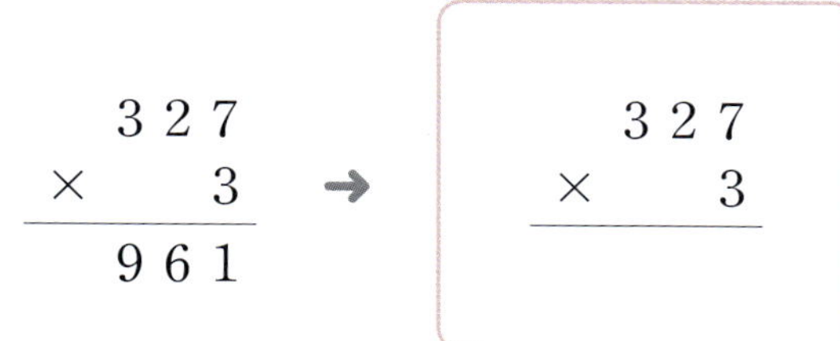

08 계산에서 잘못된 부분을 찾아 바르게 계산해 보세요.

$$\begin{array}{r} 3\ 2\ 7 \\ \times \qquad 3 \\ \hline 9\ 6\ 1 \end{array} \quad \rightarrow \quad \begin{array}{r} 3\ 2\ 7 \\ \times \qquad 3 \\ \hline \end{array}$$

09 바르게 계산한 사람의 이름을 쓰세요.

(   )

10 관계있는 것끼리 이어 보세요.

(1) 38×56 ·

(2) 74×29 ·

· 2128

· 2046

· 2146

11 사탕을 한 봉지에 22개씩 담았습니다. 59봉지에 담긴 사탕은 약 몇 개인지 어림셈을 이용하여 알아보세요.

어림셈 ☐ × ☐ = ☐

→ 전체 사탕: 약 ☐ 개

12 현우가 설명하는 수의 4배는 얼마인가요?

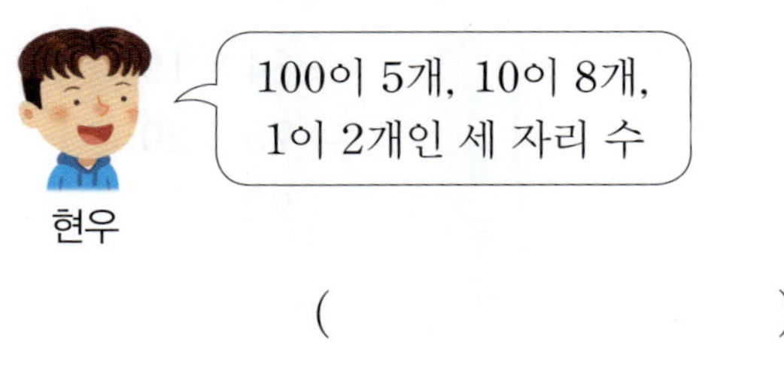

(   )

13 계산 결과를 비교하여 ◯ 안에 >, =, <를 알맞게 써넣으세요.

8×46 ◯ 7×52

14 달빛 도서관은 한 달에 26권씩 새로운 책을 구매합니다. 달빛 도서관에서 12개월 동안 구매한 책은 모두 몇 권인가요?

식 _________________________

답 _________________________

15 리아는 하루에 줄넘기를 202회씩 합니다. 리아가 일주일 동안 하는 줄넘기는 약 몇 회인지 어림셈으로 구하세요.

(   )

16 계산 결과가 큰 것부터 차례로 기호를 쓰세요.

> ㉠ 84×19
> ㉡ 75×20
> ㉢ 92×17

(   )

17 ☐ 안에 알맞은 수를 써넣으세요.

$$
\begin{array}{r}
3\ \square\ 1 \\
\times \quad\quad 6 \\
\hline
2\ 2\ 8\ 6
\end{array}
$$

18 수 카드 4 , 8 을 ☐ 안에 하나씩 놓아 곱이 더 큰 곱셈식을 만들려고 합니다. ☐ 안에 알맞은 수를 써넣고, 계산 결과를 구하세요.

$$
\begin{array}{r}
\square \\
\times\ 7\ \square \\
\hline
\end{array}
$$

(   )

19 곶감이 한 상자에 8개씩 4줄로 들어 있습니다. 15상자에 들어 있는 곶감은 모두 몇 개인지 풀이 과정을 쓰고, 답을 구하세요.

풀이

답

20 리아가 다음과 같이 잘못 계산하였습니다. 바르게 계산한 값은 얼마인지 풀이 과정을 쓰고, 답을 구하세요.

풀이

답

선을 끊지 않고 9개의 점을 모두 지나는 선을 그어 볼까요?
왼쪽에 주어진 그림을 보고 똑같이 선을 그어 보세요.
3단계는 쉽지 않을걸요?

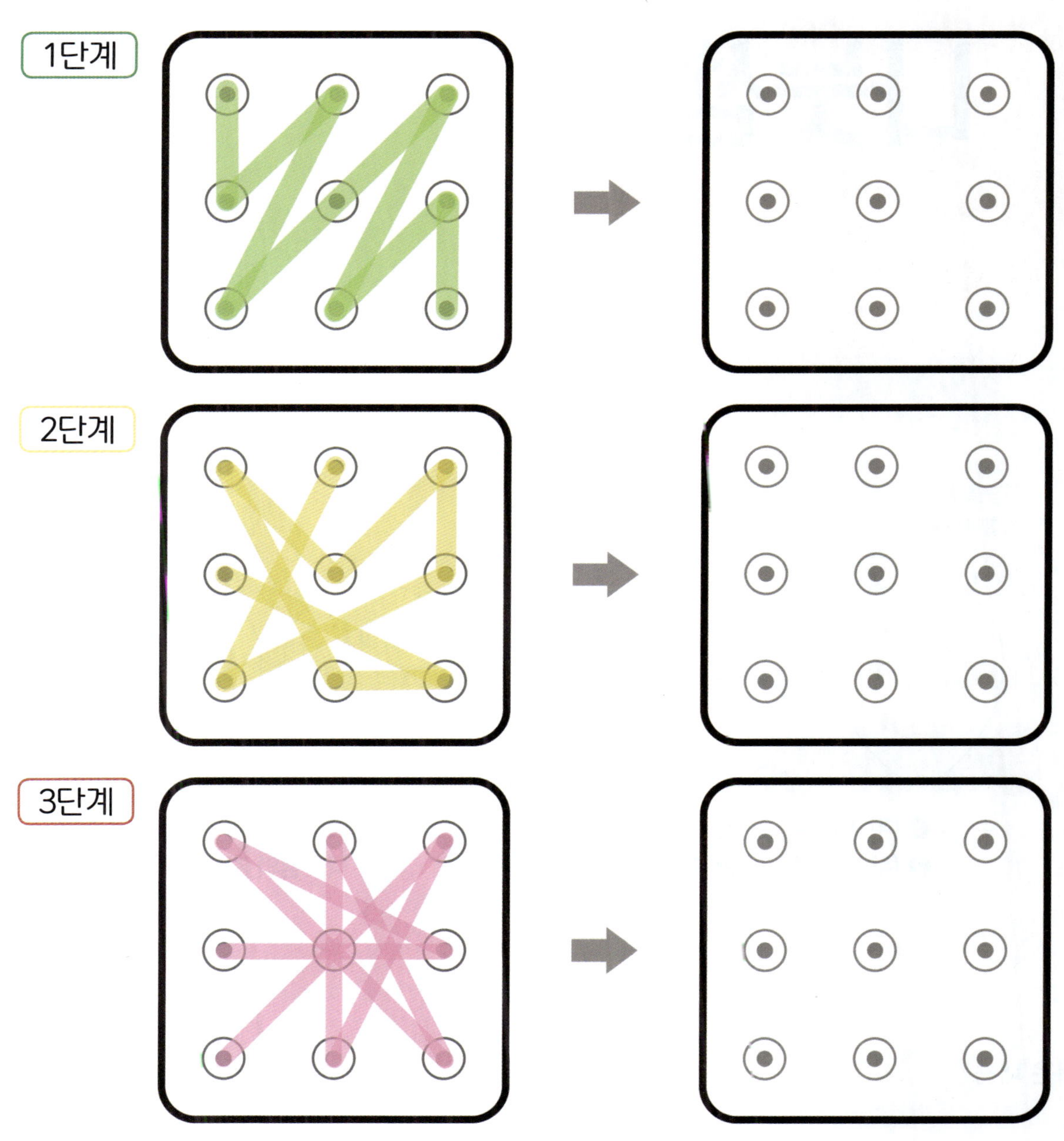

정답은 개념책 160쪽에서 확인하세요.

2

나눗셈

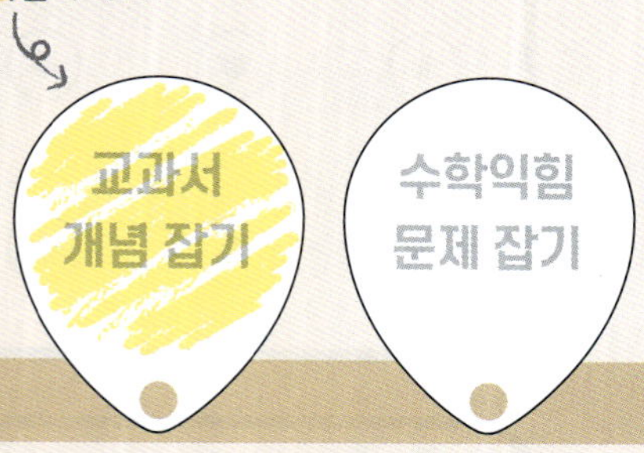

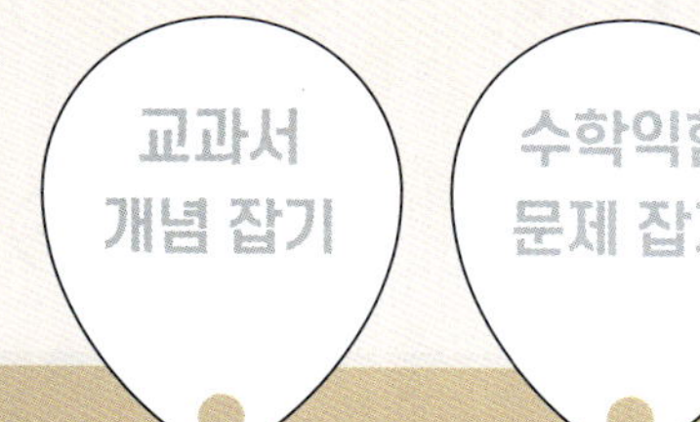

이전에 배운 내용

[3-1] 나눗셈
똑같이 나누기
곱셈과 나눗셈의 관계
나눗셈의 몫을 곱셈으로 구하기

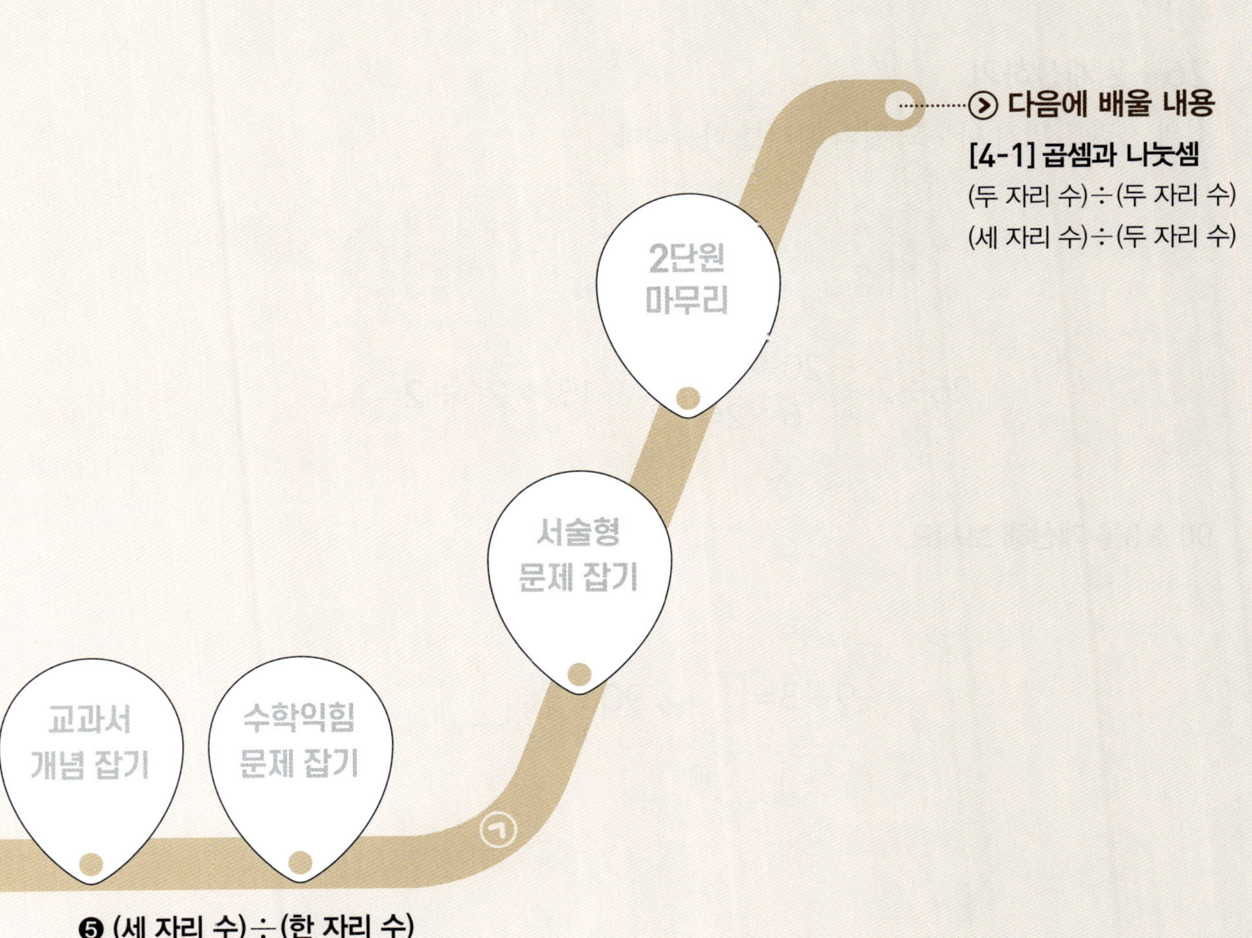

❺ (세 자리 수)÷(한 자리 수)
❻ 나눗셈의 어림셈

교과서 개념 잡기

개념 강의

① (두 자리 수)÷(한 자리 수) ⑴ ▶ 내림이 없는 경우

60÷3 계산하기

6÷3을 계산한 결과에 **0**을 붙입니다.

$$6÷3=2 \rightarrow 60÷3=20$$

(10배)

26÷2 계산하기

십의 자리를 먼저 나누고 일의 자리를 나눕니다.

$$26÷2\begin{cases}20÷2=10\\6÷2=\ \ 3\end{cases}13 \rightarrow 26÷2=13$$

개념 확인 1

90÷3을 계산해 보세요.

$$9÷3=\boxed{\ } \rightarrow 90÷3=\boxed{\ }$$

☐배

개념 확인 2

48÷4를 계산해 보세요.

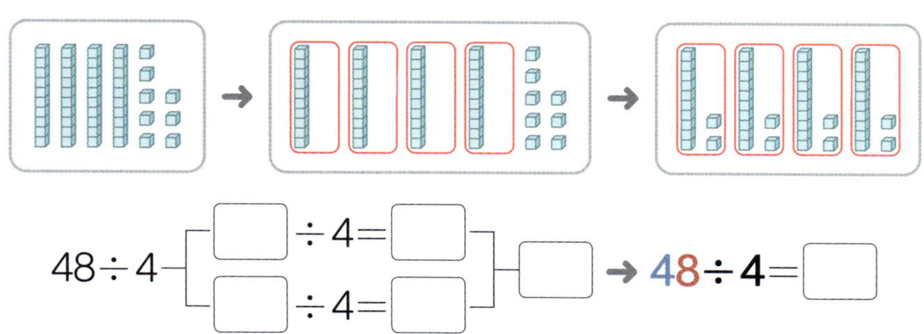

$$48÷4\begin{cases}\boxed{\ }÷4=\boxed{\ }\\\boxed{\ }÷4=\boxed{\ }\end{cases}\boxed{\ } \rightarrow 48÷4=\boxed{\ }$$

3 80÷4를 어떻게 계산하는지 수 모형으로 알아보려고 합니다. 물음에 답하세요.

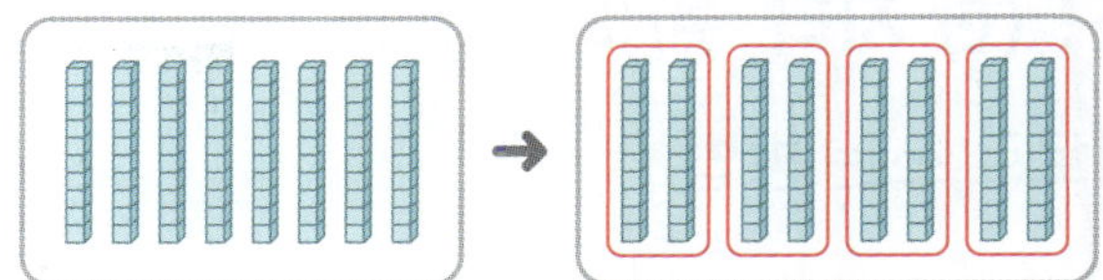

(1) ☐ 안에 알맞은 수를 써넣으세요.

> 십 모형 8개를 똑같이 4묶음으로 나누면 한 묶음에
> 십 모형이 ☐ 개씩 있습니다.

(2) 80÷4의 몫은 얼마인가요?

(　　　　　　　　　)

4 ☐ 안에 알맞은 수를 써넣으세요.

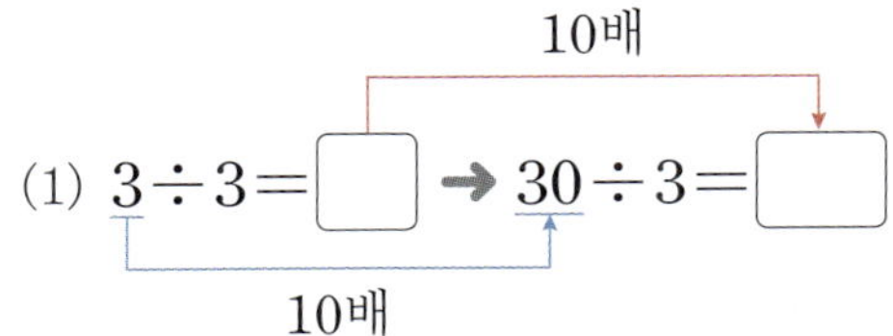

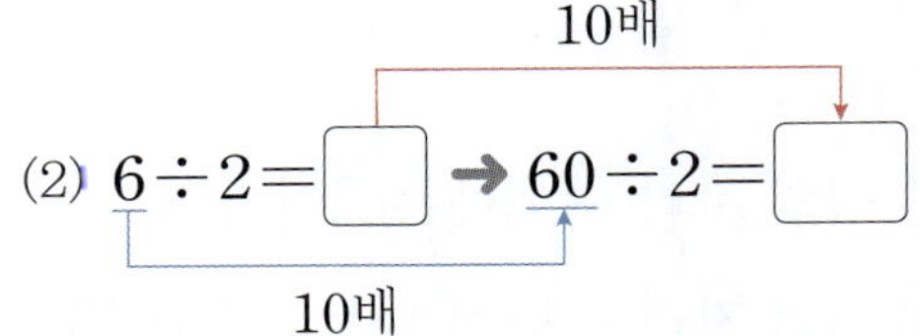

5 ☐ 안에 알맞은 수를 써넣으세요.

(1) 82÷2=☐
　　80÷2=☐
　　　2÷2=☐

(2) 96÷3=☐
　　90÷3=☐
　　　6÷3=☐

6 계산해 보세요.

(1) 40÷2

(2) 50÷5

(3) 77÷7

(4) 63÷3

❷ (두 자리 수)÷(한 자리 수) ⑵ ▶ 내림이 있는 경우

나눗셈식을 세로로 쓰는 방법

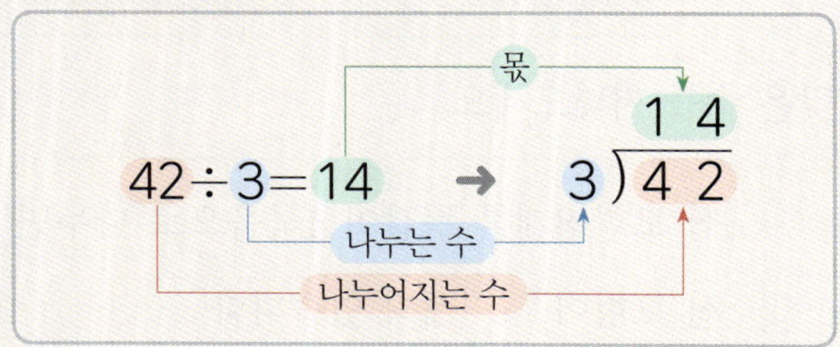

42÷3 계산하기

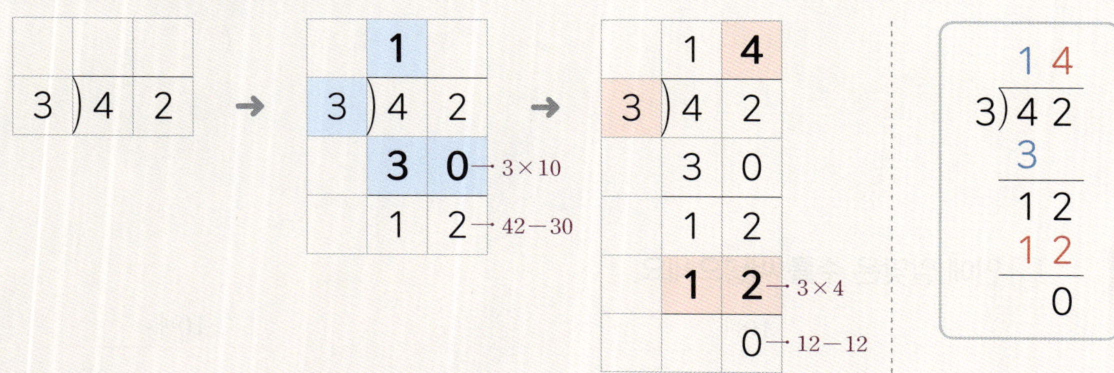

① 십의 자리 수 4에는 3이 1번 들어가므로 몫의 십의 자리에 **1**을 씁니다.

② 십의 자리를 먼저 나누고 **내림하여 남은 수 1**을 내려쓰고 일의 자리 수 2를 그대로 내려씁니다.

③ 12에는 3이 4번 들어가므로 몫의 일의 자리에 **4**를 씁니다.

④ 12-12=0이므로 0을 아래에 씁니다.

개념 확인 1

34÷2를 계산해 보세요.

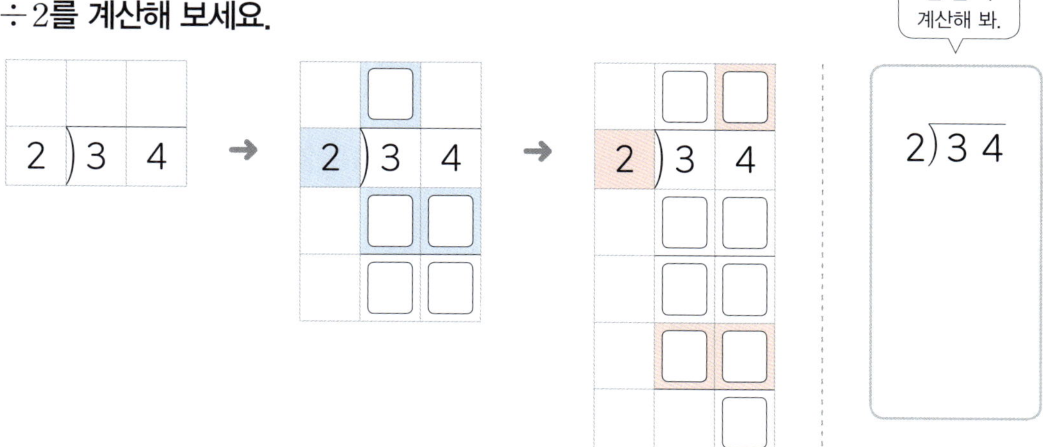

2　90÷6을 계산하려고 합니다. 수 모형을 보고 □ 안에 알맞은 수를 써넣으세요.

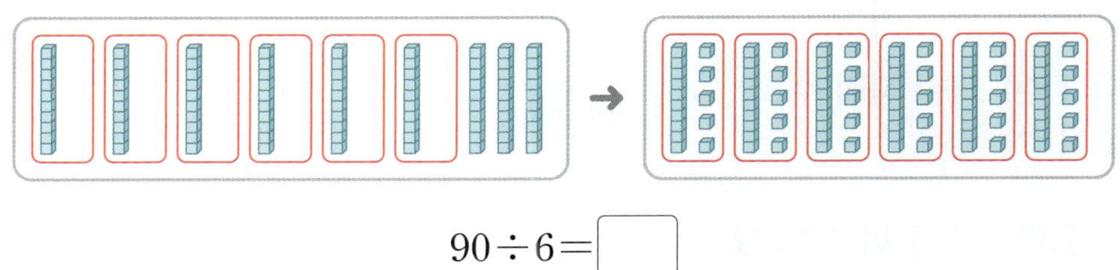

$$90 \div 6 = \boxed{}$$

3　56÷4를 계산하려고 합니다. 수 모형을 보고 □ 안에 알맞은 수를 써넣으세요.

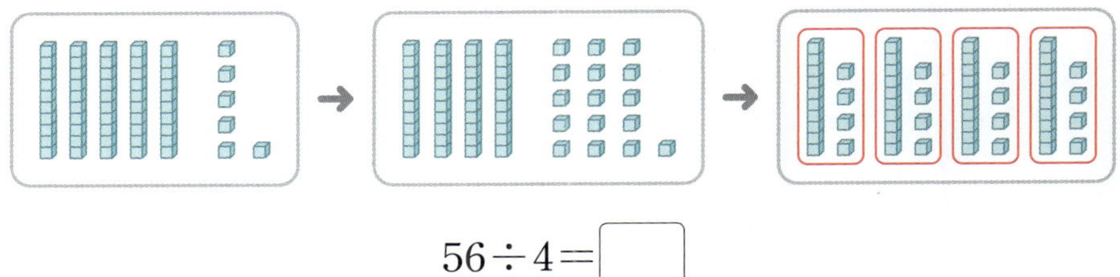

$$56 \div 4 = \boxed{}$$

4　□ 안에 알맞은 수를 써넣으세요.

(1)
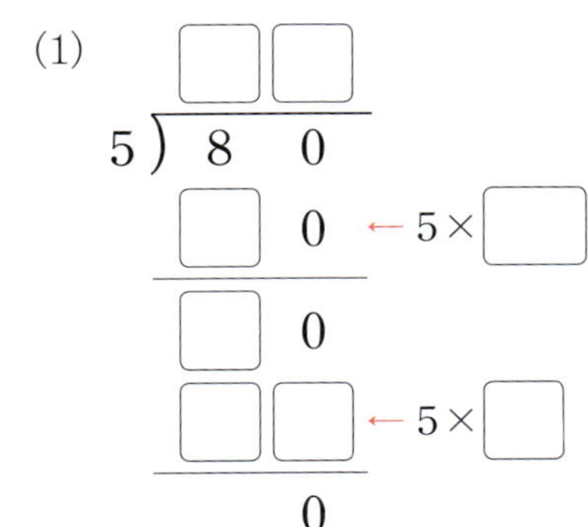

(2)

5　계산해 보세요.

(1)
$$3 \overline{)4\ 5}$$

(2)
$$6 \overline{)7\ 2}$$

수학익힘 문제 잡기

1 (두 자리 수)÷(한 자리 수)(1)
▶ 내림이 없는 경우

개념 040쪽

01 ☐ 안에 알맞은 수를 써넣으세요.

(1) $4 \div 4 = \boxed{}$ → $40 \div 4 = \boxed{}$

(2) $9 \div 3 = \boxed{}$ → $90 \div 3 = \boxed{}$

02 큰 수를 작은 수로 나눈 몫을 구하세요.

(   )

03 빈칸에 알맞은 수를 써넣으세요.

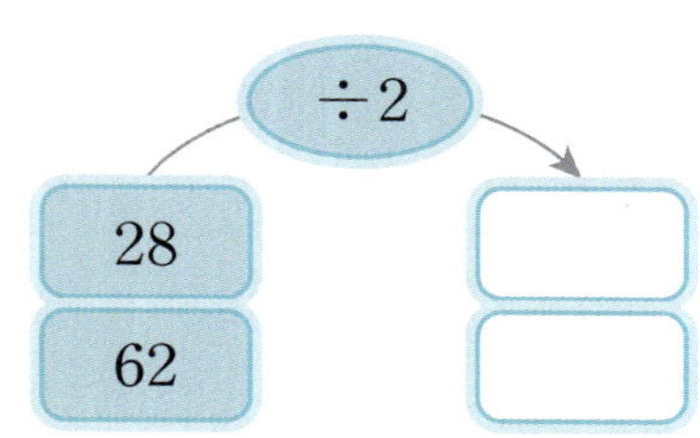

04 몫의 크기를 비교하여 ◯ 안에 >, =, <를 알맞게 써넣으세요.

$$42 \div 2 \quad \bigcirc \quad 90 \div 9$$

05 동화책 55권을 책꽂이 5칸에 똑같이 나누어 꽂으려고 합니다. 책꽂이 한 칸에 동화책을 몇 권씩 꽂아야 하는지 구하세요.

식 $\boxed{} \div \boxed{} = \boxed{}$

답 _______________

06 몫이 다른 나눗셈이 적혀진 상자에 보물이 들어 있습니다. 보물이 들어 있는 상자를 찾아 ◯표 하세요.

(   )   (   )   (   )

② (두 자리 수)÷(한 자리 수)(2)
▶ 내림이 있는 경우

개념 042쪽

07 계산해 보세요.

(1) $60 \div 4$

(2) $81 \div 3$

08 나눗셈의 몫을 찾아 이어 보세요.

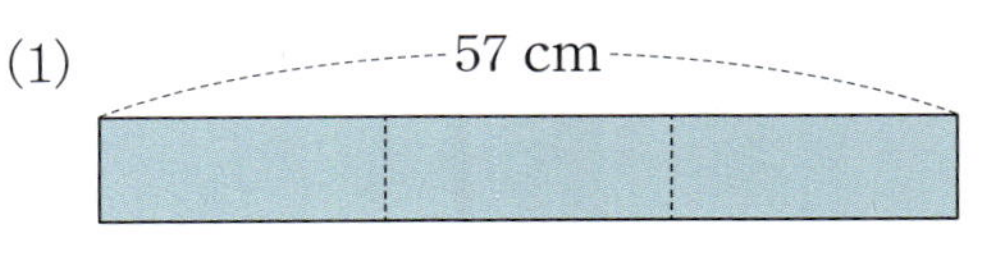

(1) $30 \div 2$ ·

(2) $60 \div 5$ ·

· 12

· 15

· 18

09 그림을 보고 ☐ 안에 알맞은 수를 써넣으세요.

(1)
57 cm

한 도막의 길이: $57 \div 3 = \boxed{}$ (cm)

(2)
68 cm

한 도막의 길이: $68 \div 4 = \boxed{}$ (cm)

10 계산을 바르게 한 사람의 이름을 쓰세요.

(   )

11 ●와 ★의 합을 구하세요.

$56 \div 4 = ●$

$87 \div 3 = ★$

(   )

교과역량 콕! 문제해결 | 추론

12 성냥개비 65개를 5개씩 나누어 그림과 같은 모양을 각각 만들려고 합니다. 모양을 몇 개까지 만들 수 있는지 구하세요.

(   )

③ (두 자리 수)÷(한 자리 수) ⑶ ▶ 나머지가 있는 경우

16÷5를 수 모형으로 알아보기

① 십 모형 1개를 일 모형 10개로 바꾸고, 일 모형 16개를 똑같이 3묶음으로 나눕니다.
② 한 묶음에 일 모형이 5개씩 있고, 일 모형 1개가 남습니다.

16÷5의 몫과 나머지 알아보기

16을 5로 나누면 **몫은 3**이고 **1**이 남습니다. 이때 **1**을 **16÷5의 나머지**라고 합니다.

$$16 \div 5 = 3 \cdots 1$$
몫 나머지

나머지가 없으면 나머지가 0이라고 할 수 있습니다.

→ 나머지가 0일 때, **나누어떨어진다**고 합니다.

개념 확인 1 수 모형을 보고 □ 안에 알맞은 수나 말을 써넣고, 계산해 보세요.

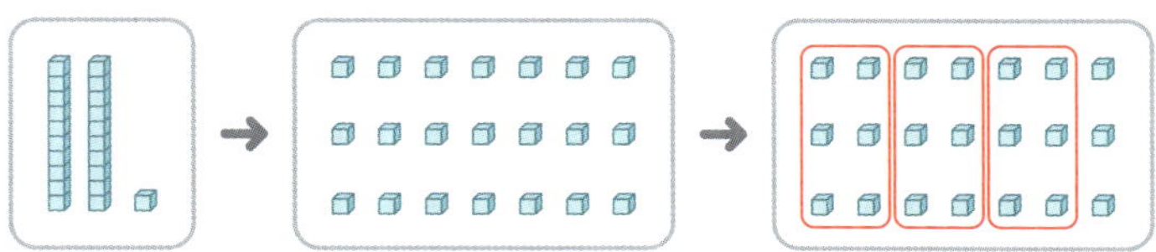

21을 6으로 나누면 **몫은** □이고 □이 남습니다.

이때 □을 **21÷6의** □라고 합니다.

$$21 \div 6 = \boxed{} \cdots \boxed{}$$

2 23÷4를 어떻게 계산하는지 수 모형으로 알아보려고 합니다. ☐ 안에 알맞은 수를 써넣으세요.

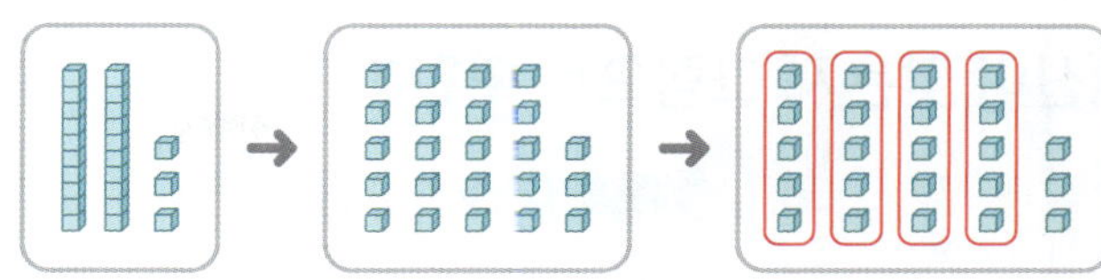

(1) 십 모형 2개를 일 모형으로 바꿔서 일 모형 23개를 똑같이 4묶음으로 나누면 한 묶음에 일 모형이 ☐개씩 있고, 일 모형 ☐개가 남습니다.

(2) 23÷4의 몫은 ☐이고 나머지는 ☐입니다.

3 ☐ 안에 알맞은 수를 써넣고, 몫과 나머지를 각각 구하세요.

(1)

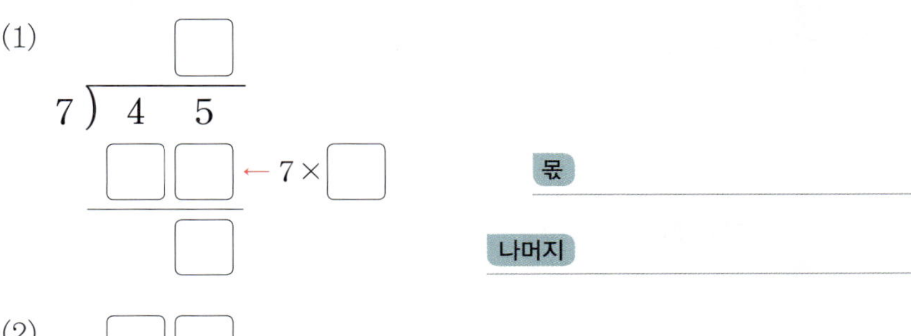

몫 ___________

나머지 ___________

(2)

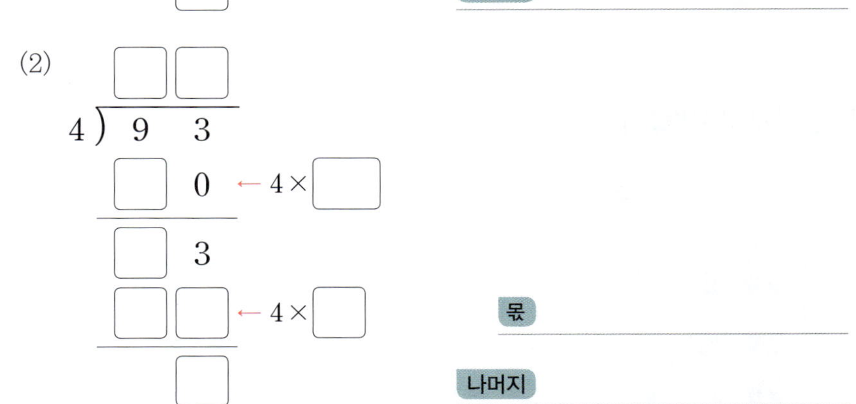

몫 ___________

나머지 ___________

4 계산해 보세요.

(1)
$$7)\overline{3\ 9}$$ 의 형태 — 6)39

(2)
4)99

STEP 1 교과서 개념 잡기

④ 나눗셈의 계산 확인

43÷6의 계산이 맞는지 그림으로 확인하기

나눗셈식 $43÷6=7\cdots1$

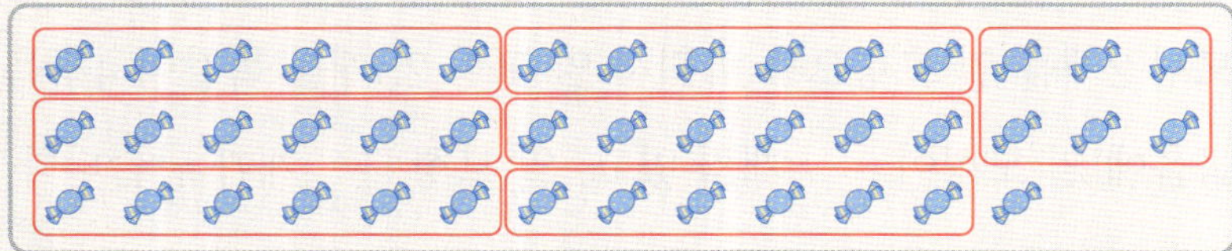

사탕 **43**개를 **6**개씩 묶으면 **7**묶음이고, **1**개가 남습니다.

→ 6개씩 7묶음이므로 $6×7=42$(개)이고,
1개가 남았으므로 전체 사탕의 수는 $42+1=43$(개)입니다.

43÷6의 계산이 맞는지 확인하는 방법

나누는 수와 몫의 곱에 나머지를 더하면 나누어지는 수가 됩니다.

$$43÷6=7\cdots1$$

확인 $6×7=42,\ 42+1=43$

개념 확인 1

$29÷4$를 계산하고, 과자 29개를 4개씩 묶어 계산이 맞는지 확인해 보세요.

나눗셈식 $29÷4=\boxed{}\cdots\boxed{}$

개념 확인 2

☐ 안에 알맞은 수를 써넣어 **1**에서 구한 나눗셈식이 맞는지 확인해 보세요.

$$29÷4=\boxed{}\cdots\boxed{}$$

확인 $4×\boxed{}=\boxed{},\ \boxed{}+\boxed{}=\boxed{}$

3 $32 \div 5 = 6 \cdots 2$가 맞는지 그림으로 확인하려고 합니다. 물음에 답하세요.

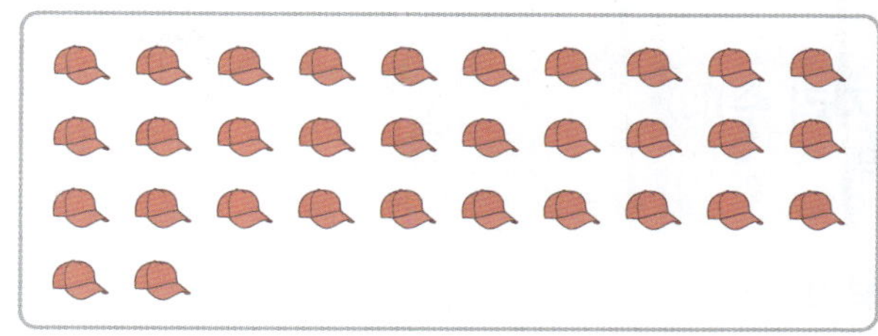

(1) 모자를 5개씩 묶어 보고, ☐ 안에 알맞은 수를 써넣으세요.

5개씩 ☐ 묶음이고, ☐ 개가 남습니다.

(2) 나눗셈의 계산이 맞는지 확인하고, 알맞은 말에 ○표 하세요.

확인 $5 \times$ ☐ $= 30$, $30 +$ ☐ $=$ ☐

→ 계산 결과가 (맞습니다 , 틀립니다).

4 나눗셈의 계산이 맞는지 확인하려고 합니다. ☐ 안에 알맞은 수를 써넣으세요.

(1)
$$\begin{array}{r} 5 \\ 3{\overline{)1\,7}} \\ 1\,5 \\ \hline 2 \end{array}$$

확인 $3 \times$ ☐ $= 15$,

$15 +$ ☐ $=$ ☐

(2)
$$\begin{array}{r} 9 \\ 8{\overline{)7\,3}} \\ 7\,2 \\ \hline 1 \end{array}$$

확인 ☐ $\times 9 = 72$,

$72 +$ ☐ $=$ ☐

5 나눗셈의 계산이 맞는지 확인하려고 합니다. ☐ 안에 알맞은 수를 써넣으세요.

$$27 \div 4 = 6 \cdots 3$$

확인 $4 \times$ ☐ $= 24$, $24 +$ ☐ $=$ ☐

③ (두 자리 수)÷(한 자리 수)(3)
▶ 나머지가 있는 경우

개념 046쪽

01 나눗셈식을 보고 〈보기〉에서 ☐ 안에 알맞은 말을 골라 써넣으세요.

〈보기〉
나머지   몫

$$
\begin{array}{r}
9 \leftarrow \boxed{} \\
3\,\overline{)\,2\,9} \\
2\,7 \\
\hline
2 \leftarrow \boxed{}
\end{array}
$$

02 ☐ 안에 알맞은 수를 써넣고, $46÷9$의 몫과 나머지를 각각 구하세요.

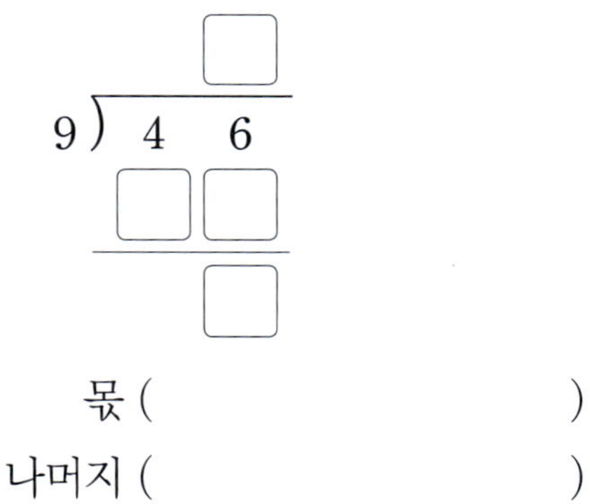

몫 (   )

나머지 (   )

03 계산해 보세요.

(1) $74÷8$

(2) $59÷4$

04 ☐ 안에 알맞은 수를 써넣고, $83÷7$의 몫과 나머지를 각각 구하세요.

$$83÷7=\boxed{}\cdots\boxed{}$$

몫 (   )

나머지 (   )

05 ☐ 안에는 몫을 쓰고, ◯ 안에는 나머지를 써넣으세요.

÷			
31	5		◯
28	8		◯

06 나누어떨어지는 나눗셈에 ◯표 하세요.

$2\,\overline{)\,1\,9}$ $6\,\overline{)\,2\,4}$

(   )   (   )

07 나눗셈의 나머지를 찾아 이어 보세요.

(1) $67 \div 4$ ・

(2) $73 \div 6$ ・

・ 1

・ 2

・ 3

08 계산에서 잘못된 곳을 찾아 바르게 계산해 보세요.

$$
\begin{array}{r}
1\,5 \\
4\,\overline{)\,6\,5} \\
4 \\
\hline
2\,5 \\
2\,0 \\
\hline
5
\end{array}
\quad\rightarrow\quad
4\,\overline{)\,6\,5}
$$

09 몫의 크기를 비교하여 ○ 안에 >, =, <를 알맞게 써넣으세요.

$46 \div 7$ ◯ $47 \div 6$

10 8로 나누었을 때 나머지가 다른 것을 찾아 쓰세요.

62　86　92

(　　　　　　)

11 다음 중 □÷6에서 나머지가 될 수 있는 수는 모두 몇 개인지 쓰세요.

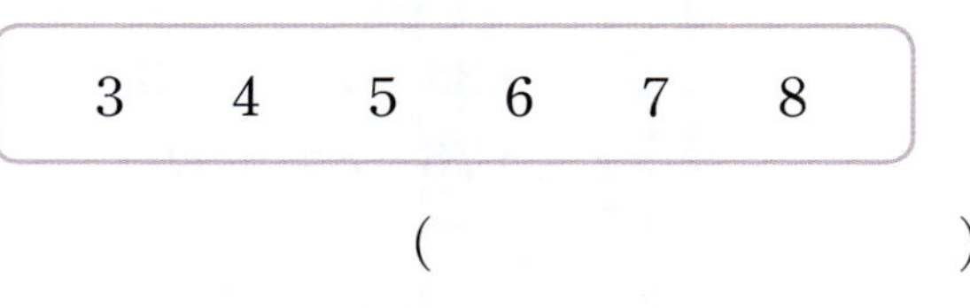

3　4　5　6　7　8

(　　　　　　)

12 나머지가 큰 것부터 차례로 기호를 쓰세요.

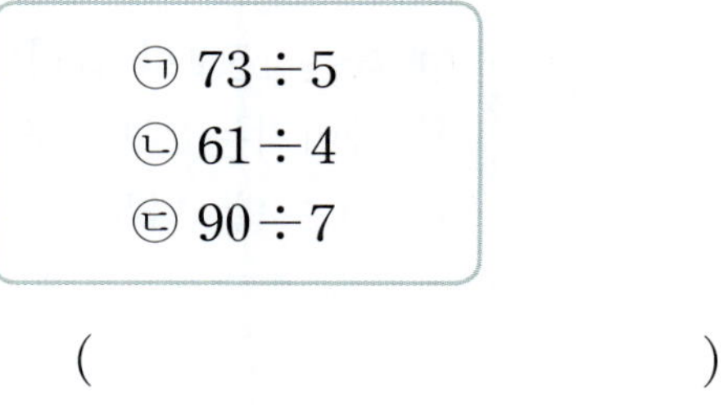

㉠ $73 \div 5$
㉡ $61 \div 4$
㉢ $90 \div 7$

(　　　　　　)

13 나머지가 3이 될 수 <u>없는</u> 나눗셈을 찾아 기호를 쓰세요.

> ㉠ $\square \div 5$ ㉡ $\square \div 2$
>
> ㉢ $\square \div 9$ ㉣ $\square \div 4$

(   )

14 ㉠과 ㉡에 알맞은 수의 합을 구하세요.

> - $38 \div 7 = ㉠ \cdots 3$
> - $76 \div 8 = 9 \cdots ㉡$

(   )

15 $54 \div 4$의 계산에 대해 바르게 설명한 것을 찾아 기호를 쓰세요.

> ㉠ 몫은 15보다 큽니다.
> ㉡ 나머지는 7보다 작습니다.
> ㉢ $54 \div 4$는 나누어떨어집니다.

(   )

16 꽃 장식을 한 개 만드는 데 리본이 8 cm 필요합니다. 리본 98 cm로 만들 수 있는 꽃 장식은 몇 개이고, 남는 리본은 몇 cm인지 구하세요.

식

답 꽃 장식을 $\square$ 개 만들 수 있고, $\square$ cm 가 남습니다.

교과역량 콕! 문제해결 | 정보처리

17 현석이네 반 학생 26명이 모둠 만들기 놀이를 하고 있습니다. 한 모둠에는 2명부터 6명까지 모일 수 있습니다. 모둠을 만들고 난 후에 5명이 남았다면 한 모둠에 모인 학생은 몇 명인지 구하세요. (단, 한 모둠의 학생 수는 모두 같습니다.)

(1) 현석이네 반에서 모둠을 만든 학생은 모두 몇 명인가요?

(   )

(2) 한 모둠에 모인 학생은 몇 명인가요?

(   )

4 나눗셈의 계산 확인   개념 048쪽

18 계산해 보고, 계산 결과가 맞는지 확인해 보세요.

(1) $49 \div 5 = \boxed{} \cdots \boxed{}$

확인 $5 \times \boxed{} = 45,\ 45 + \boxed{} = \boxed{}$

(2) $80 \div 6 = \boxed{} \cdots \boxed{}$

확인 $6 \times \boxed{} = 78,\ 78 + \boxed{} = \boxed{}$

19 ☐ 안에 알맞은 수를 써넣고, 계산 결과가 맞는지 확인해 보세요.

$$56 \div 3 = \boxed{} \cdots \boxed{}$$

확인

20 계산해 보고, 계산 결과가 맞는지 확인해 보세요.

(1)
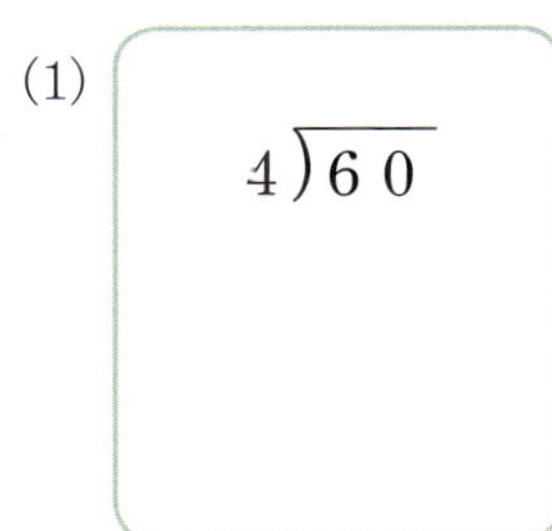

확인

(2)

$7 \overline{)8\,8}$

확인

21 계산을 바르게 한 사람의 이름을 쓰세요.

(   )

22 다음은 윤정이가 (두 자리 수)÷(한 자리 수)의 나눗셈식을 계산한 후 계산 결과가 맞는지 확인한 식입니다. 윤정이가 계산한 나눗셈식을 쓰고, 몫과 나머지를 각각 구하세요.

$$2 \times 25 = 50,\ 50 + 1 = 51$$

식

몫 (   )

나머지 (   )

교과역량 콕! 문제해결 | 추론

23 어떤 수를 4로 나누었더니 몫이 7이고 나머지가 3이 되었습니다. 어떤 수를 구하세요.

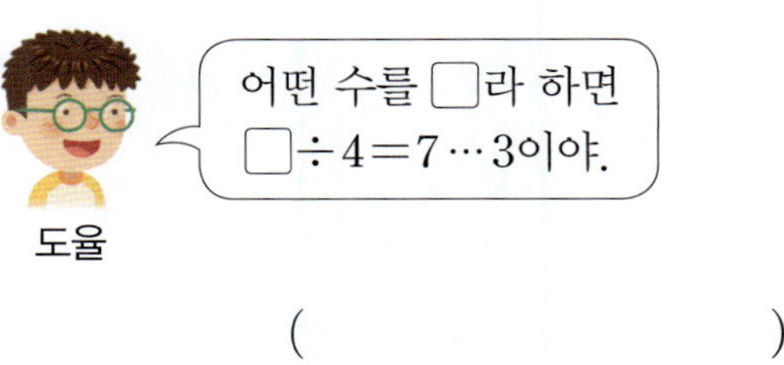

(   )

STEP 1 교과서 개념 잡기

⑤ (세 자리 수)÷(한 자리 수)

650÷5 계산하기

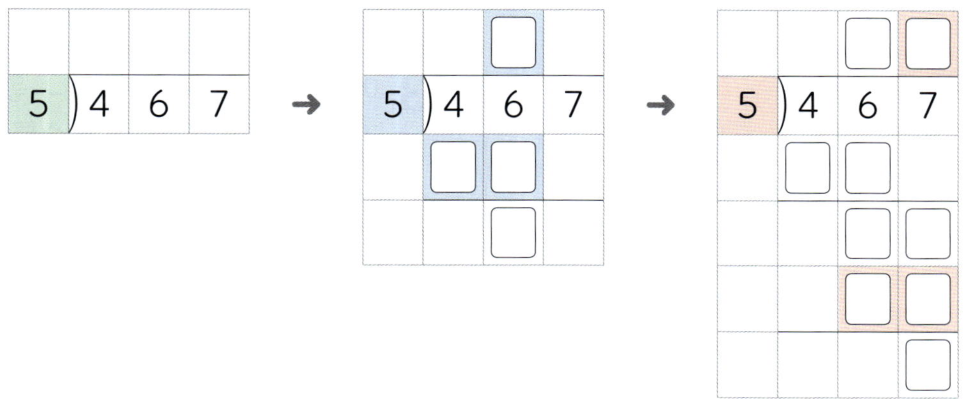

① 백의 자리를 먼저 나누고 남은 수와 십의 자리 수의 합인 15를 5로 나눕니다.

② 십의 자리 계산 후 남은 수가 없으므로 몫의 일의 자리에 0을 쓰고, 0을 아래에 씁니다.

374÷4 계산하기

① 백의 자리에서 3을 4로 나눌 수 없으므로 십의 자리에서 37을 4로 나눕니다.

② 나누고 남은 수와 일의 자리 수의 합인 14를 4로 한 번 더 나누면 2가 남습니다.

개념 확인 1

467÷5를 계산해 보세요.

2 258÷6을 어떻게 계산하는지 알아보려고 합니다. 물음에 답하세요.

(1) □ 안에 알맞은 수를 써넣으세요.

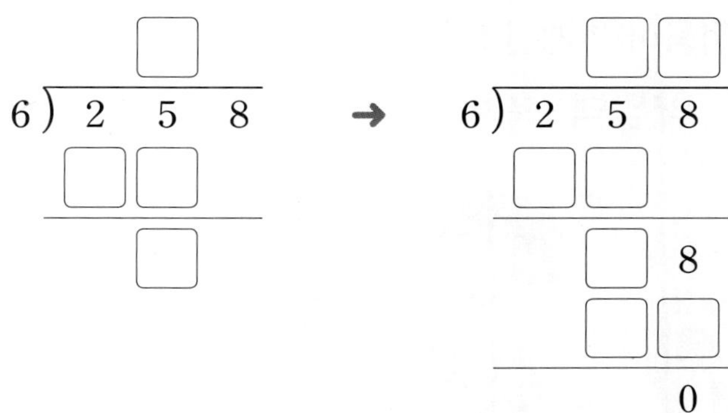

(2) 258÷6의 몫은 얼마인가요?

(   )

3 □ 안에 알맞은 수를 써넣으세요.

(1)

```
    □ □ □
2 ) 2 0 3
    □
        3
        □
        1
```

(2)

```
      □ □
5 ) 4 1 2
    □ □
      □ 2
      □ □
        2
```

4 계산해 보세요.

(1)

```
7 ) 3 9 2
```

(2)

```
7 ) 9 8 3
```

⑥ 나눗셈의 어림셈

어림셈을 이용하여 계산하기

세 자리 수를 **약 몇백**으로 어림하여 나눗셈을 합니다.

털모자를 직접 만들어 자선 단체에 기부하려고 합니다. 만든 털모자 294개를 한 봉지에 3개씩 담으려면 봉지가 약 몇 개 필요한지 어림셈을 이용하여 알아봅니다.

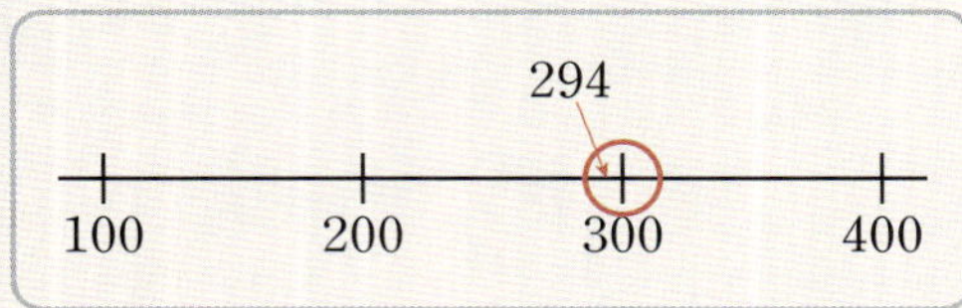

294를 **몇백**으로 어림하면 **약 300**입니다.

어림셈 $300 \div 3 = 100$ → 봉지가 **약 100개** 필요합니다.

개념 확인 1

도서관에 새로 구입한 책이 412권 있습니다. 이 책들을 책장 8개에 똑같이 나누어 꽂으려고 합니다. 412를 어림하여 수직선에 ○표 하고, 책장 한 개에 책을 약 몇 권씩 꽂을 수 있는지 어림셈을 이용하여 알아보세요.

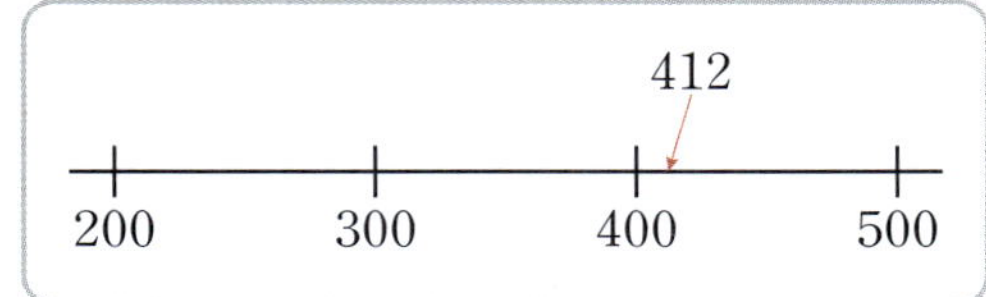

412를 **몇백**으로 어림하면 **약** ☐ 입니다.

어림셈 ☐ $\div 8 =$ ☐ → 책장 한 개에 책을 **약** ☐ **권**씩 꽂을 수 있습니다.

2 도율이가 62÷6을 어림셈으로 계산하려고 합니다. ☐ 안에 알맞은 수를 써넣으세요.

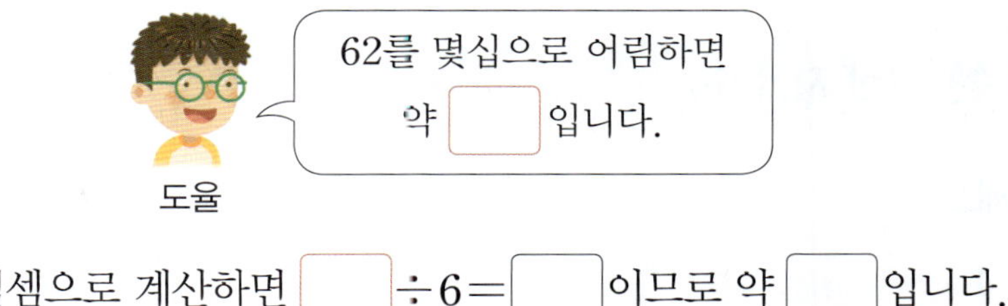

➡ 어림셈으로 계산하면 ☐ ÷6= ☐ 이므로 약 ☐ 입니다.

3 어림셈을 하기 위한 식에 색칠해 보세요.

(1) 81÷4 ➡

8÷4	80÷4	90÷4

(2) 249÷5 ➡

200÷5	240÷5	250÷5

4 마카롱을 한 상자에 5개씩 담을 수 있습니다. 마카롱 202개를 포장하면 약 몇 상자가 되는지 어림하려고 합니다. 물음에 답하세요.

(1) 마카롱의 수를 몇백으로 어림해 보세요.

202개 ➡ 약 ☐ 개

(2) 마카롱은 약 몇 상자가 되는지 어림셈으로 계산해 보세요.

어림셈 ☐ ÷5= ☐ ➡ 마카롱 상자 수: 약 ☐ 상자

5 **(세 자리 수)÷(한 자리 수)** 개념 054쪽

01 계산해 보세요.

(1) $576 \div 4$

(2) $251 \div 7$

(3) $874 \div 6$

02 ☐ 안에 알맞은 수를 써넣으세요.

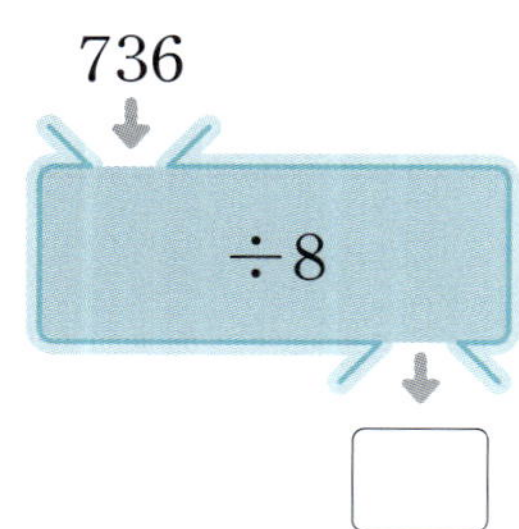

03 ☐ 안에는 몫을 쓰고, ◯ 안에는 나머지를 써넣으세요.

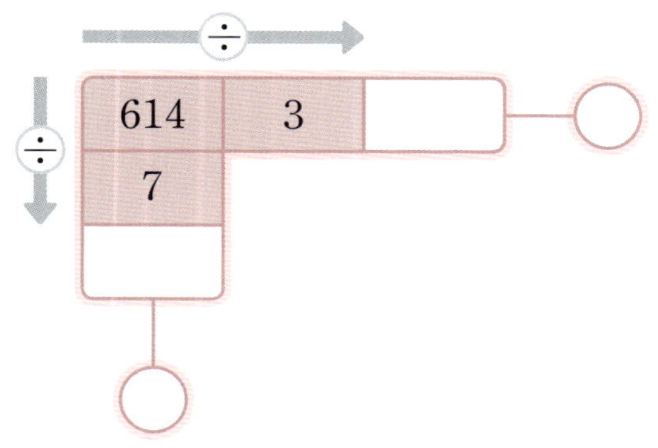

04 몫의 크기를 비교하여 ◯ 안에 >, =, <를 알맞게 써넣으세요.

$580 \div 5$ ◯ $847 \div 7$

05 연필 154자루를 한 명에게 4자루씩 나누어 주려고 합니다. 연필을 몇 명에게 줄 수 있고, 몇 자루가 남을까요?

㉠ 식

㉡ 답 연필을 ☐명에게 줄 수 있고, ☐자루가 남습니다.

교과역량 콕! 문제해결 | 의사소통

06 두 사람의 대화를 읽고 색종이를 몇 명에게 나누어 줄 수 있는지 구하세요.

(   )

07 ●와 ★에 알맞은 수의 차를 구하세요.

$$845 \div 3 = ● \cdots ★$$

(   )

08 나눗셈 카드의 나머지가 가장 큰 사람을 찾아 이름을 쓰세요.

$538 \div 4$	$326 \div 7$	$263 \div 5$
진우	은희	성민

(   )

09 두 나눗셈식에서 ♥는 같은 수입니다. ♥, ◆에 알맞은 수는 각각 얼마인지 구하세요.

$$81 \div 6 = 13 \cdots ♥$$
$$429 \div ♥ = ◆$$

♥ (   )

◆ (   )

힌트 { 첫 번째 식에서 먼저 ♥를 구해.

---

6   **나눗셈의 어림셈**   개념 056쪽

10 어림셈으로 구한 값을 찾아 색칠해 보세요.

(1) $98 \div 5$ →

10	20	30

(2) $162 \div 8$ →

2	12	20

11 $88 \div 3$의 몫을 어림셈으로 구하려고 합니다. □ 안에 알맞은 수를 써넣으세요.

어림셈 $90 \div 3 = \boxed{}$

88은 $\boxed{}$ 보다 작으므로 $88 \div 3$의 계산 결과는 $\boxed{}$ 보다 작을 것입니다.

12 어느 공장에서 만든 테니스공 482개를 한 상자에 6개씩 담으려고 합니다. 테니스공을 모두 담으려고 상자 80개를 준비한다면 상자 수는 충분할지 어림셈으로 알아보세요.

어림셈 $\boxed{} \div 6 = \boxed{}$

→ 테니스공 482개를 모두 담는 데

상자 80개는 (충분합니다 , 부족합니다).

1

다음 중 □÷**6**의 나머지가 될 수 있는 수를 모두 구하려고 합니다. 풀이 과정을 쓰고, 답을 구하세요.

| 4 | 5 | 6 | 7 | 8 |

(1단계) 나머지와 나누는 수의 관계 알기

나머지는 나누는 수인 □보다 작아야 합니다.

(2단계) 나머지가 될 수 있는 수 구하기

따라서 나머지가 될 수 있는 수는 □, □입니다.

답

2

다음 중 □÷**8**의 나머지가 될 수 있는 수를 모두 구하려고 합니다. 풀이 과정을 쓰고, 답을 구하세요.

| 5 | 6 | 7 | 8 | 9 |

(1단계) 나머지와 나누는 수의 관계 알기

(2단계) 나머지가 될 수 있는 수 구하기

답

3

<u>잘못</u> 계산한 곳을 찾아 바르게 계산하고, 그렇게 고친 이유를 쓰세요.

(1단계) 바르게 계산하기

```
      2 8
  3 ) 8 8
      6
    ─────
      2 8
      2 4
    ─────
      4
```
→
```
  3 ) 8 8
```

(2단계) 고친 이유 쓰기

나머지 4가 나누는 수 □보다 크므로 몫을 더 크게 바꾸어 계산해야 합니다.

4

<u>잘못</u> 계산한 곳을 찾아 바르게 계산하고, 그렇게 고친 이유를 쓰세요.

(1단계) 바르게 계산하기

```
        5 1
  8 ) 4 1 9
      4 0
    ───────
      1 9
        8
    ───────
      1 1
```
→
```
  8 ) 4 1 9
```

(2단계) 고친 이유 쓰기

5

어떤 수를 **7로 나누었더니** 몫이 **11**이고 나머지가 **3**이었습니다. 어떤 수는 얼마인지 풀이 과정을 쓰고, 답을 구하세요.

(1단계) 어떤 수를 ■라 하여 나눗셈식 만들기

어떤 수를 ■라 하여 나눗셈식을 만들면

■ ÷ 7 = ☐ … ☐ 입니다.

(2단계) 어떤 수 구하기

7 × 11 = ☐, ☐ + ☐ = ☐ 이므로

어떤 수는 ☐ 입니다.

답 ______________

6

어떤 수를 **6으로 나누었더니** 몫이 **13**이고 나머지가 **5**였습니다. 어떤 수는 얼마인지 풀이 과정을 쓰고, 답을 구하세요.

(1단계) 어떤 수를 ■라 하여 나눗셈식 만들기

____

____

(2단계) 어떤 수 구하기

____

____

답 ______________

7

4장의 수 카드 중에서 3장을 골라 (두 자리 수) ÷ (한 자리 수)를 만들려고 합니다. **준호가 고른 카드**로 나눗셈식을 만들고, 이때의 몫과 나머지는 각각 얼마인지 구하세요.

3 5 6 8

(1단계) 준호가 고른 수 카드로 나눗셈식 만들기

나눗셈식: 5 ☐ ÷ 8

(2단계) 만든 나눗셈식 계산하기

5 ☐ ÷ 8 = ☐ … ☐ 이므로

몫은 ☐, 나머지는 ☐ 입니다.

몫 ______________ , 나머지 ______________

8 창의형

4장의 수 카드 중에서 3장을 골라 (두 자리 수) ÷ (한 자리 수)를 만들려고 합니다. **내가 고른 카드**로 나눗셈식을 만들고, 이때의 몫과 나머지는 각각 얼마인지 구하세요.

2 4 7 9

(1단계) 내가 고른 수 카드로 나눗셈식 만들기

나눗셈식: ☐ ☐ ÷ ☐

(2단계) 만든 나눗셈식 계산하기

____

____

몫 ______________ , 나머지 ______________

01 수 모형을 보고 $40 \div 4$를 계산해 보세요.

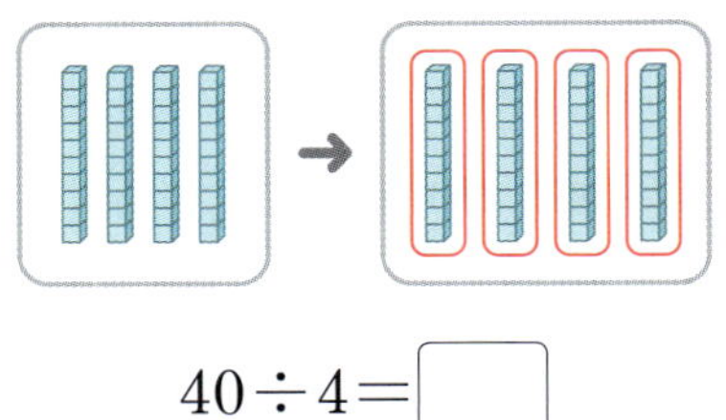

$$40 \div 4 = \boxed{}$$

02 □ 안에 알맞은 수를 써넣으세요.

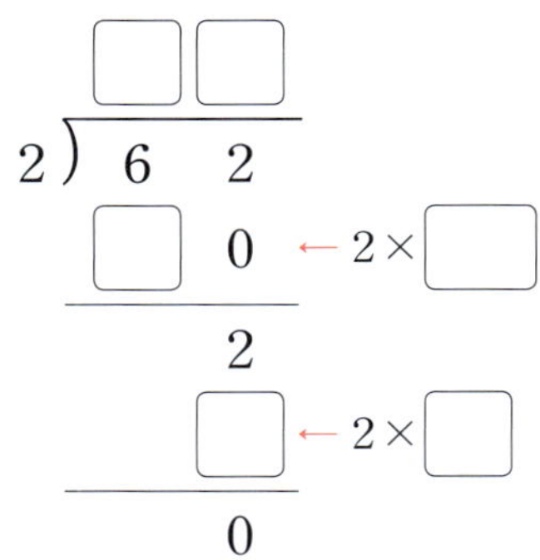

03 몫의 크기를 비교하여 ○ 안에 >, =, <를 알맞게 써넣으세요.

$$80 \div 8 \quad \bigcirc \quad 90 \div 5$$

04 빈칸에 알맞은 수를 써넣으세요.

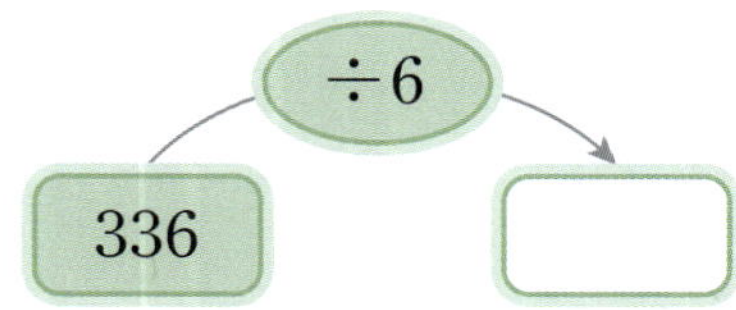

05 □ 안에 알맞은 수를 써넣고, $51 \div 9$의 몫과 나머지를 각각 구하세요.

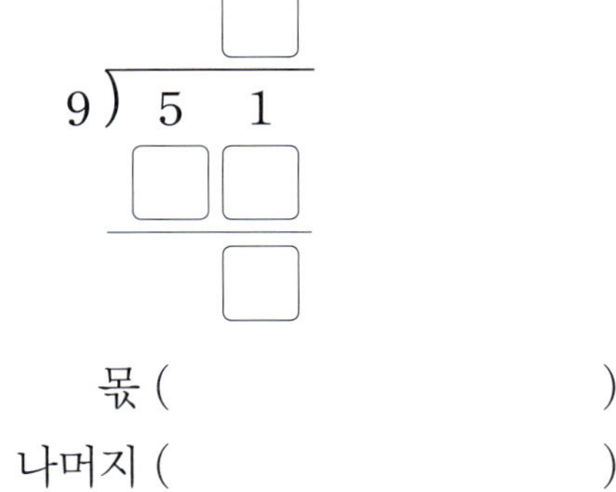

몫 (   )

나머지 (   )

06 〈보기〉와 같은 방법으로 계산해 보세요.

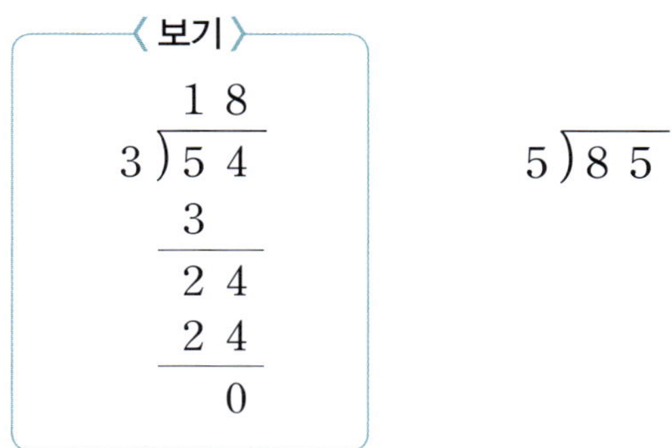

07 몫이 다른 나눗셈을 찾아 ○표 하세요.

$24 \div 2$	$80 \div 5$	$48 \div 3$
( )	( )	( )

08 계산해 보고, 계산 결과가 맞는지 확인해 보세요.

$$93 \div 8 = \boxed{} \cdots \boxed{}$$

확인 $8 \times \boxed{} = 88, \ 88 + \boxed{} = \boxed{}$

09 계산에서 <u>잘못된</u> 곳을 찾아 바르게 계산해 보세요.

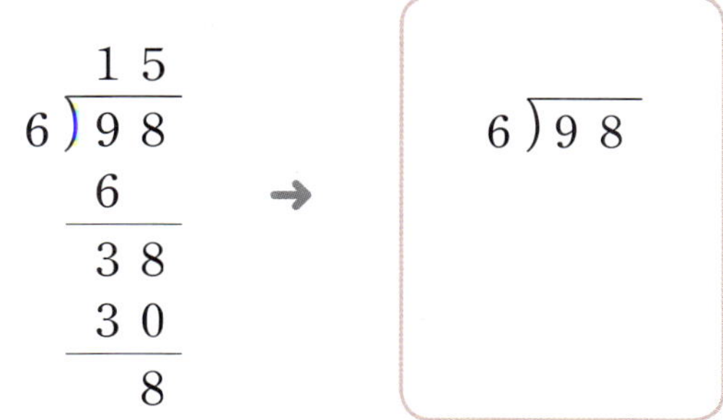

10 나눗셈의 나머지를 찾아 이어 보세요.

(1) $69 \div 5$ •

(2) $77 \div 3$ •

• 2

• 3

• 4

11 나머지가 가장 큰 것을 찾아 기호를 쓰세요.

ㄱ $47 \div 5$
ㄴ $95 \div 6$
ㄷ $620 \div 8$

(   )

12 쿠키 61개를 한 상자에 3개씩 담아 포장하려고 합니다. 쿠키는 약 몇 상자가 되는지 어림셈으로 구하세요.

(   )

13 감자 46개를 봉지 6개에 똑같이 나누어 담으려고 합니다. 한 봉지에 감자를 몇 개씩 담을 수 있고, 몇 개가 남는지 구하세요.

식

답 한 봉지에 감자를 ☐ 개씩 담을 수 있고,
☐ 개가 남습니다.

14 ☐ 안에는 몫을 쓰고, ◯ 안에는 나머지를 써넣으세요.

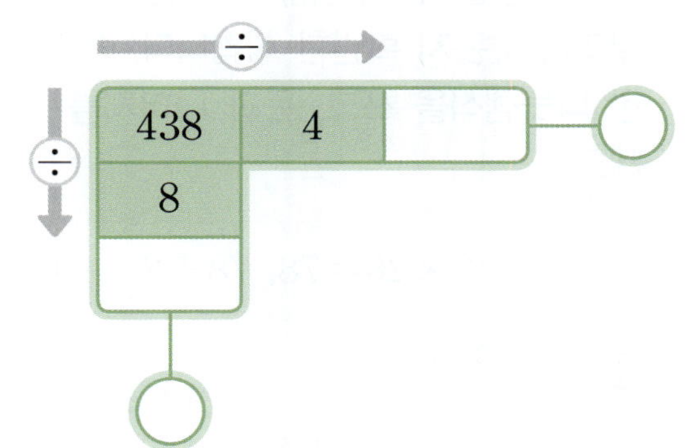

15 도화지 396장을 학생 8명에게 똑같이 나누어 주려고 합니다. 한 명에게 약 몇 장씩 나누어 줄 수 있는지 실제에 더 가깝게 어림한 사람의 이름을 쓰세요.

(   )

16 도율이가 187쪽인 위인전을 모두 읽으려고 합니다. 하루에 8쪽씩 읽는다면 모두 읽는 데 며칠이 걸리는지 구하세요.

(   )

17 다음은 승훈이가 (몇십)÷(몇)을 계산한 후 계산 결과가 맞는지 확인한 식입니다. 승훈이가 계산한 나눗셈식을 쓰고, 몫과 나머지를 각각 구하세요.

$$3 \times 26 = 78, \ 78 + 2 = 80$$

식

몫 (   )

나머지 (   )

18 탁구공 28개와 야구공 17개가 있습니다. 이 공을 합하여 종류에 상관없이 바구니 한 개에 3개씩 넣으려고 합니다. 필요한 바구니는 몇 개일까요?

(   )

서술형

19 다음 중 □÷7의 나머지가 될 수 있는 수를 모두 구하려고 합니다. 풀이 과정을 쓰고, 답을 구하세요.

5	6	7	8	9

풀이

답

20 어떤 수를 9로 나누었더니 몫이 12이고 나머지가 4였습니다. 어떤 수는 얼마인지 풀이 과정을 쓰고, 답을 구하세요.

풀이

답

낱말 퀴즈를 풀어 볼까요?

가로와 세로에 알맞은 단어를 적어 보세요.

[가로]
① 바람이 불면 빙글빙글 돌아가는 장난감
② 차례를 나타낼 때 쓰는 숫자
③ 간단하게 먹을 수 있는 면 요리
④ 대·소변을 보는 장소
⑤ 상대방의 얼굴을 보면서 나누는 통화

[세로]
① 연못에 주로 사는 초록색 양서류
② 빨강, 노랑, 초록으로 교통 신호를 나타내는 장치
③ 대국가 '○○○ 삼천리 화려강산'
④ 고대 이집트 왕의 무덤
⑤ 실내에서 신는 신발

정답은 개념책 160쪽에서 확인하세요.

3

원

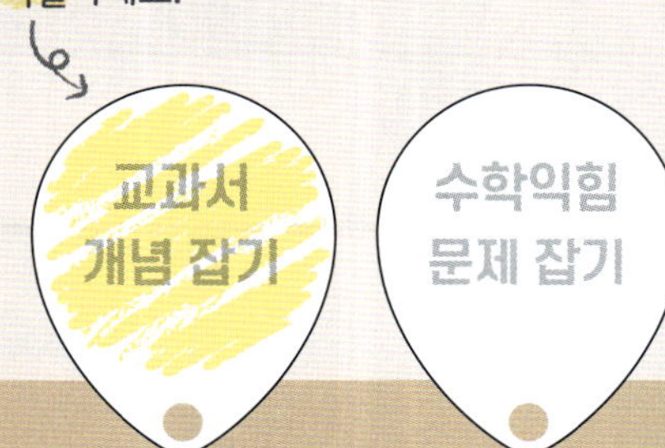

❶ 원의 중심, 반지름, 지름
❷ 원의 성질
❸ 컴퍼스를 이용하여 원 그리기

⌄ 이전에 배운 내용

[2-1] 여러 가지 도형

원 알아보기
원 모양 본떠 그리기
원을 이용하여 모양 꾸미기

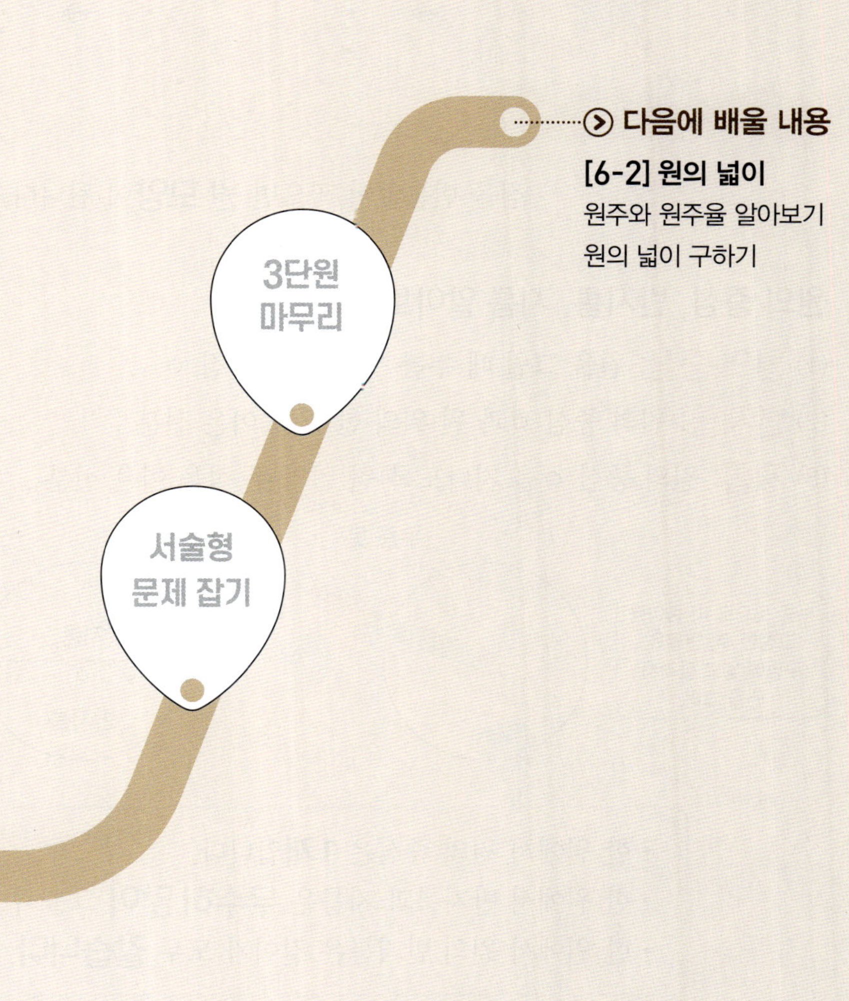
3단원
마무리

서술형
문제 잡기

다음에 배울 내용
[6-2] 원의 넓이
원주와 원주율 알아보기
원의 넓이 구하기

① 원의 중심, 반지름, 지름

한 점에서 같은 길이만큼 떨어진 점을 여러 개 찍기

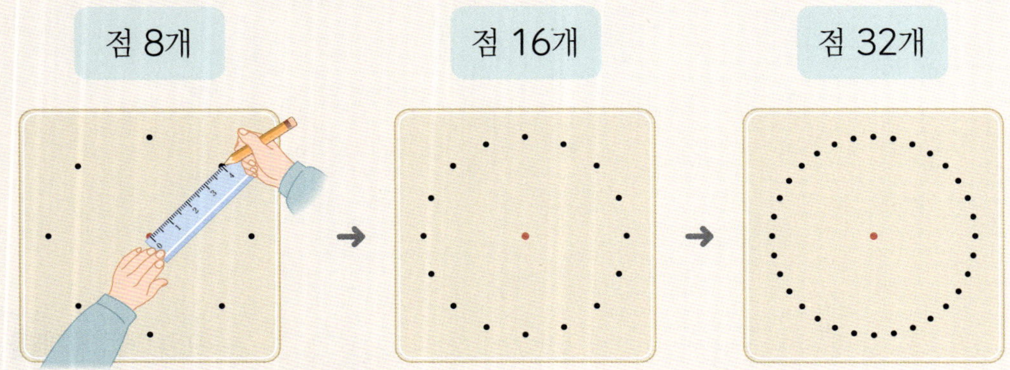

점을 빈틈없이 찍으면 **원 모양**이 됩니다.

원의 중심, 반지름, 지름 알아보기

(1) **원의 중심**: 원을 그릴 때 누름 못이 꽂혔던 점 ㅇ

(2) **반지름**: 원의 중심 ㅇ과 원 위의 한 점을 이은 선분

(3) **지름**: 원의 중심 ㅇ을 지나도록 원 위의 두 점을 이은 선분

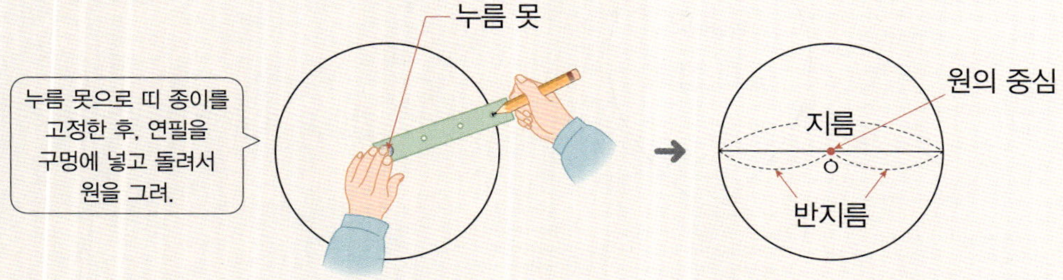

- 한 원에서 원의 중심은 **1개**입니다.
- 한 원에서 반지름과 지름은 **무수히 많이** 그을 수 있습니다.
- 한 원에서 원의 반지름은 길이가 모두 **같습니다.**

개념 확인 1

☐ 안에 알맞은 말을 써넣으세요.

(1) ☐ : 원을 그릴 때 누름 못이 꽂혔던 점

(2) ☐ : 원의 중심과 원 위의 한 점을 이은 선분

(3) ☐ : 원의 중심을 지나도록 원 위의 두 점을 이은 선분

2 원을 보고 물음에 답하세요.

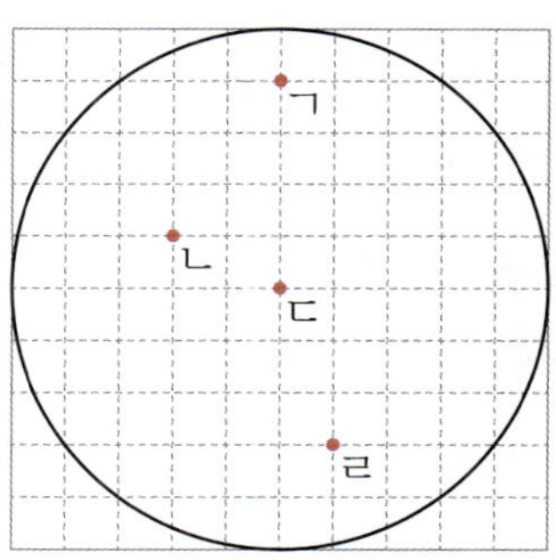

(1) 원의 중심을 찾아 쓰세요.

(   )

(2) 원의 반지름을 1개 긋고, 반지름은 몇 cm인지 자로 재어 보세요.

(   )

3 점 ㅇ은 원의 중심입니다. 지름을 나타내는 선분을 찾아 쓰세요.

(1) 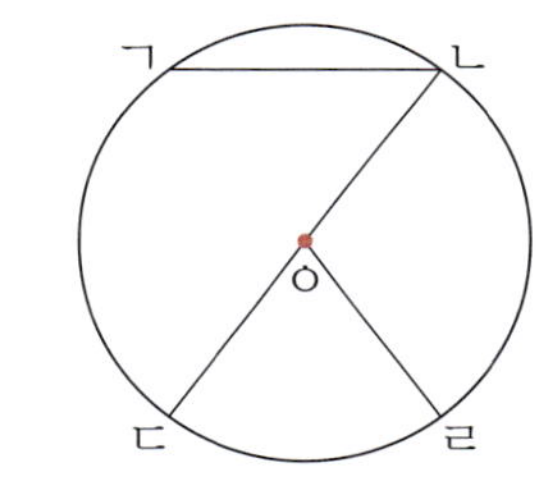

(   )

(2) 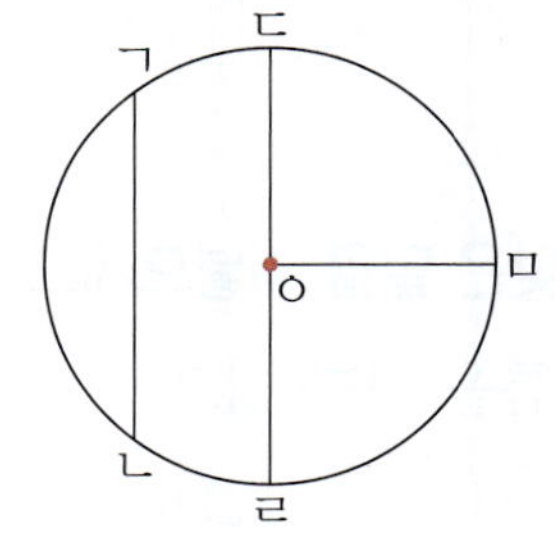

(   )

4 원의 중심, 반지름, 지름에 대해 <u>잘못</u> 설명한 친구의 이름을 쓰세요.

(   )

② 원의 성질

원의 지름의 성질

(1) 원의 지름을 따라 접으면 원의 지름은 원을 **똑같이 둘로** 나눕니다.

(2) 원 위의 두 점을 이은 선분 중 길이가 **가장 긴** 선분은 원의 지름입니다.

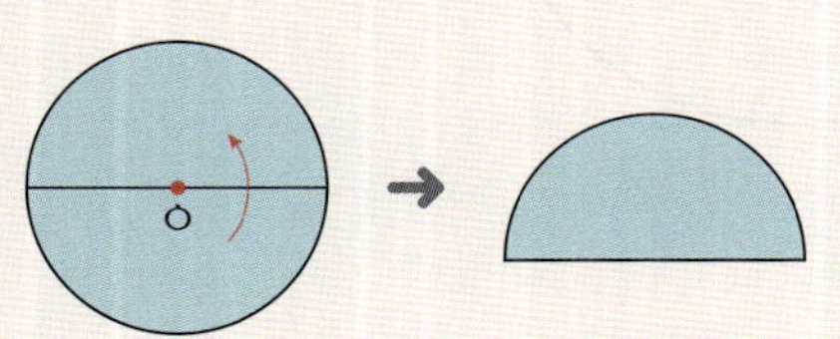

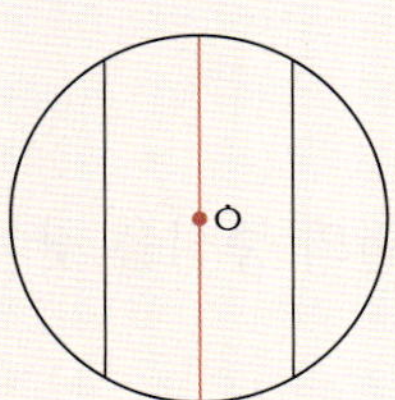

원의 반지름과 지름의 관계

한 원에서 원의 지름은 반지름의 **2배**입니다.

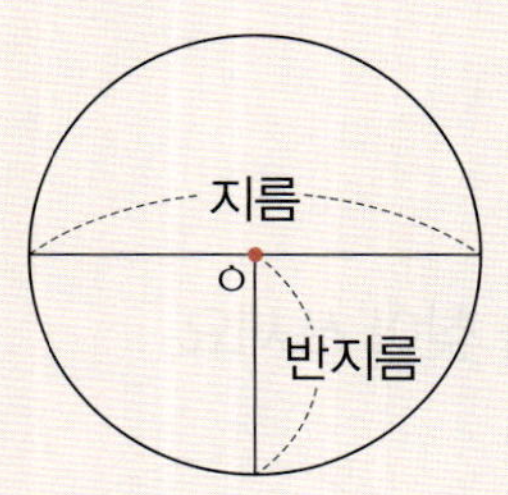

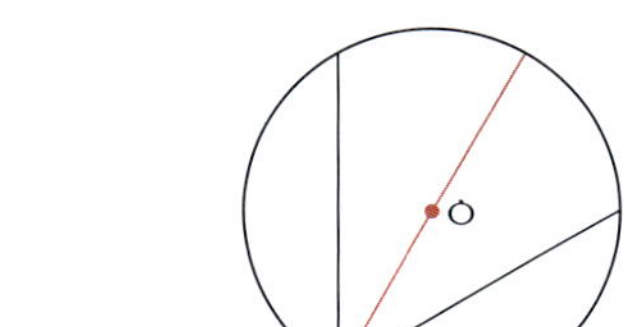

개념 확인 1 ☐ 안에 알맞은 말을 써넣으세요.

(1) 원의 지름을 따라 접으면 원의 지름은 원을 ☐ 나눕니다.

(2) 원 위의 두 점을 이은 선분 중 길이가 **가장 긴** 선분은 원의 ☐ 입니다.

개념 확인 2 원의 반지름과 지름의 관계를 알아보려고 합니다. ☐ 안에 알맞은 수를 써넣으세요.

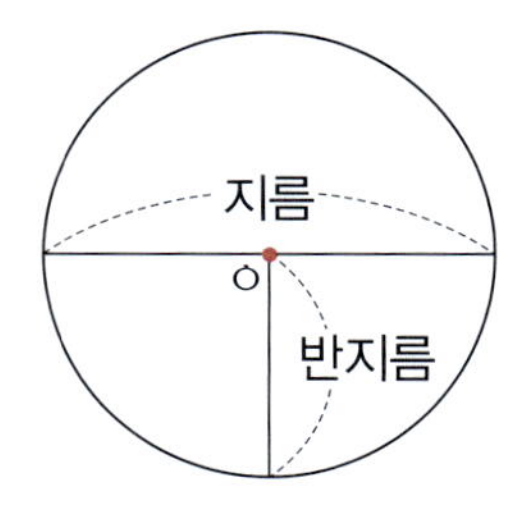

(원의 반지름) × ☐ = (원의 지름)

(원의 지름) ÷ ☐ = (원의 반지름)

3 원 모양의 색종이를 점선을 따라 자르려고 합니다. 원 모양의 색종이가 똑같이 둘로 나누어
지도록 표시된 것에 ○표 하세요.

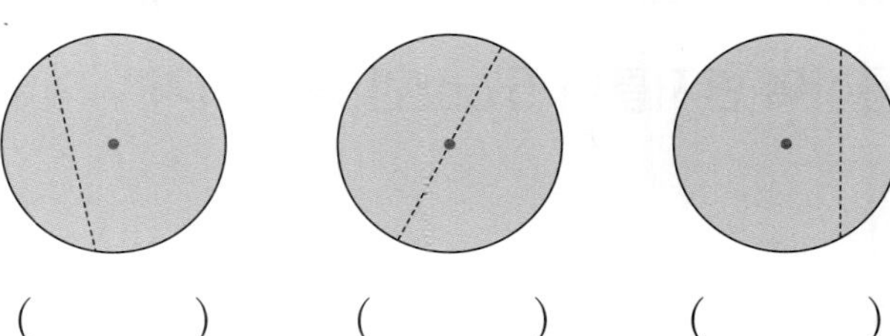

(   ) (   ) (   )

4 원 위의 두 점을 이은 선분 중 길이가 가장 긴 선분을 찾으려고 합니다. 그림을 보고 ☐ 안
에 알맞게 써넣으세요.

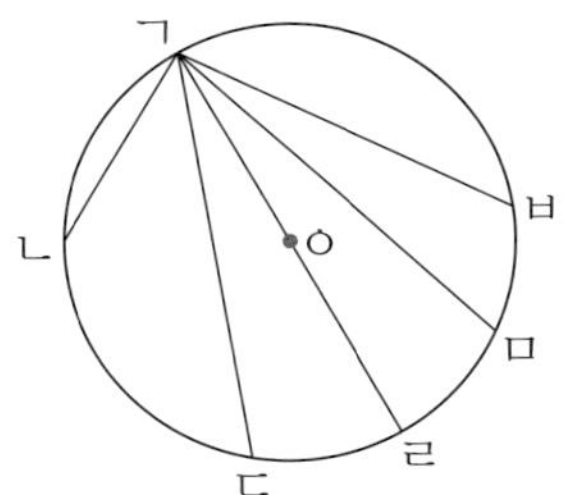

(1) 길이가 가장 긴 선분은 선분 ☐ 입니다.

(2) 길이가 가장 긴 선분은 원의 ☐ 을 지납니다.

(3) 원의 지름은 선분 ☐ 입니다.

5 원을 보고 ☐ 안에 알맞은 수를 써넣으세요.

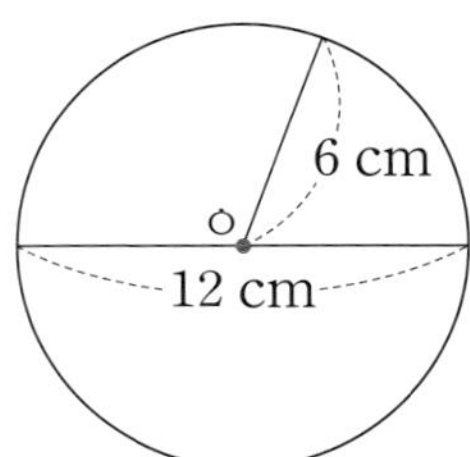

(1) 원의 지름은 ☐ cm입니다.

(2) 원의 반지름은 ☐ cm입니다.

(3) 원의 지름은 반지름의 ☐ 배입니다.

6 ☐ 안에 알맞은 수를 써넣으세요.

(1)
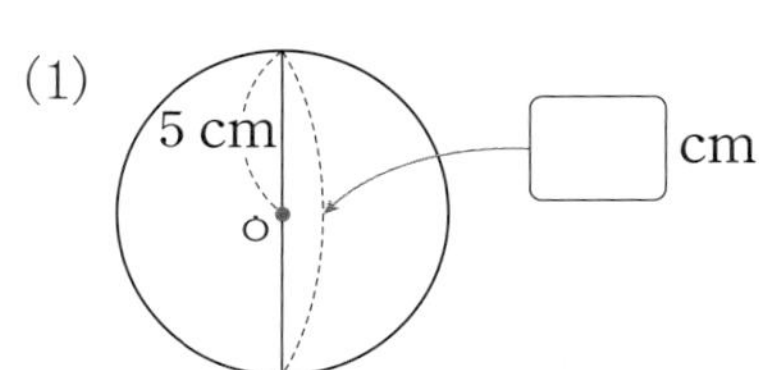
☐ cm

(2)
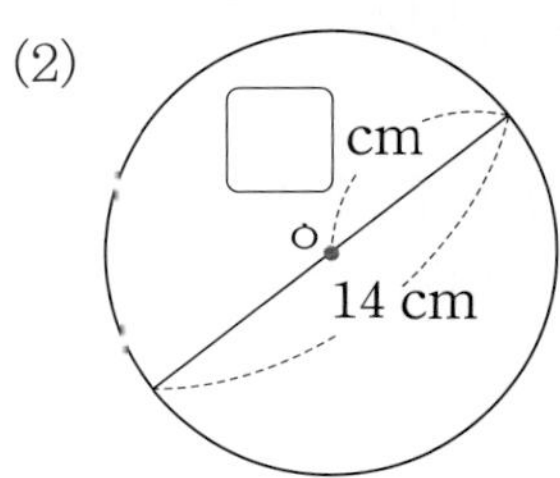

교과서 개념 잡기

개념 강의

③ 컴퍼스를 이용하여 원 그리기

컴퍼스를 이용하여 반지름이 5 cm인 원 그리기

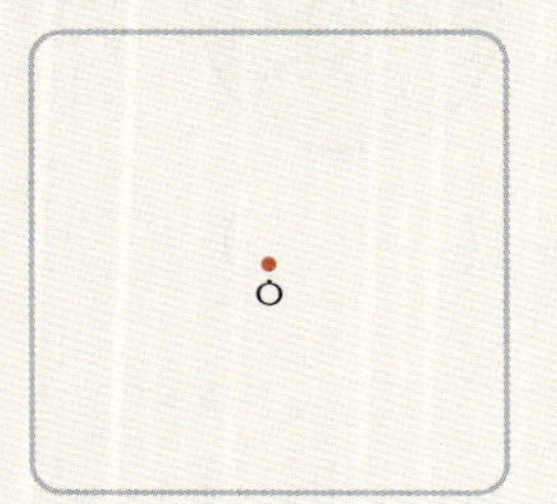 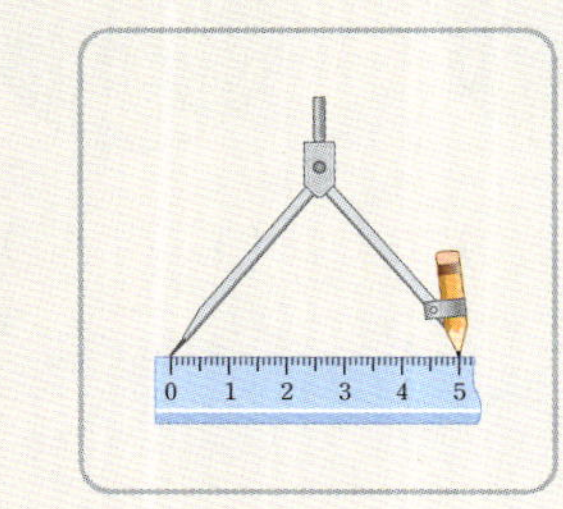 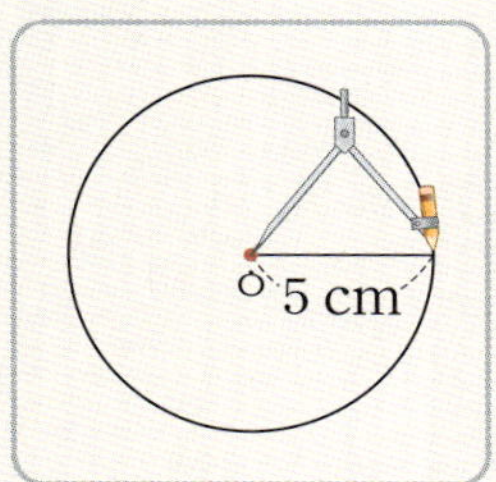

원의 중심이 되는 점 ㅇ을 정합니다.

컴퍼스를 원의 반지름만큼 벌립니다.

컴퍼스의 침을 점 ㅇ에 꽂고 원을 그립니다.

컴퍼스만을 이용하여 주어진 원과 크기가 같은 원 그리기

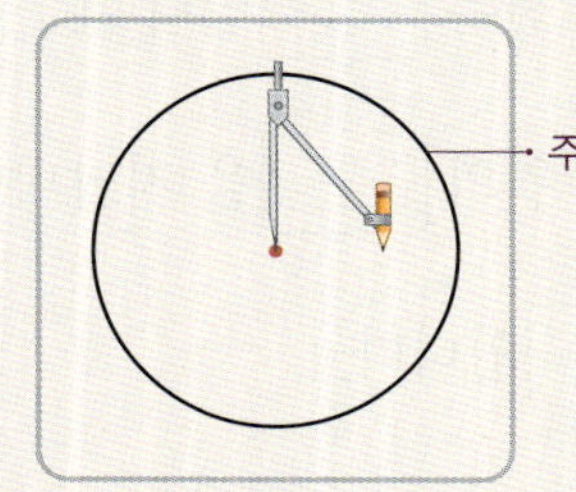 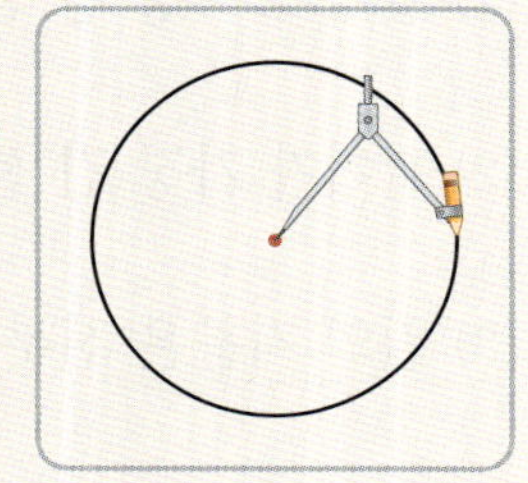 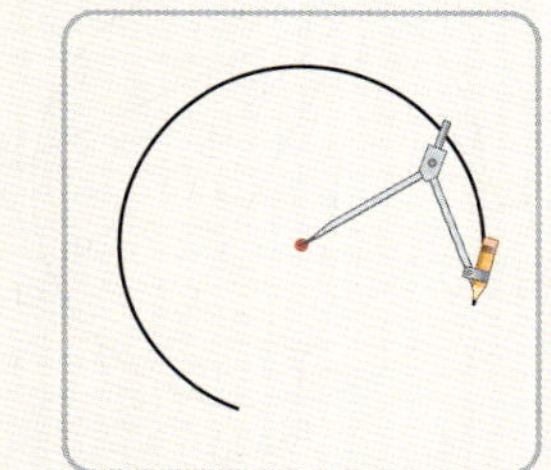

컴퍼스의 침을 주어진 원의 중심에 꽂습니다.

컴퍼스를 주어진 원의 반지름만큼 벌립니다.

컴퍼스를 그대로 옮겨서 원을 그립니다.

개념 확인

1 컴퍼스만을 이용하여 주어진 원과 크기가 같은 원을 그리는 방법을 알아보세요.

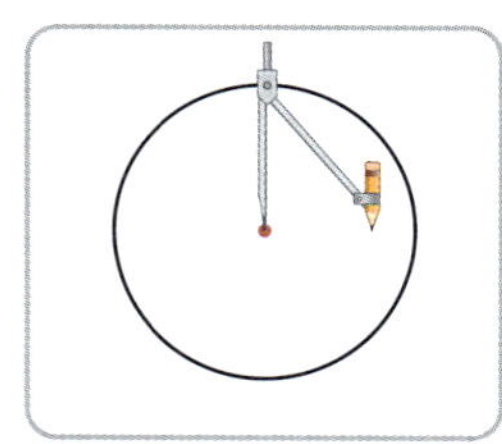 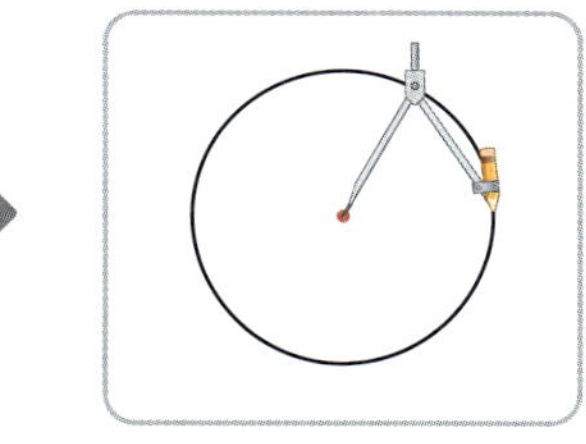 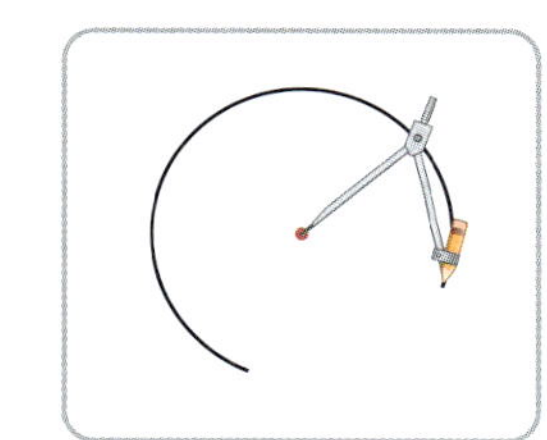

컴퍼스의 침을 주어진 원의 [ ]에 꽂습니다.

컴퍼스를 주어진 원의 [ ]만큼 벌립니다.

컴퍼스를 그대로 옮겨서 원을 그립니다.

2 원을 그리는 순서에 맞게 ☐ 안에 기호를 써넣으세요.

> ㉠ 컴퍼스의 침을 원의 중심에 꽂고 원을 그립니다.
> ㉡ 원의 중심이 되는 점을 정합니다.
> ㉢ 컴퍼스를 원의 반지름만큼 벌립니다.

ㄴ → [ ] → [ ]

3 컴퍼스를 4 cm가 되도록 벌린 것에 ◯표 하세요.

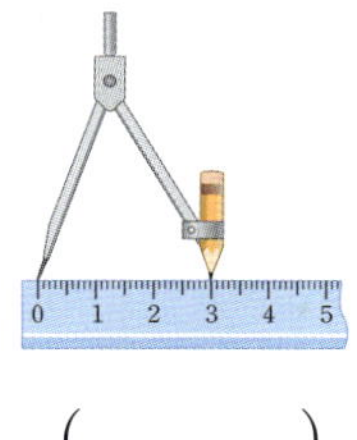 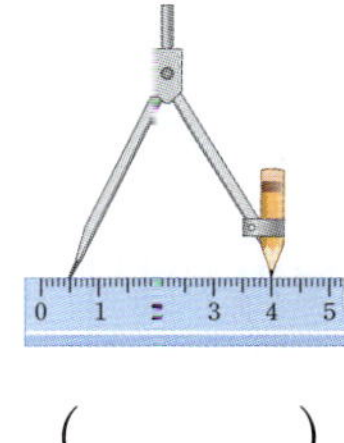 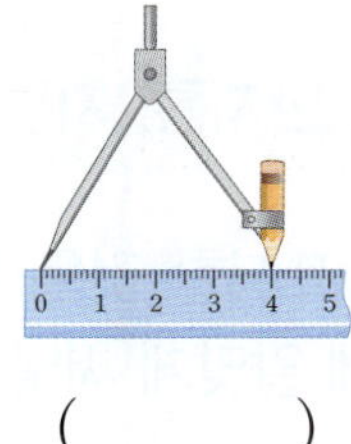

(   )   (   )   (   )

4 컴퍼스를 이용하여 주어진 원과 크기가 같은 원을 그려 보세요.

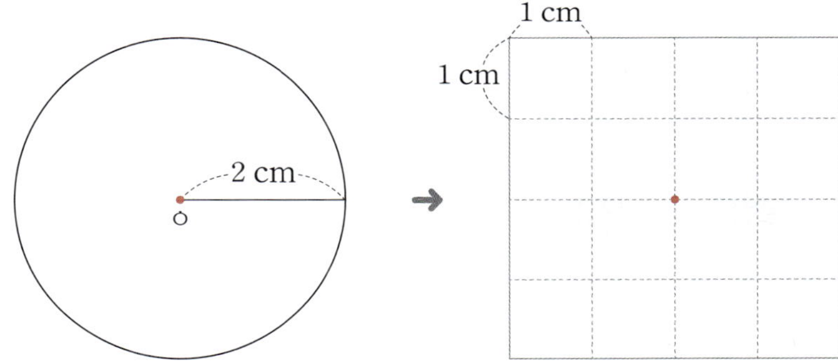

5 점 ㅇ을 원의 중심으로 하고 반지름이 3 cm인 원을 그려 보세요.

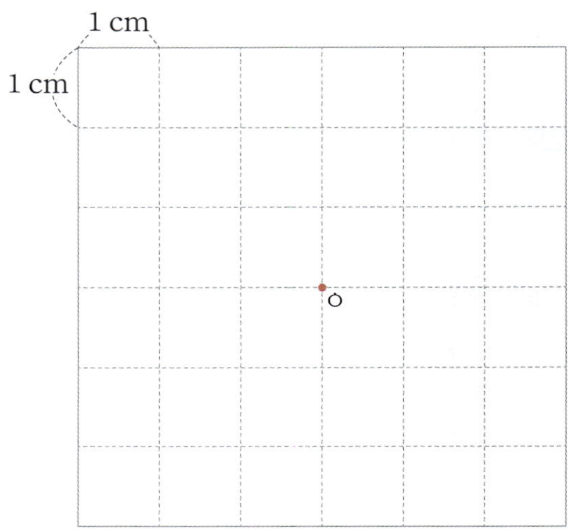

1 **원의 중심, 반지름, 지름** 개념 068쪽

01 빨간색으로 표시한 것은 무엇인지 〈 보기 〉에서 찾아 ☐ 안에 알맞게 써넣으세요.

02 점 ㅇ은 원의 중심입니다. 반지름을 모두 찾아 쓰세요.

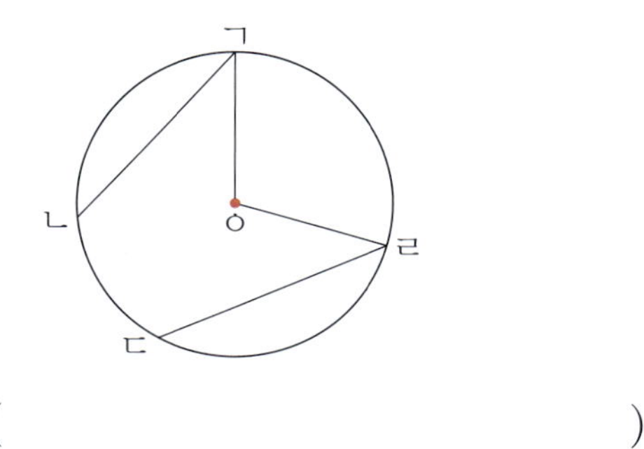

(   )

03 그림에서 원의 중심과 반지름을 찾아 표시해 보세요.

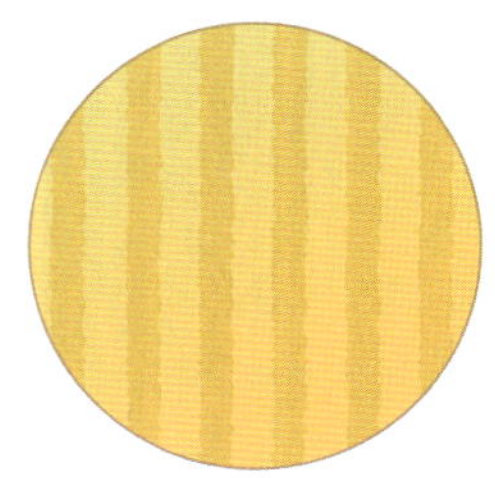

04 지름을 3개 그어 보고, 지름은 몇 cm인지 자로 재어 보세요.

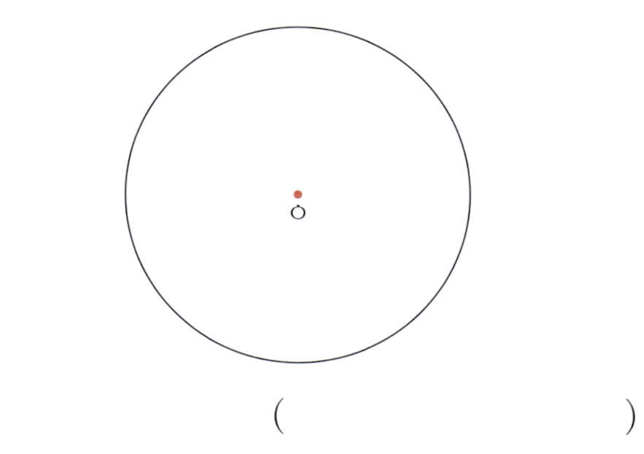

(   )

05 원의 반지름과 지름은 각각 몇 cm인가요?

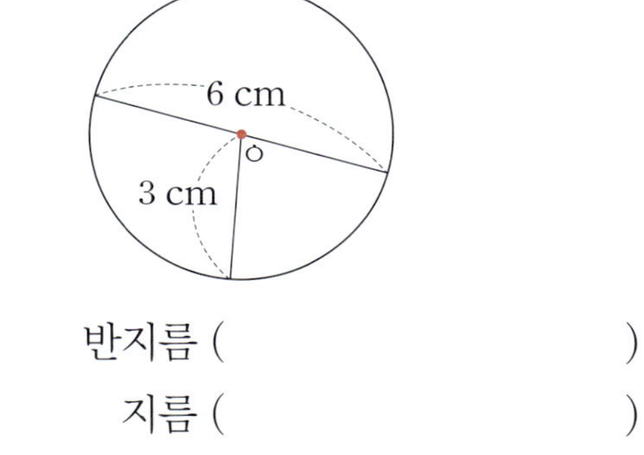

반지름 (   )

지름 (   )

06 ☐ 안에 알맞은 수를 써넣으세요.

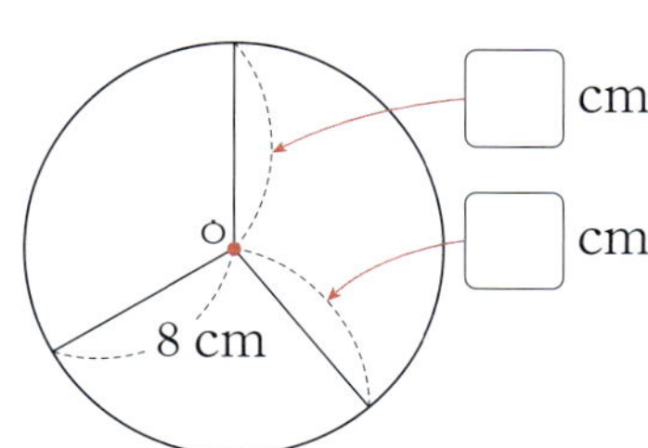

07 누름 못과 띠 종이를 이용하여 원을 그렸습니다. 그린 원보다 원을 더 크게 그리려면 어느 곳에 연필을 꽂고 그려야 하는지 기호를 쓰세요.

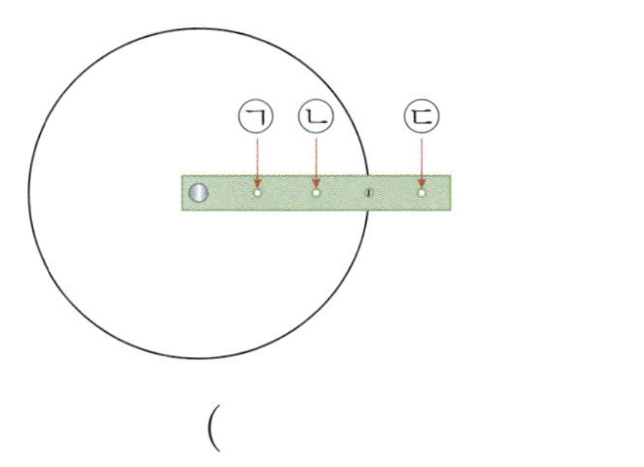

(　　　　　　　)

08 모눈종이에 그려진 빨간색 원의 지름은 몇 cm 인가요?

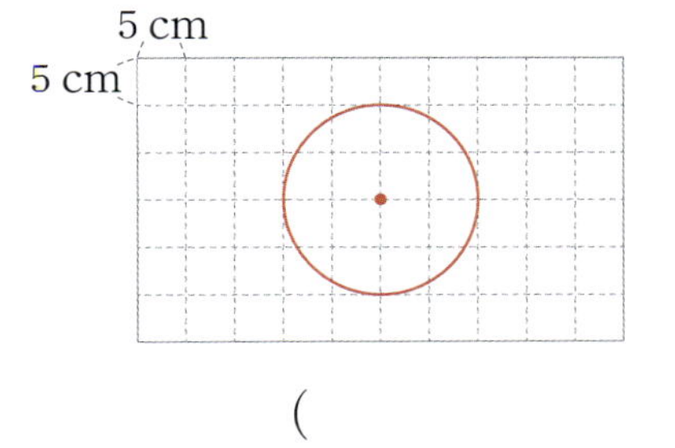

(　　　　　　　)

---

2 **원의 성질** 　　개념 070쪽

09 원 안에 길이가 가장 긴 선분을 1개 그어 보고, ☐ 안에 알맞은 말을 써넣으세요.

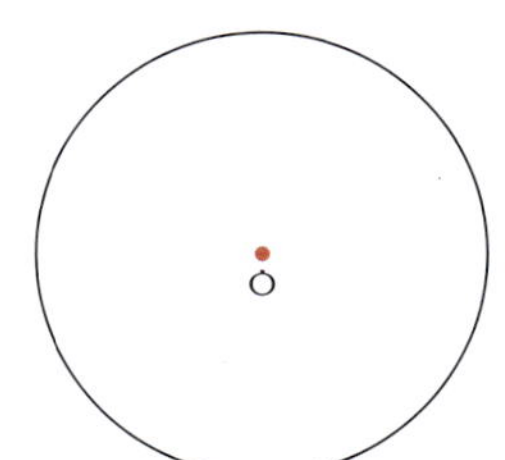

원 안에 그을 수 있는 가장 긴 선분은 원의 ☐ 입니다.

10 점 ㅇ은 원의 중심입니다. 길이가 가장 긴 선분을 찾아 쓰세요.

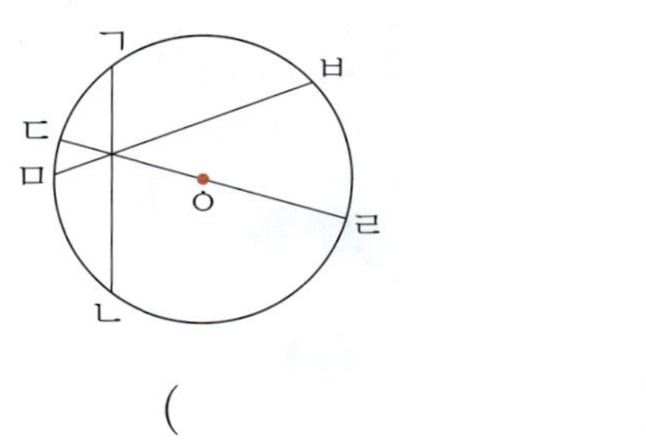

(　　　　　　　)

11 원의 반지름은 몇 cm인가요?

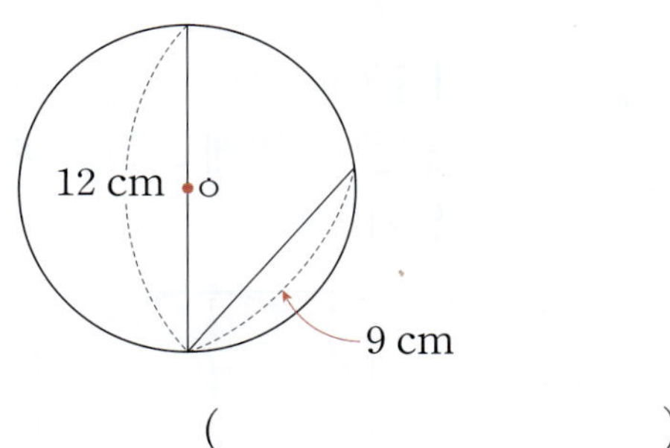

(　　　　　　　)

12 원을 보고 바르게 설명한 것을 찾아 기호를 쓰세요.

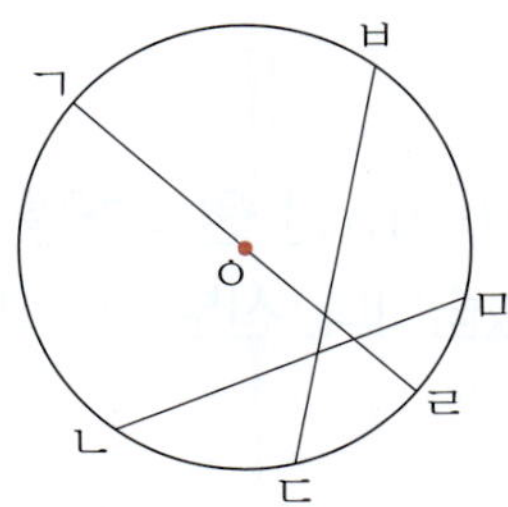

ⓐ 원의 지름은 선분 ㄴㅁ입니다.
ⓑ 선분 ㄱㄹ은 원을 똑같이 둘로 나눕니다.
ⓒ 선분 ㄷㅂ은 반지름입니다.

(　　　　　　　)

13 컴퍼스를 이용하여 각각 원을 그렸습니다. 크기가 더 큰 원을 그린 사람의 이름을 쓰세요.

(   )

14 한 변의 길이가 16 cm인 정사각형 모양의 색종이에 원을 꼭 맞게 그렸습니다. 원의 반지름은 몇 cm인가요?

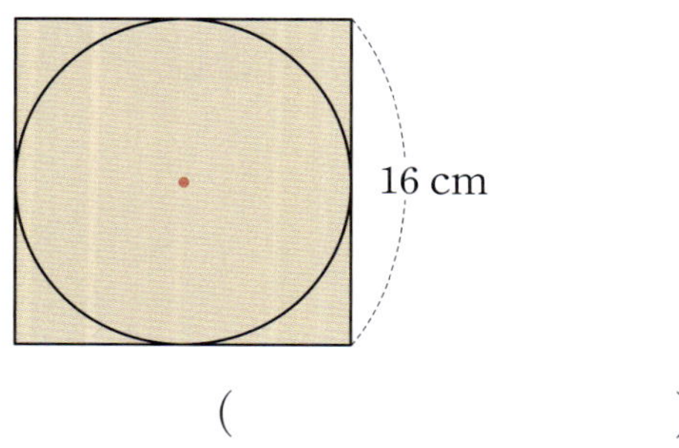

(   )

15 지름이 10 cm인 원 4개를 그림과 같이 서로 겹쳐 놓았습니다. 선분 ㄱㄴ의 길이는 몇 cm인가요?

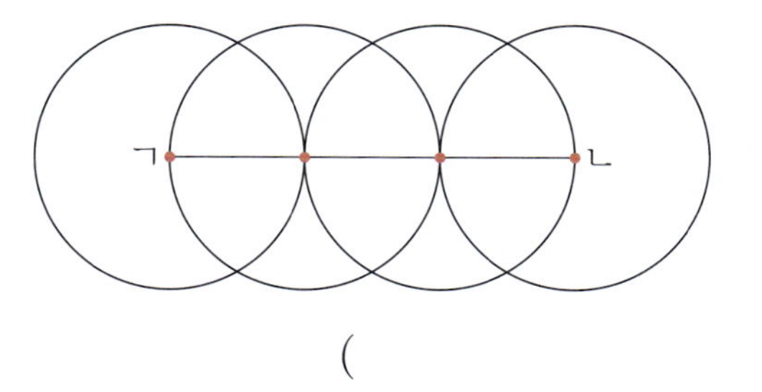

(   )

 원의 반지름을 이용해서 선분 ㄱㄴ의 길이를 구해 봐.

---

3 **컴퍼스를 이용하여 원 그리기**   개념 072쪽

16 점 ㅇ을 원의 중심으로 하고 주어진 선분을 반지름으로 하는 원을 그려 보세요.

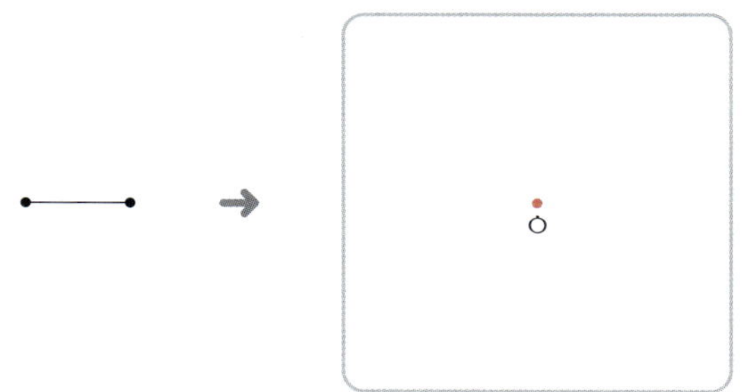

17 주어진 모양과 똑같이 그리기 위하여 컴퍼스의 침을 꽂아야 할 곳을 모두 찾아 점(•)으로 표시해 보세요.

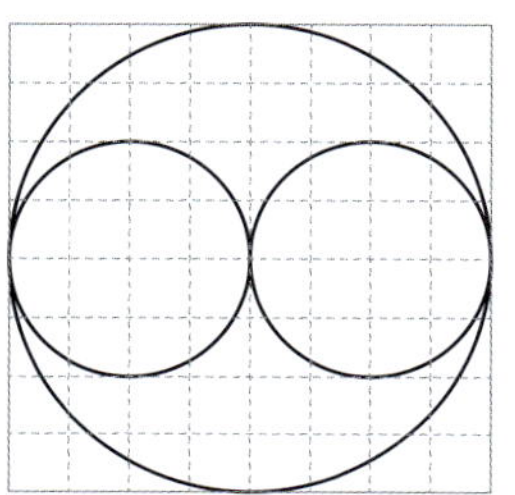

18 규칙에 따라 원을 1개 더 그리고, 어떤 규칙인지 설명해 보세요.

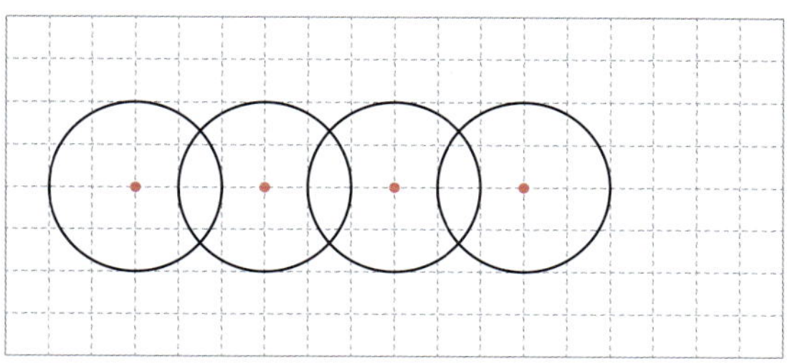

규칙 원의 중심이 오른쪽으로 [ ]칸씩 이동하고, 반지름이 모두 (같습니다 , 다릅니다).

19 그림과 같이 컴퍼스를 벌려서 원을 그렸습니다. 그린 원의 반지름은 몇 cm인가요?

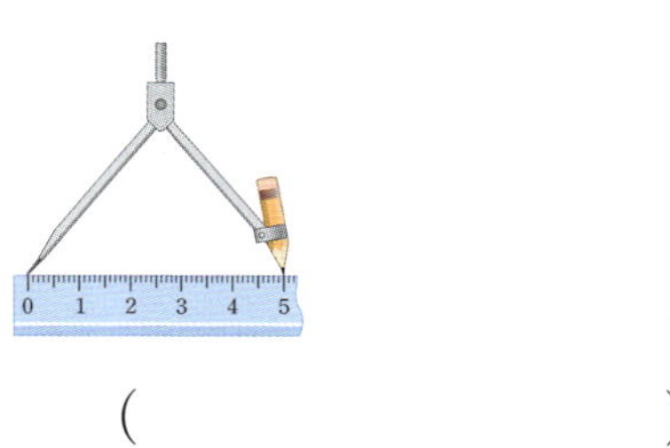

(   )

20 점 ㅇ을 원의 중심으로 하고 나침반에 표시된 빨간색 원과 크기가 같은 원을 그려 보세요.

21 점 ㅇ을 원의 중심으로 하고 지름이 4 cm인 원을 그려 보세요.

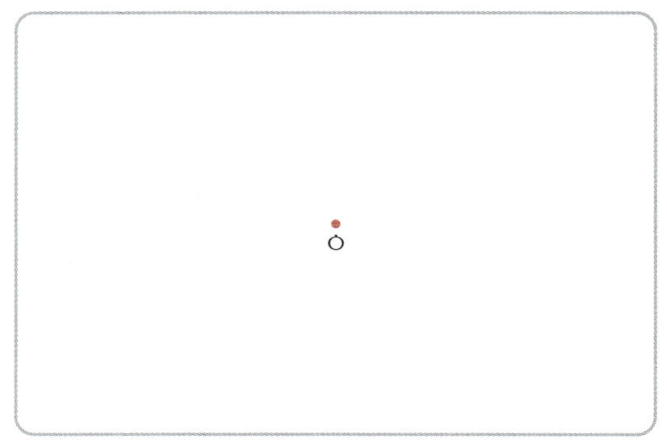

22 주어진 모양과 똑같이 그려 보세요.

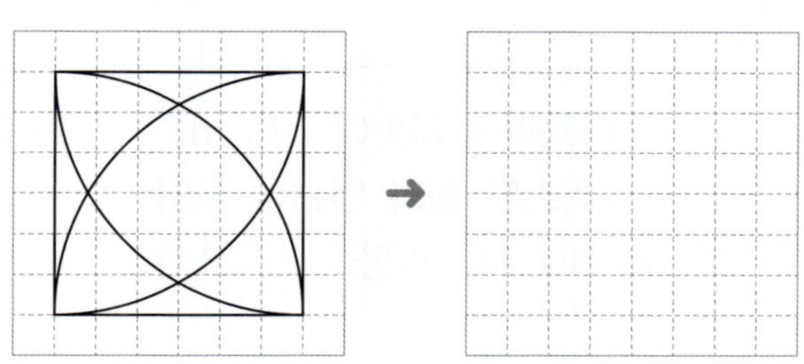

23 규칙에 따라 원을 2개 더 그려 보세요.

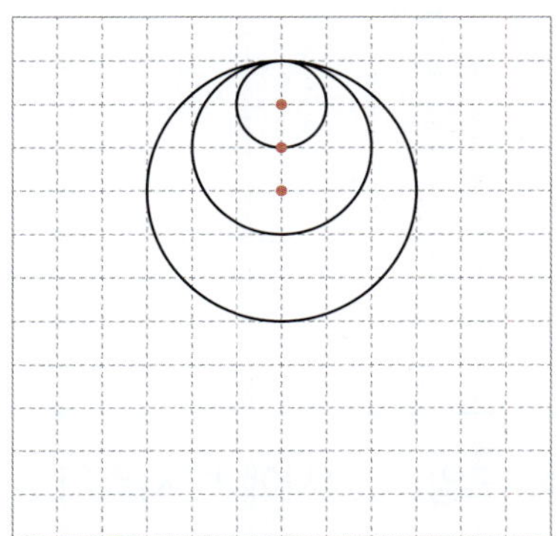

교과역량 쏙! 추론

24 규칙에 따라 다섯 번째에 그려질 원의 반지름은 몇 cm인지 구하세요.

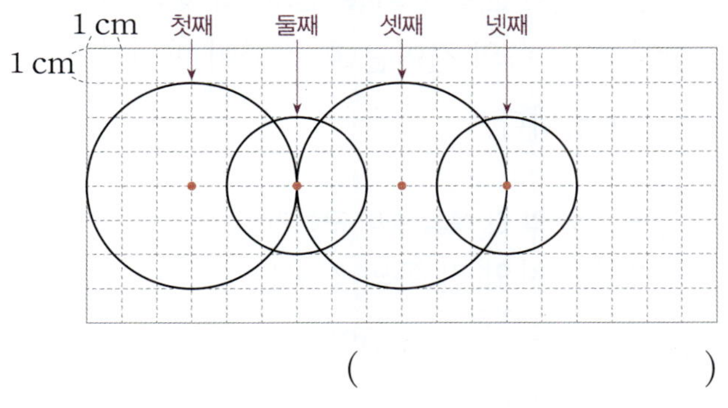

(   )

힌트 톡! 먼저 원의 중심과 원의 반지름의 규칙을 찾아봐.

1

컴퍼스를 이용하여 **지름이 14 cm인** 원을 그리려고 합니다. 컴퍼스의 침과 연필심 사이를 몇 cm만큼 벌려야 하는지 풀이 과정을 쓰고, 답을 구하세요.

(1단계) 원의 반지름 구하기

원의 반지름은 14÷☐=☐ (cm)입니다.

(2단계) 컴퍼스의 침과 연필심 사이의 간격 구하기

컴퍼스의 침과 연필심 사이의 거리는 원의

☐과 같으므로 ☐ cm만큼 벌려야 합니다.

답

2

컴퍼스를 이용하여 **지름이 22 cm인** 원을 그리려고 합니다. 컴퍼스의 침과 연필심 사이를 몇 cm만큼 벌려야 하는지 풀이 과정을 쓰고, 답을 구하세요.

(1단계) 원의 반지름 구하기

(2단계) 컴퍼스의 침과 연필심 사이의 간격 구하기

답

3

직사각형 모양의 상자에 **반지름이 8 cm인** 원 모양의 호두 파이 2개가 꼭 맞게 들어 있습니다. 상자의 긴 쪽의 길이는 몇 cm인지 풀이 과정을 쓰고, 답을 구하세요.

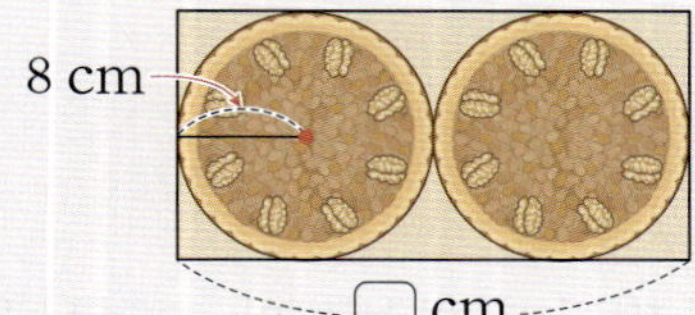

(1단계) 상자의 긴 쪽의 길이는 반지름의 몇 배인지 구하기

상자의 긴 쪽의 길이는 호두 파이 반지름의

☐배입니다.

(2단계) 상자의 긴 쪽의 길이 구하기

따라서 상자의 긴 쪽의 길이는

$8 \times$ ☐ = ☐ (cm)입니다.

답

4

직사각형 모양의 상자에 **반지름이 2 cm인** 원 모양의 마카롱 3개가 꼭 맞게 들어 있습니다. 상자의 긴 쪽의 길이는 몇 cm인지 풀이 과정을 쓰고, 답을 구하세요.

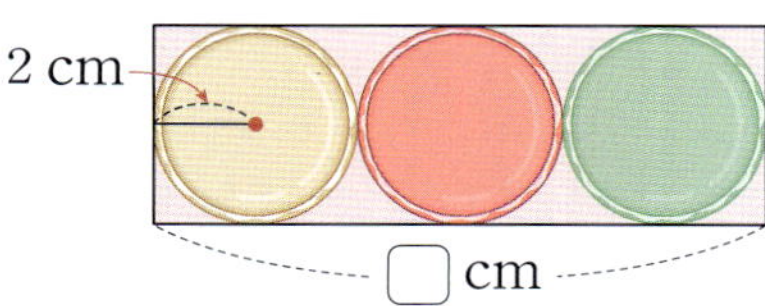

(1단계) 상자의 긴 쪽의 길이는 반지름의 몇 배인지 구하기

(2단계) 상자의 긴 쪽의 길이 구하기

답

5

오른쪽 그림에서 삼각형 ㄱㄴㄷ의
세 변의 길이의 합은 **27 cm**입니
다. 이 원의 반지름은 몇 cm인지
풀이 과정을 쓰고, 답을 구하세요.

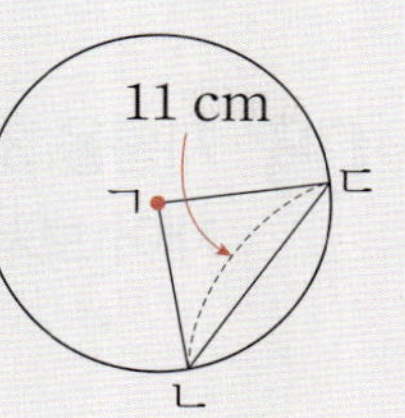

(1단계) 원의 반지름을 ■ cm라 하여 식 쓰기

원의 반지름의 길이를 ■cm라 하면

■＋■＋11＝ □ 입니다.

(2단계) 원의 반지름의 길이 구하기

■＋■＝ □ －11＝ □ 이므로

■＝ □ 입니다.

따라서 원의 반지름은 □ cm입니다.

(답)

6

오른쪽 그림에서 삼각형 ㄱㄴㄷ의
세 변의 길이의 합은 **36 cm**입니
다. 이 원의 반지름은 몇 cm인지
풀이 과정을 쓰고, 답을 구하세요.

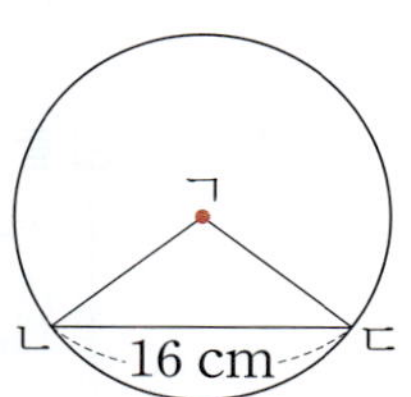

(1단계) 원의 반지름을 ■ cm라 하여 식 쓰기

(2단계) 원의 반지름의 길이 구하기

(답)

7

규칙에 따라 원을 그려서 만든 모양입니다. 어떤 규
칙인지 설명해 보세요.

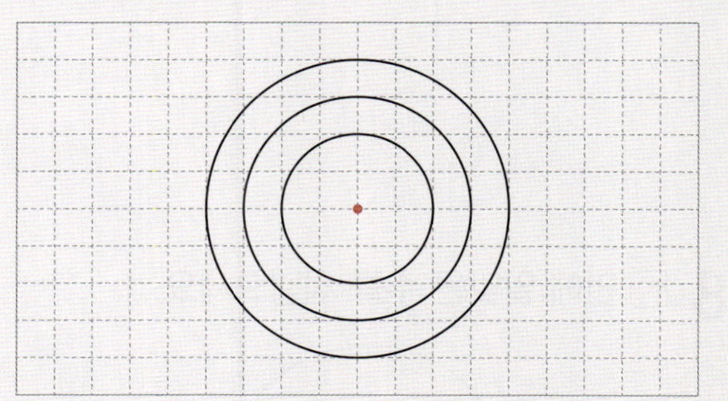

(규칙) 원의 중심과 반지름의 규칙 설명하기

원의 중심은 (같고 , 다르고)

원의 반지름이 □ 칸씩 늘어납니다.

8 창의형

규칙을 정해 원을 이용한 모양을 그리고, 어떤 규칙
인지 설명해 보세요.

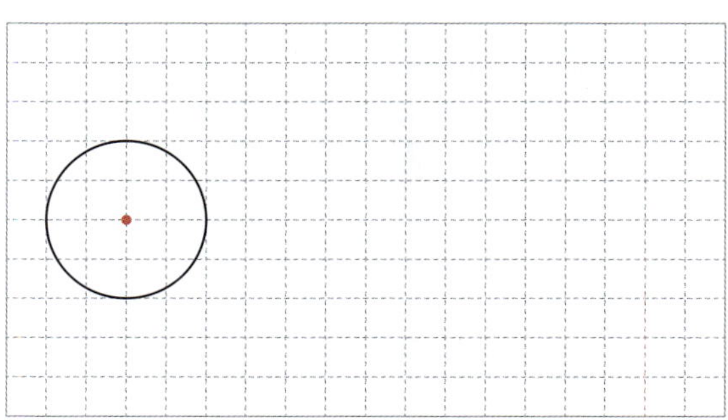

(규칙) 원의 중심과 반지름의 규칙 설명하기

01 원의 중심을 찾아 쓰세요.

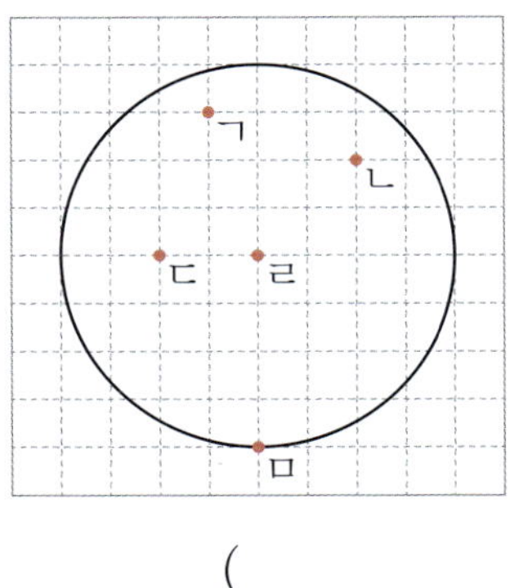

( )

02 점 ㅇ은 원의 중심입니다. 반지름을 찾아 쓰세요.

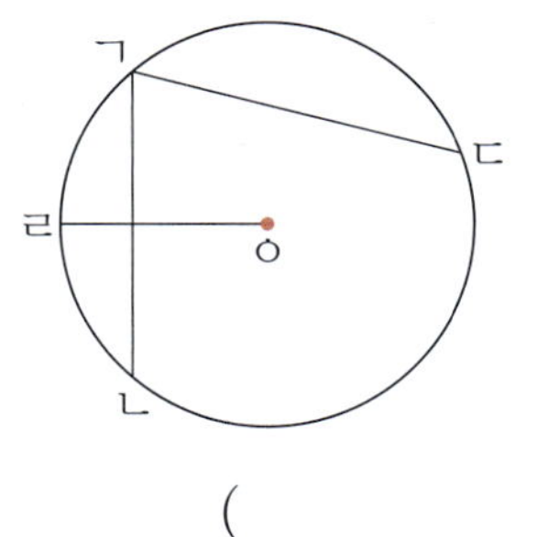

( )

03 점 ㅇ은 원의 중심입니다. 길이가 가장 긴 선분을 찾아 쓰세요.

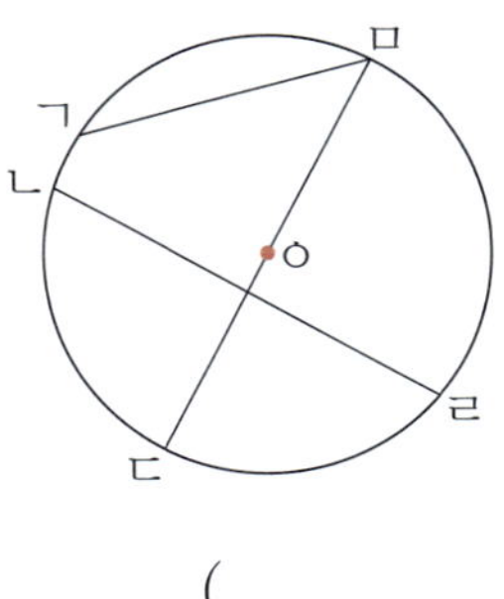

( )

04 오른쪽 그림과 같이 컴퍼스를 벌려서 원을 그렸습니다. 그린 원의 반지름은 몇 cm인가요?

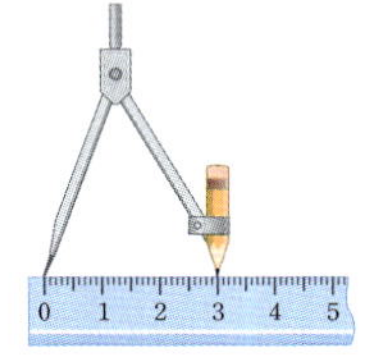

( )

05 지름을 3개 그어 보고, 지름은 몇 cm인지 자로 재어 보세요.

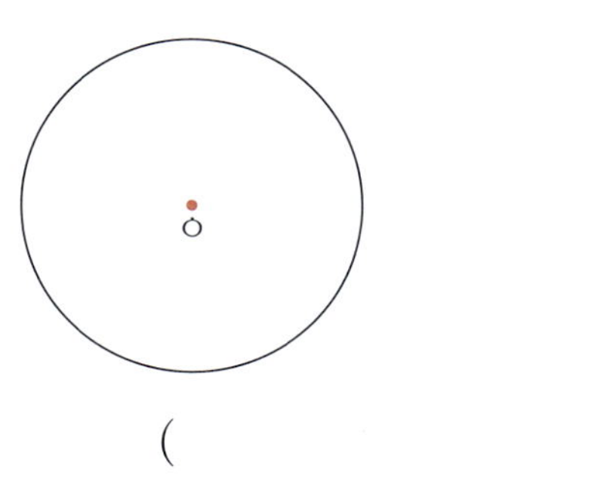

( )

06 ☐ 안에 알맞은 수를 써넣으세요.

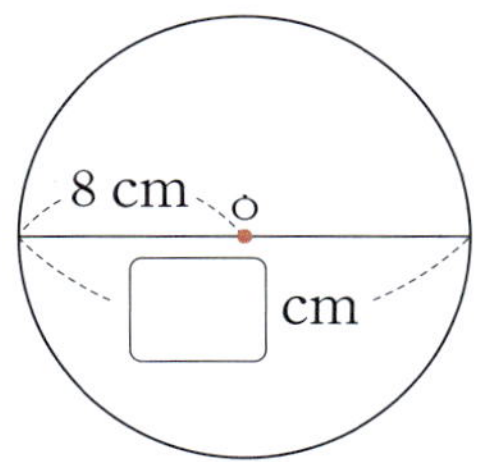

07 점 ㅇ을 원의 중심으로 하고 반지름이 1 cm인 원을 그려 보세요.

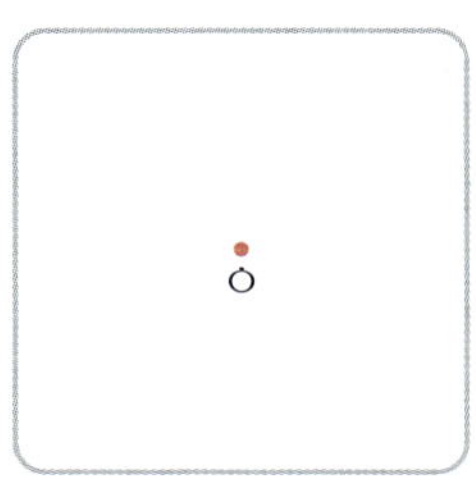

08 ☐ 안에 알맞은 수를 써넣으세요.

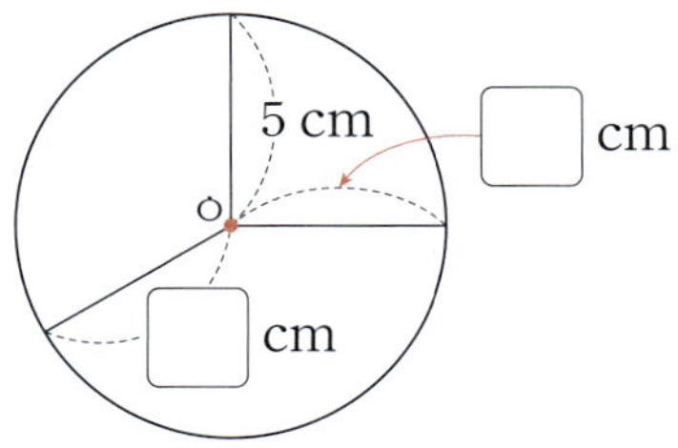

09 점 ㅇ을 원의 중심으로 하고 주어진 선분을 반지름으로 하는 원을 그려 보세요.

10 규칙에 따라 원을 1개 더 그려 보세요.

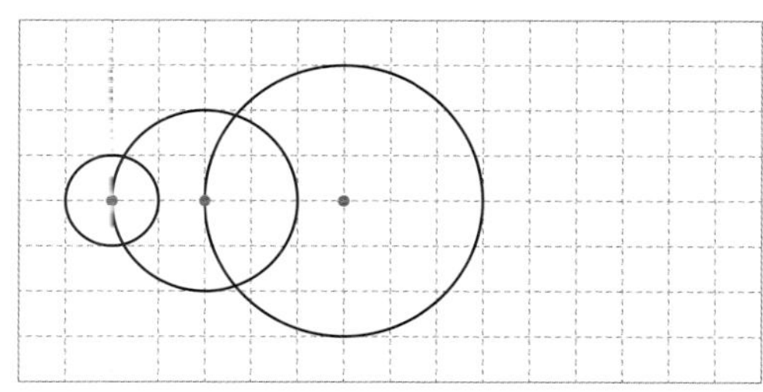

11 원의 반지름은 몇 cm인가요?

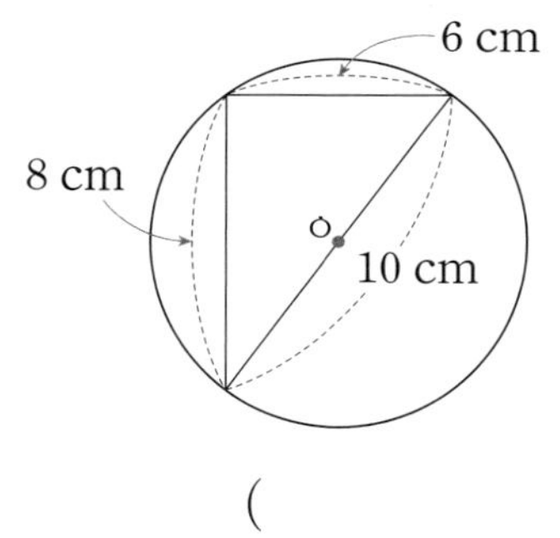

( )

12 주어진 모양과 똑같이 그려 보세요.

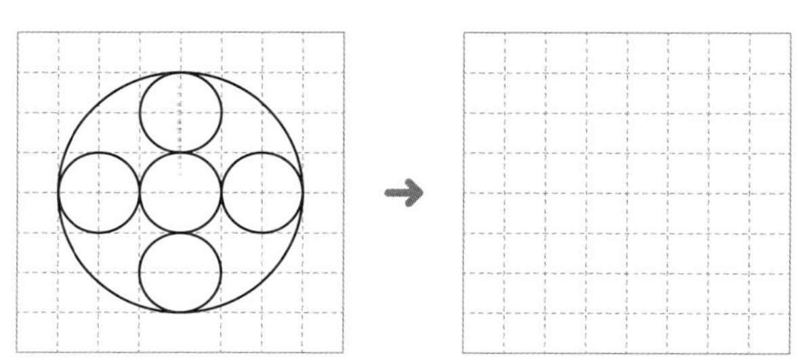

13 주어진 모양과 똑같이 그리기 위하여 컴퍼스의 침을 꽂아야 할 곳을 모두 찾아 점(·)으로 표시해 보세요.

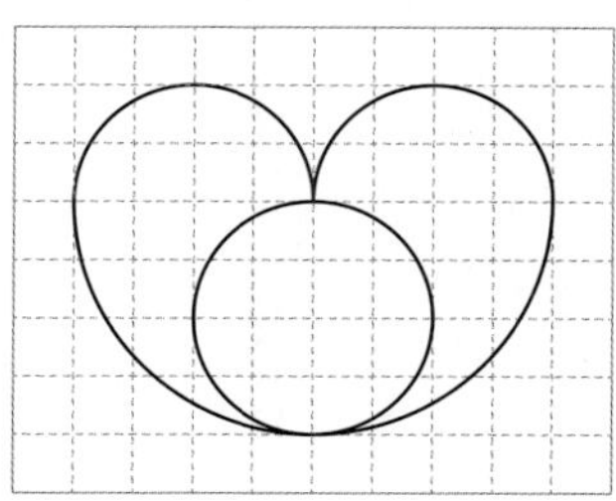

14 원을 보고 바르게 설명한 것을 찾아 기호를 쓰세요.

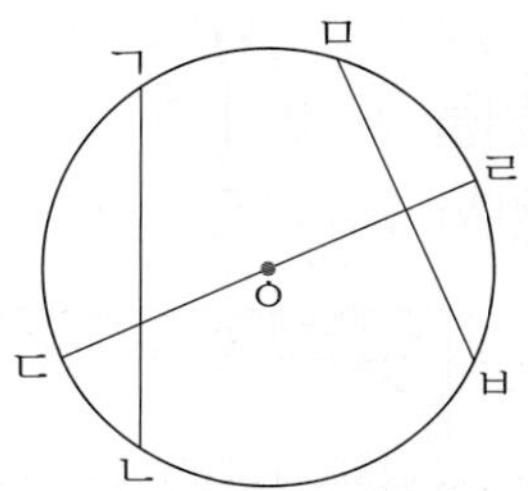

> ㉠ 원의 중심은 3개입니다.
> ㉡ 선분 ㄱㄴ은 원을 똑같이 둘로 나눕니다.
> ㉢ 선분 ㄷㄹ은 지름입니다.

( )

15 컴퍼스를 이용하여 각각 원을 그렸습니다. 크기가 가장 작은 원을 그린 사람의 이름을 쓰세요.

> 수철: 반지름이 4 cm인 원을 그렸어.
> 효영: 지름이 6 cm인 원을 그렸어.
> 민성: 반지름이 5 cm인 원을 그렸어.

( )

16 규칙에 따라 원을 1개 더 그리고, 어떤 규칙인지 설명해 보세요.

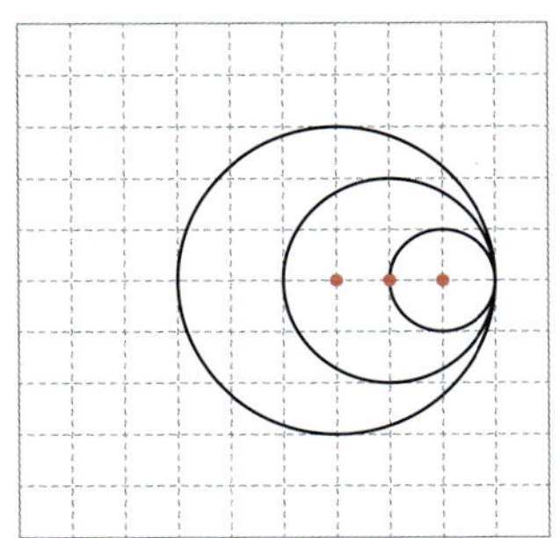

규칙 원의 중심이 왼쪽으로 ☐칸씩 이동하고, 원의 반지름이 ☐칸씩 늘어납니다.

17 한 변의 길이가 14 cm인 정사각형 모양의 색종이에 원을 꼭 맞게 그렸습니다. 원의 반지름은 몇 cm인지 구하세요.

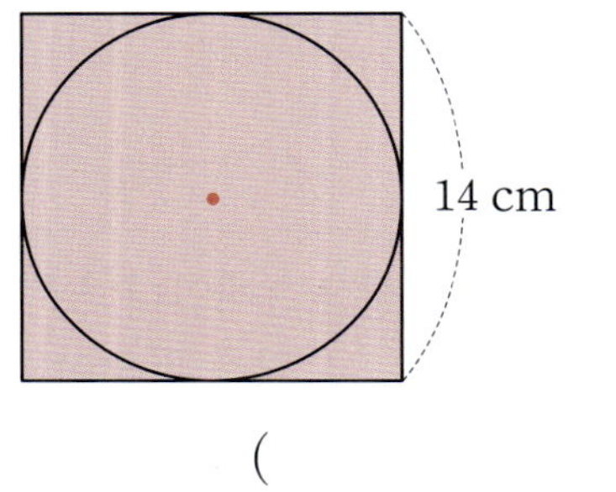

( )

18 지름이 14 cm인 원 4개를 겹쳐서 그린 것입니다. 사각형 ㄱㄴㄷㄹ의 네 변의 길이의 합은 몇 cm인지 구하세요.

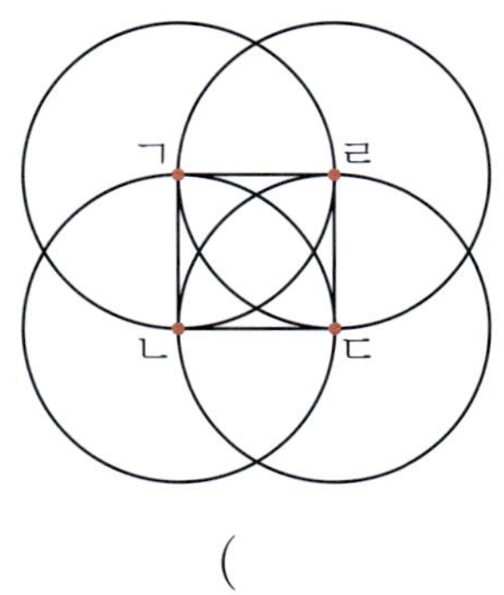

( )

19 컴퍼스를 이용하여 지름이 20 cm인 원을 그리려고 합니다. 컴퍼스의 침과 연필심 사이를 몇 cm만큼 벌려야 하는지 풀이 과정을 쓰고, 답을 구하세요.

풀이

답

20 직사각형 모양의 상자에 반지름이 3 cm인 원 모양의 비스킷 4개가 꼭 맞게 들어 있습니다. 상자의 긴 쪽의 길이는 몇 cm인지 풀이 과정을 쓰고, 답을 구하세요.

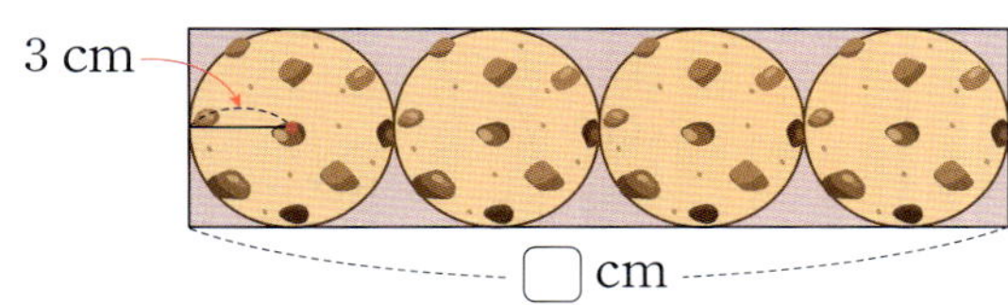

풀이

답

시원한 주스를 마시려고 주스 가게에 갔어요.

이 가게에는 딸기주스, 사과주스, 포도주스가 나오는 파이프가 있어요!

윤석이가 들고 있는 컵에는 어떤 주스가 담길지 파이프를 따라가 보세요.

4

분수

❶ 분수로 나타내기
❷ 분수만큼은 얼마인지 알아보기

⊗ 이전에 배운 내용

[3-1] 분수와 소수
분수 알아보기
단위분수의 크기 비교
분모가 같은 분수의 크기 비교

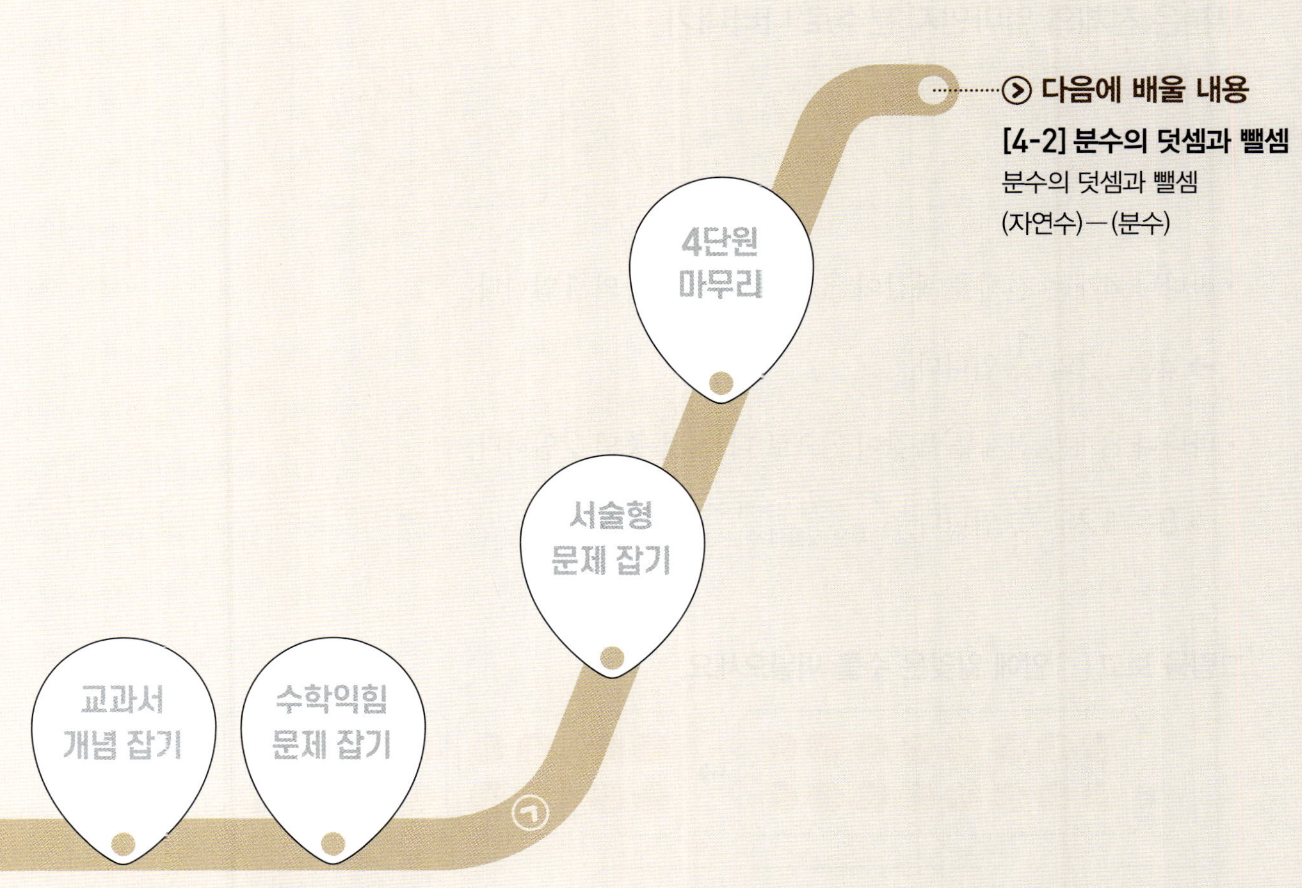

❸ 진분수, 가분수, 자연수
❹ 대분수
❺ 분모가 같은 분수의 크기 비교

교과서 개념 잡기

1️⃣ 분수로 나타내기

부분은 전체의 얼마인지 알아보기

🍓🍓 은 전체 🍓🍓🍓🍓🍓🍓 를 똑같이 **3**으로 나눈 것 중의 **1**입니다.

부분은 전체의 얼마인지 분수로 나타내기

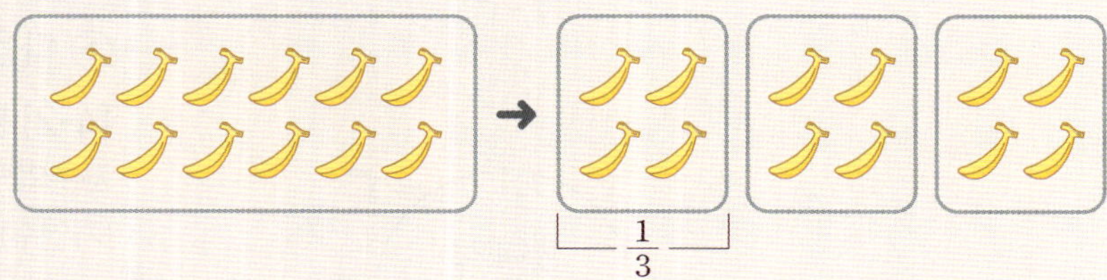

$\dfrac{1}{3}$

- 바나나 4개는 전체를 똑같이 **3**으로 나눈 것 중의 **1**입니다.

  → 4는 12의 $\dfrac{1}{3}$입니다.

- 바나나 8개는 전체를 똑같이 **3**으로 나눈 것 중의 **2**입니다.

  → 8은 12의 $\dfrac{2}{3}$입니다.

  전체 묶음의 수는 분모에,
  부분 묶음의 수는 분자에 나타내.

개념 확인 1

그림을 보고 ☐ 안에 알맞은 수를 써넣으세요.

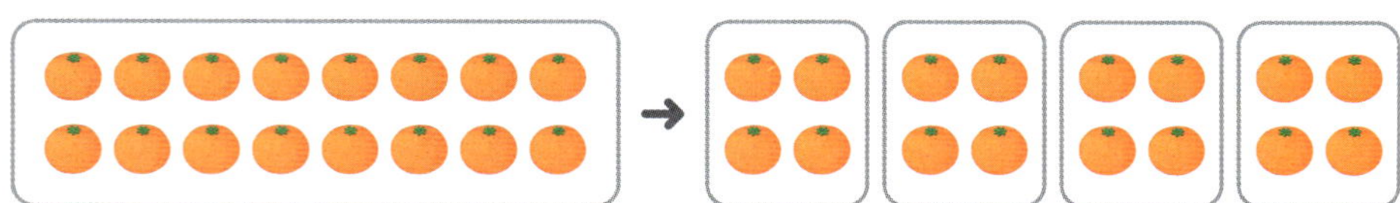

- 🍊🍊🍊🍊 은 전체 🍊🍊🍊🍊🍊🍊🍊🍊🍊🍊🍊🍊🍊🍊🍊🍊 를 똑같이 ☐로 나눈 것 중의 ☐

  입니다.

- 귤 12개는 전체를 똑같이 ☐로 나눈 것 중의 ☐입니다.

  → 12는 16의 $\dfrac{☐}{☐}$입니다.

2 그림을 보고 ☐ 안에 알맞은 수를 써넣으세요.

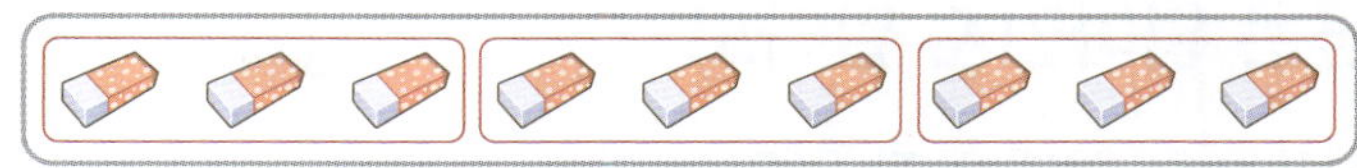

(1) 지우개 9개를 3개씩 묶으면 ☐ 묶음이 됩니다.

(2) 지우개 3개는 전체를 똑같이 ☐으로 나눈 것 중의 ☐이므로

전체의 $\dfrac{☐}{☐}$ 입니다.

3 색칠한 부분은 전체의 얼마인지 분수로 나타내려고 합니다. ☐ 안에 알맞은 수를 써넣으세요.

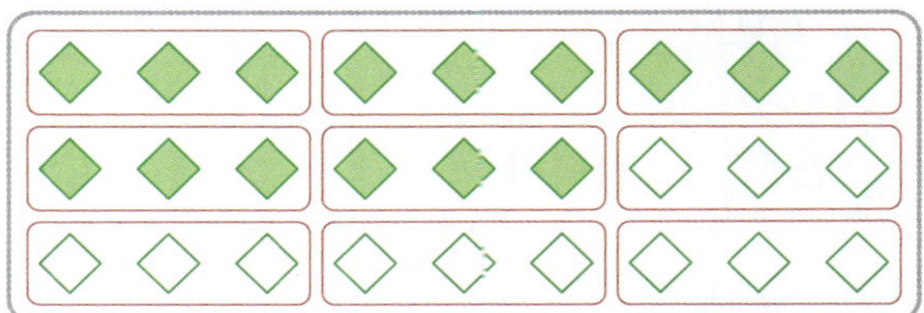

색칠한 부분은 전체를 똑같이 ☐로 나눈 것 중의 ☐이므로 전체의 $\dfrac{☐}{☐}$ 입니다.

4 그림을 보고 ☐ 안에 알맞은 수를 써넣으세요.

(1) 2는 14의 $\dfrac{☐}{☐}$ 입니다.　　　　(2) 10은 14의 $\dfrac{☐}{☐}$ 입니다.

개념 강의

② 분수만큼은 얼마인지 알아보기

9의 분수만큼은 얼마인지 알아보기

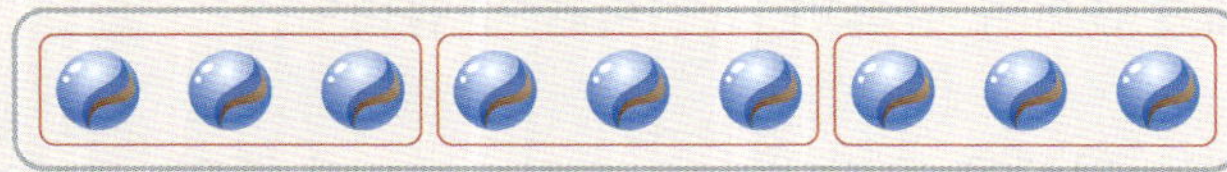

구슬 9개를 똑같이 3묶음으로 나눈 것 중의 1묶음은 **3**개입니다.

→ 9의 $\dfrac{1}{3}$은 **3**입니다.

10 cm의 분수만큼은 얼마인지 알아보기

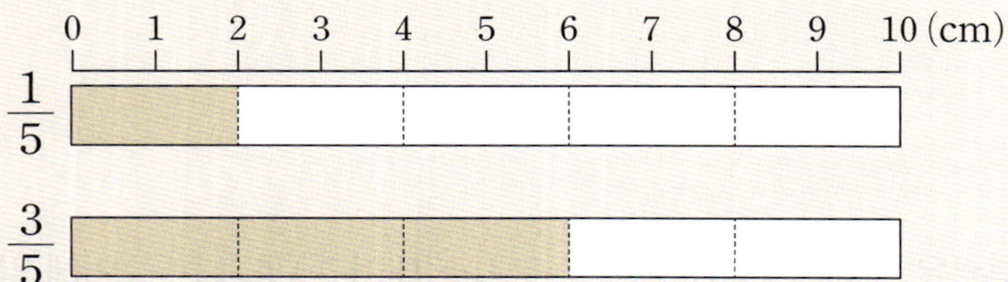

• 10 cm를 똑같이 5부분으로 나눈 것 중의 1부분은 2 cm입니다.

→ 10 cm의 $\dfrac{1}{5}$은 2 cm입니다.

3배　　　3배

• 10 cm를 똑같이 5부분으로 나눈 것 중의 3부분은 6 cm입니다.

→ 10 cm의 $\dfrac{3}{5}$은 6 cm입니다.

개념 확인 1

12 cm의 분수만큼은 얼마인지 구하세요.

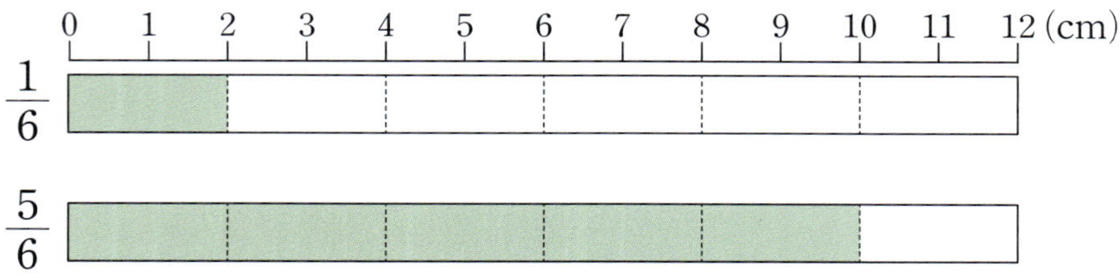

• 12 cm를 똑같이 6부분으로 나눈 것 중의 1부분은 ☐ cm입니다.

→ 12 cm의 $\dfrac{1}{6}$은 ☐ cm입니다.

• 12 cm를 똑같이 6부분으로 나눈 것 중의 5부분은 ☐ cm입니다.

→ 12 cm의 $\dfrac{5}{6}$는 ☐ cm입니다.

2 16의 $\dfrac{1}{8}$ 은 얼마인지 알아보려고 합니다. 물음에 답하세요.

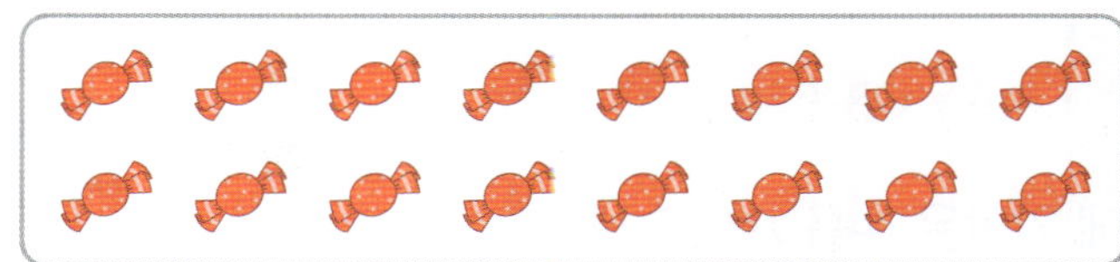

(1) 사탕 16개를 똑같이 8묶음으로 나누어 보세요.

(2) ☐ 안에 알맞은 수를 써넣으세요.

> 사탕 16개를 똑같이 8묶음으로 나눈 것 중의 1묶음은 ☐개입니다.
>
> → 16의 $\dfrac{1}{8}$ 은 ☐입니다.

3 그림을 보고 ☐ 안에 알맞은 수를 써넣으세요.

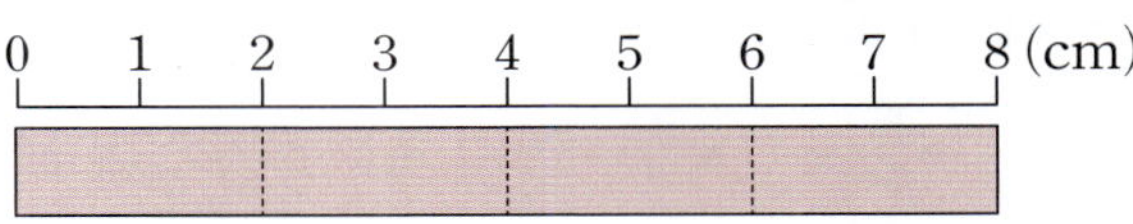

(1) 8 cm의 $\dfrac{1}{4}$ 은 ☐ cm입니다.

(2) 8 cm의 $\dfrac{3}{4}$ 은 ☐ cm입니다.

4 그림을 보고 ☐ 안에 알맞은 수를 써넣으세요.

(1) 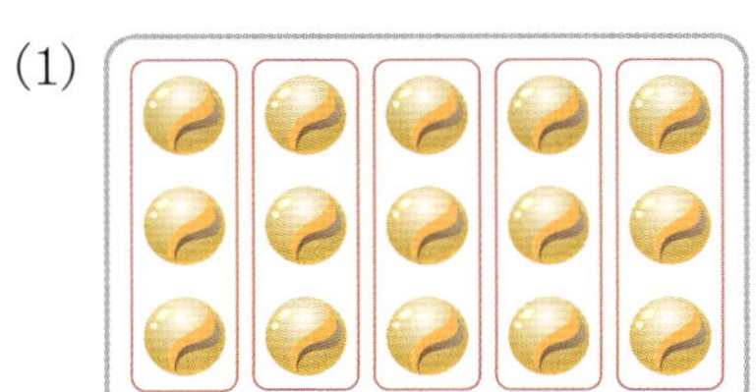

15의 $\dfrac{1}{5}$ 은 ☐입니다.

(2) 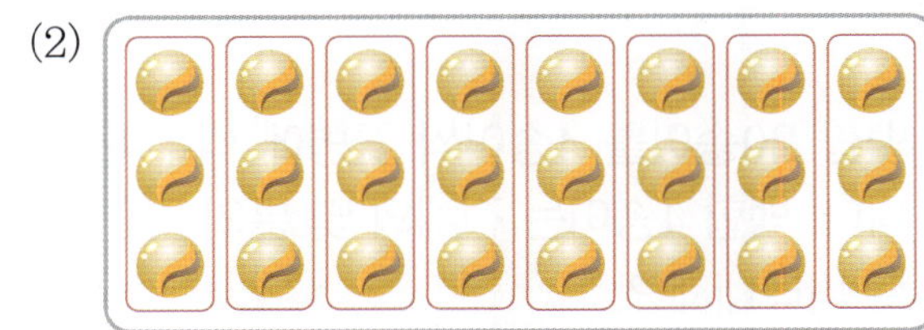

24의 $\dfrac{3}{8}$ 은 ☐입니다.

1 분수로 나타내기

개념 086쪽

01 그림을 보고 ☐ 안에 알맞은 수를 써넣으세요.

(1) 토마토 10개를 똑같이 5묶음으로 나누면 1묶음에 있는 토마토는 ☐개입니다.

(2) 2는 10의 $\dfrac{\square}{\square}$ 입니다.

02 그림을 보고 ☐ 안에 알맞은 수를 써넣으세요.

(1) 21을 3씩 묶으면 ☐묶음이 됩니다.

(2) 9는 21의 $\dfrac{\square}{\square}$ 입니다.

03 백합 20송이를 4송이씩 꽃병에 나누어 꽂았습니다. 백합 4송이는 전체의 몇 분의 몇인지 분수로 나타내세요.

(   )

04 그림을 보고 친구들의 대화를 완성해 보세요.

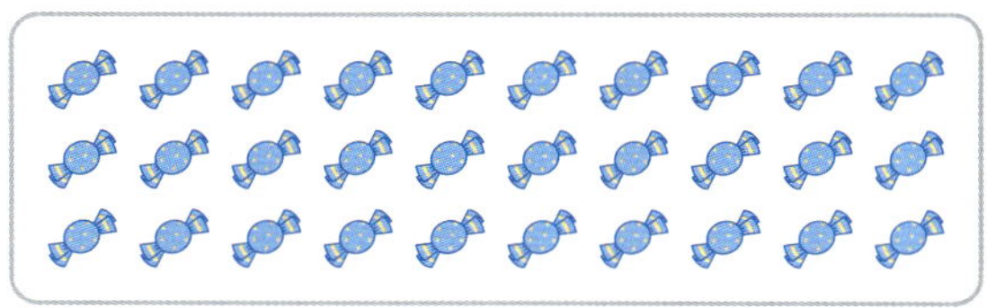

• 연서: 30을 2씩 묶으면 4는 30의 $\dfrac{\square}{15}$ 야.

• 준호: 30을 5씩 묶으면 5는 30의 $\dfrac{\square}{6}$ 이야.

• 리아: 30을 6씩 묶으면 24는 30의 $\dfrac{\square}{5}$ 야.

2 분수만큼은 얼마인지 알아보기

개념 088쪽

05 클립 24개를 똑같이 3묶음으로 나누고, ☐ 안에 알맞은 수를 써넣으세요.

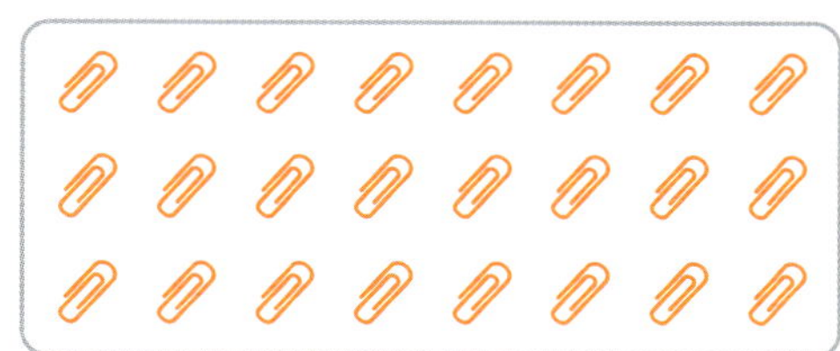

24의 $\dfrac{1}{3}$ 은 ☐, 24의 $\dfrac{2}{3}$ 는 ☐입니다.

06 그림을 보고 ☐ 안에 알맞은 수를 써넣으세요.

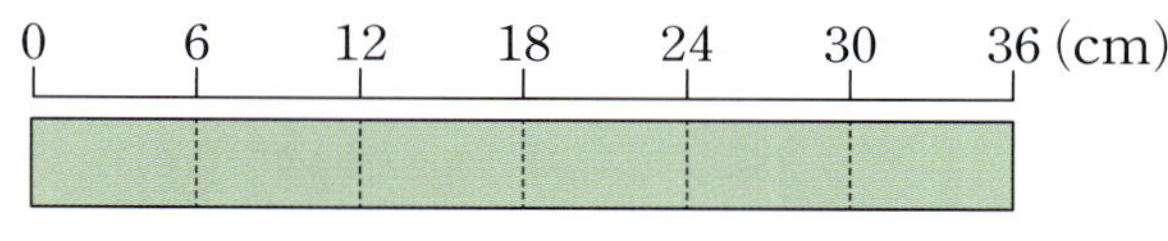

(1) 36 cm의 $\dfrac{1}{6}$ 은 ☐ cm입니다.

(2) 36 cm의 $\dfrac{5}{6}$ 는 ☐ cm입니다.

07 □ 안에 알맞은 수를 써넣으세요.

(1) 16의 $\frac{1}{4}$은 □입니다.

(2) 15의 $\frac{2}{5}$는 □입니다.

08 12 cm의 $\frac{3}{4}$만큼 수직선에 ━으로 나타내고, □ 안에 알맞은 수를 써넣으세요.

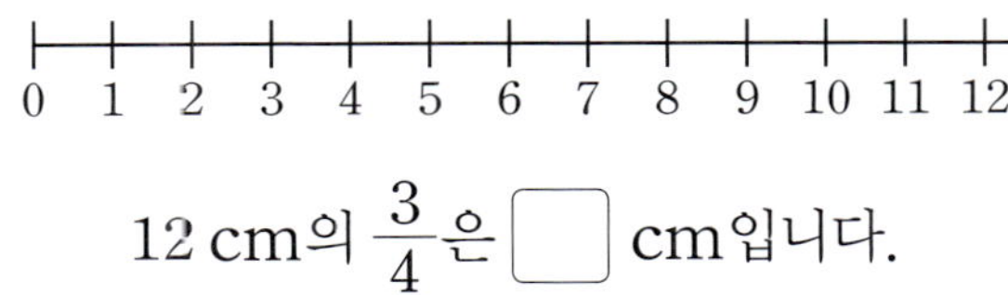

12 cm의 $\frac{3}{4}$은 □ cm입니다.

09 관계있는 것끼리 이어 보세요.

(1) 14 m의 $\frac{1}{7}$ ·

· 4 m

· 3 m

(2) 18 m의 $\frac{2}{9}$ ·

· 2 m

10 은호는 길이가 32 cm인 종이테이프의 $\frac{7}{8}$을 사용했습니다. 은호가 사용한 종이테이프의 길이는 몇 cm인가요?

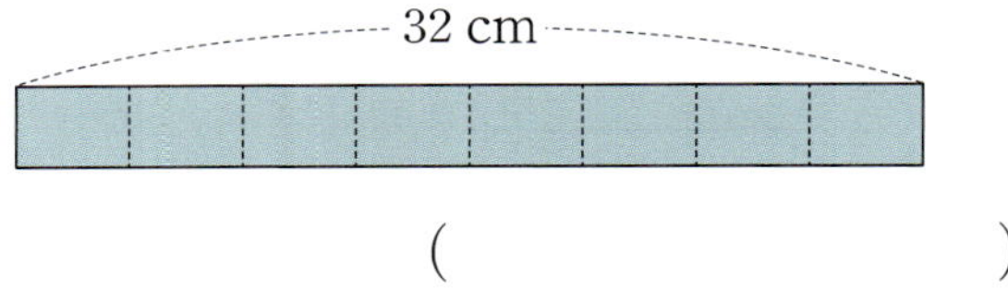

( )

11 두 친구의 대화에 맞게 ◯를 색칠해 보세요.

12 찹쌀떡이 24개 있습니다. 준규는 찹쌀떡 24개의 $\frac{1}{8}$을 먹었고, 희수는 준규가 먹고 남은 찹쌀떡의 $\frac{2}{7}$를 먹었습니다. 희수가 먹은 찹쌀떡은 몇 개인지 구하세요.

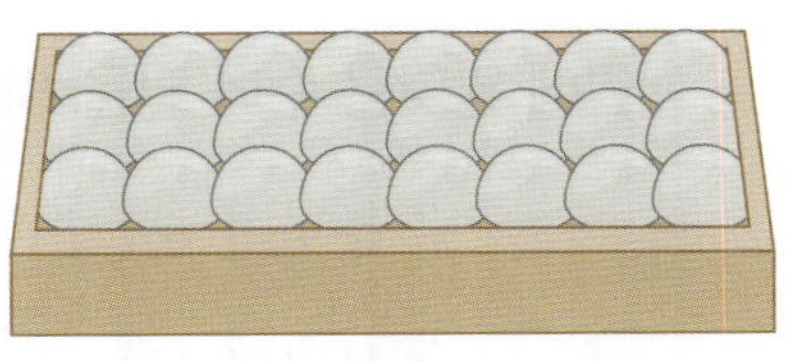

(1) 준규가 먹은 찹쌀떡은 몇 개인가요?

( )

(2) 준규가 먹고 남은 찹쌀떡은 몇 개인가요?

( )

(3) 희수가 먹은 찹쌀떡은 몇 개인가요?

( )

개념 강의

③ 진분수, 가분수, 자연수

분모와 분자의 크기를 비교하기

$\dfrac{1}{3}$이 1개: $\dfrac{1}{3}$
$\dfrac{1}{3}$이 2개: $\dfrac{2}{3}$
→ 분자가 분모보다 작은 분수 → (분자)<(분모)

$\dfrac{1}{3}$이 3개: $\dfrac{3}{3}$ → 분자가 분모와 같은 분수 → (분자)=(분모)

$\dfrac{1}{3}$이 4개: $\dfrac{4}{3}$ → 분자가 분모보다 큰 분수 → (분자)>(분모)

진분수, 가분수, 자연수 알아보기

- **진분수**: 분자가 분모보다 작은 분수 → $\dfrac{1}{3}$, $\dfrac{2}{3}$

- **가분수**: 분자가 분모와 같거나 분모보다 큰 분수 → $\dfrac{3}{3}$, $\dfrac{4}{3}$, $\dfrac{5}{3}$, $\dfrac{6}{3}$

- **자연수**: 1, 2, 3과 같은 수

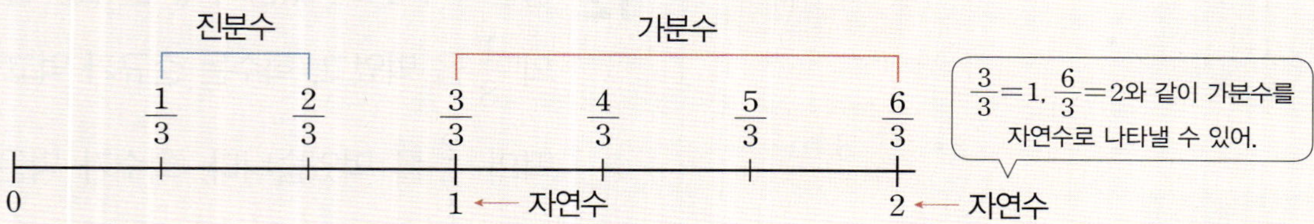

개념 확인 1

안에 알맞은 수나 말을 써넣으세요.

- ☐ : 분자가 분모보다 작은 분수

- ☐ : 분자가 분모와 같거나 분모보다 큰 분수

- ☐ : 1, 2, 3과 같은 수

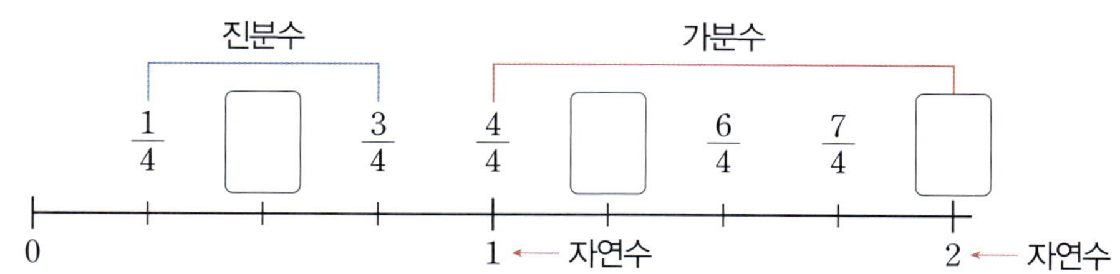

2 분모가 2인 분수를 알아보려고 합니다. 물음에 답하세요.

(1) $\dfrac{1}{2}$이 1개, 2개, 3개인 수만큼 각각 색칠하고, 분수로 나타내세요.

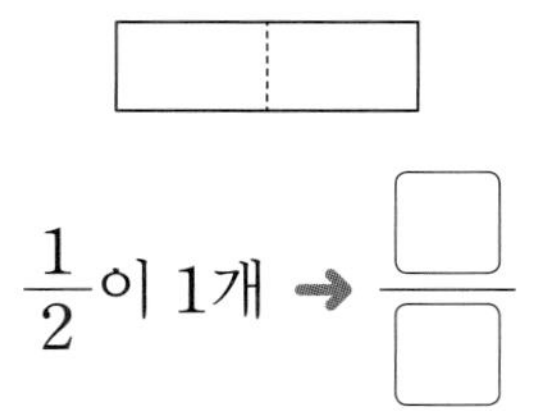

$\dfrac{1}{2}$이 1개 ➡ □

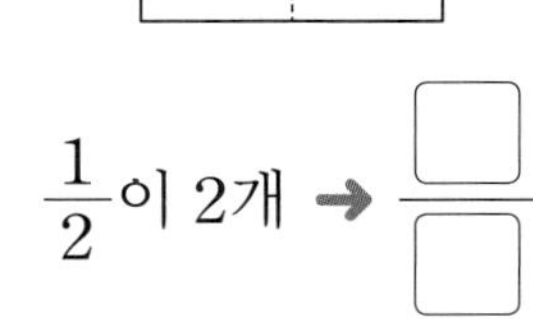

$\dfrac{1}{2}$이 2개 ➡ □

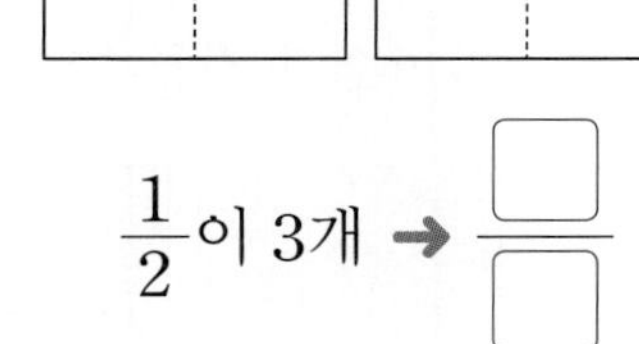

$\dfrac{1}{2}$이 3개 ➡ □

(2) 위 (1)에서 나타낸 분수 중 알맞은 분수를 각각 찾아 쓰고, 어떤 분수인지 ○표 하세요.

분자가 분모보다 작은 분수 (　　　　　) ➡ (진분수 , 가분수)

분자가 분모와 같은 분수 (　　　　　) ➡ (진분수 , 가분수)

분자가 분모보다 큰 분수 (　　　　　) ➡ (진분수 , 가분수)

3 분모가 5인 분수를 수직선에 나타내고, 물음에 답하세요.

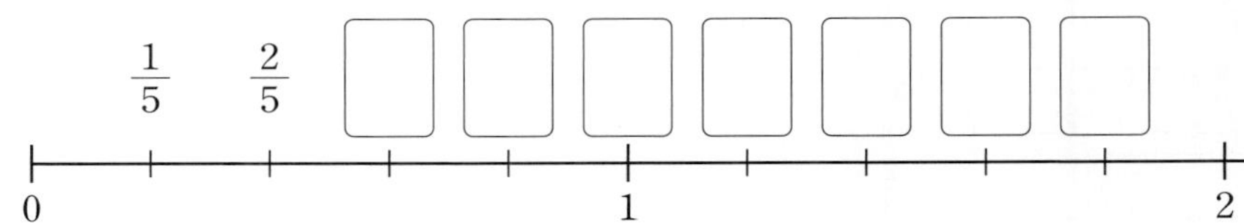

(1) 진분수를 모두 찾아 쓰세요.

(　　　　　　　　)

(2) 가분수를 모두 찾아 쓰세요.

(　　　　　　　　)

4 진분수는 '진', 가분수는 '가'를 쓰세요.

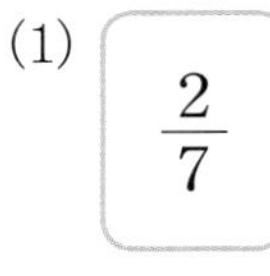

(1) $\dfrac{2}{7}$ 　(　　　)

(2) $\dfrac{11}{6}$ 　(　　　)

(3) $\dfrac{4}{4}$ 　(　　　)

(4) $\dfrac{9}{10}$ 　(　　　)

개념 강의

④ 대분수

대분수 알아보기

자연수와 진분수로 이루어진 분수를 **대분수**라고 합니다.

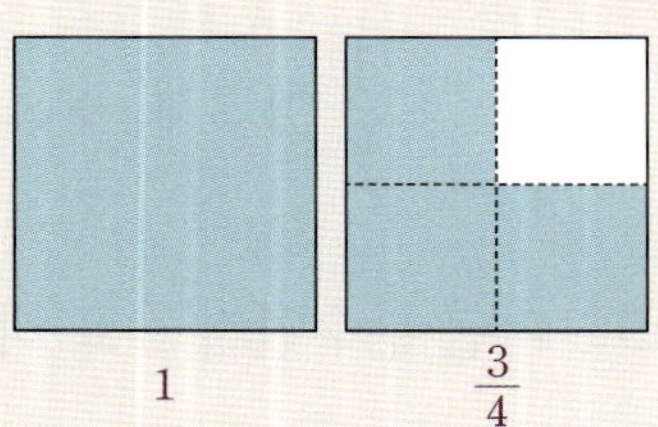

| 쓰기 | $1\dfrac{3}{4}$ | 읽기 | 1과 4분의 3 |

대분수 $2\dfrac{1}{4}$ 을 가분수로 나타내기

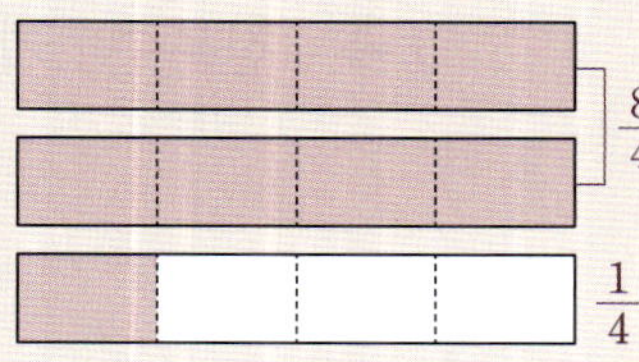

$2\dfrac{1}{4}$ 은 $\dfrac{1}{4}$ 이 **9**개이므로 $\dfrac{9}{4}$ 입니다. — 2는 $\dfrac{8}{4}$ 이므로 $\dfrac{1}{4}$ 이 8개야.

$\rightarrow 2\dfrac{1}{4} = \dfrac{9}{4}$

가분수 $\dfrac{5}{3}$ 를 대분수로 나타내기

$\dfrac{5}{3}$ 는 $\dfrac{3}{3}(=\mathbf{1})$ 과 $\dfrac{2}{3}$ 이므로 **1**과 $\dfrac{2}{3}$ 입니다.

$\rightarrow \dfrac{5}{3} = 1\dfrac{2}{3}$

나눗셈식으로도 구할 수 있어.
$\dfrac{5}{3} \rightarrow 5 \div 3 = 1 \cdots 2 \rightarrow 1\dfrac{2}{3}$

개념 확인 **1**

대분수는 가분수로, 가분수는 대분수로 나타내세요.

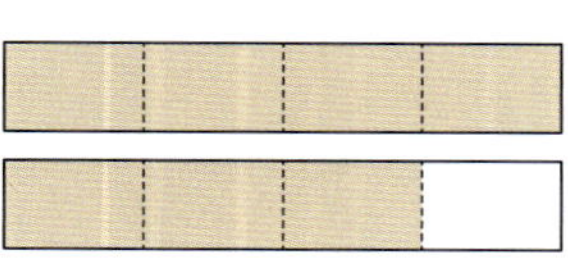

$1\dfrac{3}{4}$ 은 $\dfrac{1}{4}$ 이 $\boxed{}$ 개이므로 $\dfrac{\boxed{}}{4}$ 입니다.

$\rightarrow 1\dfrac{3}{4} = \boxed{}$

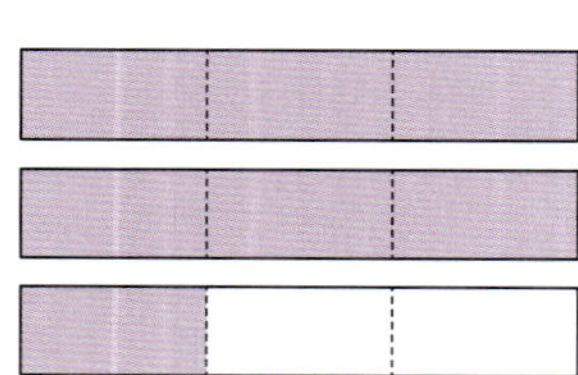

$\dfrac{7}{3}$ 은 $\dfrac{6}{3}\left(=\boxed{}\right)$ 과 $\dfrac{\boxed{}}{3}$ 이므로 $\boxed{}$ 와 $\dfrac{\boxed{}}{3}$ 입니다.

$\rightarrow \dfrac{7}{3} = \boxed{}$

2 ⟨보기⟩를 보고 색칠한 부분을 대분수로 쓰고, 읽어 보세요.

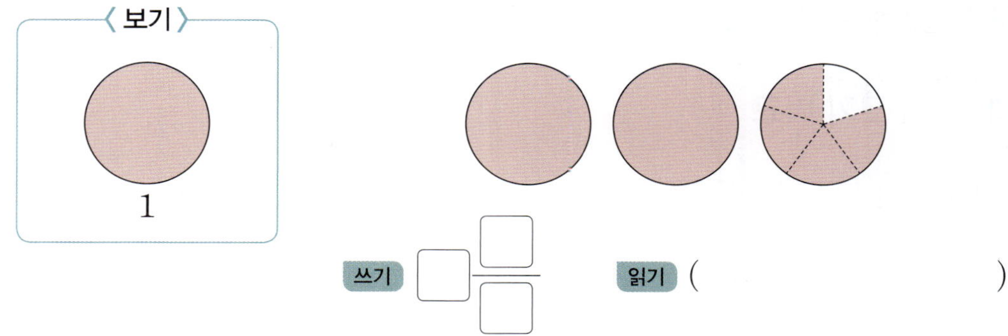

쓰기 $\dfrac{\square}{\square}$　　읽기 (　　　　　　　　)

3 대분수를 모두 찾아 ○표 하세요.

$$\dfrac{1}{8} \qquad 2\dfrac{5}{9} \qquad \dfrac{10}{7} \qquad \dfrac{11}{12} \qquad 3\dfrac{1}{2} \qquad \dfrac{4}{4}$$

4 그림을 보고 대분수는 가분수로, 가분수는 대분수로 나타내세요.

(1) 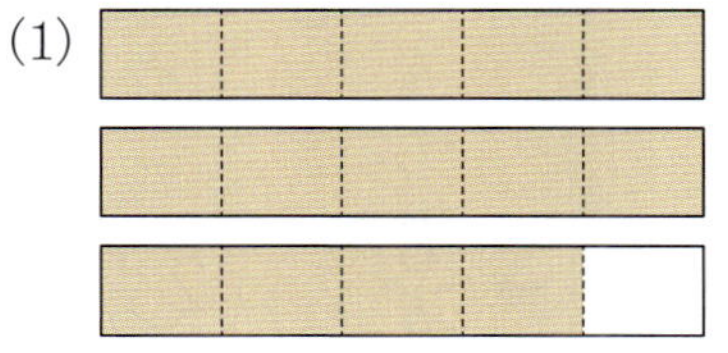

(2) 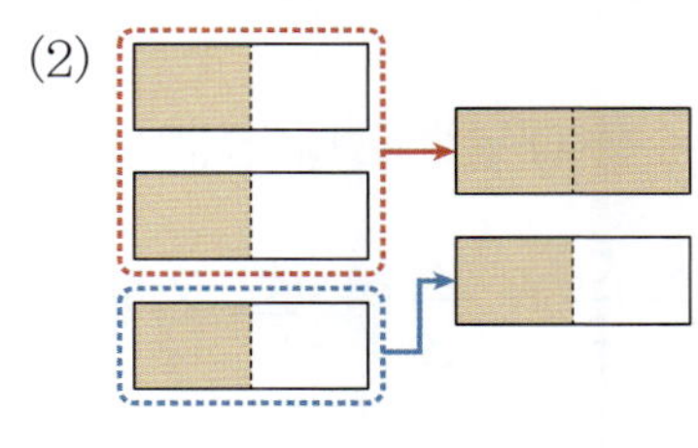

$$2\dfrac{4}{5} = \dfrac{\square}{\square} \qquad\qquad \dfrac{3}{2} = \square\dfrac{\square}{\square}$$

5 대분수는 가분수로, 가분수는 대분수로 나타내세요.

(1) $1\dfrac{1}{6} = \dfrac{\square}{\square}$ 　　　　　　(2) $\dfrac{21}{8} = \square\dfrac{\square}{\square}$

5 분모가 같은 분수의 크기 비교

$\dfrac{5}{4}$와 $\dfrac{7}{4}$의 크기 비교

분모가 같으면 **분자의 크기를 비교**합니다.

$$5 < 7 \rightarrow \dfrac{5}{4} < \dfrac{7}{4}$$

$2\dfrac{1}{5}$과 $1\dfrac{4}{5}$의 크기 비교

분모가 같은 대분수는 **자연수의 크기를 비교**하고, 자연수의 크기가 같으면 분자의 크기를 비교합니다.

$$2 > 1 \rightarrow 2\dfrac{1}{5} > 1\dfrac{4}{5}$$

$\dfrac{8}{3}$과 $2\dfrac{1}{3}$의 크기 비교

방법1 대분수를 가분수로 나타내어 비교하기

$$2\dfrac{1}{3}\text{은 }\dfrac{6}{3}\text{과 }\dfrac{1}{3}\text{이므로 }\dfrac{7}{3} \rightarrow \dfrac{8}{3} > \dfrac{7}{3} \rightarrow \dfrac{8}{3} > 2\dfrac{1}{3}$$

방법2 가분수를 대분수로 나타내어 비교하기

$$\dfrac{8}{3}\text{은 }\dfrac{6}{3}\text{과 }\dfrac{2}{3}\text{이므로 2와 }\dfrac{2}{3} \rightarrow 2\dfrac{2}{3} > 2\dfrac{1}{3} \rightarrow \dfrac{8}{3} > 2\dfrac{1}{3}$$

개념 확인 1 $\dfrac{13}{4}$과 $2\dfrac{3}{4}$의 크기를 두 가지 방법으로 비교해 보세요.

방법1 대분수를 가분수로 나타내어 비교하기

$$2\dfrac{3}{4}\text{은 }\dfrac{8}{4}\text{과 }\dfrac{3}{4}\text{이므로 }\dfrac{11}{4} \rightarrow \dfrac{13}{4} \bigcirc \dfrac{11}{4} \rightarrow \dfrac{13}{4} \bigcirc 2\dfrac{3}{4}$$

방법2 가분수를 대분수로 나타내어 비교하기

$$\dfrac{13}{4}\text{은 }\dfrac{12}{4}\text{와 }\dfrac{1}{4}\text{이므로 3과 }\dfrac{1}{4} \rightarrow 3\dfrac{1}{4} \bigcirc 2\dfrac{3}{4} \rightarrow \dfrac{13}{4} \bigcirc 2\dfrac{3}{4}$$

2 $\dfrac{11}{6}$과 $\dfrac{7}{6}$을 각각 수직선에 ━으로 나타내고, 알맞은 말에 ◯표 하세요.

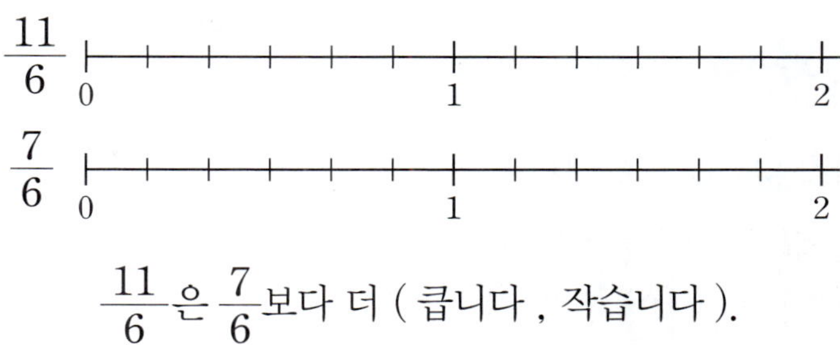

$\dfrac{11}{6}$은 $\dfrac{7}{6}$보다 더 (큽니다 , 작습니다).

3 그림을 보고 두 분수의 크기를 비교하여 ◯ 안에 $>$, $=$, $<$ 를 알맞게 써넣으세요.

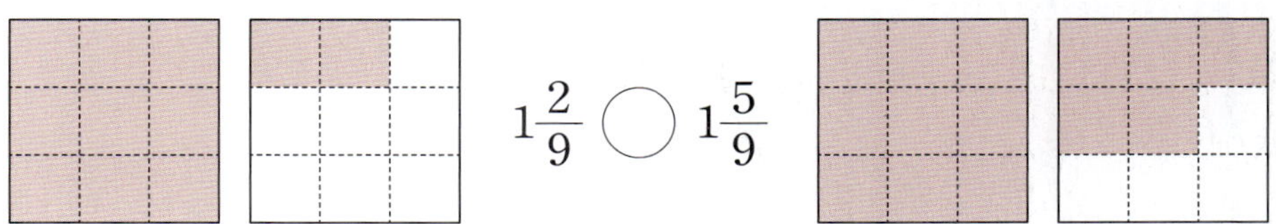

$1\dfrac{2}{9}$ ◯ $1\dfrac{5}{9}$

4 $\dfrac{25}{7}$와 $4\dfrac{1}{7}$의 크기를 두 가지 방법으로 비교해 보세요.

(1) 대분수를 가분수로 나타내어 비교해 보세요.

$$4\dfrac{1}{7} = \dfrac{\boxed{}}{7} \;\rightarrow\; \dfrac{25}{7} \;\bigcirc\; 4\dfrac{1}{7}$$

(2) 가분수를 대분수로 나타내어 비교해 보세요.

$$\dfrac{25}{7} = \boxed{}\dfrac{\boxed{}}{7} \;\rightarrow\; \dfrac{25}{7} \;\bigcirc\; 4\dfrac{1}{7}$$

5 두 분수의 크기를 비교하여 ◯ 안에 $>$, $=$, $<$ 를 알맞게 써넣으세요.

(1) $\dfrac{12}{5}$ ◯ $\dfrac{6}{5}$

(2) $2\dfrac{3}{4}$ ◯ $3\dfrac{1}{4}$

(3) $\dfrac{21}{8}$ ◯ $2\dfrac{5}{8}$

(4) $1\dfrac{5}{6}$ ◯ $\dfrac{13}{6}$

3 진분수, 가분수, 자연수 개념 092쪽

01 색칠한 부분을 각각 분수로 나타내세요.

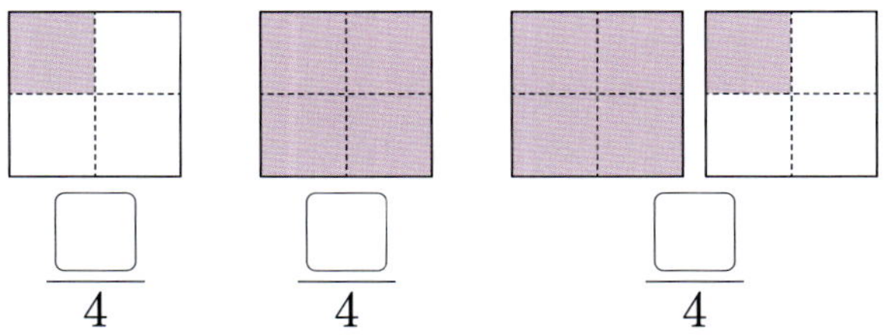

02 수직선을 보고 ☐ 안에 분모가 6인 분수를 써넣으세요.

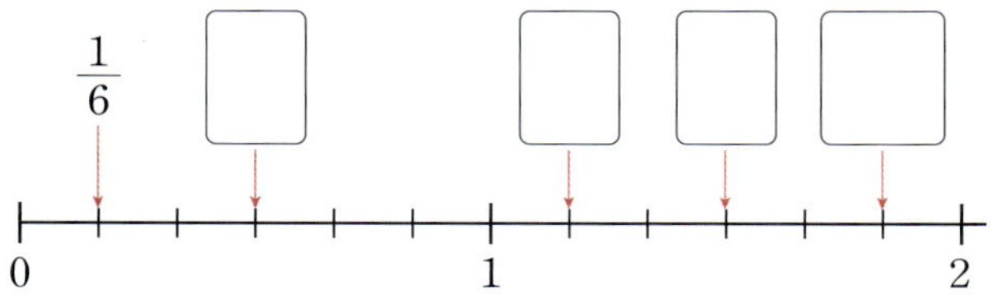

03 세 분수를 각각 수직선에 점으로 나타내세요.

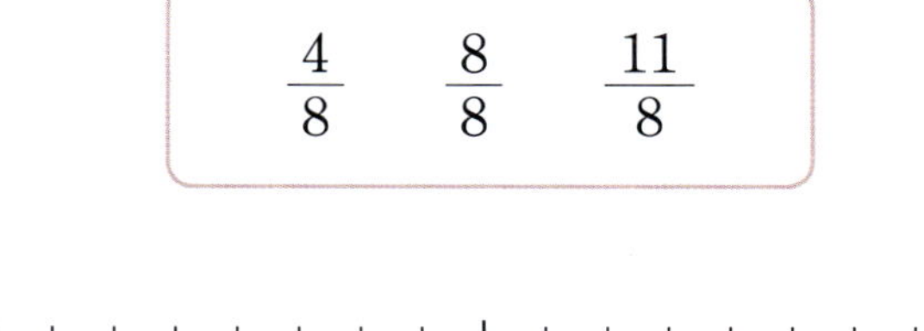

$$\frac{4}{8} \qquad \frac{8}{8} \qquad \frac{11}{8}$$

04 알맞은 것끼리 이어 보세요.

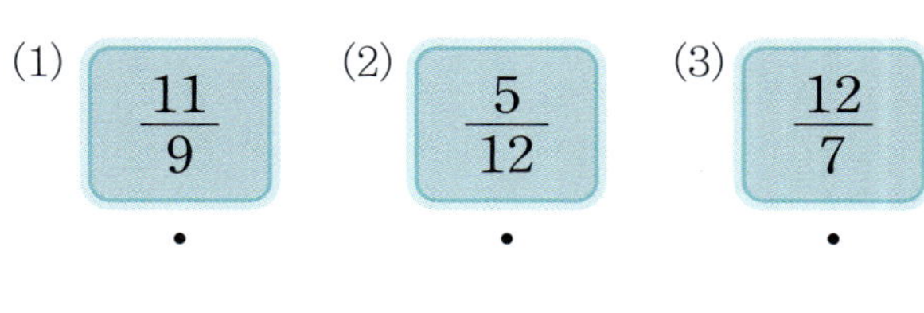

05 진분수와 가분수로 분류해 보세요.

$$\frac{1}{7} \qquad \frac{17}{10} \qquad \frac{2}{3} \qquad \frac{8}{8} \qquad \frac{4}{5}$$

진분수	가분수

교과역량 **콕!** 문제해결 | 의사소통

06 **잘못** 말한 사람의 이름을 쓰세요.

(   )

07 요구르트 아이스크림을 만드는 데 필요한 재료의 양입니다. 필요한 양이 가분수인 재료를 찾아 쓰세요.

재료	꿀	요구르트	생크림
필요한 양(컵)	$\dfrac{1}{5}$	$\dfrac{7}{4}$	$\dfrac{9}{12}$

(   )

08 ☐ 안에 알맞은 수를 써넣으세요.

(1) $\dfrac{3}{\boxed{}}=1$

(2) $\dfrac{\boxed{}}{7}=2$

(3) $\dfrac{15}{5}=\boxed{}$

4 대분수
개념 094쪽

09 대분수를 모두 찾아 색칠해 보세요.

$1\dfrac{2}{3}$	$\dfrac{3}{3}$	$\dfrac{9}{2}$	$3\dfrac{2}{7}$
$5\dfrac{1}{2}$	$4\dfrac{7}{8}$	$\dfrac{3}{4}$	$\dfrac{11}{9}$

10 진분수, 가분수, 대분수로 분류하려고 합니다. 진분수에 ☐표, 가분수에 △표, 대분수에 ○표 하세요.

$$\dfrac{9}{8} \qquad 5\dfrac{1}{2} \qquad \dfrac{5}{6} \qquad \dfrac{3}{3} \qquad 2\dfrac{4}{9}$$

11 가분수를 수직선에 ▬으로 나타내고, 대분수로 나타내세요.

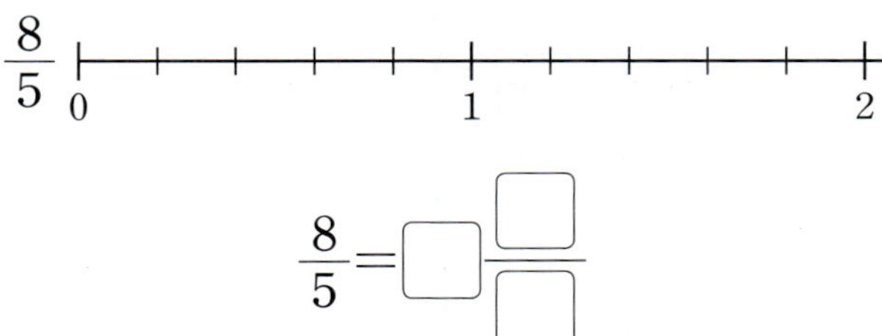

$$\dfrac{8}{5}=\boxed{}\dfrac{\boxed{}}{\boxed{}}$$

12 색칠한 부분을 대분수와 가분수로 각각 나타내세요.

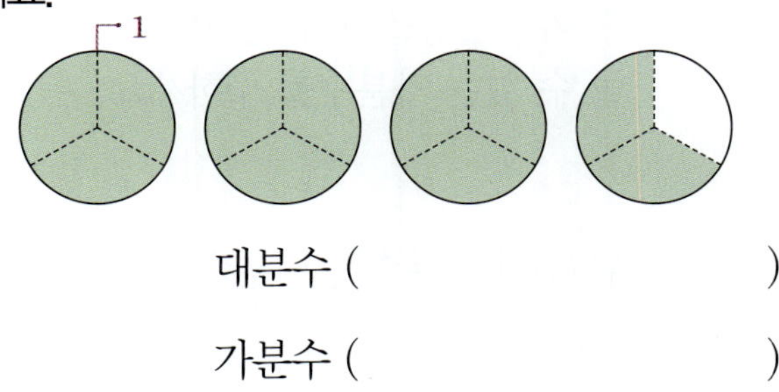

대분수 (   )

가분수 (   )

13 대분수는 가분수로, 가분수는 대분수로 나타내세요.

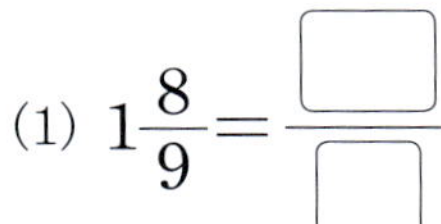

(1) $1\dfrac{8}{9} = \dfrac{\square}{\square}$

(2) $3\dfrac{4}{5} = \dfrac{\square}{\square}$

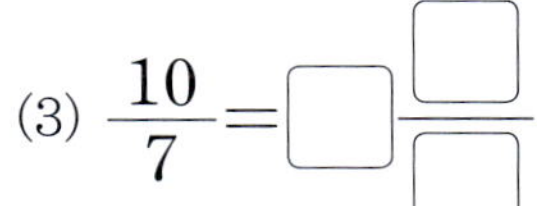

(3) $\dfrac{10}{7} = \square\dfrac{\square}{\square}$

(4) $\dfrac{38}{9} = \square\dfrac{\square}{\square}$

14 대분수로 나타내었을 때 자연수가 가장 큰 가분수를 찾아 쓰세요.

$$\dfrac{11}{8} \qquad \dfrac{17}{2} \qquad \dfrac{34}{7}$$

(   )

교과역량 **콕!** 문제해결 | 추론

15 수 카드를 보고 물음에 답하세요.

(1) 수 카드 2장을 모두 한 번씩만 사용하여 만들 수 있는 가분수를 구하세요.

(   )

(2) 위 (1)의 가분수를 대분수로 나타내세요.

(   )

---

5 분모가 같은 분수의 크기 비교   개념 096쪽

16 그림을 보고 두 분수의 크기를 비교하여 ◯ 안에 >, =, <를 알맞게 써넣으세요.

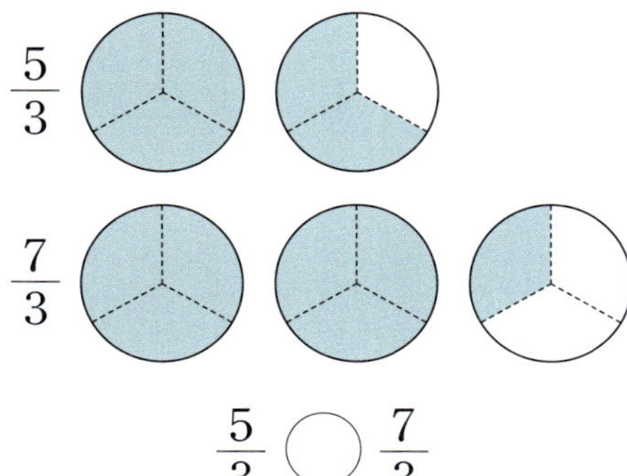

$$\dfrac{5}{3} \bigcirc \dfrac{7}{3}$$

17 분수만큼 각각 색칠하고, 두 분수의 크기를 비교하여 ◯ 안에 >, =, <를 알맞게 써넣으세요.

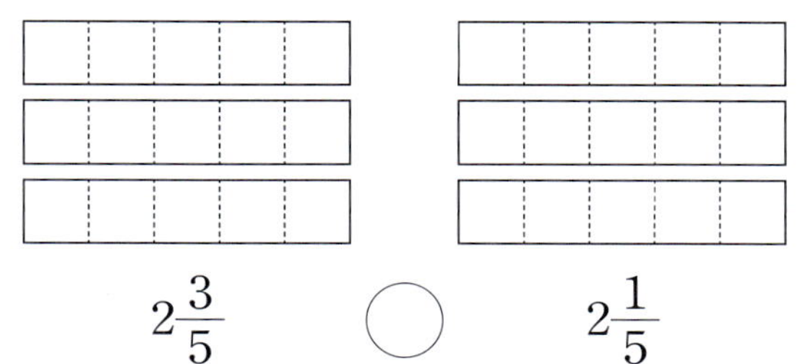

$$2\dfrac{3}{5} \qquad \bigcirc \qquad 2\dfrac{1}{5}$$

18 분수를 각각 수직선에 ━으로 나타내고, 두 분수의 크기를 비교하여 ◯ 안에 >, =, <를 알맞게 써넣으세요.

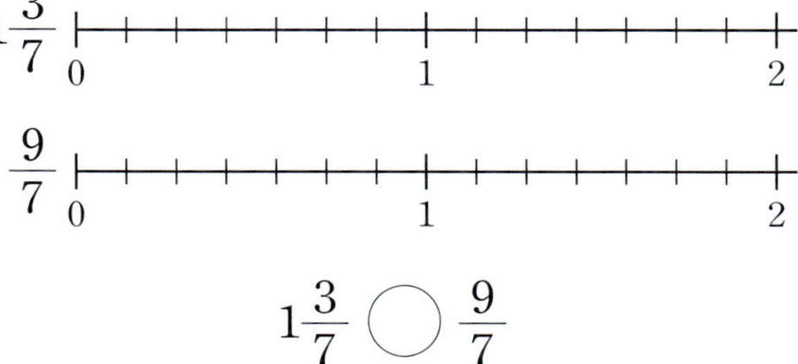

$$1\dfrac{3}{7} \bigcirc \dfrac{9}{7}$$

19 두 분수의 크기를 비교하여 ◯ 안에 >, =, < 를 알맞게 써넣으세요.

(1) $\dfrac{11}{5}$ ◯ $\dfrac{8}{5}$ (2) $2\dfrac{4}{9}$ ◯ $4\dfrac{2}{9}$

(3) $3\dfrac{2}{8}$ ◯ $3\dfrac{7}{8}$ (4) $\dfrac{27}{4}$ ◯ $6\dfrac{1}{4}$

20 두 분수의 크기를 바르게 비교한 사람의 이름을 쓰세요.

( )

21 민호와 연서는 주말에 각각 산책로를 걸었습니다. 민호는 $\dfrac{9}{7}$ km 걸었고, 연서는 $1\dfrac{3}{7}$ km 걸었습니다. 민호와 연서 중에서 더 많이 걸은 사람은 누구인가요?

( )

22 가장 큰 분수를 찾아 ◯표 하세요.

( ) ( ) ( )

23 선으로 연결된 두 분수의 크기를 비교하여 더 큰 분수를 빈칸에 써넣으세요.

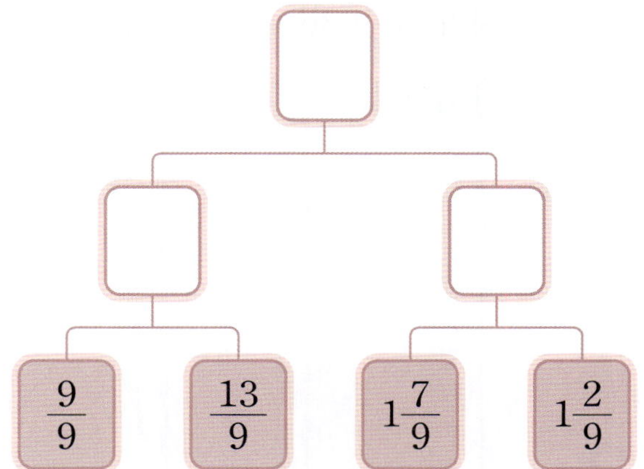

24 $1\dfrac{3}{8}$보다 크고 $\dfrac{23}{8}$보다 작은 분수를 모두 찾아 쓰세요.

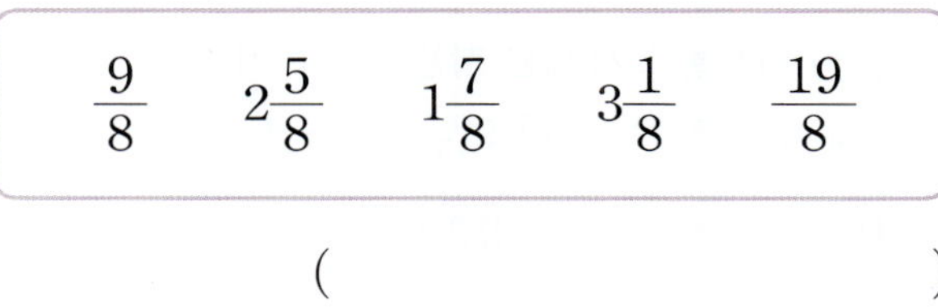

( )

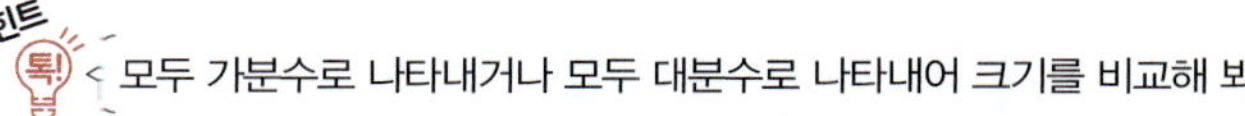
힌트 톡! 모두 가분수로 나타내거나 모두 대분수로 나타내어 크기를 비교해 봐.

1

분모가 4인 진분수를 만들려고 합니다. 분자가 될 수 있는 수는 모두 몇 개인지 풀이 과정을 쓰고, 답을 구하세요.

$$\frac{\Box}{4}$$

1단계 진분수에 대해 설명하기

진분수는 □가 □보다 작은 분수입니다.

2단계 분자가 될 수 있는 수의 개수 구하기

따라서 분자가 될 수 있는 수는 □, □, □으로 모두 □개입니다.

답

2

분모가 6인 진분수를 만들려고 합니다. 분자가 될 수 있는 수는 모두 몇 개인지 풀이 과정을 쓰고, 답을 구하세요.

$$\frac{\Box}{6}$$

1단계 진분수에 대해 설명하기

2단계 분자가 될 수 있는 수의 개수 구하기

답

3

영주네 반 학생 20명의 $\frac{1}{4}$이 안경을 쓰고 있습니다. **안경을 쓰지 않은 학생은 몇 명**인지 풀이 과정을 쓰고, 답을 구하세요.

1단계 안경을 쓴 학생 수 구하기

20의 $\frac{1}{4}$은 □이므로 안경을 쓴 학생은 □명입니다.

2단계 안경을 쓰지 않은 학생 수 구하기

따라서 안경을 쓰지 않은 학생은

20 − □ = □ (명)입니다.

답

4

시현이가 키우고 있는 닭 36마리의 $\frac{5}{9}$가 수탉입니다. **암탉은 몇 마리**인지 풀이 과정을 쓰고, 답을 구하세요.

1단계 수탉의 수 구하기

2단계 암탉의 수 구하기

답

5

분모가 5인 가분수 중에서 $1\frac{3}{5}$보다 크고 $\frac{12}{5}$보다 작은 가분수는 모두 몇 개인지 풀이 과정을 쓰고, 답을 구하세요.

(1단계) 대분수를 가분수로 나타내기

$1\frac{3}{5}$을 가분수로 나타내면 $\boxed{}$ 입니다.

(2단계) $1\frac{3}{5}$보다 크고 $\frac{12}{5}$보다 작은 가분수의 개수 구하기

$\boxed{}$ 보다 크고 $\frac{12}{5}$보다 작은 가분수는 $\boxed{}$,

$\boxed{}$, $\boxed{}$ 이므로 모두 $\boxed{}$ 개입니다.

답 ________________

6

분모가 9인 가분수 중에서 $2\frac{2}{9}$보다 크고 $\frac{26}{9}$보다 작은 가분수는 모두 몇 개인지 풀이 과정을 쓰고, 답을 구하세요.

(1단계) 대분수를 가분수로 나타내기

____

____

(2단계) $2\frac{2}{9}$보다 크고 $\frac{26}{9}$보다 작은 가분수의 개수 구하기

____

____

____

답 ________________

7

리아가 만든 대분수를 가분수로 나타내려고 합니다. 풀이 과정을 쓰고, 답을 구하세요.

(1단계) 만들 수 있는 가장 큰 대분수 구하기
자연수 부분이 클수록 (큰 , 작은) 분수이므로 만들 수 있는 가장 큰 대분수는 $\boxed{}$ 입니다.

(2단계) 대분수를 가분수로 나타내기
만들 수 있는 가장 큰 대분수를 가분수로 나타내면

$\boxed{}$ = $\boxed{}$ 입니다.

답 ________________

8 창의형

만들고 싶은 대분수를 만든 후 가분수로 나타내려고 합니다. 풀이 과정을 쓰고, 답을 구하세요.

(1단계) 만들고 싶은 대분수 만들기

____

____

(2단계) 대분수를 가분수로 나타내기

____

____

답 ________________

01 그림을 보고 ☐ 안에 알맞은 수를 써넣으세요.

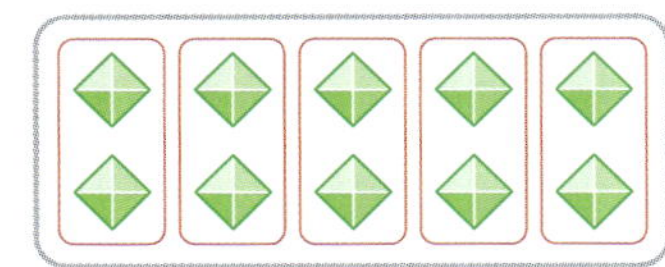

10을 2씩 묶으면 ☐ 묶음이 됩니다.

→ 2는 10의 $\dfrac{☐}{☐}$ 입니다.

02 과자 16개를 4개씩 묶어 보고, ☐ 안에 알맞은 수를 써넣으세요.

과자 16개를 4개씩 묶으면 ☐ 묶음이 되고,

12는 16의 $\dfrac{☐}{☐}$ 입니다.

03 그림을 보고 ☐ 안에 알맞은 수를 써넣으세요.

12의 $\dfrac{1}{2}$ 은 ☐ 입니다.

04 그림을 보고 ☐ 안에 알맞은 수를 써넣으세요.

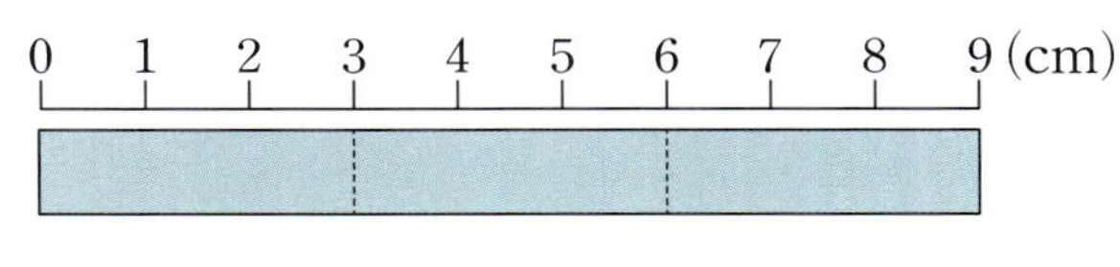

9 cm의 $\dfrac{2}{3}$ 는 ☐ cm입니다.

05 주어진 분수를 진분수와 가분수로 분류해 보세요.

$$\dfrac{4}{5} \qquad \dfrac{10}{4} \qquad \dfrac{1}{3} \qquad \dfrac{6}{6} \qquad \dfrac{5}{9}$$

진분수 (   )

가분수 (   )

06 그림을 보고 대분수를 가분수로 나타내세요.

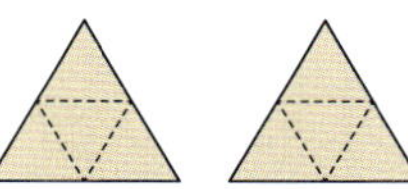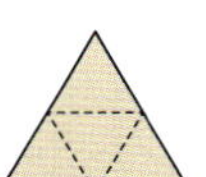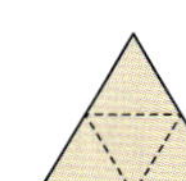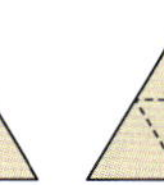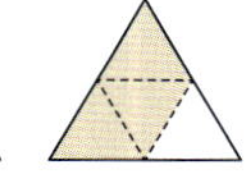

$$4\dfrac{3}{4} = \dfrac{☐}{☐}$$

07 그림을 보고 두 분수의 크기를 비교하여 ◯ 안에 >, =, <를 알맞게 써넣으세요.

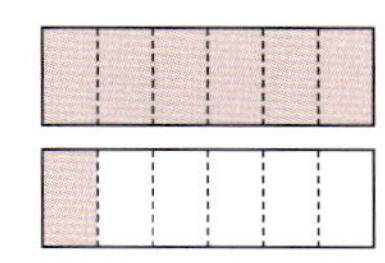 $1\dfrac{1}{6}$ ◯ $1\dfrac{5}{6}$ 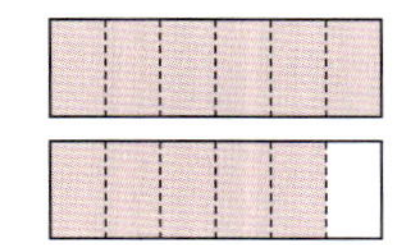

08 가분수를 대분수로 나타내세요.

$$\frac{21}{8}$$

(   )

09 두 분수의 크기를 비교하여 ◯ 안에 >, =, < 를 알맞게 써넣으세요.

$$3\frac{2}{7} \bigcirc \frac{29}{7}$$

10 두 분수의 크기를 <u>잘못</u> 비교한 것을 찾아 기호를 쓰세요.

㉠ $\frac{9}{4} > \frac{7}{4}$ ㉡ $4\frac{1}{5} > 3\frac{4}{5}$

㉢ $4\frac{1}{6} > \frac{27}{6}$ ㉣ $\frac{19}{3} < 6\frac{2}{3}$

(   )

11 그림을 보고 ◻ 안에 알맞은 수를 써넣으세요.

8을 2씩 묶으면 4는 8의 $\frac{\square}{\square}$ 입니다.

12 ◻ 안에 알맞은 수를 써넣으세요.

35의 $\frac{2}{5}$ 는 $\boxed{}$ 입니다.

13 동준이는 길이가 40 cm인 종이테이프의 $\frac{5}{8}$ 를 사용했습니다. 동준이가 사용한 종이테이프의 길이는 몇 cm인가요?

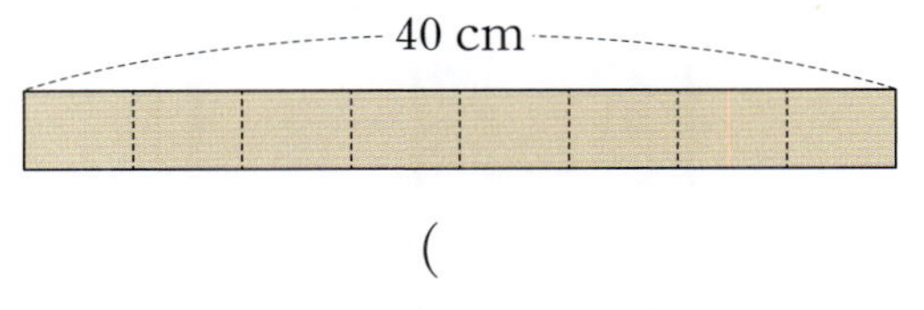

(   )

14 길이가 더 짧은 것에 ◯표 하세요.

21 m의 $\frac{5}{7}$	36 m의 $\frac{4}{9}$
( )	( )

15 희진이네 집에서 박물관과 미술관까지의 거리를 각각 나타낸 것입니다. 박물관과 미술관 중 희진이네 집에서 더 가까운 곳은 어디인지 쓰세요.

박물관	미술관
$\frac{15}{4}$ km	$3\frac{1}{4}$ km

(   )

16 가장 큰 분수를 찾아 쓰세요.

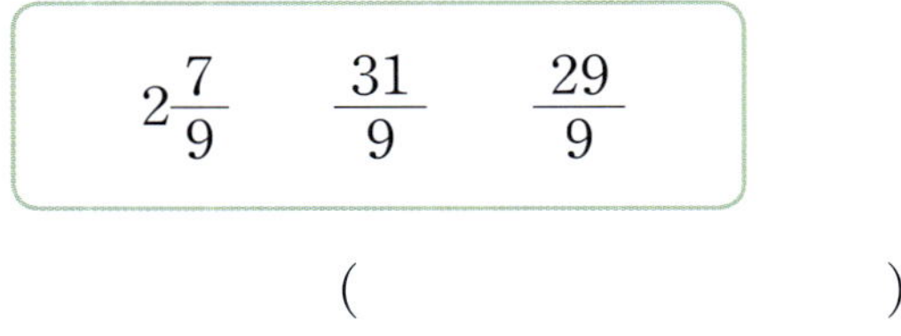

$$2\frac{7}{9} \qquad \frac{31}{9} \qquad \frac{29}{9}$$

(   )

17 수 카드 2장을 한 번씩만 사용하여 만들 수 있는 가분수를 구하고, 만든 가분수를 대분수로 나타내세요.

3   7

가분수 (   )

대분수 (   )

18 수 카드 3장을 한 번씩만 사용하여 만들 수 있는 대분수는 모두 몇 개인지 구하세요.

3   5   9

(   )

19 분모가 8인 진분수를 만들려고 합니다. 분자가 될 수 있는 수는 모두 몇 개인지 풀이 과정을 쓰고, 답을 구하세요.

$$\frac{\square}{8}$$

풀이

답

20 운동장에 있는 학생 28명의 $\frac{4}{7}$가 여학생입니다. 운동장에 있는 남학생은 몇 명인지 풀이 과정을 쓰고, 답을 구하세요.

풀이

답

도깨비들이 암호를 써서 대화를 하고 있어요.
주황색 도깨비가 하는 말에 뭐라고 대답하면 좋을까요?
말풍선 안에 암호를 써서 나타내 봐요.

정답은 개념책 160쪽에서 확인하세요.

5

들이와 무게

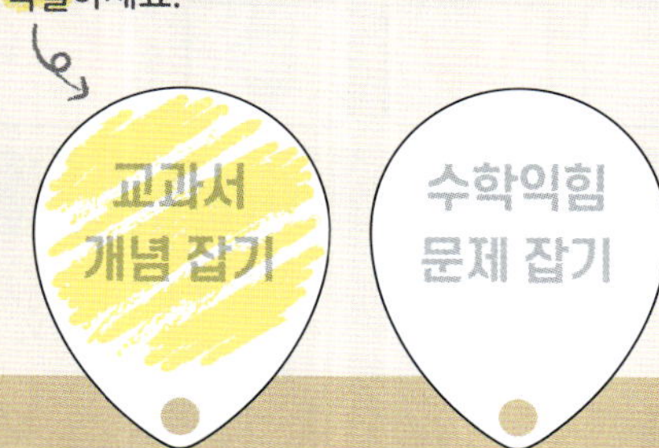

❶ 들이 비교하기
❷ 들이의 단위 / 들이 어림하고 재기
❸ 들이의 덧셈과 뺄셈

⌄ 이전에 배운 내용

[2-2] 길이 재기

1 m 알아보기

길이의 덧셈과 뺄셈

[3-1] 길이와 시간

1 mm, 1 km 알아보기

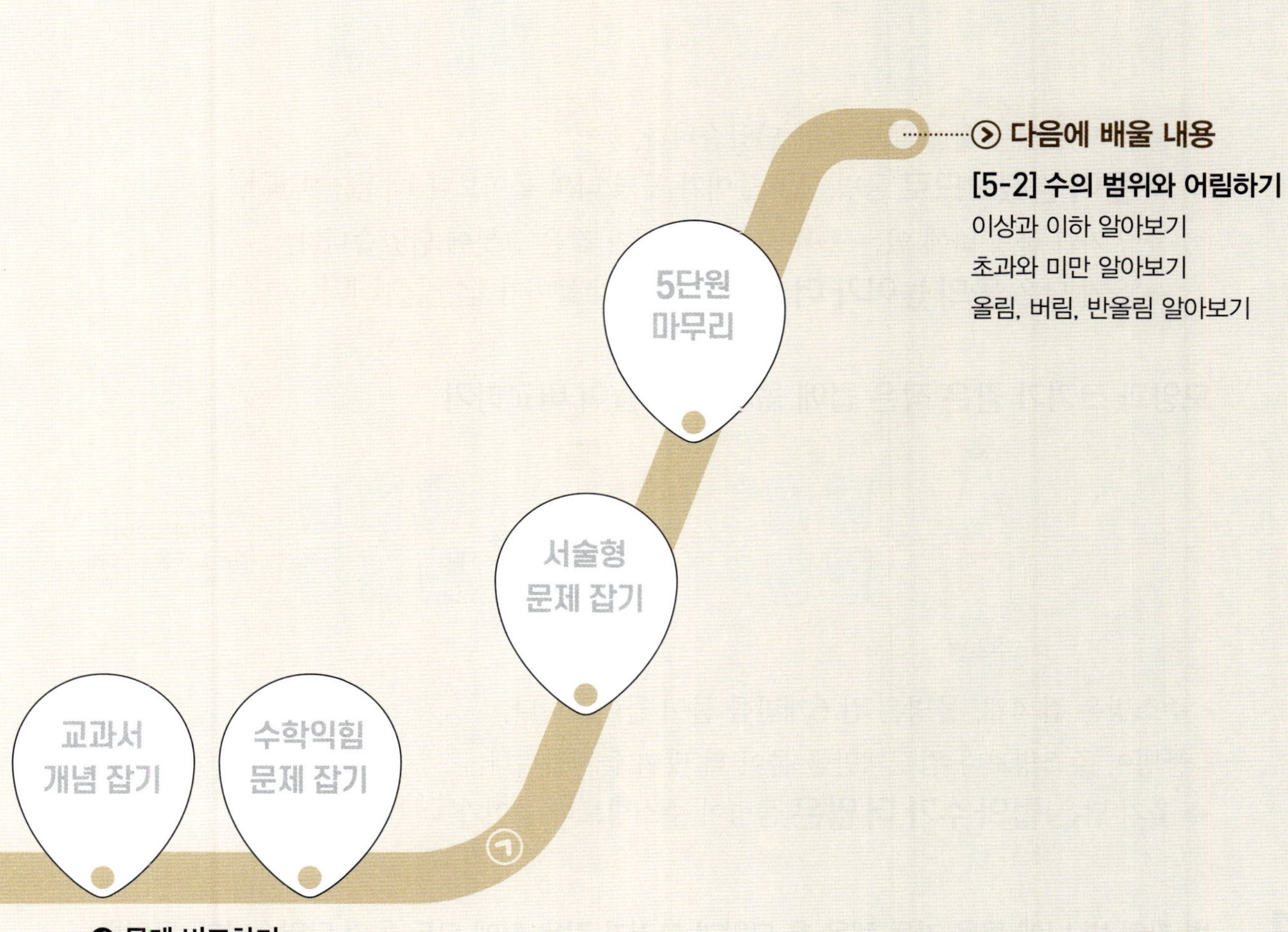

다음에 배울 내용
[5-2] 수의 범위와 어림하기
이상과 이하 알아보기
초과와 미만 알아보기
올림, 버림, 반올림 알아보기
5단원
마무리
서술형
문제 잡기
교과서
개념 잡기
수학익힘
문제 잡기
❹ 무게 비교하기
❺ 무게의 단위 / 무게 어림하고 재기
❻ 무게의 덧셈과 뺄셈

STEP 1 교과서 개념 잡기

① 들이 비교하기

여러 가지 방법으로 들이 비교하기

① 물병 가에 있는 물을 물병 나에 담았습니다.

→ **물이 넘쳤으므로** 물병 가의 들이가 물병 나의 들이보다 **더 많습니다.**

② 물병 가와 물병 나에 있는 물을 모양과 크기가 같은 그릇에 담았습니다.

→ 옮겨 담은 **물의 높이가 더 높은** 물병 가의 들이가 **더 많습니다.**

모양과 크기가 같은 작은 컵에 옮겨 담아 들이 비교하기

• 주스병은 컵 4개, 물병은 컵 6개만큼 물이 들어갑니다.

• 물병이 주스병보다 컵 2개만큼 물이 더 많이 들어갑니다.

→ 옮겨 담은 **컵의 수가 더 많은** 물병이 주스병보다 들이가 **더 많습니다.**

개념 확인 **1**

병 가와 병 나에 물을 가득 채운 후 모양과 크기가 같은 컵에 모두 옮겨 담았습니다. 들이를 비교해 보세요.

• 병 가는 컵 ☐개, 병 나는 컵 ☐개만큼 물이 들어갑니다.

• 병 나가 병 가보다 컵 ☐개만큼 물이 더 많이 들어갑니다.

→ 옮겨 담은 **컵의 수가 더 많은** 병 나가 병 가보다 들이가 더 ☐.

2 물통에 물을 가득 채운 후 어항에 모두 옮겨 담았더니 그림과 같이 어항에 물이 가득 차지 않았습니다. 알맞은 말에 ○표 하세요.

들이가 더 많은 것은 (물통, 어항)입니다.

3 음료수병과 물병에 물을 가득 채운 후 모양과 크기가 같은 그릇에 모두 옮겨 담았더니 그림과 같았습니다. 알맞은 말에 ○표 하세요.

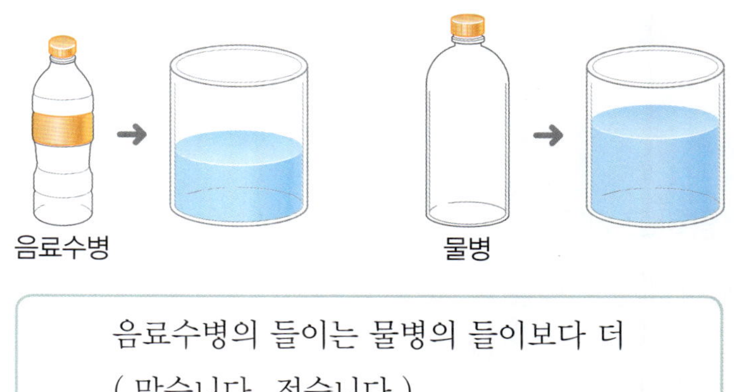

음료수병의 들이는 물병의 들이보다 더 (많습니다, 적습니다).

4 가, 나, 다에 물을 가득 채운 후 모양과 크기가 같은 그릇에 모두 옮겨 담았더니 다음과 같았습니다. 들이가 많은 순서대로 ( ) 안에 1, 2, 3을 써넣으세요.

② 들이의 단위 / 들이 어림하고 재기

들이의 단위 알아보기

(1) 들이의 단위에는 **리터(L)**와 **밀리리터(mL)** 등이 있습니다.

(2) **1 리터**는 **1000 밀리리터**와 같습니다.

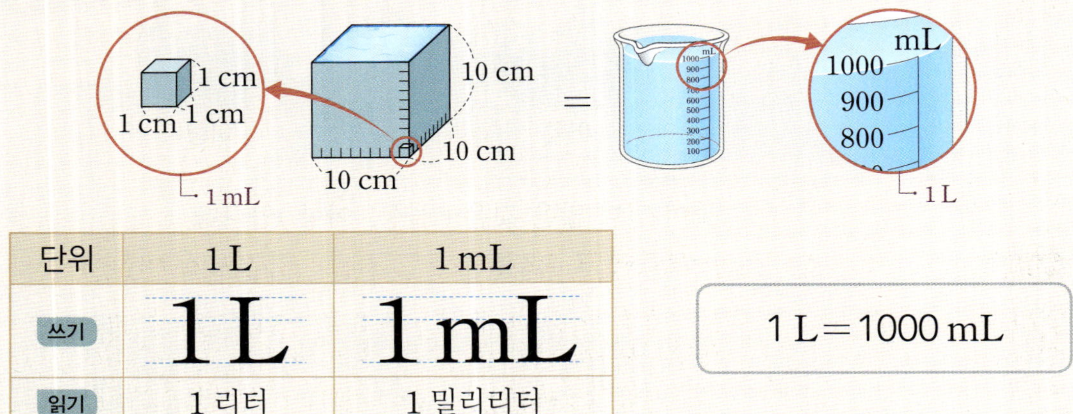

단위	1 L	1 mL
쓰기	1 L	1 mL
읽기	1 리터	1 밀리리터

$$1\,L = 1000\,mL$$

(3) 1 L보다 400 mL 더 많은 들이를 **1 L 400 mL**라고 합니다.

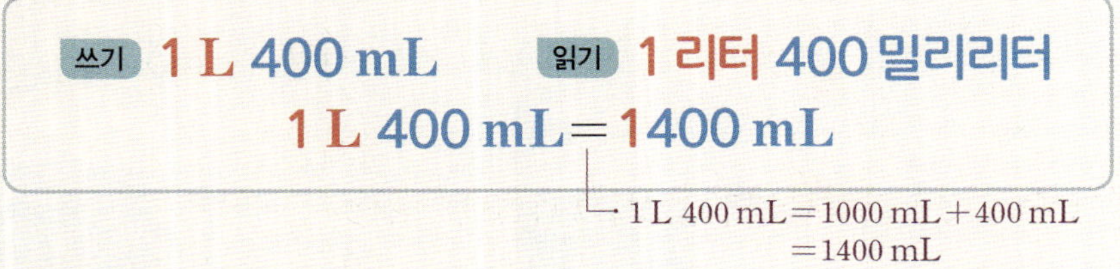

쓰기 **1 L 400 mL** 읽기 **1 리터 400 밀리리터**

$$1\,L\,400\,mL = 1400\,mL$$

$$1\,L\,400\,mL = 1000\,mL + 400\,mL$$
$$= 1400\,mL$$

들이를 어림하고 재기

들이를 어림하여 말할 때는 **약 몇 L** 또는 **약 몇 mL**라고 합니다.

식용유병의 들이:
1 L짜리 케첩병의 **2배쯤** → **약 2 L**

개념 확인 1

1 L와 1 mL를 바르게 쓰고, ☐ 안에 알맞은 수나 말을 써넣으세요.

단위	1 L	1 mL
쓰기		
읽기	1 ☐	1 ☐

$$1\,L = \boxed{}\,mL$$

2 그릇에 오렌지주스 1 L와 500 mL를 넣었더니 그릇이 가득 찼습니다. ☐ 안에 알맞은 수를 써넣으세요.

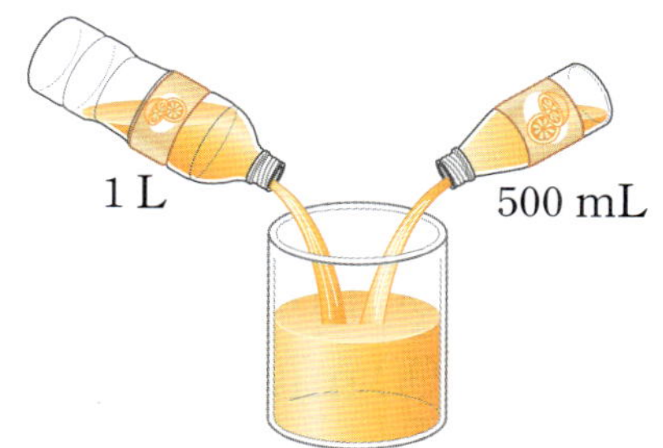

(1) 그릇의 들이는 1 L보다 ☐ mL 더 많습니다.

(2) 그릇의 들이는 ☐ L ☐ mL입니다.

3 주어진 들이를 쓰고, 읽어 보세요.

(1) 7 L

쓰기 ______________

읽기 ( )

(2) 5 L 200 mL

쓰기 ______________

읽기 ( )

4 ☐ 안에 알맞은 수를 써넣으세요.

(1) 2 L 300 mL = ☐ mL + 300 mL = ☐ mL

(2) 7100 mL = ☐ mL + 100 mL = ☐ L ☐ mL

5 L와 mL 중에서 알맞은 단위를 골라 ☐ 안에 써넣으세요.

(1) 

컵의 들이는 약 300 ☐ 입니다.

(2) 

대야의 들이는 약 3 ☐ 입니다.

교과서 개념 잡기

③ 들이의 덧셈과 뺄셈

2 L 300 mL + 1 L 400 mL의 계산

L는 L끼리, mL는 mL끼리 더합니다.

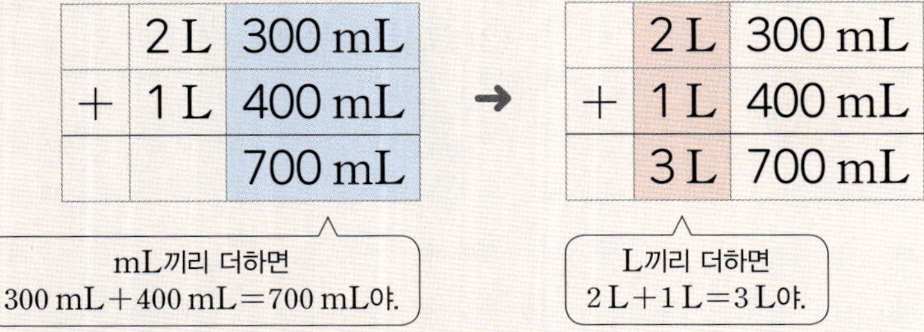

$$2\,L\ 300\,mL + 1\,L\ 400\,mL = 3\,L\ 700\,mL$$

2 L 900 mL − 1 L 600 mL의 계산

L는 L끼리, mL는 mL끼리 뺍니다.

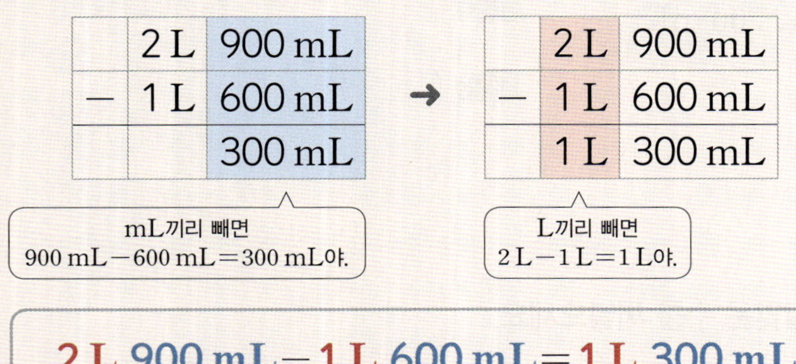

$$2\,L\ 900\,mL - 1\,L\ 600\,mL = 1\,L\ 300\,mL$$

1 3 L 400 mL + 1 L 200 mL를 계산해 보세요.

		400 mL				400 mL
	3 L				3 L	
+	1 L	200 mL	→	+	1 L	200 mL
		☐ mL			☐ L	☐ mL

$$3\,L\ 400\,mL + 1\,L\ 200\,mL = \boxed{}\,L\ \boxed{}\,mL$$

2 들이의 덧셈과 뺄셈을 어떻게 하는지 알아보려고 합니다. 물음에 답하세요.

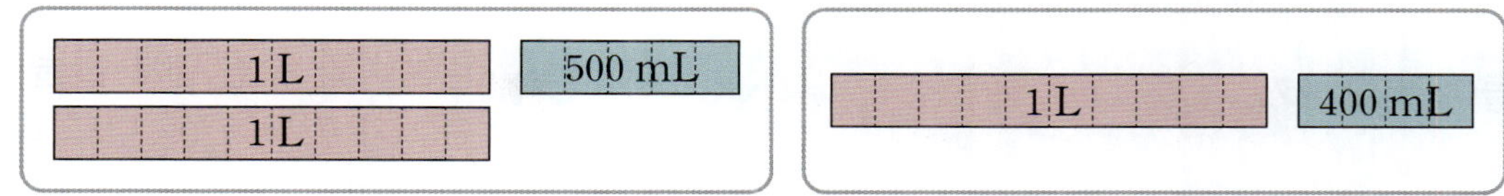

(1) 2 L 500 mL＋1 L 400 mL는 얼마인지 ☐ 안에 알맞은 수를 써넣으세요.

$$\begin{array}{r} 2 \text{ L } \ 500 \text{ mL} \\ + \ 1 \text{ L } \ 400 \text{ mL} \\ \hline \boxed{} \text{ L } \boxed{} \text{ mL} \end{array}$$

2 L 500 mL＋1 L 400 mL＝☐ L ☐ mL

(2) 2 L 500 mL－1 L 400 mL는 얼마인지 ☐ 안에 알맞은 수를 써넣으세요.

$$\begin{array}{r} 2 \text{ L } \ 500 \text{ mL} \\ - \ 1 \text{ L } \ 400 \text{ mL} \\ \hline \boxed{} \text{ L } \boxed{} \text{ mL} \end{array}$$

2 L 500 mL－1 L 400 mL＝☐ L ☐ mL

3 ☐ 안에 알맞은 수를 써넣으세요.

(1)
$$\begin{array}{r} 1 \text{ L } \ 500 \text{ mL} \\ + \ 3 \text{ L } \ 200 \text{ mL} \\ \hline \boxed{} \text{ L } \boxed{} \text{ mL} \end{array}$$

(2)
$$\begin{array}{r} 8 \text{ L } \ 900 \text{ mL} \\ - \ 5 \text{ L } \ 400 \text{ mL} \\ \hline \boxed{} \text{ L } \boxed{} \text{ mL} \end{array}$$

4 계산해 보세요.

(1)
$$\begin{array}{r} 4 \text{ L } \ 200 \text{ mL} \\ + \ 2 \text{ L } \ 600 \text{ mL} \\ \hline \end{array}$$

(2)
$$\begin{array}{r} 7 \text{ L } \ 800 \text{ mL} \\ - \ 6 \text{ L } \ 100 \text{ mL} \\ \hline \end{array}$$

1 들이 비교하기

개념 110쪽

01 어항에 물을 가득 채운 후 물병에 모두 옮겨 담았더니 그림과 같았습니다. 어항과 물병 중 들이가 더 많은 것은 무엇인가요?

( )

02 바가지와 항아리에 물을 가득 채운 후 모양과 크기가 같은 컵에 모두 옮겨 담았습니다. ☐ 안에 알맞은 수나 말을 써넣으세요.

☐ 가 ☐ 보다 컵 ☐ 개만큼 물이 더 많이 들어갑니다.

03 알맞은 말에 ◯표 하세요.

프라이팬에 물을 가득 채운 후 밥그릇에 모두 옮겨 담았더니 밥그릇에 물이 넘쳤습니다.

밥그릇에 물이 넘쳤으므로 프라이팬은 밥그릇보다 들이가 더 (많습니다 , 적습니다).

04 양동이와 주전자에 물을 가득 채운 후 모양과 크기가 같은 컵에 모두 옮겨 담았습니다. ☐ 안에 알맞은 수를 써넣으세요.

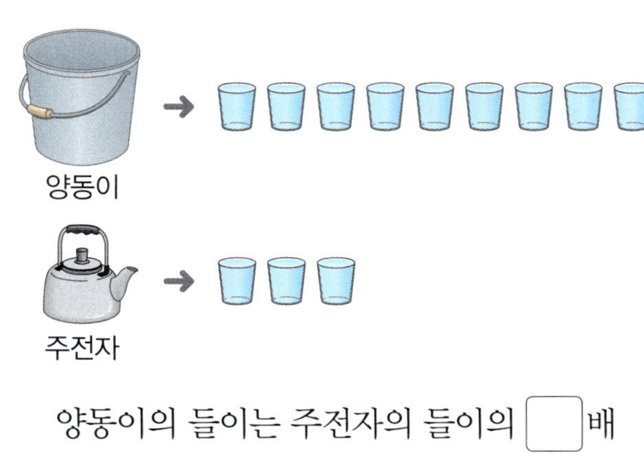

양동이의 들이는 주전자의 들이의 ☐ 배입니다.

05 모양과 크기가 같은 종이컵으로 리아와 현우가 가진 그릇에 물을 가득 채우려면 각각 다음과 같은 횟수만큼 부어야 합니다. 들이가 더 많은 그릇을 가진 친구의 이름을 쓰세요.

( )

교과역량 콕! 추론 | 정보처리

06 컵 가, 나, 다를 사용하여 모양과 크기가 같은 물병에 각각 물을 가득 채우려면 적어도 다음 횟수만큼 부어야 합니다. 가, 나, 다 중 들이가 가장 많은 컵은 어느 것인가요?

컵	가	나	다
부어야 하는 횟수	4번	9번	6번

( )

2 **들이의 단위 / 들이 어림하고 재기**   개념 112쪽

07 물의 양이 얼마인지 눈금을 읽고 ☐ 안에 알맞은 수를 써넣으세요.

(1)
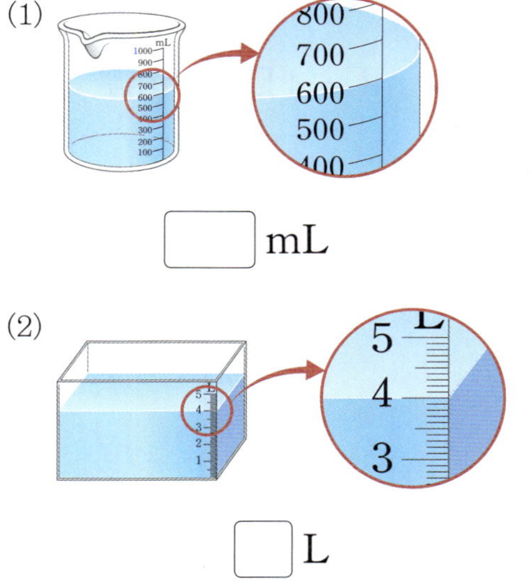

☐ mL

(2)

☐ L

08 ☐ 안에 알맞은 수를 써넣으세요.

(1) $3\,L =$ ☐ mL

(2) $8000\,mL =$ ☐ L

(3) $9000\,mL =$ ☐ L

09 들이가 500 mL인 우유갑을 보고 식용유병의 들이는 약 몇 L인지 어림해 보세요.

(   )

10 같은 들이끼리 이어 보세요.

(1) 5 L 10 mL ·

(2) 5 L 100 mL ·

· 5100 mL

· 5010 mL

· 5001 mL

11 냄비에 물을 가득 채운 후 비커에 부었더니 1 L씩 2번 붓고 500 mL만큼을 더 부을 수 있었습니다. 냄비의 들이는 몇 mL일까요?

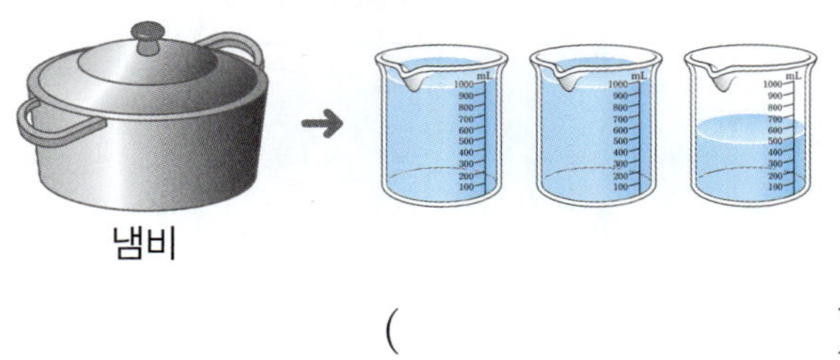

(   )

<u>교과역량 콕!</u> 추론 | 의사소통

12 단위가 <u>잘못된</u> 문장을 찾아 기호를 쓰세요.

㉠ 음료수 캔의 들이는 약 250 mL입니다.
㉡ 양치 컵의 들이는 약 100 L입니다.
㉢ 어항의 들이는 약 1 L 400 mL입니다.

(   )

13 그릇에 물을 가득 채운 후 들이가 2 L인 수조에 모두 옮겨 담았더니 그림과 같았습니다. 그릇의 들이는 약 몇 L인지 어림해 보세요.

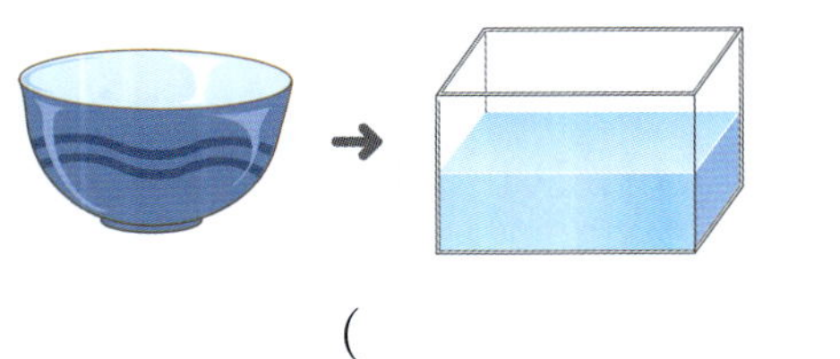

(   )

14 들이가 많은 것부터 차례로 기호를 쓰세요.

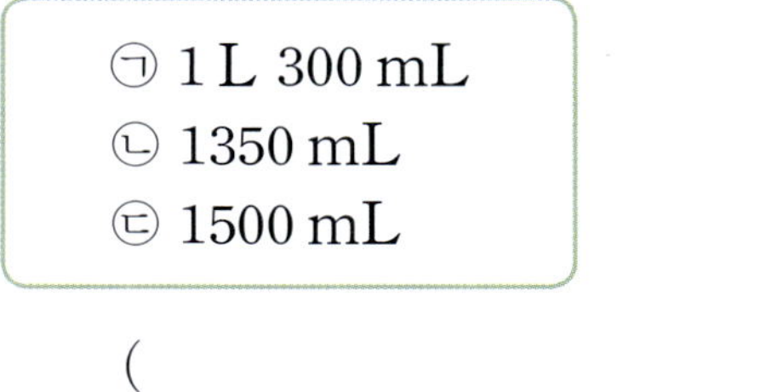

(   )

교과역량 콕! 추론 | 의사소통

15 도율이와 주경이는 들이가 800 mL인 바가지를 다음과 같이 어림하였습니다. 실제 들이에 더 가깝게 어림한 사람의 이름을 쓰세요.

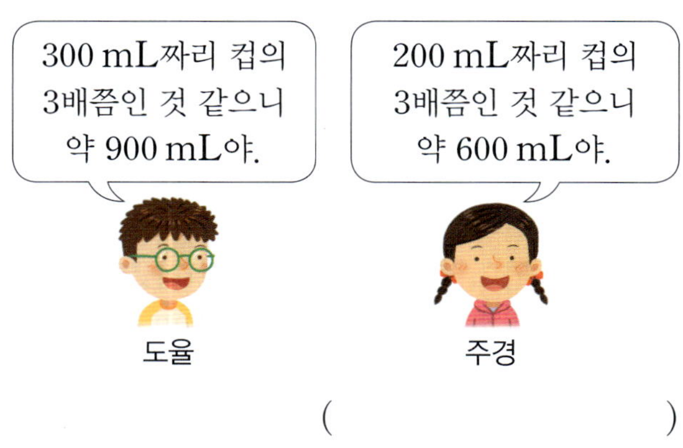

(   )

3 들이의 덧셈과 뺄셈   개념 114쪽

16 계산해 보세요.

(1) 8 L 500 mL＋1 L 400 mL

(2) 9 L 600 mL－4 L 300 mL

17 ☐ 안에 알맞은 수를 써넣으세요.

18 매실주스가 병 ㉮와 ㉯에 각각 다음과 같이 들어 있습니다. 두 병에 들어 있는 매실주스는 모두 몇 L 몇 mL인가요?

병 ㉮	병 ㉯
1 L 200 mL	2 L 600 mL

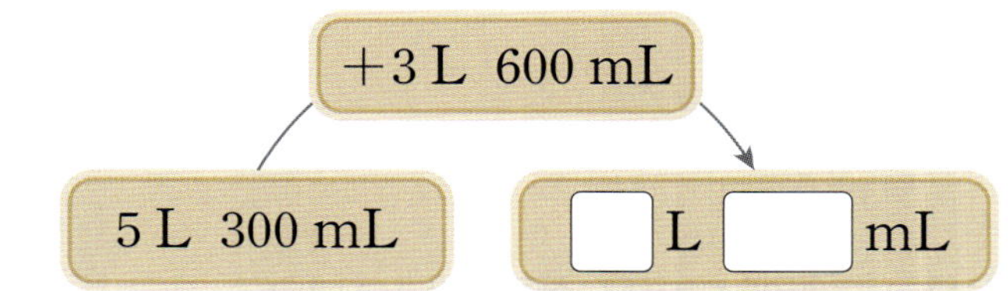

19 들이가 2 L 500 mL인 수조에 1 L 300 mL 만큼 물이 들어 있습니다. 수조를 가득 채우려면 물을 몇 L 몇 mL 더 부어야 하는지 구하세요.

$$
\begin{array}{r}
2\ \text{L}\quad 500\ \text{mL} \\
-\ 1\ \text{L}\quad 300\ \text{mL} \\
\hline
\boxed{}\ \text{L}\ \boxed{}\ \text{mL}
\end{array}
$$

20 지은이는 1 L 200 mL짜리 주스를 2병 샀습니다. 지은이가 산 주스는 모두 몇 L 몇 mL인가요?

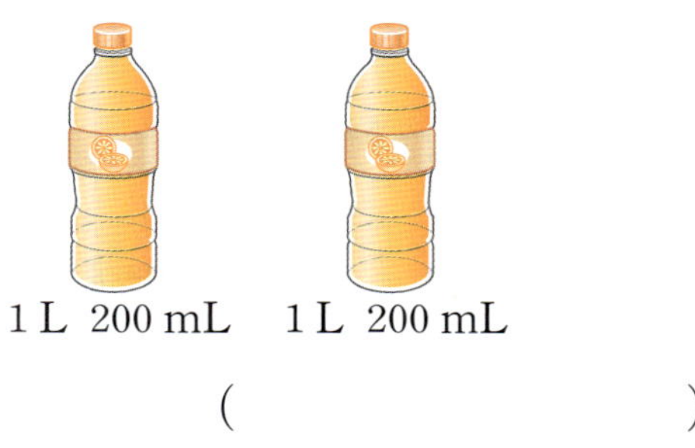

(　　　　　　　　)

21 다음과 같이 물이 채워져 있는 수조가 있습니다. 이 수조에서 3 L 100 mL의 물을 덜어 내면 몇 L 몇 mL가 남는지 구하세요.

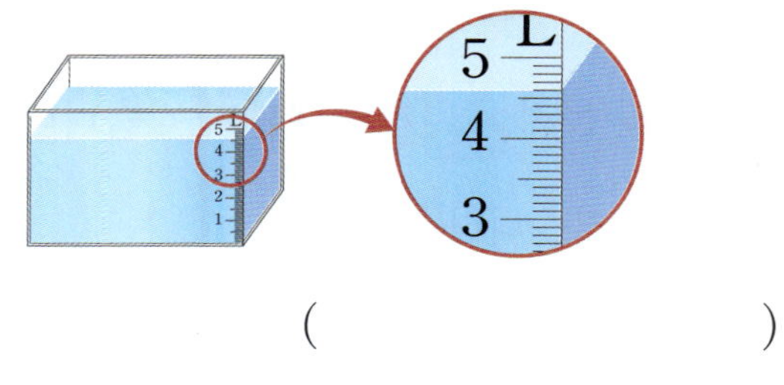

(　　　　　　　　)

22 들이가 4 L보다 적은 것을 찾아 기호를 쓰세요.

> ㉠ 2 L 100 mL＋2 L 600 mL
> ㉡ 5 L 900 mL－1 L 800 mL
> ㉢ 1 L 500 mL＋2 L 300 mL
> ㉣ 7 L 700 mL－2 L 400 mL

(　　　　　　　　)

23 들이가 가장 많은 것과 가장 적은 것의 차는 몇 L 몇 mL인지 구하세요.

6 L 200 mL	6500 mL
5 L 300 mL	5450 mL

(　　　　　　　　)

교과역량 콕! 문제해결 | 추론

24 들이가 5 L 900 mL인 빈 통에 물 1 L 400 mL를 부은 후 2 L 200 mL를 더 부었습니다. 통을 가득 채우려면 더 부어야 하는 물은 몇 L 몇 mL인지 구하세요.

(　　　　　　　　)

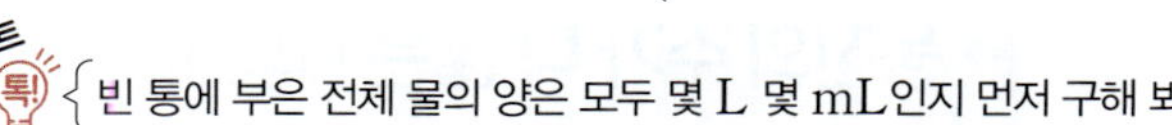
힌트 톡! 빈 통에 부은 전체 물의 양은 모두 몇 L 몇 mL인지 먼저 구해 봐!

교과서 개념 잡기

④ 무게 비교하기

여러 가지 방법으로 무게 비교하기

① 

② 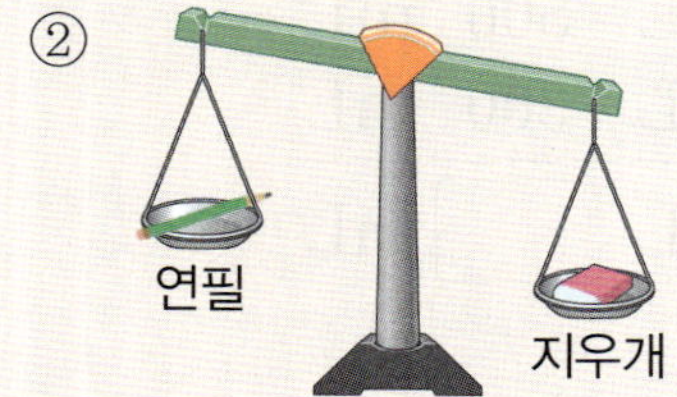

① 양손에 물건을 하나씩 들고 더 무겁게 느껴지는 것을 찾습니다.

→ 더 무겁게 느껴지는 지우개가 연필보다 **더 무겁습니다**.

② 연필과 지우개를 저울의 접시에 각각 담습니다.

→ 접시가 **아래로 내려간** 지우개가 **더 무겁습니다**.

→ 접시가 **위로 올라간** 연필이 **더 가볍습니다**.

여러 가지 단위로 무게 비교하기

바둑돌을 사용하여 연필과 지우개의 무게를 비교할 수 있습니다.

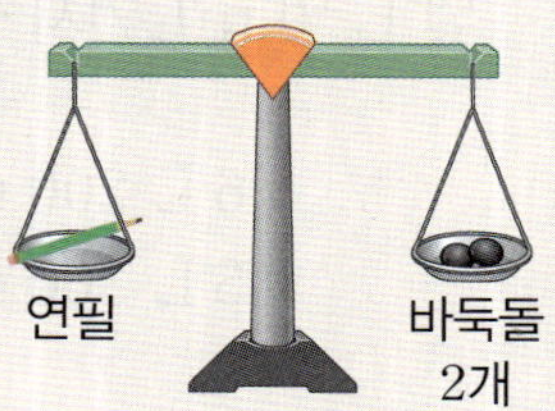 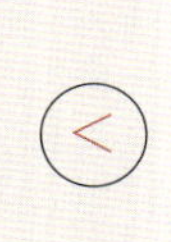 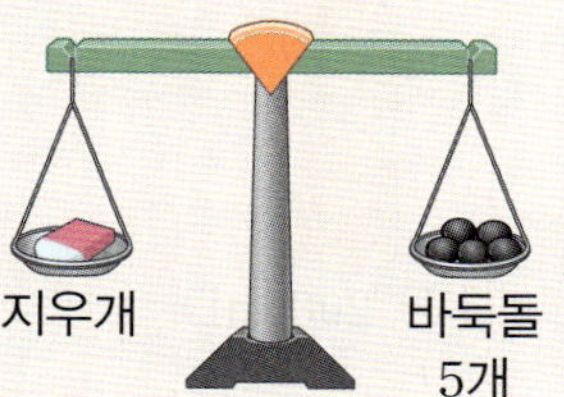

• 연필은 바둑돌 2개, 지우개는 바둑돌 5개와 무게가 같습니다.

• 지우개가 연필보다 바둑돌 **3개**만큼 더 무겁습니다.

→ **바둑돌의 수가 더 많은** 지우개가 연필보다 **더 무겁습니다**.

개념 확인 1

100원짜리 동전으로 메모지와 볼펜의 무게를 비교해 보세요.

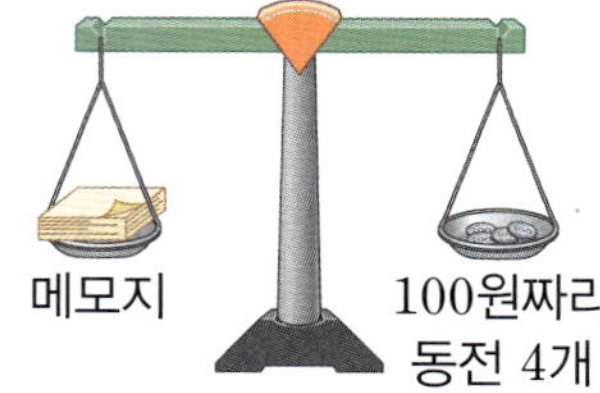 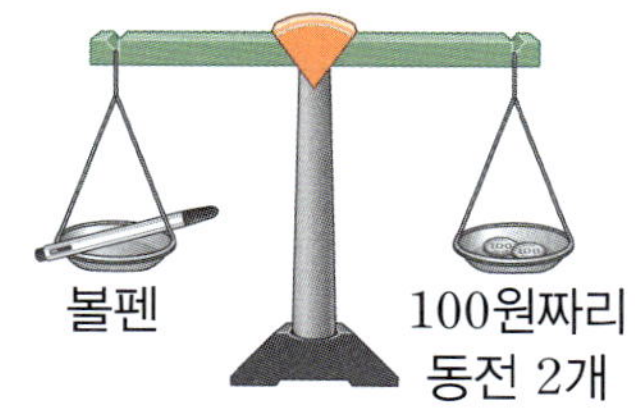

• 메모지는 100원짜리 동전 ☐개, 볼펜은 100원짜리 동전 ☐개와 무게가 같습니다.

• 메모지가 볼펜보다 100원짜리 동전 ☐개만큼 더 무겁습니다.

→ **동전의 수가 더 많은** 메모지가 볼펜보다 더 ☐ .

2 양손에 과일을 하나씩 들어서 키위, 사과, 멜론의 무게를 비교하려고 합니다. ☐ 안에 알맞은 말을 써넣으세요.

(1) 키위와 사과 중에서 더 무거운 것은 ☐ 입니다.

(2) 사과와 멜론 중에서 더 무거운 것은 ☐ 입니다.

(3) 키위, 사과, 멜론 중에서 가장 무거운 것은 ☐ 입니다.

3 저울로 컴퍼스와 자의 무게를 비교하였습니다. 컴퍼스와 자 중 어느 것이 더 무거운지 쓰세요.

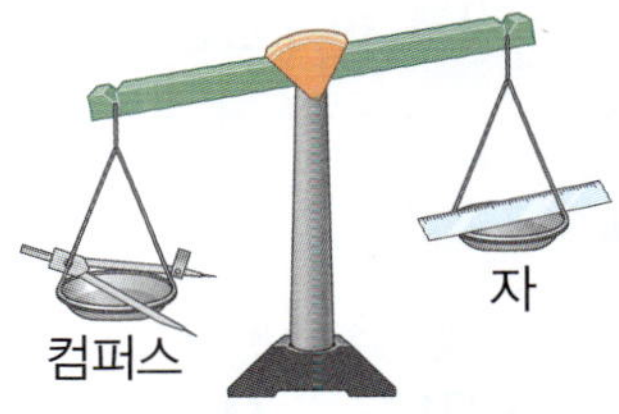

(   )

4 바둑돌을 사용하여 물감과 크레파스의 무게를 비교하였습니다. ☐ 안에 알맞은 수를 써넣으세요.

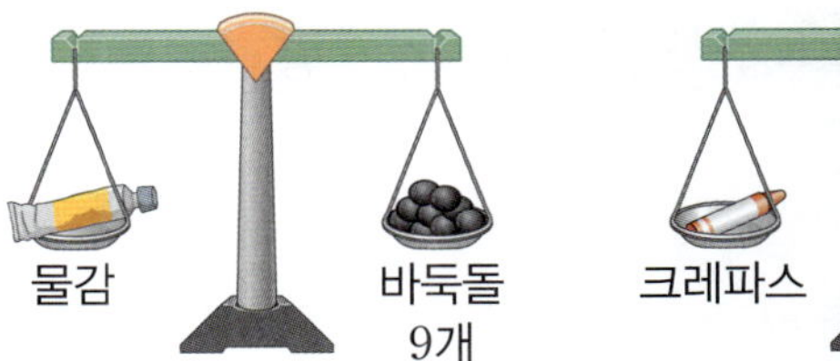

(1) 물감은 바둑돌 ☐ 개, 크레파스는 바둑돌 ☐ 개와 무게가 같습니다.

(2) 물감이 크레파스보다 바둑돌 ☐ 개만큼 더 무겁습니다.

STEP 1 교과서 개념 잡기

개념 강의

⑤ 무게의 단위 / 무게 어림하고 재기

무게의 단위 알아보기

(1) 무게의 단위에는 **킬로그램(kg)**, **그램(g)**, **톤(t)** 등이 있습니다.

(2) **1 킬로그램**은 **1000 그램**과 같고, **1000 킬로그램**은 **1 톤**과 같습니다.

단위	1 kg	1 g	1 t
쓰기	1kg	1g	1t
읽기	1 킬로그램	1 그램	1 톤

$$1 \, kg = 1000 \, g, \quad 1 \, t = 1000 \, kg$$

(3) 1 kg보다 700 g 더 무거운 무게를 **1 kg 700 g**이라고 합니다.

> 쓰기 **1 kg 700 g**   읽기 **1 킬로그램 700 그램**
>
> **1 kg 700 g = 1700 g**
>
> └ 1 kg 700 g = 1000 g + 700 g
>   = 1700 g

무게를 어림하고 재기

무게를 어림하여 말할 때는 **약 몇 kg**, **약 몇 g** 또는 **약 몇 t**이라고 합니다.

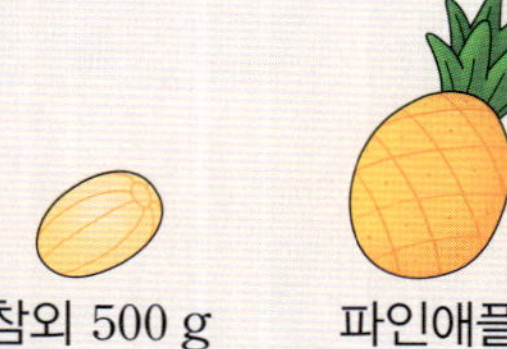

참외 500 g   파인애플

파인애플의 무게:
500 g짜리 참외의 **4배쯤** → **약 2 kg**

개념 확인 1

1 kg, 1 g, 1 t을 바르게 쓰고, ☐ 안에 알맞은 수나 말을 써넣으세요.

단위	1 kg	1 g	1 t
쓰기			
읽기	1 ☐	1 ☐	1 ☐

$$1 \, kg = \boxed{} \, g, \quad 1 \, t = \boxed{} \, kg$$

2 저울 위에 1 kg짜리 설탕을 올려놓은 후 700 g짜리 설탕을 더 올려놓았습니다. ☐ 안에 알맞은 수를 써넣으세요.

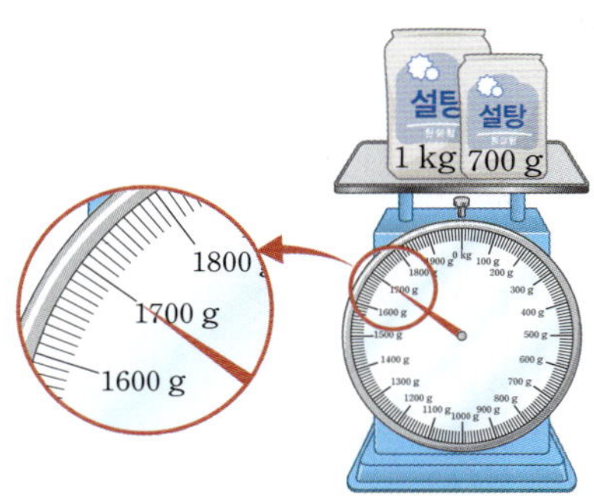

(1) 저울 위에 올려진 설탕의 무게는 1 kg보다 ☐ g 더 무겁습니다.

(2) 저울 위에 올려진 설탕의 무게는 ☐ kg ☐ g입니다.

3 주어진 무게를 쓰고, 읽어 보세요.

(1) 3 kg 800 g

쓰기 ___________

읽기 (   )

(2) 5 t

쓰기 ___________

읽기 (   )

4 ☐ 안에 알맞은 수를 써넣으세요.

(1) 2 kg 500 g = ☐ g + 500 g = ☐ g

(2) 4700 g = ☐ g + 700 g = ☐ kg ☐ g

(3) 6400 kg = ☐ kg + 400 kg = ☐ t ☐ kg

5 g, kg, t 중에서 알맞은 단위를 골라 ☐ 안에 써넣으세요.

(1) 
휴대 전화의 무게는 약 190 ☐ 입니다.

(2) 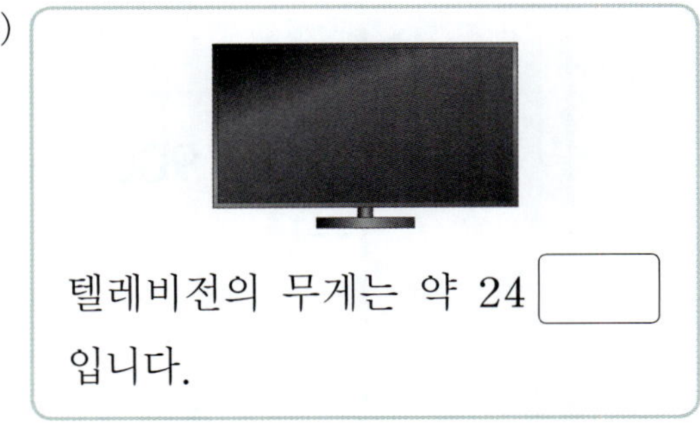
텔레비전의 무게는 약 24 ☐ 입니다.

 교과서 개념 잡기

개념 강의

⑥ 무게의 덧셈과 뺄셈

$2\,kg\ 400\,g + 1\,kg\ 300\,g$의 계산

kg은 kg끼리, g은 g끼리 더합니다.

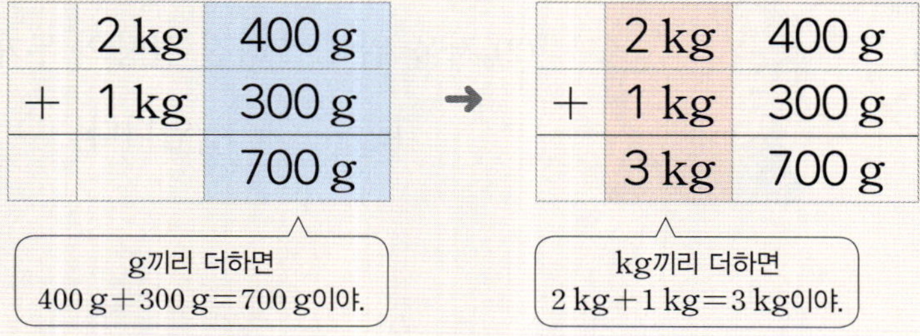

	2 kg	400 g
+	1 kg	300 g
		700 g

g끼리 더하면
$400\,g + 300\,g = 700\,g$이야.

	2 kg	400 g
+	1 kg	300 g
	3 kg	700 g

kg끼리 더하면
$2\,kg + 1\,kg = 3\,kg$이야.

$$2\,kg\ 400\,g + 1\,kg\ 300\,g = 3\,kg\ 700\,g$$

$2\,kg\ 600\,g - 1\,kg\ 100\,g$의 계산

kg은 kg끼리, g은 g끼리 뺍니다.

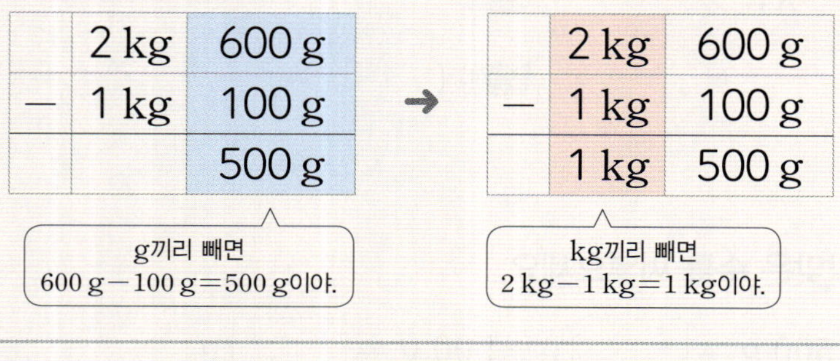

	2 kg	600 g
−	1 kg	100 g
		500 g

g끼리 빼면
$600\,g - 100\,g = 500\,g$이야.

	2 kg	600 g
−	1 kg	100 g
	1 kg	500 g

kg끼리 빼면
$2\,kg - 1\,kg = 1\,kg$이야.

$$2\,kg\ 600\,g - 1\,kg\ 100\,g = 1\,kg\ 500\,g$$

개념 확인 **1**

$7\,kg\ 900\,g - 6\,kg\ 400\,g$을 계산해 보세요.

	7 kg	900 g
−	6 kg	400 g
		☐ g

	7 kg	900 g
−	6 kg	400 g
	☐ kg	☐ g

$$7\,kg\ 900\,g - 6\,kg\ 400\,g = \boxed{}\ kg\ \boxed{}\ g$$

2 무게의 덧셈과 뺄셈을 어떻게 하는지 알아보려고 합니다. 물음에 답하세요.

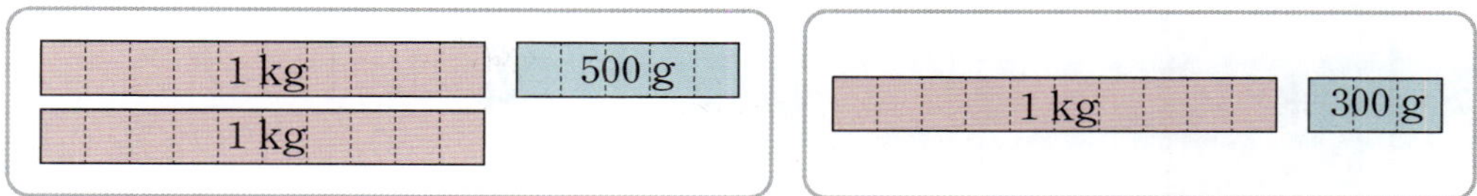

(1) 2 kg 500 g＋1 kg 300 g은 얼마인지 ☐ 안에 알맞은 수를 써넣으세요.

$$\begin{array}{r} 2 \ \text{kg} \quad 500 \ \text{g} \\ +\ 1 \ \text{kg} \quad 300 \ \text{g} \\ \hline \boxed{} \ \text{kg} \ \boxed{} \ \text{g} \end{array}$$

2 kg 500 g＋1 kg 300 g＝☐ kg ☐ g

(2) 2 kg 500 g－1 kg 300 g은 얼마인지 ☐ 안에 알맞은 수를 써넣으세요.

$$\begin{array}{r} 2 \ \text{kg} \quad 500 \ \text{g} \\ -\ 1 \ \text{kg} \quad 300 \ \text{g} \\ \hline \boxed{} \ \text{kg} \ \boxed{} \ \text{g} \end{array}$$

2 kg 500 g－1 kg 300 g＝☐ kg ☐ g

3 ☐ 안에 알맞은 수를 써넣으세요.

(1)
$$\begin{array}{r} 1 \ \text{kg} \quad 300 \ \text{g} \\ +\ 4 \ \text{kg} \quad 500 \ \text{g} \\ \hline \boxed{} \ \text{kg} \ \boxed{} \ \text{g} \end{array}$$

(2)
$$\begin{array}{r} 8 \ \text{kg} \quad 700 \ \text{g} \\ -\ 6 \ \text{kg} \quad 200 \ \text{g} \\ \hline \boxed{} \ \text{kg} \ \boxed{} \ \text{g} \end{array}$$

4 계산해 보세요.

(1)
$$\begin{array}{r} 3 \ \text{kg} \quad 200 \ \text{g} \\ +\ 2 \ \text{kg} \quad 500 \ \text{g} \\ \hline \end{array}$$

(2)
$$\begin{array}{r} 9 \ \text{kg} \quad 400 \ \text{g} \\ -\ 6 \ \text{kg} \quad 100 \ \text{g} \\ \hline \end{array}$$

4 무게 비교하기 개념 120쪽

01 저울로 당근과 양파의 무게를 비교하였습니다. 당근과 양파 중에서 어느 것이 더 무거운지 쓰세요.

( )

02 저울로 가위, 풀, 지우개의 무게를 비교하였습니다. 가장 가벼운 것은 어느 것인가요?

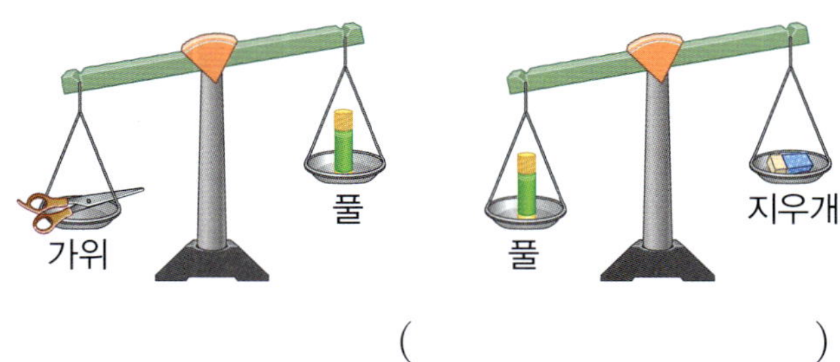

( )

03 100원짜리 동전을 사용하여 머리빗과 거울의 무게를 비교하였습니다. ☐ 안에 알맞은 수나 말을 써넣으세요.

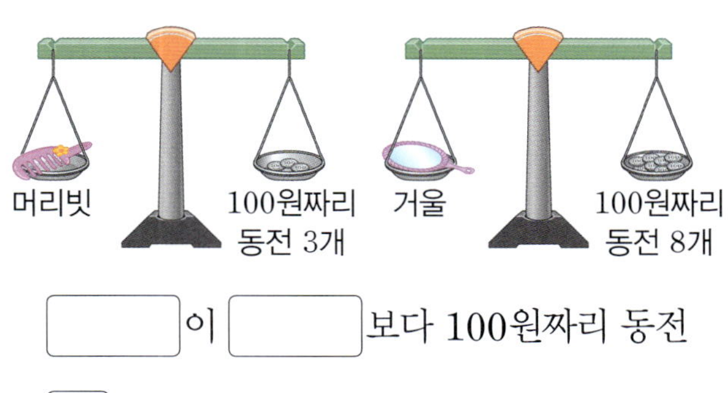

☐ 이 ☐ 보다 100원짜리 동전

☐ 개만큼 더 무겁습니다.

04 자석과 돋보기 중 한 개의 무게가 더 가벼운 것은 어느 것인가요? (단, 같은 종류끼리는 무게가 각각 같습니다.)

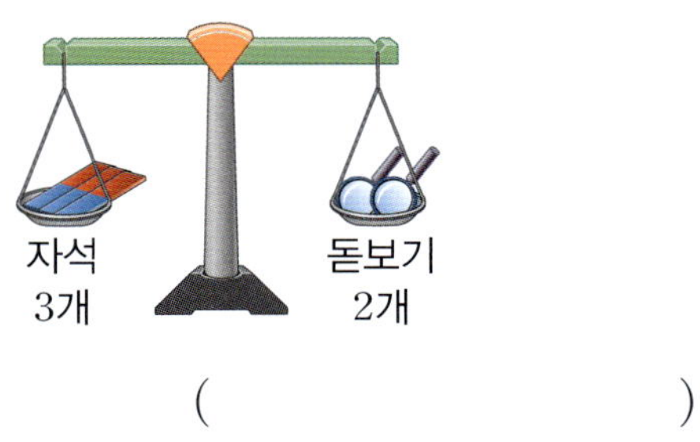

( )

05 똑같은 색연필을 바둑돌과 10원짜리 동전을 사용하여 무게를 재었습니다. 바둑돌과 10원짜리 동전 중 한 개의 무게가 더 무거운 것은 어느 것인가요?

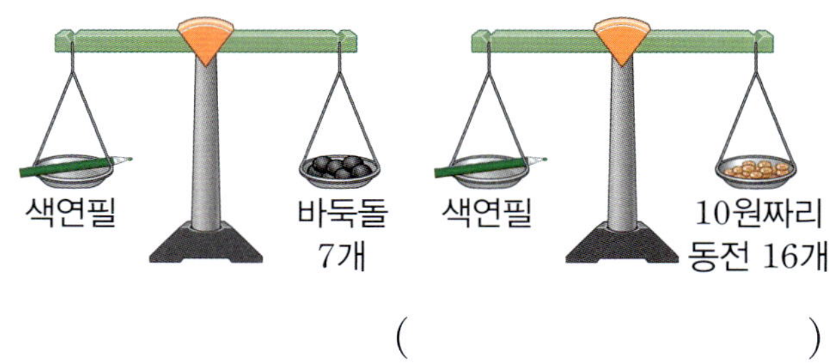

( )

교과역량 콕! 추론

06 감자, 단호박, 양파의 무게를 비교한 것입니다. 한 개의 무게가 무거운 것부터 차례로 쓰세요. (단, 같은 종류끼리는 무게가 각각 같습니다.)

( )

5 무게의 단위 / 무게 어림하고 재기 개념 122쪽

07 무게가 얼마인지 저울의 눈금을 읽고 □ 안에 알맞은 수를 써넣으세요.

(1)

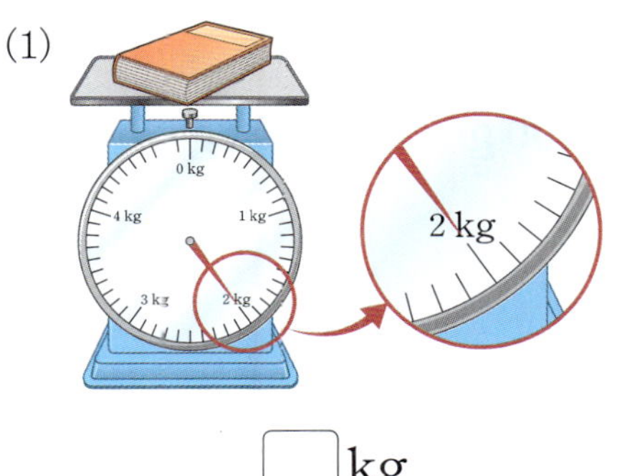

□ kg

(2)

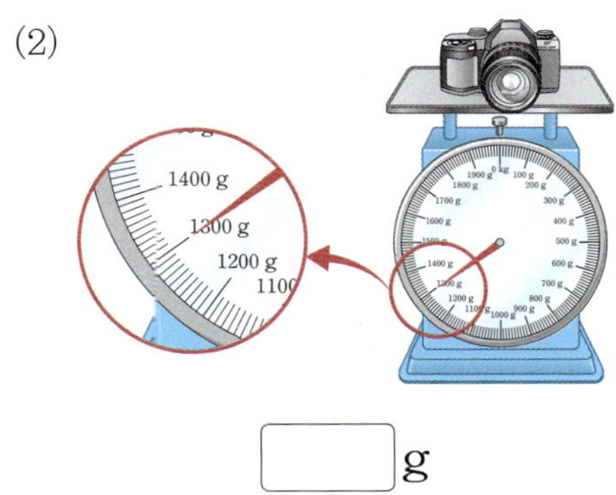

□ g

08 강아지와 코끼리의 무게입니다. □ 안에 알맞은 수를 써넣으세요.

(1) $3 \, kg =$ □ g (2) $4 \, t =$ □ kg

09 □ 안에 알맞은 수를 써넣으세요.

(1) $5 \, kg \, 800 \, g =$ □ g

(2) $7200 \, kg =$ □ t □ kg

10 무게의 단위를 t으로 나타내기에 알맞은 것을 찾아 ○표 하세요.

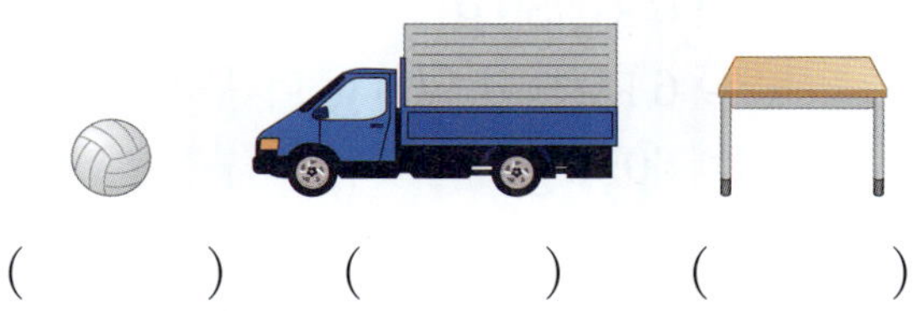

(   )   (   )   (   )

교과역량 콕! 추론

11 무게가 $1 \, kg$인 벽돌 ㉮를 보고 벽돌 ㉯의 무게는 약 몇 kg인지 어림해 보세요.

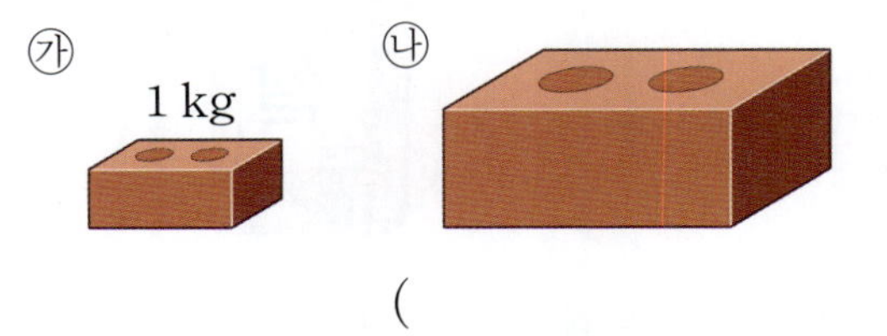

(   )

12 민지네 음식점에서 하루 동안 사용한 소금은 $2 \, kg \, 80 \, g$이고, 설탕은 $2500 \, g$입니다. 소금과 설탕 중 더 많이 사용한 것은 어느 것인가요?

(   )

힌트 톡! 단위를 같게 하여 무게를 비교해 봐!

13 무게가 다른 것을 찾아 기호를 쓰세요.

> ㉠ 6 kg 50 g
> ㉡ 6 kg보다 500 g 더 무거운 무게
> ㉢ 6050 g

(   )

14 쌀 한 포대의 무게가 20 kg일 때 1 t은 어느 정도의 무게인지 어림하려고 합니다. ☐ 안에 알맞은 수를 써넣으세요.

1 t은 쌀 ☐ 포대 정도의 무게입니다.

교과역량 콕! 추론 | 의사소통

15 무게가 다음과 같은 수박의 무게를 도진이는 약 4 kg으로, 서율이는 약 4 kg 500 g으로 어림하였습니다. 수박의 무게를 실제 무게에 더 가깝게 어림한 사람의 이름을 쓰세요.

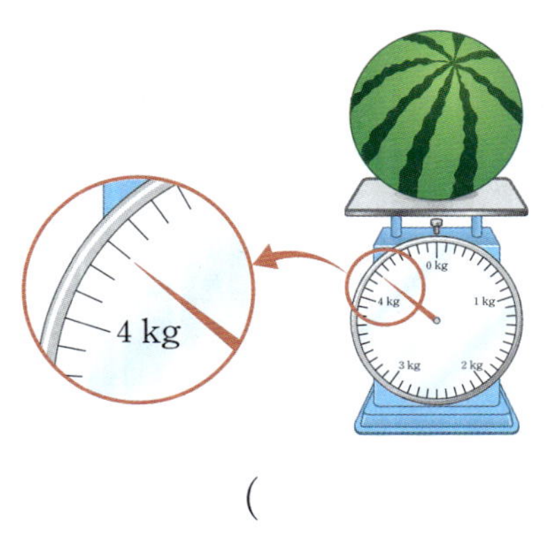

(   )

6 **무게의 덧셈과 뺄셈** 개념 124쪽

16 계산해 보세요.

(1) 4 kg 700 g + 2 kg 200 g

(2) 8 kg 500 g − 3 kg 400 g

17 딸기 농장에서 딸기를 성훈이는 1 kg 500 g 땄고, 지민이는 1 kg 200 g 땄습니다. 두 사람이 딴 딸기는 모두 몇 kg 몇 g인가요?

$$\begin{array}{r} 1 \text{ kg } 500 \text{ g} \\ + \ 1 \text{ kg } 200 \text{ g} \\ \hline \boxed{} \text{ kg } \boxed{} \text{ g} \end{array}$$

18 ☐ 안에 알맞은 수를 써넣으세요.

3 kg 400 g

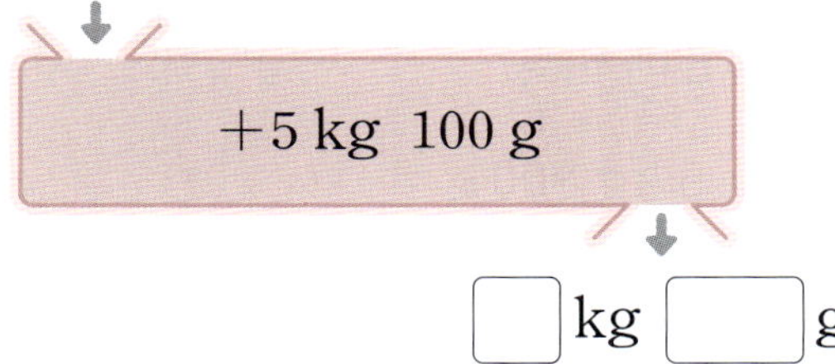

☐ kg ☐ g

19 은영이네 집에는 쌀이 7 kg 500 g 있고, 콩이 4 kg 300 g 있습니다. 쌀의 무게는 콩의 무게보다 몇 kg 몇 g 더 무거운지 구하세요.

$$
\begin{array}{r}
7 \ \text{kg} \ \ 500 \ \text{g} \\
- \ 4 \ \text{kg} \ \ 300 \ \text{g} \\
\hline
\boxed{} \ \text{kg} \ \ \boxed{} \ \text{g}
\end{array}
$$

20 무게가 더 무거운 것에 ○표 하세요.

3 kg 200 g + 4 kg 400 g	( )
11 kg 900 g − 4 kg 500 g	( )

21 ☐ 안에 알맞은 수를 구하세요.

6 kg 800 g − 2 kg 200 g = ☐ g

( )

22 책꽂이에 책을 꽂아 무게를 재었더니 그림과 같았습니다. 꽂혀 있는 책의 무게가 모두 6 kg 650 g이라면 빈 책꽂이의 무게는 몇 kg 몇 g인지 구하세요.

( )

23 두 사람의 대화를 보고 현우의 몸무게는 몇 kg 몇 g인지 구하세요.

( )

교과역량 콕! 문제해결 | 의사소통

24 여행 가방에 넣은 세 물건의 무게입니다. 세 물건 중 가장 무거운 것은 가장 가벼운 것보다 몇 kg 몇 g 더 무거운가요?

옷	간식	세면도구
2 kg 320 g	1 kg 200 g	1 kg 20 g

( )

1

물이 수조에는 2 L 600 mL 들어 있고, 어항에는 2480 mL 들어 있습니다. **수조와 어항 중 물이 더 많이 들어 있는 것은** 어느 것인지 풀이 과정을 쓰고, 답을 구하세요.

1단계 같은 단위로 바꾸기

2 L 600 mL = ☐ mL입니다.

2단계 물이 더 많이 들어 있는 것 찾기

☐ mL ◯ 2480 mL이므로 물이

더 많이 들어 있는 것은 ☐ 입니다.

답

2

우유가 병 ㉮에는 1480 mL 들어 있고, 병 ㉯에는 1 L 700 mL 들어 있습니다. **㉮와 ㉯ 중 우유가 더 많이 들어 있는 것은** 어느 것인지 풀이 과정을 쓰고, 답을 구하세요.

1단계 같은 단위로 바꾸기

2단계 우유가 더 많이 들어 있는 것 찾기

답

3

빈 상자의 무게와 상자에 인형을 담았을 때의 무게입니다. **인형의 무게는 몇 kg 몇 g인지** 풀이 과정을 쓰고, 답을 구하세요.

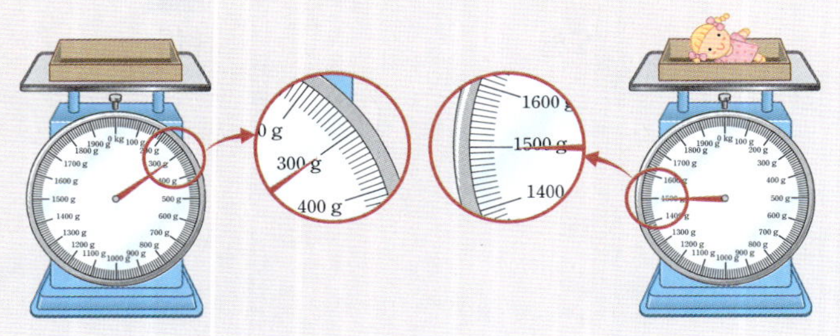

1단계 빈 상자와 인형을 담은 상자의 무게 각각 읽기

빈 상자의 무게는 ☐ g이고, 인형을 담은 상자의 무게는 ☐ g입니다.

2단계 인형의 무게 구하기

(인형의 무게) = ☐ g − ☐ g

= ☐ g = ☐ kg ☐ g

답

4

빈 바구니의 무게와 바구니에 무를 담았을 때의 무게입니다. **무의 무게는 몇 kg 몇 g인지** 풀이 과정을 쓰고, 답을 구하세요.

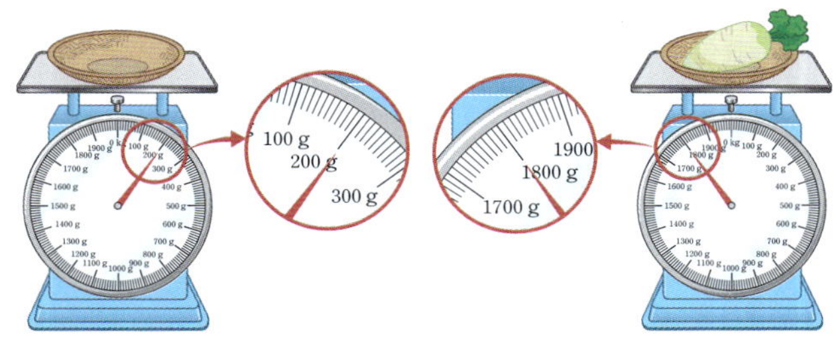

1단계 빈 바구니와 무를 담은 바구니의 무게 각각 읽기

2단계 무의 무게 구하기

답

5

주스가 가득 담긴 병의 무게를 저울로 재어 보았더니 800 g이었습니다. 주스를 반만큼 마신 후 무게를 다시 재어 보았더니 500 g이었습니다. 빈 병의 무게는 몇 g인지 풀이 과정을 쓰고, 답을 구하세요.

1단계 주스 반만큼의 무게 구하기

주스 반만큼의 무게는

$800 \text{ g} - \boxed{} \text{ g} = \boxed{} \text{ g}$입니다.

2단계 빈 병의 무게 구하기

빈 병의 무게는

$500 \text{ g} - \boxed{} \text{ g} = \boxed{} \text{ g}$입니다.

답

6

물이 가득 담긴 병의 무게를 저울로 재어 보았더니 950 g이었습니다. 물을 반만큼 마신 후 무게를 다시 재어 보았더니 550 g이었습니다. 빈 병의 무게는 몇 g인지 풀이 과정을 쓰고, 답을 구하세요.

1단계 물 반만큼의 무게 구하기

2단계 빈 병의 무게 구하기

답

7

세 컵의 들이를 나타낸 표입니다. 2가지 컵을 이용하여 5 L 수조에 물 2 L를 담는 여러 가지 방법을 구하세요.

컵 가	컵 나	컵 다
1 L 500 mL	500 mL	3 L

방법1 컵의 들이를 더하여 구하기

컵 가에 물을 가득 담아 수조에 $\boxed{}$번 부은 후 컵 나에 물을 가득 담아 $\boxed{}$번 붓습니다.

방법2 컵의 들이를 빼서 구하기

컵 다에 물을 가득 담아 수조에 $\boxed{}$번 부은 후 수조에서 컵 나에 물을 가득 담아 $\boxed{}$번 뺍니다.

8 창의형

세 컵의 들이를 나타낸 표입니다. 2가지 컵을 이용하여 5 L 수조에 물 3 L를 담는 여러 가지 방법을 구하세요.

컵 가	컵 나	컵 다
2 L	200 mL	500 mL

방법1 컵의 들이를 더하여 구하기

컵 $\boxed{}$에 물을 가득 담아 수조에 $\boxed{}$번 부은 후 컵 $\boxed{}$에 물을 가득 담아 $\boxed{}$번 붓습니다.

방법2 컵의 들이를 빼서 구하기

컵 $\boxed{}$에 물을 가득 담아 수조에 $\boxed{}$번 부은 후 수조에서 컵 $\boxed{}$에 물을 가득 담아 $\boxed{}$번 뺍니다.

01 물병과 우유병에 물을 가득 채운 후 모양과 크기가 같은 그릇에 모두 옮겨 담았더니 그림과 같았습니다. 물병과 우유병 중 들이가 더 많은 것은 어느 것인가요?

( )

02 ⬜ 안에 mL와 L 중 알맞은 것을 써넣으세요.

욕조의 들이는 약 250 ⬜ 입니다.

03 저울로 가지와 파의 무게를 비교하였습니다. 가지와 파 중 어느 것이 더 무거운지 쓰세요.

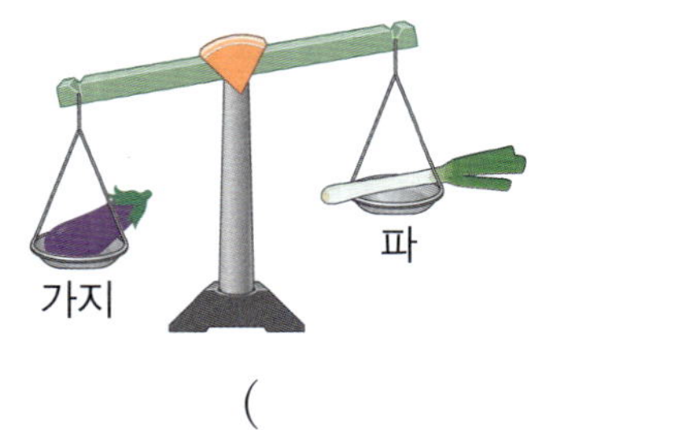

( )

04 무게가 얼마인지 저울의 눈금을 읽어 보세요.

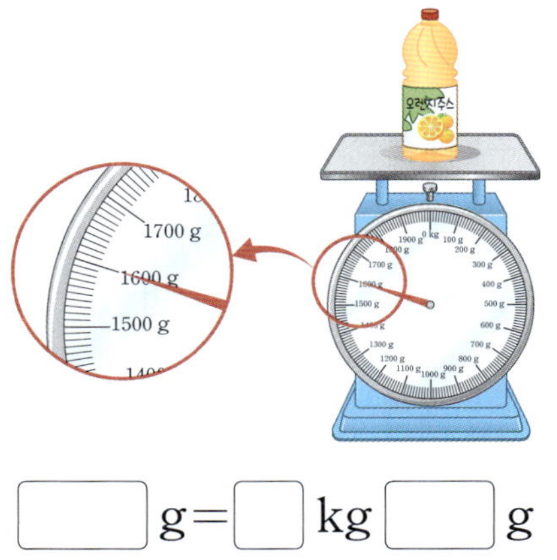

⬜ g = ⬜ kg ⬜ g

05 같은 들이끼리 이어 보세요.

(1) 4 L 300 mL ·

(2) 4 L 30 mL ·

· 4003 mL

· 4030 mL

· 4300 mL

06 대추를 사용하여 사과와 바나나의 무게를 비교하였습니다. ⬜ 안에 알맞은 수나 말을 써넣으세요. (단, 대추의 무게는 각각 같습니다.)

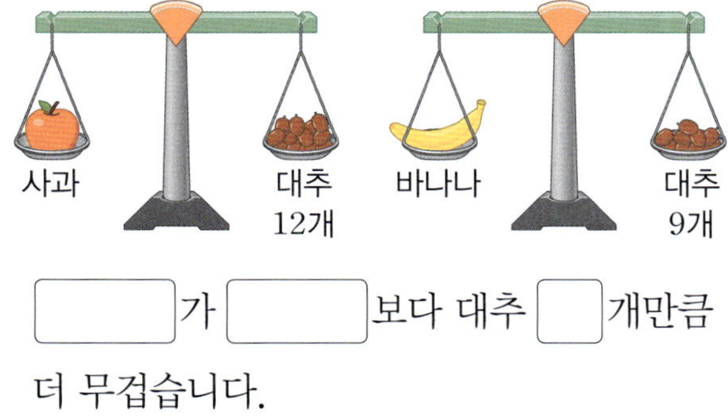

⬜ 가 ⬜ 보다 대추 ⬜ 개만큼 더 무겁습니다.

07 무게의 단위를 t으로 나타내기에 알맞은 것을 찾아 ◯표 하세요.

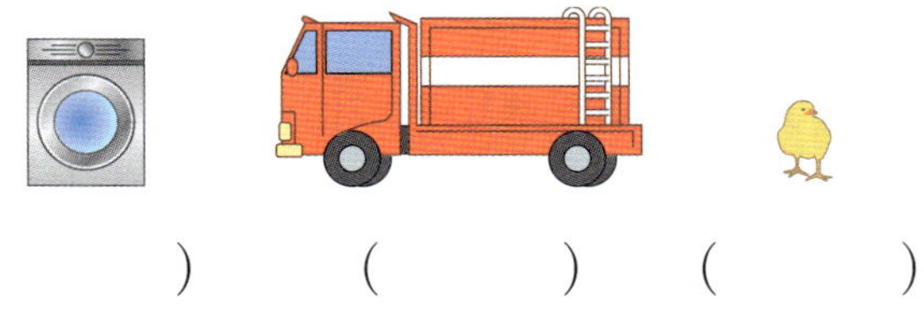

( ) ( ) ( )

08 ☐ 안에 알맞은 수를 써넣으세요.

$$
\begin{array}{r}
3 \ \text{kg} \ \ 500 \ \text{g} \\
+ \ 1 \ \text{kg} \ \ 200 \ \text{g} \\
\hline
\boxed{} \ \text{kg} \ \boxed{} \ \text{g}
\end{array}
$$

09 무게가 다른 것을 찾아 기호를 쓰세요.

> ㉠ 5 kg보다 200 g 더 무거운 무게
> ㉡ 5 kg 200 g
> ㉢ 5020 g

( )

10 양동이에 물을 가득 채운 후 들이가 1000 mL 인 그릇에 부었더니 3개는 가득 찼고, 남은 한 개는 절반 정도 찼습니다. 양동이의 들이는 약 몇 mL인지 어림해 보세요.

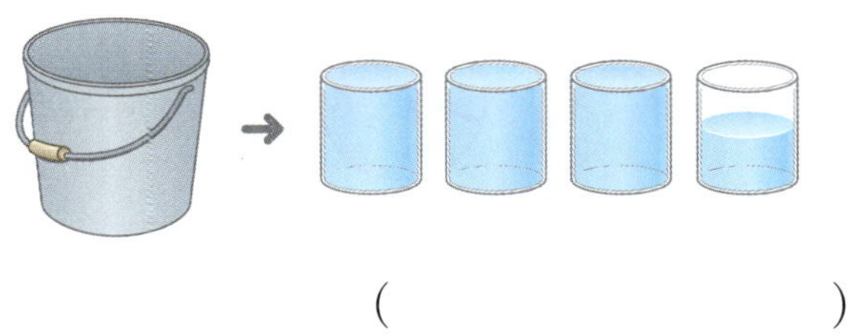

( )

11 휘발유가 3 L 400 mL 들어 있는 자동차에 5 L 300 mL의 휘발유를 더 넣었습니다. 지금 자동차에 들어 있는 휘발유는 몇 L 몇 mL인 가요?

$$
\begin{array}{r}
3 \ \text{L} \ \ 400 \ \text{mL} \\
+ \ 5 \ \text{L} \ \ 300 \ \text{mL} \\
\hline
\boxed{} \ \text{L} \ \boxed{} \ \text{mL}
\end{array}
$$

12 단위를 잘못 말한 친구의 이름을 쓰세요.

> 서준: 사과 한 개의 무게는 약 150 g이야.
> 민선: 사자 한 마리의 무게는 약 200 kg이야.
> 은아: 머그컵 한 개의 무게는 약 300 t이야.

( )

13 컵 가, 나, 다를 사용하여 모양과 크기가 같은 물 병에 각각 물을 가득 채우려면 적어도 다음 횟 수만큼 부어야 합니다. 가, 나, 다 중 들이가 가 장 많은 컵은 어느 것인가요?

컵	가	나	다
부어야 하는 횟수	10번	6번	8번

( )

14 리아와 준호는 들이가 6 L인 어항의 들이를 다 음과 같이 어림하였습니다. 어항의 들이를 실제 들이에 더 가깝게 어림한 사람의 이름을 쓰세요.

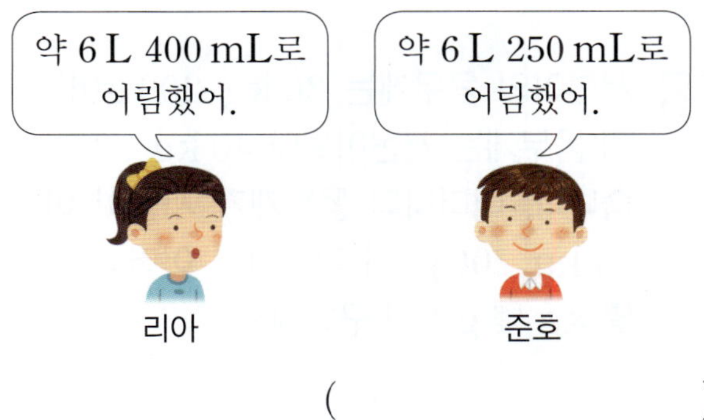

( )

15 다음과 같이 물이 채워져 있는 수조가 있습니다. 이 수조에서 1 L 600 mL의 물을 덜어 내면 몇 L 몇 mL가 남는지 구하세요.

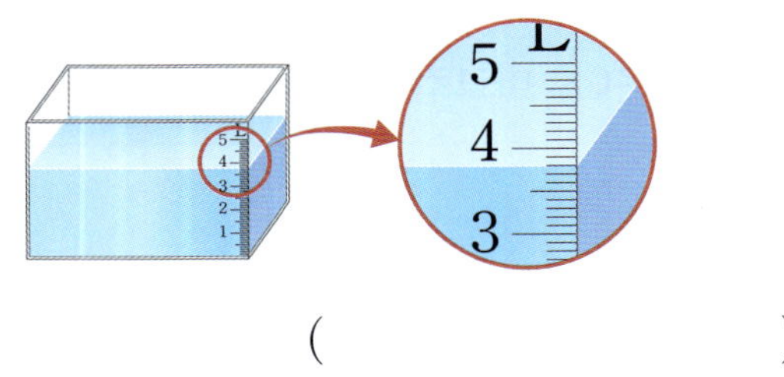

(   )

16 고양이의 무게는 2 kg 400 g이고, 강아지의 무게는 고양이보다 400 g 더 무겁습니다. 강아지의 무게는 몇 kg 몇 g인가요?

(   )

17 물이 1분에 2 L 300 mL씩 나오는 수도가 있습니다. 이 수도로 3분 동안 물을 받는다면 받을 수 있는 물은 모두 몇 L 몇 mL인지 구하세요.

(   )

18 서현이의 몸무게는 36 kg 200 g이고, 아버지의 몸무게는 서현이보다 40 kg 700 g 더 무겁습니다. 어머니의 몸무게가 서현이 아버지보다 24 kg 700 g 더 가볍다면 어머니의 몸무게는 몇 kg 몇 g인지 구하세요.

(   )

19 물이 냄비에는 3 L 420 mL 들어 있고, 주전자에는 3090 mL 들어 있습니다. 냄비와 주전자 중 물이 더 많이 들어 있는 것은 어느 것인지 풀이 과정을 쓰고, 답을 구하세요.

풀이

답

20 빈 상자의 무게와 상자에 책을 담았을 때의 무게입니다. 책의 무게는 몇 kg 몇 g인지 풀이 과정을 쓰고, 답을 구하세요.

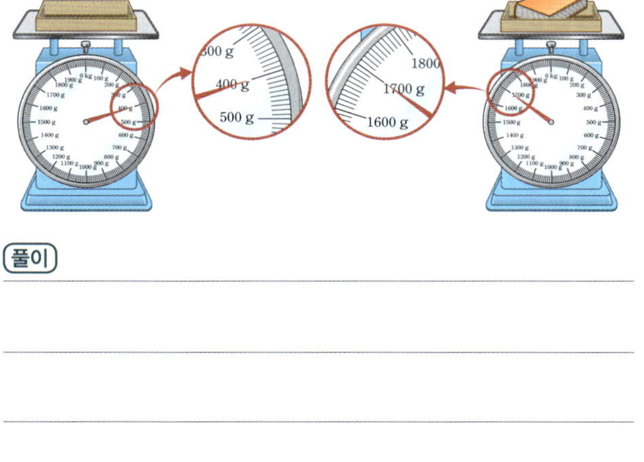

풀이

답

연은 줄에 매달아서 바람으로 날 수 있게 만든 물건이에요.
친구들이 다양한 연을 날리고 있는데, 어라? 색이 모두 사라졌어요.
친구들의 연을 예쁘게 색칠해 주세요.

정답은 개념책 160쪽에서 확인하세요.

6 그림그래프

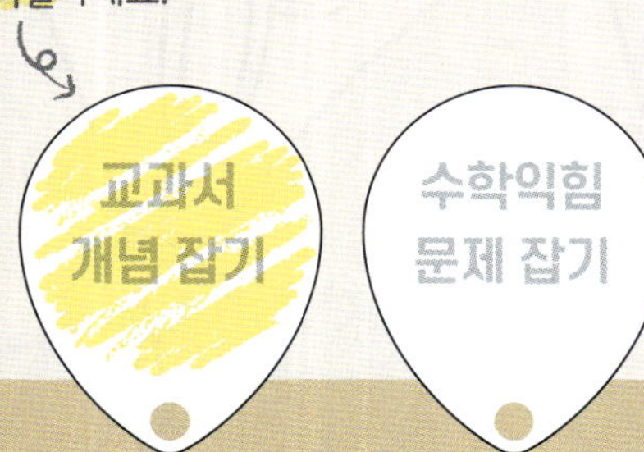

❶ 그림그래프 알아보기
❷ 그림그래프로 나타내기
❸ 그림그래프 해석하기
❹ 자료를 수집하여 그림그래프로 나타내기

이전에 배운 내용

[2-2] 표와 그래프
표를 보고 그래프로 나타내기
표와 그래프의 내용 알아보기

> ⊙ **다음에 배울 내용**

[4-1] 막대그래프
막대그래프로 나타내기
막대그래프 해석하기

[4-2] 꺾은선그래프
꺾은선그래프로 나타내기
꺾은선그래프 해석하기

① 그림그래프 알아보기

조사한 자료의 수를 그림으로 나타낸 그래프를 **그림그래프**라고 합니다.

화단에 피어 있는 종류별 꽃의 수

종류	꽃의 수
장미	🌼🌼🌸🌸🌸🌸🌸🌸🌸
팬지	🌼🌸🌸
튤립	🌼🌼🌼🌸🌸🌸🌸

🌼 10송이
🌸 1송이

- 조사한 것: 화단에 피어 있는 종류별 꽃의 수
- 🌼은 10송이, 🌸은 1송이를 나타냅니다.

- 종류별 꽃의 수
  - 장미: 🌼 2개, 🌸 7개 ➡ 27송이
  - 팬지: 🌼 1개, 🌸 2개 ➡ 12송이
  - 튤립: 🌼 3개, 🌸 4개 ➡ 34송이

- **자료의 수**와 **크기**를 한눈에 비교하기 쉽습니다.

개념 확인 1

그림그래프를 보고 ☐ 안에 알맞은 수를 써넣으세요.

좋아하는 놀이별 학생 수

놀이	학생 수
실뜨기	❤❤🩷🩷
공기놀이	❤🩷🩷🩷🩷🩷
종이접기	❤❤❤🩷🩷

❤ 10명
🩷 1명

- 조사한 것: 좋아하는 놀이별 학생 수
- ❤은 ☐명, 🩷은 ☐명을 나타냅니다.

- 좋아하는 놀이별 학생 수
  - 실뜨기: ❤ ☐개, 🩷 ☐개 ➡ ☐명
  - 공기놀이: ❤ ☐개, 🩷 ☐개 ➡ ☐명
  - 종이접기: ❤ ☐개, 🩷 ☐개 ➡ ☐명

2 마을별 학생 수를 조사하여 나타낸 그림그래프입니다. ☐ 안에 알맞은 수나 말을 써넣으세요.

마을별 학생 수

(1) 위와 같이 조사한 자료의 수를 그림으로 나타낸 그래프를 [   ]라고 합니다.

(2) 😊은 [   ]명, 😊은 [   ]명을 나타냅니다.

(3) 별빛 마을에 사는 학생은 [   ]명입니다.

3 농장별 소의 수를 조사하여 나타낸 그림그래프입니다. ☐ 안에 알맞은 수나 말을 써넣으세요.

농장별 소의 수

(1) 위의 그림그래프는 [   ]를 조사하여 나타낸 것입니다.

(2) 🐄은 [   ]마리, 🐄은 [   ]마리를 나타냅니다.

(3) 하늘 농장에 있는 소의 수는 🐄이 [   ]개, 🐄이 [   ]개이므로 [   ]마리입니다.

(4) 해님 농장에 있는 소의 수는 [   ]마리입니다.

STEP 1 교과서 개념 잡기

② 그림그래프로 나타내기

표를 보고 그림그래프로 나타내기

알뜰 시장에서 팔린 종류별 물건의 수

종류	학용품	인형	머리핀	과자	합계
물건의 수(개)	21	32	14	20	87

① 단위를 몇 가지로, 어떤 그림으로 나타낼지 정합니다. → 🛍: 10개, 🛍: 1개

② 조사한 수에 맞게 그림을 그립니다.
  • 학용품(21개): 🛍 2개, 🛍 1개   • 인형(32개): 🛍 3개, 🛍 2개
  • 머리핀(14개): 🛍 1개, 🛍 4개   • 과자(20개): 🛍 2개

③ 그림그래프에 알맞은 제목을 붙입니다. < 제목을 먼저 써도 돼.

알뜰 시장에서 팔린 종류별 물건의 수

종류	물건의 수
학용품	🛍🛍🛍
인형	🛍🛍🛍🛍🛍
머리핀	🛍🛍🛍🛍🛍
과자	🛍🛍

🛍 10개
🛍 1개

개념 확인 1

표를 보고 그림그래프로 나타내세요.

좋아하는 색깔별 학생 수

색깔	빨간색	노란색	초록색	파란색	합계
학생 수(명)	15	12	23	31	81

(1) 그림그래프의 그림이 나타내는 수 정하기 → 👤: ☐ 명, 👤: ☐ 명

(2) 조사한 수에 맞게 그림그래프를 완성해 보세요.

좋아하는 색깔별 학생 수

색깔	학생 수
빨간색	👤👤👤👤👤👤
노란색	👤👤👤
초록색	
파란색	

👤 10명
👤 1명

2 윤아네 학교에 있는 공의 종류를 조사하여 표로 나타내었습니다. 물음에 답하세요.

학교에 있는 종류별 공의 수

종류	배구공	농구공	축구공	탁구공	합계
공의 수(개)	28	30	21	16	95

(1) 공의 수를 ◎와 ○로 나타내려고 합니다. 각 그림이 나타내는 수를 정해 보세요.

◎: ☐개, ○: ☐개

(2) 축구공의 수를 그림그래프에 나타내려면 ◎와 ○를 각각 몇 개씩 그려야 하나요?

축구공의 수: 21개 → ◎ ☐개, ○ ☐개

(3) 표를 보고 그림그래프를 완성해 보세요.

종류	공의 수
배구공	◎◎○○○○○○○○
농구공	◎◎◎
축구공	
탁구공	

◎ 10개
○ 1개

3 어느 가게에서 하루 동안 팔린 찐빵의 종류를 조사하여 나타낸 표입니다. 표를 보고 그림그래프를 완성해 보세요.

하루 동안 팔린 종류별 찐빵의 수

종류	야채	팥	고구마	피자	합계
찐빵의 수(개)	24	31	12	16	83

하루 동안 팔린 종류별 찐빵의 수

종류	찐빵의 수
야채	⌒⌒⌒⌒⌒⌒
팥	⌒⌒⌒⌒
고구마	
피자	

⌒ 10개
⌒ 1개

개념 강의

③ 그림그래프 해석하기

그림그래프를 보고 알 수 있는 내용

학년별 일주일 동안 버린 쓰레기의 양

학년	쓰레기의 양
1학년	
2학년	
3학년	
4학년	
5학년	
6학년	

🗑 10 kg
🗑 1 kg

- 3학년 학생들이 일주일 동안 버린 쓰레기의 양: 19 kg
- 일주일 동안 쓰레기를 23 kg 버린 학년: 2학년
- 일주일 동안 쓰레기를 **가장 많이** 버린 학년: **4학년**
- 일주일 동안 쓰레기를 **가장 적게** 버린 학년: **3학년**
- 1학년보다 쓰레기를 더 많이 버린 학년: 4학년, 5학년, 6학년

> 10 kg짜리 그림의 수를 먼저 비교하고
> 10 kg짜리 그림의 수가 같으면
> 1 kg짜리 그림의 수를 비교해 봐.

개념 확인 1

그림그래프를 보고 ☐ 안에 알맞은 수나 말을 써넣으세요.

마을에 심은 종류별 나무의 수

종류	나무의 수
소나무	
대나무	
감나무	
벚나무	

🌳 100그루
🌳 10그루

- 마을에 심은 감나무의 수: ☐그루
- 심은 나무의 수가 440그루인 나무: ☐나무
- 마을에 **가장 많이** 심은 나무: ☐**나무**
- 마을에 **가장 적게** 심은 나무: ☐**나무**
- 소나무보다 더 많이 심은 나무: ☐나무, ☐나무

2 민정이네 반 학생들이 키우고 싶은 동물을 조사하여 나타낸 그림그래프입니다. ☐ 안에 알맞은 수나 말을 써넣으세요.

키우고 싶은 동물별 학생 수

동물	학생 수
햄스터	
강아지	
고양이	
토끼	

10명
1명

(1) 토끼를 키우고 싶은 학생은 ☐ 명입니다.

(2) 가장 적은 학생들이 키우고 싶은 동물은 ☐ 입니다.

(3) 햄스터를 키우고 싶은 학생은 고양이를 키우고 싶은 학생보다 ☐ 명 더 많습니다.

3 운동회에서 하고 싶은 경기를 조사하여 그림그래프로 나타내었습니다. 물음에 답하세요.

운동회에서 하고 싶은 경기별 학생 수

경기	학생 수
단체 줄넘기	
줄다리기	
달리기	
공 굴리기	

10명
1명

(1) 단체 줄넘기를 하고 싶은 학생은 몇 명인가요?

(   )

(2) 운동회에서 가장 많은 학생들이 하고 싶은 경기는 무엇인가요?

(   )

(3) 공 굴리기를 하고 싶은 학생의 2배만큼의 학생이 하고 싶은 경기는 무엇인가요?

(   )

STEP 1 교과서 개념 잡기

④ 자료를 수집하여 그림그래프로 나타내기

학생들이 좋아하는 생선을 조사하여 그림그래프로 나타내기

1단계 어떤 방법으로 조사할지 정하고 자료 수집하기

고등어	갈치	삼치
卌 卌 卌	卌 卌 卌	卌 卌 ///

2단계 조사한 자료를 표로 나타내기

좋아하는 생선별 학생 수

생선	고등어	갈치	삼치	합계
학생 수(명)	15	12	13	40

3단계 표를 보고 그림그래프로 나타내기

좋아하는 생선별 학생 수

생선	학생 수
고등어	🐟 🐟🐟🐟🐟🐟
갈치	🐟 🐟🐟
삼치	🐟 🐟🐟🐟

🐟 10명
🐟 1명

개념 확인 1 학생들이 좋아하는 빵을 조사한 자료를 보고 표와 그림그래프로 나타내세요.

좋아하는 빵

크림빵	식빵	단팥빵
卌 卌 ////	卌 //	卌 卌 /

좋아하는 빵별 학생 수

빵	크림빵	식빵	단팥빵	합계
학생 수(명)	14	7		32

좋아하는 빵별 학생 수

빵	학생 수
크림빵	🥐 🥐🥐🥐🥐
식빵	
단팥빵	

🥐 10명
🥐 1명

2 지호네 학교 3학년 학생들이 좋아하는 과목을 조사하였습니다. 물음에 답하세요.

좋아하는 과목

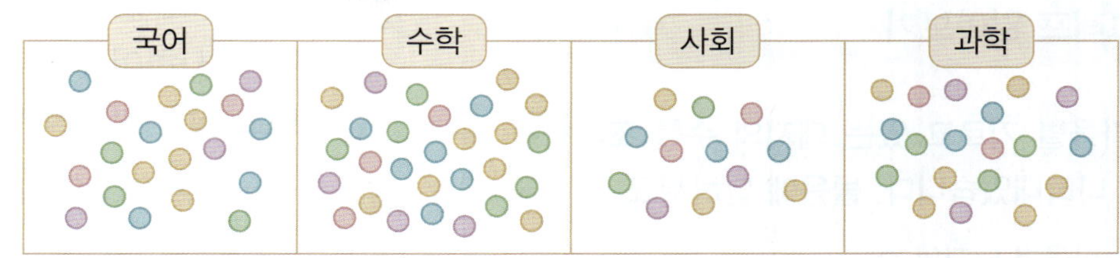

(1) 조사한 자료를 보고 표를 완성해 보세요.

좋아하는 과목별 학생 수

과목	국어	수학	사회	과학	합계
학생 수(명)	21				80

(2) 표를 보고 그림그래프로 나타낼 때 그림그래프의 단위를 몇 가지로 나타내면 좋을까요?

(   )

(3) 위 (1)의 표를 보고 그림그래프를 완성해 보세요.

과목	학생 수
국어	♥ ♥ ♥
수학	
사회	
과학	

♥ 10명
♥ 1명

(4) 좋아하는 학생이 많은 과목부터 차례로 쓰세요.

(   )

(5) 알맞은 말에 ◯표 하고 ☐ 안에 알맞은 말을 써넣으세요.

지호네 학교 3학년에 특별 활동 시간이 있다면 가장 (많은 , 적은) 학생들이 좋아하는 과목인 ☐ 을 더 배우면 좋을 것 같습니다.

1 그림그래프 알아보기

개념 138쪽

[01~03] 마을별 기르고 있는 돼지의 수를 조사하여 그림그래프로 나타내었습니다. 물음에 답하세요.

마을별 돼지의 수

마을	돼지의 수
가	
나	
다	
라	

🐷 10마리
🐖 1마리

01 🐷과 🐖은 각각 몇 마리를 나타내나요?

🐷 ( )

🐖 ( )

02 가 마을에서 기르고 있는 돼지는 몇 마리인지 구하세요.

( )

교과역량 콕! 문제해결 | 의사소통

03 위 그림그래프를 보고 그림그래프로 나타내었을 때의 편리한 점을 바르게 말한 사람의 이름을 쓰세요.

( )

04 유진이네 학교 3학년 학생들이 기르고 싶은 식물을 조사하여 그림그래프로 나타내었습니다. 기르고 싶은 식물별 학생 수를 쓰세요.

기르고 싶은 식물별 학생 수

식물	학생 수
알로에	
강낭콩	
나팔꽃	
선인장	

🪴 10명
🪴 1명

• 알로에: ☐ 명   • 강낭콩: ☐ 명

• 나팔꽃: ☐ 명   • 선인장: ☐ 명

[05~06] 농장별로 고구마 생산량을 조사하여 표와 그림그래프로 나타내었습니다. 물음에 답하세요.

농장별 고구마 생산량

농장	가	나	다	합계
생산량(kg)	32	37	25	94

농장별 고구마 생산량

농장	생산량
가	
나	
다	

☐ kg

☐ kg

05 🍠과 🍠은 각각 몇 kg을 나타내는지 그림그래프의 ☐ 안에 알맞은 수를 써넣으세요.

06 표와 그림그래프 중에서 자료의 수를 한눈에 비교하기 쉬운 것은 어느 것인가요?

( )

② 그림그래프로 나타내기
개념 140쪽

[07~08] 동주네 학교 3학년 학생들이 가고 싶은 나라를 조사하여 표로 나타내었습니다. 물음에 답하세요.

가고 싶은 나라별 학생 수

나라	미국	일본	캐나다	합계
학생 수(명)	15	26	17	58

07 표를 보고 그림그래프로 나타낼 때 그림그래프의 단위를 몇 가지로 나타내면 좋을까요?

( )

08 표를 보고 그림그래프로 나타내세요.

가고 싶은 나라별 학생 수

나라	학생 수
미국	
일본	
캐나다	

◯ 10명
◯ 1명

09 하영이네 학교 학생들이 하고 싶은 활동을 조사하여 표로 나타내었습니다. 표를 보고 그림그래프로 나타내세요.

하고 싶은 활동별 학생 수

활동	책 읽기	음악 듣기	축구 하기	술래 잡기	합계
학생 수(명)	160	210	320	170	860

하고 싶은 활동별 학생 수

활동	학생 수
책 읽기	
음악 듣기	
축구하기	
술래잡기	

△ 100명
△ 10명

[10~12] 외국인들이 좋아하는 한국 음식을 조사하여 표로 나타내었습니다. 물음에 답하세요.

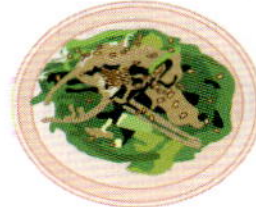

좋아하는 한국 음식별 외국인 수

음식	잡채	불고기	갈비찜	된장찌개	합계
외국인 수(명)	25	36		11	120

10 갈비찜을 좋아하는 외국인은 몇 명인가요?

( )

11 ◎는 10명, •는 1명으로 하여 그림그래프로 나타내세요.

음식	외국인 수
잡채	
불고기	
갈비찜	
된장찌개	

◎ 10명
• 1명

12 ◎는 10명, △는 5명, •는 1명으로 하여 그림그래프로 나타내세요.

음식	외국인 수
잡채	
불고기	
갈비찜	
된장찌개	

◎ 10명
△ 5명
• 1명

3 그림그래프 해석하기

개념 142쪽

[13~14] 혜선이네 학교 학생들이 배우고 싶은 악기를 조사하여 그림그래프로 나타내었습니다. 물음에 답하세요.

배우고 싶은 악기별 학생 수

악기	학생 수
바이올린	♩ ♩ ♩ ♪♪♪♪♪♪
피아노	♩ ♩ ♩ ♩ ♪♪
오카리나	♪♪♪♪
리코더	♪ ♪♪♪

♩ 10명 ♪ 1명

13 두 번째로 많은 학생들이 배우고 싶은 악기는 무엇인가요?

( )

14 가장 적은 학생들이 배우고 싶은 악기는 무엇이고, 몇 명인가요?

(,)

15 리아네 학교 3학년 학생들의 혈액형을 조사하여 나타낸 그림그래프입니다. 학생 수가 많은 혈액형부터 차례로 쓰세요.

혈액형별 학생 수

혈액형	학생 수
A형	🌢🌢🌢🌢 🌢🌢
B형	🌢🌢 🌢🌢🌢🌢🌢
O형	🌢🌢🌢 🌢🌢🌢
AB형	🌢 🌢🌢🌢🌢🌢🌢🌢

🌢 10명 🌢 1명

( )

16 2018년 평창 동계올림픽에서 나라별 획득한 메달 수를 조사하여 그림그래프로 나타내었습니다. 네 나라 중 메달 수가 가장 많은 나라와 가장 적은 나라의 메달 수의 차는 몇 개인지 구하세요.

나라별 메달 수

나라	메달 수
미국	🏅🏅🏅🏅🏅
프랑스	🏅🏅🏅🏅🏅🏅
대한민국	🏅🏅🏅🏅🏅🏅🏅🏅
노르웨이	🏅🏅🏅🏅🏅🏅🏅🏅🏅🏅🏅🏅🏅

🏅 10개 🏅 1개

[출처] 국제스포츠정보센터, 2024

( )

어휘톡! 동계올림픽은 4년마다 열리는 겨울 종합 스포츠 대회야.

교과역량 콕! 문제해결 | 추론

17 민준이네 학교 3학년 학생 122명이 좋아하는 운동을 조사하여 나타낸 그림그래프입니다. 좋아하는 학생 수가 수영보다 적은 운동은 무엇인지 쓰세요.

좋아하는 운동별 학생 수

운동	학생 수
축구	😀😀😀😀 😀😀😀
수영	
줄넘기	😀 😀😀😀😀😀😀
태권도	😀 😀😀 😀😀😀😀😀

😀 10명 😀 1명

(1) 수영을 좋아하는 학생은 몇 명인지 구하세요.

( )

(2) 좋아하는 학생 수가 수영보다 적은 운동은 무엇인지 쓰세요.

( )

 4 자료를 수집하여 그림그래프로 나타내기

개념 144쪽

[18~20] 지수네 학교 3학년 학생들이 좋아하는 계절을 조사하였습니다. 물음에 답하세요.

좋아하는 계절

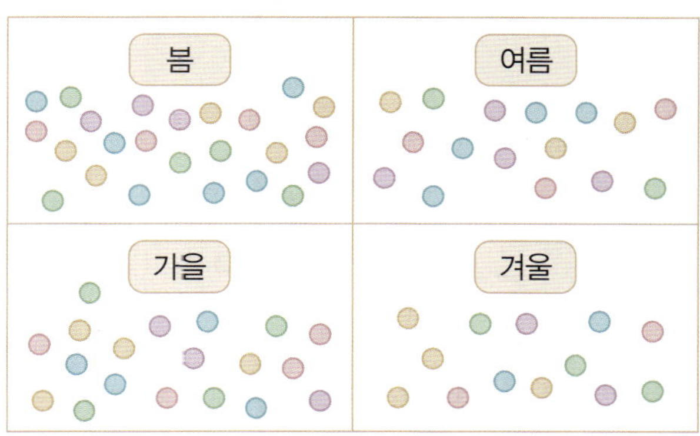

18 조사한 내용은 무엇인가요?

( )

19 조사한 자료를 보고 표로 나타내세요.

좋아하는 계절별 학생 수

계절	봄	여름	가을	겨울	합계
학생 수(명)					

20 위 **19**의 표를 보고 그림그래프로 나타내세요.

좋아하는 계절별 학생 수

계절	학생 수
봄	
여름	
가을	
겨울	

⭐ 10명
⭐ 1명

[21~22] 수아네 학교 3학년 학생들이 겨울 방학 때 가고 싶은 장소를 조사하였습니다. 물음에 답하세요.

겨울 방학 때 가고 싶은 장소

21 조사한 자료를 보고 표와 그림그래프로 나타내세요.

가고 싶은 장소별 학생 수

장소	눈썰매장	과학관	박물관	눈 축제	합계
학생 수 (명)					

가고 싶은 장소별 학생 수

장소	학생 수
눈썰매장	
과학관	
박물관	
눈 축제	

😊 10명
😊 1명

교과역량 콕! 의사소통 | 연결

22 수아가 그림그래프를 보고 선생님께 편지를 쓴 것입니다. ☐ 안에 알맞은 수나 말을 써넣으세요.

선생님, 우리 학교 3학년 학생들이 겨울 방학 때 가장 많이 가고 싶은 장소는 ☐ 명이 가고 싶은 ☐ 입니다. 그래서 겨울 방학 특별 활동을 ☐ (으)로 가면 좋겠습니다.

서술형 문제 잡기

1

성진이네 학교 3학년 학생들이 좋아하는 민속놀이를 조사하여 그림그래프로 나타내었습니다. 그림그래프를 보고 알 수 있는 내용을 2가지 쓰세요.

좋아하는 민속놀이별 학생 수

민속놀이	학생 수
제기차기	☯☯☯☯ ● ●
팽이치기	☯☯☯☯☯ ● ● ●
투호	☯☯☯ ●

☯ 10명
● 1명

1단계 알 수 있는 내용 한 가지 쓰기

가장 많은 학생들이 좋아하는 민속놀이는 ☐ 입니다.

2단계 알 수 있는 다른 내용 한 가지 쓰기

가장 적은 학생들이 좋아하는 민속놀이는 ☐ 입니다.

2

정아네 반 학생들이 도서관에서 빌려 간 책의 수를 조사하여 그림그래프로 나타내었습니다. 그림그래프를 보고 알 수 있는 내용을 2가지 쓰세요.

월별 빌려 간 책의 수

월	책의 수
9월	📗📗📗📗📗 📖📖
10월	📗📗📗📗📗📗 📖📖📖
11월	📗📗📗📗 📖📖📖📖📖📖

📗 10권
📖 1권

1단계 알 수 있는 내용 한 가지 쓰기

2단계 알 수 있는 다른 내용 한 가지 쓰기

3

위 **1**의 그림그래프에서 **제기차기를 좋아하는 학생 수와 투호를 좋아하는 학생 수의 합은 몇 명**인지 풀이 과정을 쓰고, 답을 구하세요.

1단계 제기차기와 투호를 좋아하는 학생 수 각각 구하기

제기차기를 좋아하는 학생은 ☐ 명,

투호를 좋아하는 학생은 ☐ 명입니다.

2단계 학생 수의 합 구하기

제기차기를 좋아하는 학생 수와 투호를 좋아하는 학생 수의 합은 ☐ + ☐ = ☐ (명)입니다.

답 __________

4

위 **2**의 그림그래프에서 **10월에 빌려 간 책의 수와 11월에 빌려 간 책의 수의 차는 몇 권**인지 풀이 과정을 쓰고, 답을 구하세요.

1단계 10월과 11월에 빌려 간 책의 수 각각 구하기

2단계 책의 수의 차 구하기

답 __________

5

64명의 학생들이 가 보고 싶은 나라를 조사하여 나타낸 그림그래프입니다. 이탈리아에 가 보고 싶은 학생은 몇 명인지 풀이 과정을 쓰고, 답을 구하세요.

가 보고 싶은 나라별 학생 수

나라	학생 수
프랑스	☺☺☺☺☺
일본	☺☺☺☺☺☺☺☺
이탈리아	

☺ 10명
☺ 1명

(1단계) 프랑스, 일본에 가 보고 싶은 학생 수 각각 구하기

가 보고 싶은 나라별 학생 수는 프랑스가 □명,

일본이 □명입니다.

(2단계) 이탈리아에 가 보고 싶은 학생 수 구하기

따라서 이탈리아에 가 보고 싶은 학생은

64 − □ − □ = □(명)입니다.

답

6

오늘 진료를 본 환자 500명의 진료 과목을 조사하여 나타낸 그림그래프입니다. 오늘 피부과 진료를 본 환자는 몇 명인지 풀이 과정을 쓰고, 답을 구하세요.

진료 과목별 환자 수

진료 과목	환자 수
내과	✚✚✚✚✚✚
피부과	
안과	✚✚✚✚✚✚✚✚

✚ 100명
✚ 10명

(1단계) 내과, 안과 진료를 본 환자 수 각각 구하기

____

____

(2단계) 피부과 진료를 본 환자 수 구하기

____

____

답

7

조사한 자료를 보고 나 지역의 학교 수를 그림그래프로 나타내세요.

지역별 학교 수

지역 \ 학교	초등학교	중학교	고등학교
가	32개	24개	11개
나	10개	23개	16개

나 지역의 학교 수

학교	학교 수
초등학교	
중학교	
고등학교	

■ 10개
■ 1개

8 창의형

조사한 자료를 보고 가와 나 지역 중 하나를 골라 나무의 수를 그림그래프로 나타내세요.

지역별 나무의 수

지역 \ 나무	은행나무	단풍나무	플라타너스
가	320그루	140그루	80그루
나	240그루	210그루	150그루

□ 지역의 나무의 수

나무	나무의 수
은행나무	
단풍나무	
플라타너스	

▲ 100그루
▲ 10그루

[01~03] 은영이네 학교 3학년 학생들이 존경하는 위인별 학생 수를 조사하여 그림그래프로 나타내었습니다. 물음에 답하세요.

존경하는 위인별 학생 수

위인	학생 수
유관순	
신사임당	
세종대왕	
이순신	

10명 / 1명

01 과 은 각각 몇 명을 나타내나요?

( )

( )

02 유관순을 존경하는 학생은 몇 명인지 ☐ 안에 알맞은 수를 써넣으세요.

이 ☐ 개, 이 ☐ 개이므로 ☐ 명입니다.

03 이순신을 존경하는 학생은 몇 명인가요?

( )

04 좋아하는 색깔별 학생 수를 조사하여 그림그래프로 나타내었습니다. 조사한 학생 수는 모두 몇 명인지 구하세요.

좋아하는 색깔별 학생 수

색깔	학생 수
분홍색	
노란색	
보라색	
하늘색	

10명 / 1명

( )

[05~08] 서연이네 학교에서 마라톤 대회에 참가한 학생 수를 학년별로 조사하여 표로 나타내었습니다. 물음에 답하세요.

학년별 참가한 학생 수

학년	3학년	4학년	5학년	6학년	합계
학생 수(명)	14	20	22	34	90

05 표를 보고 그림그래프로 나타낼 때 그림그래프의 단위를 몇 가지로 나타내면 좋을까요?

( )

06 표를 보고 그림그래프로 나타내세요.

학년별 참가한 학생 수

학년	학생 수
3학년	
4학년	
5학년	
6학년	

◎ 10명 / ○ 1명

07 가장 많은 학생들이 참가한 학년은 몇 학년인가요?

( )

08 가장 적은 학생들이 참가한 학년은 몇 학년이고, 몇 명인가요?

( ), ( )

[09~12] 현우네 반 학생들이 모둠별로 받은 칭찬 붙임딱지의 수를 조사하였습니다. 물음에 답하세요.

칭찬 붙임딱지의 수

㉮ 모둠	㉯ 모둠	㉰ 모둠	㉱ 모둠

09 조사한 내용은 무엇인가요?

( )

10 조사한 자료를 보고 표로 나타내세요.

모둠별 칭찬 붙임딱지의 수

모둠	㉮	㉯	㉰	㉱	합계
칭찬 붙임딱지의 수(장)					

11 위 **10**의 표를 보고 그림그래프로 나타내세요.

모둠별 칭찬 붙임딱지의 수

모둠	칭찬 붙임딱지의 수
㉮	
㉯	
㉰	
㉱	

□ 10장
□ 1장

12 칭찬 붙임딱지를 많이 받은 모둠부터 차례로 쓰세요.

( )

[13~14] 준호네 학교 3학년 학생들이 동물원에 가서 보고 싶은 동물을 조사하여 표로 나타내었습니다. 물음에 답하세요.

보고 싶은 동물별 학생 수

동물	원숭이	코끼리	기린	호랑이	합계
학생 수(명)	36	17	29	48	130

13 준호가 정한 단위와 그림에 알맞게 그림그래프로 나타내세요.

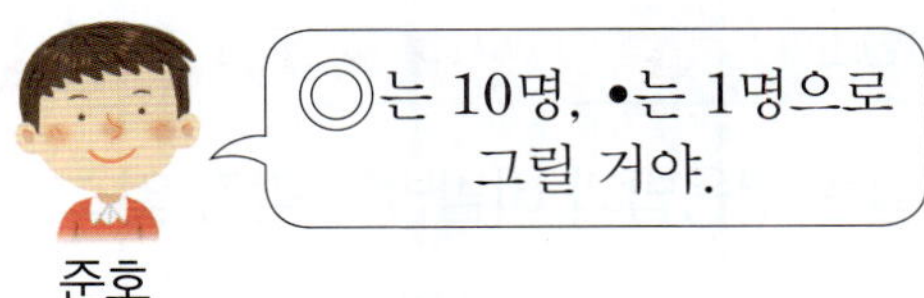

보고 싶은 동물별 학생 수

동물	학생 수
원숭이	
코끼리	
기린	
호랑이	

◎ 10명
• 1명

14 미나가 정한 단위와 그림에 알맞게 그림그래프로 나타내세요.

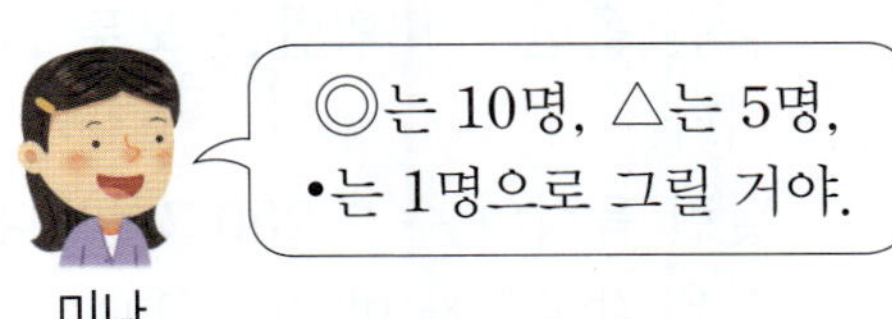

보고 싶은 동물별 학생 수

동물	학생 수
원숭이	
코끼리	
기린	
호랑이	

◎ 10명
△ 5명
• 1명

[15~18] 어느 식당에서 일주일 동안 팔린 음식의 수를 조사하여 그림그래프로 나타내었습니다. 물음에 답하세요.

종류별 팔린 음식의 수

종류	음식의 수
볶음밥	
칼국수	
쫄면	
비빔밥	

🍚100그릇
🍜10그릇

15 팔린 볶음밥과 비빔밥은 각각 몇 그릇인가요?

볶음밥 (   )

비빔밥 (   )

16 팔린 칼국수는 쫄면보다 몇 그릇 더 많은지 구하세요.

(   )

17 그림그래프를 보고 잘못 설명한 것을 찾아 기호를 쓰세요.

> ㉠ 가장 많이 팔린 음식은 칼국수입니다.
> ㉡ 팔린 쫄면과 비빔밥은 모두 280그릇입니다.
> ㉢ 팔린 음식의 수가 200그릇보다 많은 음식은 칼국수와 비빔밥입니다.

(   )

18 이 식당에서 다음 주에는 어떤 음식의 재료를 가장 많이 준비하면 좋을지 쓰세요.

(   )

19 연경이네 학교 학생들이 좋아하는 꽃을 조사하여 그림그래프로 나타내었습니다. 그림그래프를 보고 알 수 있는 내용을 2가지 쓰세요.

좋아하는 꽃별 학생 수

꽃	학생 수
장미	
튤립	
백합	
국화	

👤100명
👤10명

20 수지네 학교 3학년 학생들이 도서관에서 빌려 간 책의 수를 반별로 조사하여 나타낸 그림그래프입니다. 빌려 간 책의 수의 합이 73권일 때 2반에서 빌려 간 책은 몇 권인지 풀이 과정을 쓰고, 답을 구하세요.

반별 빌려 간 책의 수

반	책의 수
1반	
2반	
3반	

📖10권
📖1권

풀이

답

초성 게임을 해 볼까요?

주어진 초성에 맞는 단어를 생각나는 대로 모두 써 보세요!

단, 국어사전에 나와 있는 단어만 쓰기에요~!

정답은 개념책 160쪽에서 확인하세요.

1단원 | 개념❶

01 계산해 보세요.

$$\begin{array}{r} 2\ 1\ 3 \\ \times\qquad 3 \\ \hline \end{array}$$

3단원 | 개념❶

02 점 ㅇ은 원의 중심입니다. 반지름을 모두 찾아 쓰세요.

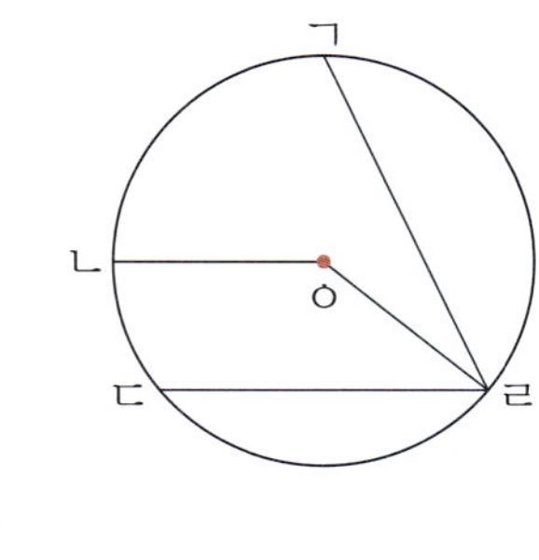

(   )

1단원 | 개념❹

03 빈칸에 알맞은 수를 써넣으세요.

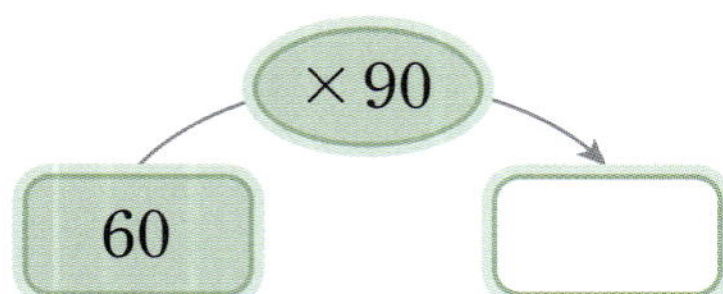

2단원 | 개념❷

04 ☐ 안에 알맞은 수를 써넣으세요.

81

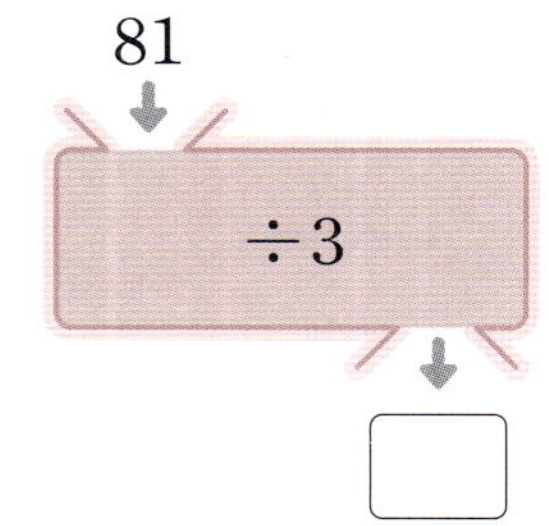

5단원 | 개념❶

05 가와 나 그릇에 물을 가득 채운 후 모양과 크기가 같은 컵에 모두 옮겨 담았습니다. ☐ 안에 알맞은 수나 말을 써넣으세요.

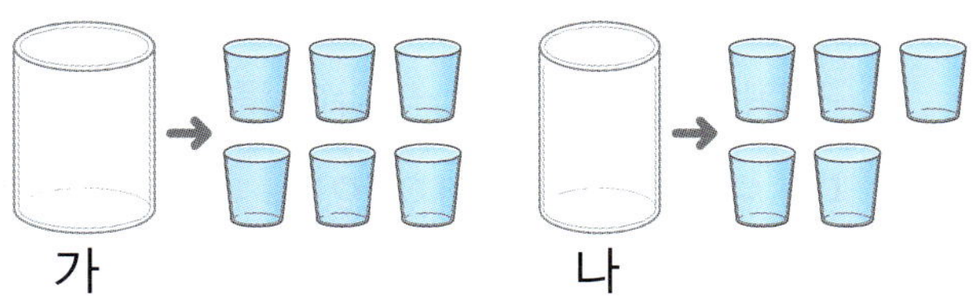

☐ 그릇이 ☐ 그릇보다 컵 ☐개만큼 물이 더 많이 들어갑니다.

4단원 | 개념❶

06 그림을 보고 ☐ 안에 알맞은 수를 써넣으세요.

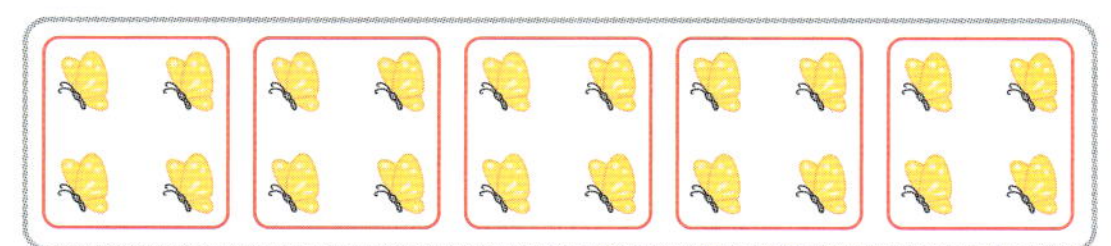

20을 4씩 묶으면 ☐묶음이 됩니다.

→ 4는 20의 $\dfrac{☐}{☐}$입니다.

3단원 | 개념❸

07 그림과 같이 컴퍼스를 벌려서 원을 그렸습니다. 그린 원의 반지름은 몇 cm인가요?

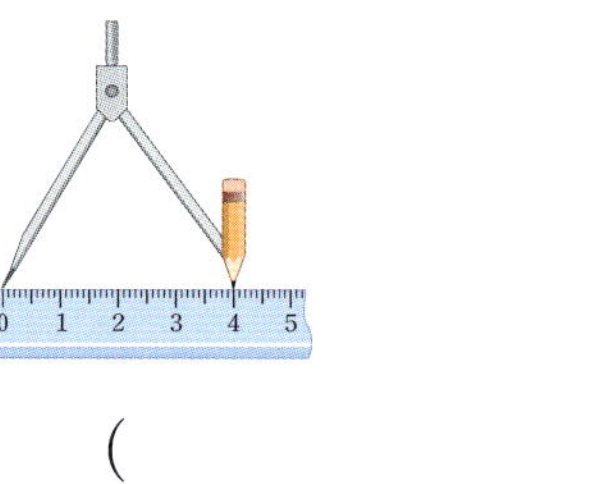

(   )

08 계산에서 잘못된 곳을 찾아 바르게 계산해 보세요.

$$6 \overline{)97}$$

→

$$6 \overline{)97}$$

09 무게가 다른 것을 찾아 기호를 쓰세요.

㉠ 5300 g
㉡ 5 kg 30 g
㉢ 5 kg보다 300 g 더 무거운 무게

( )

10 두 사람의 대화를 읽고 초콜릿을 몇 명에게 나누어 줄 수 있는지 구하세요.

( )

11 윤호는 운동장을 하루에 4바퀴씩 뛰었습니다. 17일 동안 윤호는 운동장을 모두 몇 바퀴 뛰었나요?

(식)

(답)

전단원
총정리

12 규칙에 따라 원을 1개 더 그려 보세요.

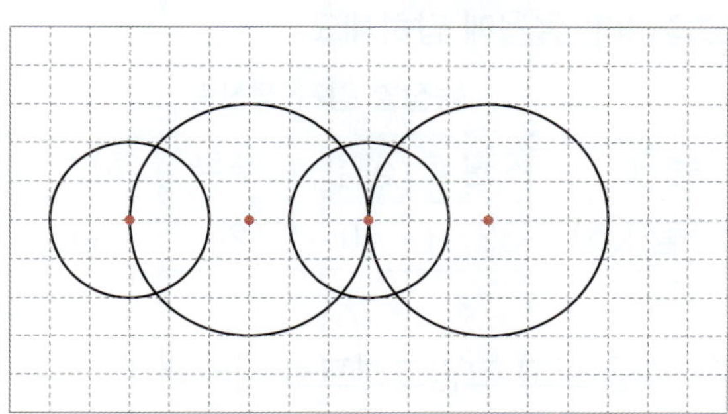

13 피자가 1판하고 $\frac{3}{8}$판이 있습니다. 피자는 모두 몇 판인지 대분수와 가분수로 각각 나타내세요.

대분수 ( )

가분수 ( )

5단원 | 개념 ③

14 민석이와 재희가 각각 하루 동안 마신 물의 양입니다. 민석이와 재희가 하루 동안 마신 물은 모두 몇 L 몇 mL인가요?

민석	재희
1 L 600 mL	2 L 300 mL

(   )

[15~16] 농장별 감자 생산량을 조사하여 표로 나타내었습니다. 물음에 답하세요.

농장별 감자 생산량

농장	초원	싱싱	푸른	하늘	합계
생산량(kg)	32	40	26	34	132

6단원 | 개념 ②

15 표를 보고 그림그래프로 나타내세요.

농장별 감자 생산량

농장	생산량
초원	
싱싱	
푸른	
하늘	

◎ 10 kg
○ 1 kg

6단원 | 개념 ③

16 위 **15**의 그림그래프를 보고 감자 생산량이 많은 농장부터 차례로 쓰세요.

(   )

4단원 | 개념 ⑤

17 가장 큰 분수를 찾아 쓰세요.

$$\frac{16}{5} \qquad 3\frac{2}{5} \qquad \frac{12}{5}$$

(   )

5단원 | 개념 ⑤

18 무게가 다음과 같은 멜론의 무게를 윤아는 약 2 kg 400 g, 현석이는 약 2 kg 900 g으로 어림하였습니다. 멜론의 무게를 실제 무게에 더 가깝게 어림한 사람의 이름을 쓰세요.

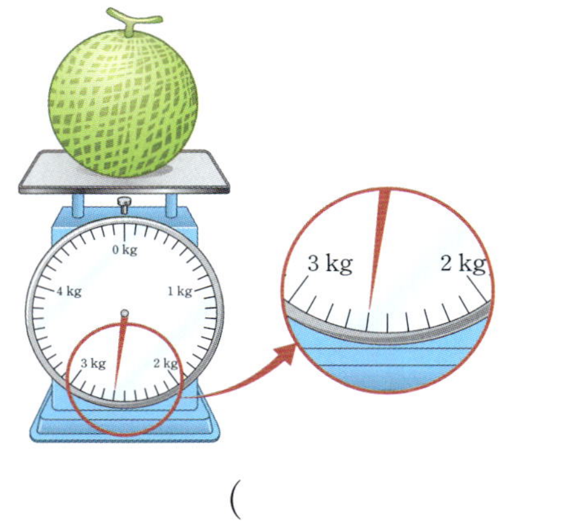

(   )

4단원 | 개념 ②

19 통에 검은색과 흰색 바둑돌이 들어 있습니다. 통에 들어 있는 전체 바둑돌 72개의 $\frac{3}{8}$이 흰색 바둑돌일 때 검은색 바둑돌은 몇 개인지 구하세요.

(   )

20 6단원 | 개념 ❶

은채네 학교 학생들이 가고 싶은 체험 학습 장소를 조사하여 그림그래프로 나타낸 것입니다. 체험 학습 장소별 가고 싶은 학생 수를 쓰세요.

가고 싶은 체험 학습 장소별 학생 수

장소	학생 수
생태 체험장	
놀이공원	
박물관	

100명
10명
1명

생태 체험장 (   )

놀이공원 (   )

박물관 (   )

21 2단원 | 개념 ❹

나눗셈을 확인하는 식으로 알맞은 것을 〈 보기 〉에서 찾아 기호를 쓰세요.

〈 보기 〉

㉠ $9 \times 12 = 108,\ 108 + 4 = 112$
㉡ $6 \times 8 = 48,\ 48 + 4 = 52$
㉢ $6 \times 11 = 66,\ 66 + 3 = 69$

$52 \div 6$	$69 \div 6$	$112 \div 9$

22 5단원 | 개념 ❻

성민이의 몸무게는 $37\ \text{kg}\ 700\ \text{g}$이고, 지연이의 몸무게는 성민이보다 $500\ \text{g}$ 더 가볍습니다. 성민0 와 지연이의 몸무게의 합은 몇 kg 몇 g인지 구하세요.

(   )

23 1단원 | 개념 ❼

어떤 수에 48을 곱해야 할 것을 잘못하여 더했더니 73이 되었습니다. 바르게 계산한 값은 얼마인지 구하세요.

(   )

24 3단원 | 개념 ❷

지름이 $24\ \text{cm}$인 원 2개를 겹쳐서 그린 것입니다. 삼각형 ㄱㄴㄷ의 세 변의 길이의 합은 몇 cm인지 구하세요.

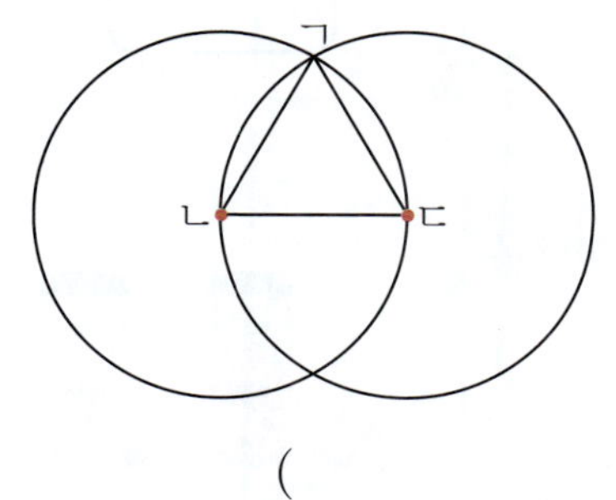

(   )

25 6단원 | 개념 ❸

승훈이네 학교 3학년 학생들의 혈액형을 조사하여 그림그래프로 나타내었습니다. 학생 수가 가장 많은 혈액형과 가장 적은 혈액형의 학생 수의 차는 몇 명인지 구하세요.

혈액형별 학생 수

혈액형	학생 수
A형	
B형	
O형	
AB형	

10명
1명

(   )

창의력 쑥쑥 정답

037쪽

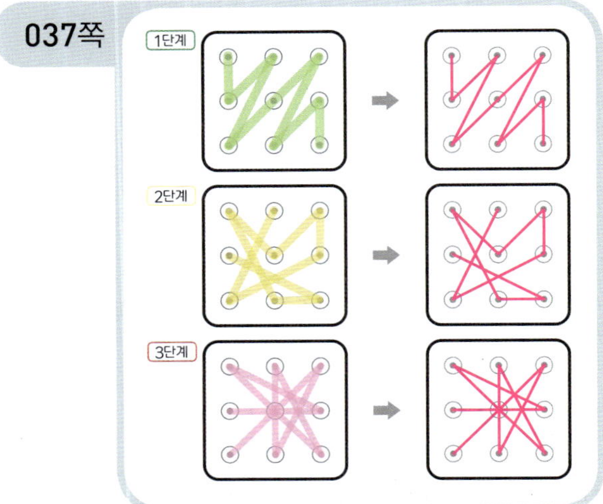

065쪽

[가로]
① 바람이 불면 빙글빙글 돌아가는 장난감
② 차례를 나타낼 때 쓰는 숫자
③ 간단하게 먹을 수 있는 면 요리
④ 대·소변을 보는 장소
⑤ 상대방의 얼굴을 보면서 나누는 통화

[세로]
① 연못에 주로 사는 초록색 양서류
② 빨강, 노랑, 초록으로 교통 신호를 나타내는 장치
③ 애국가 '○○○ 삼천리 화려강산'
④ 고대 이집트 왕의 무덤
⑤ 실내에서 신는 신발

083쪽

107쪽

135쪽

155쪽

동아출판 초등 무료 스마트러닝

동아출판 초등 **무료 스마트러닝**으로 쉽고 재미있게!

과목별·영역별 특화 강의

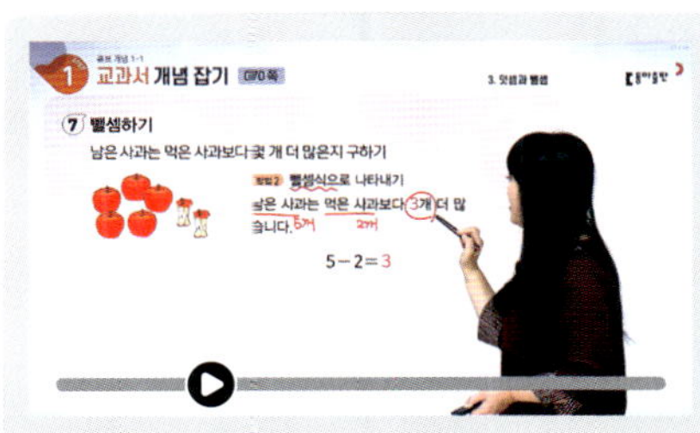

수학 개념 강의

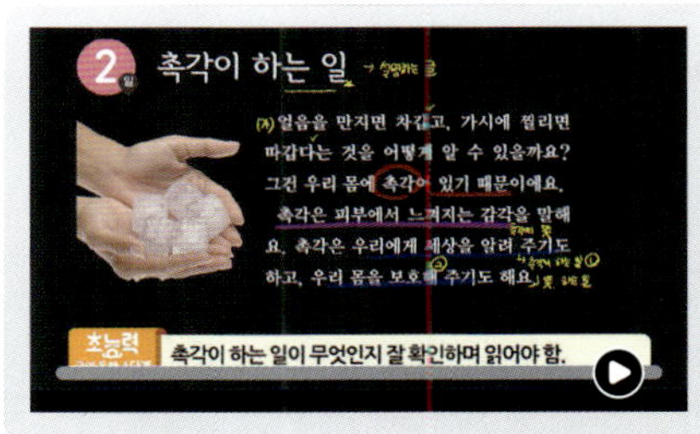

국어 독해 지문 분석 강의

구구단 송

그림으로 이해하는 비주얼씽킹 강의

과학 실험 동영상 강의

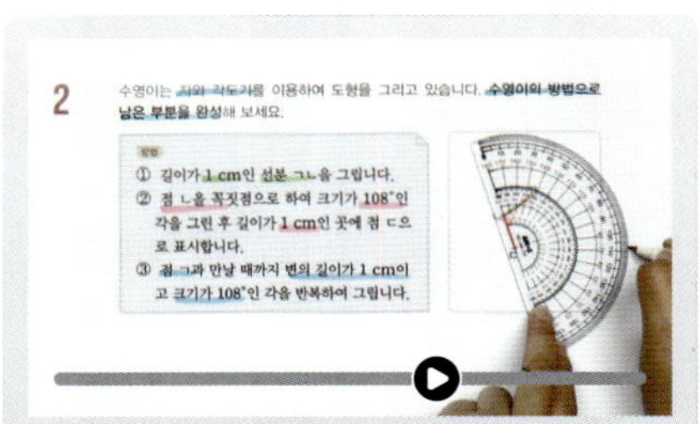

과목별 문제 풀이 강의

서비스 제공 교재　큐브 | 백점 과학 | 빠작 초등 국어 | 초능력 | 초고필 | 하이탑 초등 과학

큐브 개념

초등 수학

3·2

기본 강화책

기초력 더하기 | 수학익힘 다잡기

동아출판

기본 강화책

차례

초등 수학 **3·2**

	단원명	기초력 더하기	수학익힘 다잡기
1	곱셈	01~06쪽	07~14쪽
2	나눗셈	15~19쪽	20~28쪽
3	원	29~31쪽	32~34쪽
4	분수	35~39쪽	40~45쪽
5	들이와 무게	46~49쪽	50~57쪽
6	그림그래프	58~60쪽	61~64쪽

[1~9] 계산해 보세요.

1
```
  1 3 2
×     3
```

2
```
  2 4 4
×     2
```

3
```
  1 1 2
×     4
```

4
```
  1 1 0
×     9
```

5
```
  1 4 2
×     2
```

6
```
  2 2 1
×     4
```

7
```
  1 0 1
×     5
```

8
```
  3 1 1
×     3
```

9
```
  2 1 2
×     4
```

[10~15] 빈칸에 알맞은 수를 써넣으세요.

10
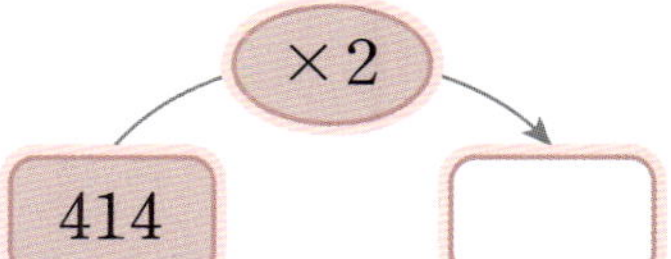

11
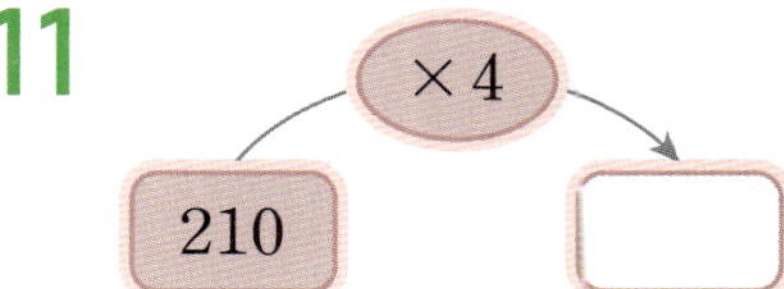

12
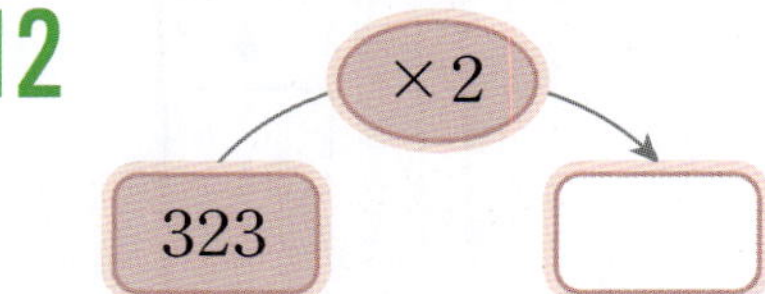

13
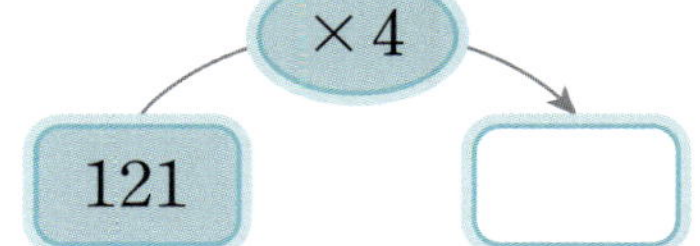

14
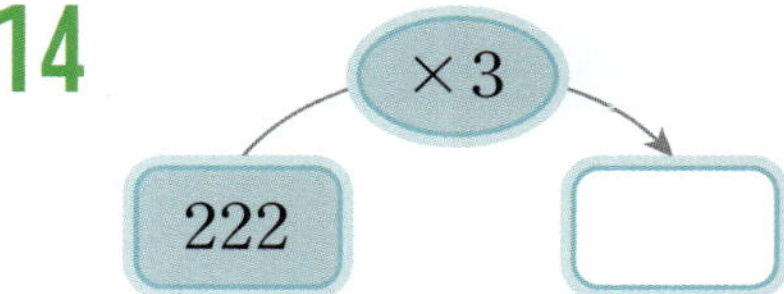

15
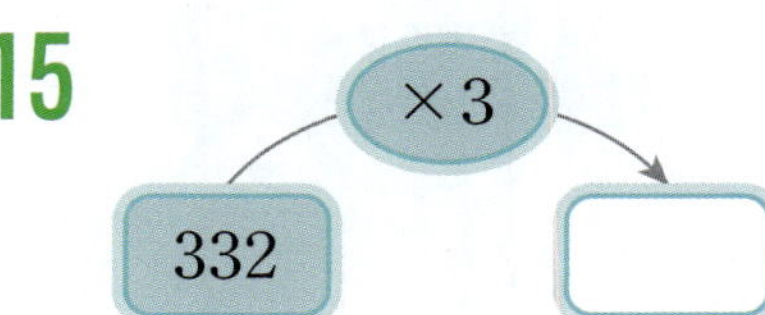

[1~9] 계산해 보세요.

1
```
    1 1 6
  ×     6
```

2
```
    3 1 7
  ×     2
```

3
```
    2 2 8
  ×     3
```

4
```
    4 3 9
  ×     2
```

5
```
    2 0 6
  ×     4
```

6
```
    3 1 7
  ×     3
```

7
```
    1 0 7
  ×     6
```

8
```
    2 1 5
  ×     3
```

9
```
    4 1 6
  ×     2
```

[10~15] ☐ 안에 알맞은 수를 써넣으세요.

10 124 → ×4 →

11 216 → ×3 →

12 119 → ×5 →

13 315 → ×2 →

14 227 → ×3 →

15 328 → ×2 →

[1~9] 계산해 보세요.

1
```
  1 2 0
×     6
```

2
```
  4 6 4
×     2
```

3
```
  1 4 1
×     5
```

4
```
  2 7 3
×     3
```

5
```
  3 2 0
×     4
```

6
```
  5 3 2
×     2
```

7
```
  7 2 0
×     7
```

8
```
  4 8 1
×     3
```

9
```
  4 6 1
×     5
```

[10~15] 빈칸에 알맞은 수를 써넣으세요.

10 ×
| 271 | 2 | |

11 ×
| 252 | 3 | |

12 ×
| 183 | 3 | |

13 ×
| 593 | 3 | |

14 ×
| 632 | 4 | |

15 ×
| 241 | 9 | |

[1~9] ☐ 안에 알맞은 수를 써넣으세요.

1　$20 \times 90 = \boxed{}00$

2　$30 \times 80 = \boxed{}00$

3　$60 \times 70 = \boxed{}00$

4　$40 \times 60 = \boxed{}00$

5　$31 \times 50 = \boxed{}0$

6　$26 \times 90 = \boxed{}0$

7　$47 \times 30 = \boxed{}0$

8　$53 \times 40 = \boxed{}0$

9　$24 \times 70 = \boxed{}0$

[10~18] 계산해 보세요.

10　80×90

11　70×40

12　60×90

13　30×60

14　90×40

15　12×40

16　23×80

17　54×60

18　76×20

개념책 020쪽 ● 정답 37쪽

[1~9] 계산해 보세요.

1
$$\begin{array}{r} 5 \\ \times\,2\,9 \\ \hline \end{array}$$

2
$$\begin{array}{r} 8 \\ \times\,3\,4 \\ \hline \end{array}$$

3
$$\begin{array}{r} 3 \\ \times\,4\,5 \\ \hline \end{array}$$

4
$$\begin{array}{r} 6 \\ \times\,1\,7 \\ \hline \end{array}$$

5
$$\begin{array}{r} 4 \\ \times\,5\,2 \\ \hline \end{array}$$

6
$$\begin{array}{r} 7 \\ \times\,2\,8 \\ \hline \end{array}$$

7
$$\begin{array}{r} 2 \\ \times\,6\,1 \\ \hline \end{array}$$

8
$$\begin{array}{r} 9 \\ \times\,3\,3 \\ \hline \end{array}$$

9
$$\begin{array}{r} 3 \\ \times\,7\,4 \\ \hline \end{array}$$

[10~15] 빈칸에 알맞은 수를 써넣으세요.

10 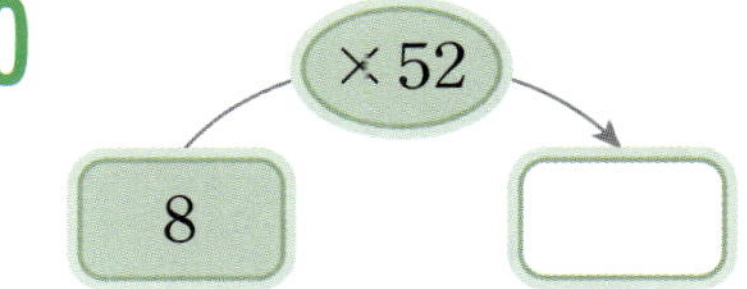

11 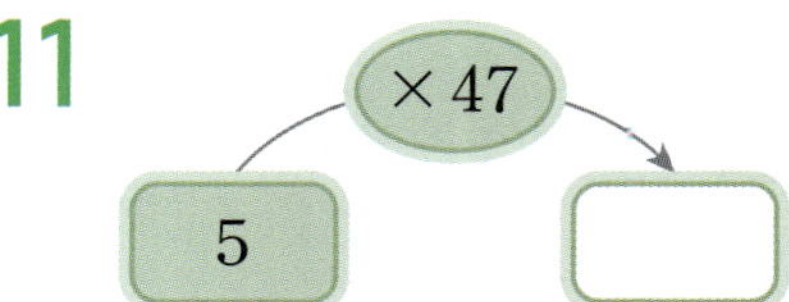

12 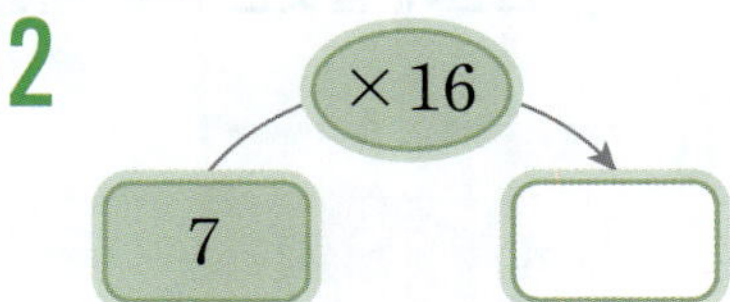

13 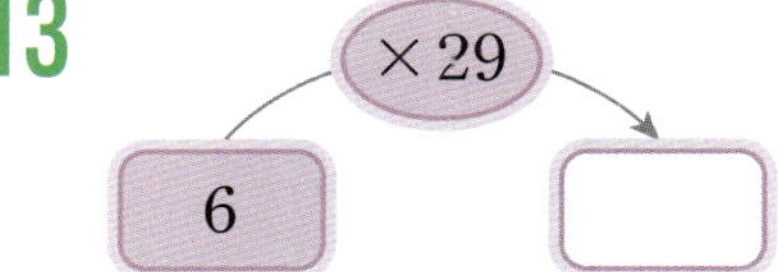

14 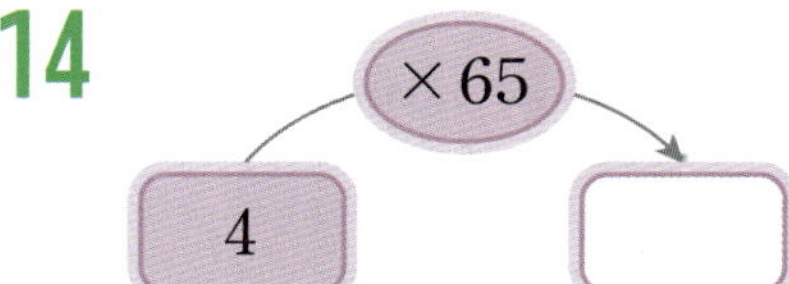

15 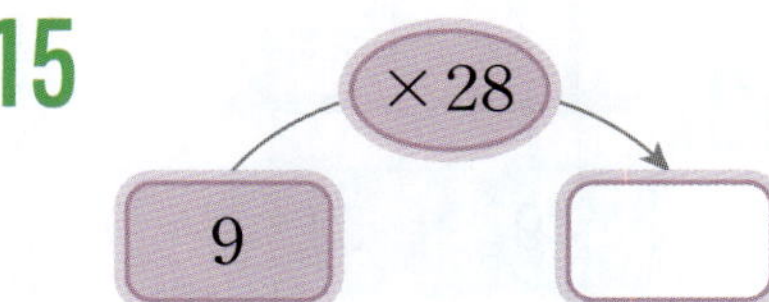

개념책 022쪽 ● 정답 37쪽

[1~9] 계산해 보세요.

1
```
    3 5
 ×  1 2
```

2
```
    9 3
 ×  3 1
```

3
```
    5 8
 ×  3 3
```

4
```
    4 9
 ×  9 8
```

5
```
    1 7
 ×  1 3
```

6
```
    4 2
 ×  3 2
```

7
```
    7 2
 ×  3 8
```

8
```
    2 7
 ×  3 9
```

9
```
    6 2
 ×  4 8
```

[10~15] 빈칸에 알맞은 수를 써넣으세요.

10 × →

| 47 | 21 | |

11 × →

| 24 | 35 | |

12 × →

| 34 | 32 | |

13 × →

| 49 | 51 | |

14 × →

| 65 | 28 | |

15 × →

| 84 | 29 | |

1 수 카드를 보고 ☐ 안에 알맞은 수를 써넣으세요.

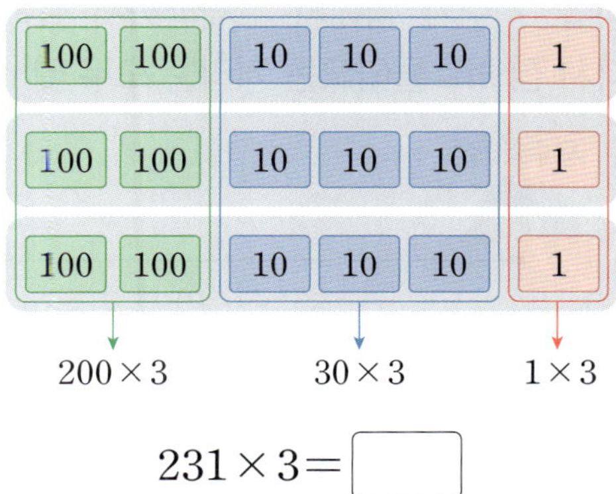

$$231 \times 3 = \boxed{}$$

2 계산해 보세요.

(1)
$$\begin{array}{r} 1\ 4\ 2 \\ \times \quad\ 2 \\ \hline \end{array}$$

(2)
$$\begin{array}{r} 2\ 1\ 3 \\ \times \quad\ 3 \\ \hline \end{array}$$

(3) 202×4

(4) 431×2

3 관계있는 것끼리 이어 보세요.

(1) 111×5 • • 844

(2) 232×3 • • 696

(3) 422×2 • • 555

4 계산 결과를 비교하여 ○ 안에 >, =, <를 알맞게 써넣으세요.

$$211 \times 4 \quad \bigcirc \quad 313 \times 3$$

5 책꽂이 한 개에 책을 221권씩 꽂으려고 합니다. 책꽂이 4개에 꽂은 책은 모두 몇 권인지 식을 쓰고, 답을 구하세요.

식 ______________

답 ______________

6 규민이가 설명하는 수를 3배 한 수는 얼마인가요?

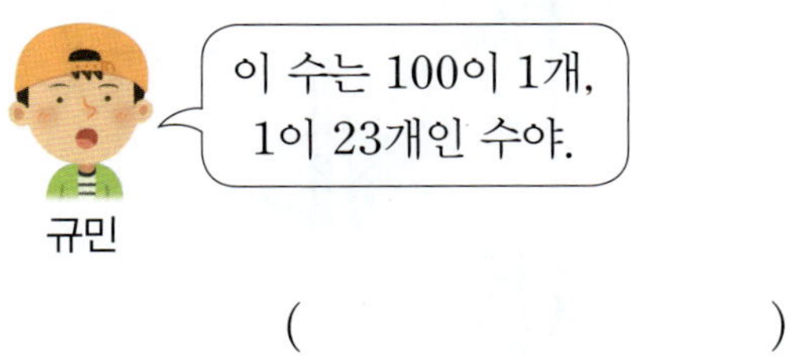

(   )

1 수 카드를 보고 ☐ 안에 알맞은 수를 써넣으세요.

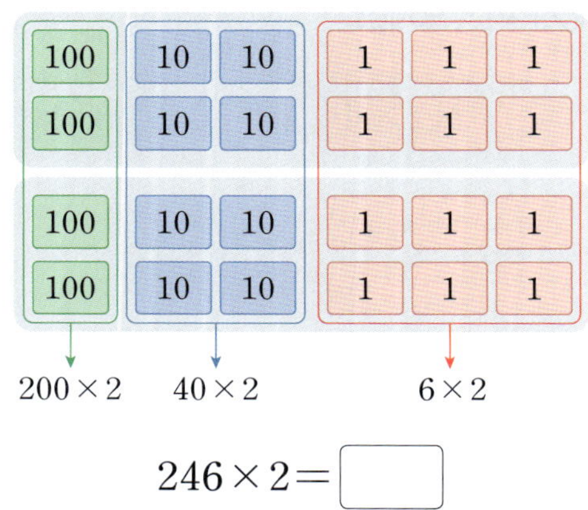

$$246 \times 2 = \boxed{}$$

2 계산해 보세요.

(1)
$$\begin{array}{r} 1\,2\,4 \\ \times \quad 4 \\ \hline \end{array}$$

(2)
$$\begin{array}{r} 3\,1\,9 \\ \times \quad 2 \\ \hline \end{array}$$

3 빈칸에 알맞은 수를 써넣으세요.

(1)
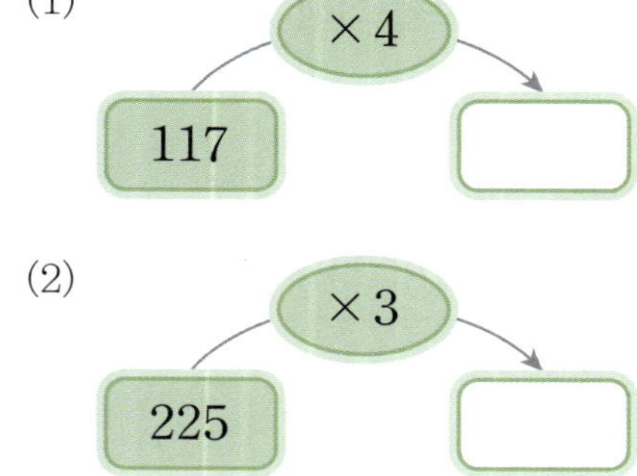

(2)

×3
225

4 지수네 집에서 우체국까지의 거리는 237 m입니다. 지수가 집에서 우체국까지 걸어서 갔다가 다시 집으로 돌아오는 거리는 모두 몇 m인가요?

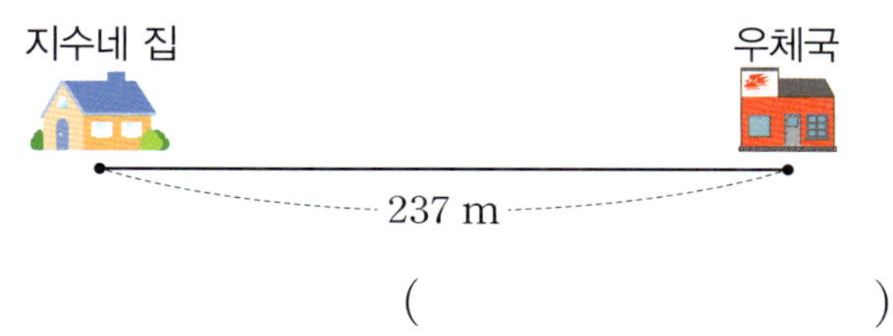

(   )

5 주경이네 가족과 도율이네 가족이 딸기밭에서 딸기 따기 체험을 했습니다. 어느 가족이 딸기를 몇 개 더 많이 땄는지 구하세요.

☐ 이네 가족이 딸기를

☐ 개 더 많이 땄습니다.

6 어떤 수에 3을 곱해야 할 것을 잘못하여 더하였더니 328이 되었습니다. 바르게 계산하면 얼마인가요?

(   )

1 수 카드를 보고 ☐ 안에 알맞은 수를 써넣으세요.

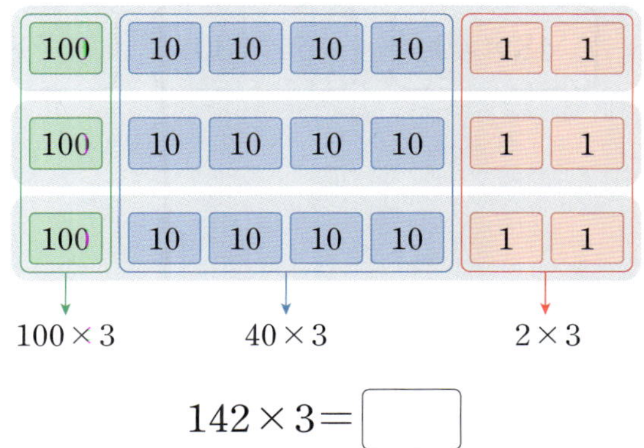

$$100 \times 3 \qquad 40 \times 3 \qquad 2 \times 3$$

$$142 \times 3 = \boxed{}$$

2 계산해 보세요.

(1)
$$\begin{array}{r} 3\ 8\ 2 \\ \times \qquad 4 \\ \hline \end{array}$$

(2)
$$\begin{array}{r} 4\ 1\ 1 \\ \times \qquad 6 \\ \hline \end{array}$$

(3) 193×3

(4) 342×4

3 빈칸에 알맞은 수를 써넣으세요.

$\longrightarrow \times \longrightarrow$

290	5	
591	7	

4 계산 결과가 가장 큰 것에 ◯표 하세요.

261×3	192×4	353×2

(　　　) 　(　　　) 　(　　　)

5 호두가 한 상자에 270개씩 들어 있습니다. 6상자에 들어 있는 호두는 모두 몇 개인지 식을 쓰고, 답을 구하세요.

식 ________________

답 ________________

교과역량 콕!

6 곱셈식을 보고 ㉠, ㉡에 알맞은 수를 모두 구하세요.

$$\begin{array}{r} 4\ \boxed{㉠}\ 1 \\ \times \qquad 5 \\ \hline 2\ 1\ \boxed{㉡}\ 5 \end{array}$$

㉠=☐ 이면 ㉡=☐

㉠=☐ 이면 ㉡=☐

개념책 019쪽 ● 정답 39쪽

1 ☐ 안에 알맞은 수를 써넣으세요.

(1) $40 \times 80 = 40 \times 8 \times 10$
$\quad = 320 \times \boxed{}$
$\quad = \boxed{}$

(2) $60 \times 90 = 60 \times 9 \times 10$
$\quad = 540 \times \boxed{}$
$\quad = \boxed{}$

2 계산해 보세요.

(1) 20×40

(2) 70×50

(3) 34×90

(4) 81×30

3 빈칸에 알맞은 수를 써넣으세요.

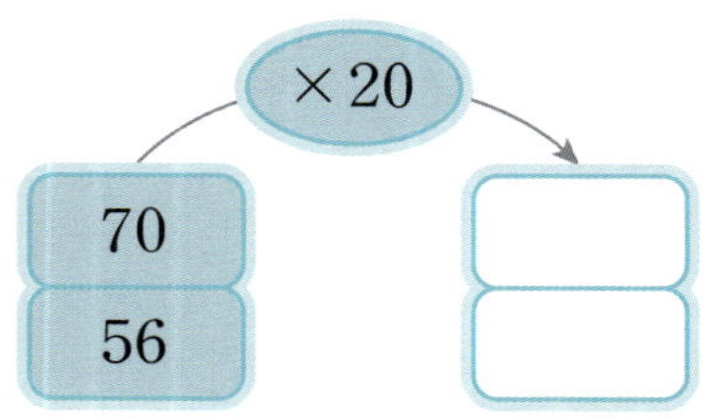

4 계산 결과가 다른 하나를 찾아 색칠해 보세요.

| 48×40 | 64×30 | 37×50 |

5 민석이는 하루에 영어 단어를 42개씩 외웠습니다. 30일 동안 민석이가 외운 영어 단어는 모두 몇 개인지 식을 쓰고, 답을 구하세요.

식 ________________________

답 ________________________

6 1부터 9까지의 수 중에서 ☐ 안에 들어갈 수 있는 가장 큰 수를 구하세요.

$$80 \times \boxed{}0 < 5000$$

(   )

개념책 028쪽 ● 정답 39쪽

1 모눈종이를 보고 ☐ 안에 알맞은 수를 써넣으세요.

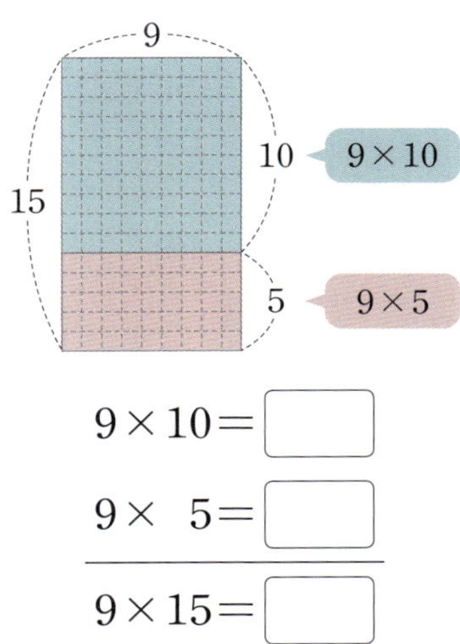

$$9 \times 10 = \boxed{}$$

$$9 \times 5 = \boxed{}$$

$$9 \times 15 = \boxed{}$$

2 계산해 보세요.

(1)
$$\begin{array}{r} 7 \\ \times\ 4\ 2 \\ \hline \end{array}$$

(2)
$$\begin{array}{r} 6 \\ \times\ 8\ 4 \\ \hline \end{array}$$

(3) 3×59

(4) 8×27

3 운동장에 학생들이 한 줄에 6명씩 14줄로 서 있습니다. 운동장에 서 있는 학생은 모두 몇 명인지 ☐ 안에 알맞은 수를 써넣으세요.

$$6 \times \boxed{} = \boxed{} \text{(명)}$$

4 배가 한 상자에 7개씩 들어 있습니다. 52상자에 들어 있는 배는 모두 몇 개인지 식을 쓰고, 답을 구하세요.

식 ________________________________

답 ________________________________

5 잘못 계산한 곳을 찾아 바르게 계산해 보세요.

$$\begin{array}{r} 8 \\ \times\ 2\ 6 \\ \hline 4\ 8 \\ 1\ 6 \\ \hline 6\ 4 \end{array} \quad \rightarrow \quad \begin{array}{r} 8 \\ \times\ 2\ 6 \\ \hline \end{array}$$

교과역량 쿡!

6 수 카드 **4**, **8** 을 ㉠, ㉡에 하나씩 놓았을 때 계산 결과가 더 큰 곱셈식을 만들려고 합니다. ㉠과 ㉡에 알맞은 수를 각각 구하세요.

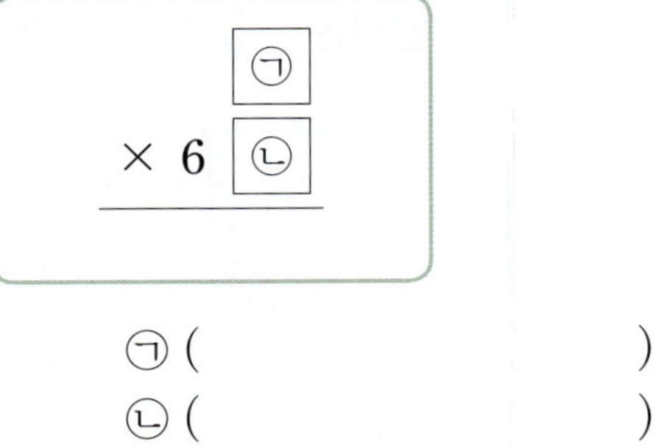

㉠ (   )

㉡ (   )

1 모눈종이를 보고 ☐ 안에 알맞은 수를 써넣으세요.

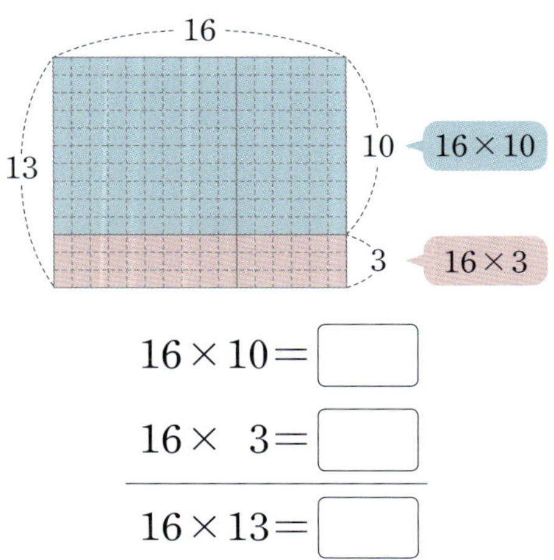

$16 \times 10 =$ ☐

$16 \times 3 =$ ☐

$16 \times 13 =$ ☐

2 계산해 보세요.

(1)
```
   3 2
 × 1 4
```

(2)
```
   2 5
 × 3 1
```

(3) 27×13

(4) 46×21

3 빈칸에 알맞은 수를 써넣으세요.

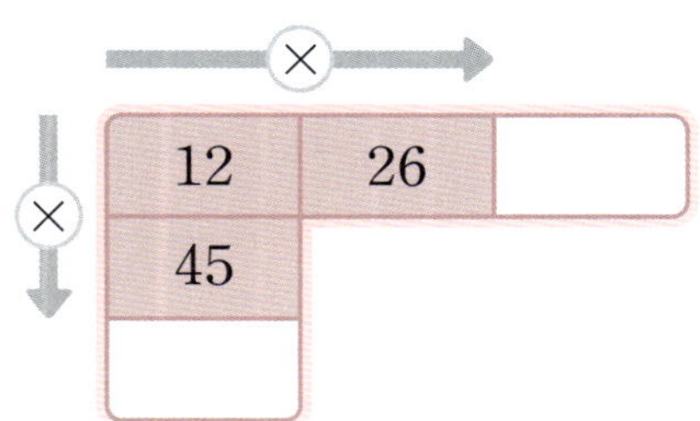

4 성민이가 사탕을 한 봉지에 12개씩 넣어 17봉지를 포장했습니다. 포장한 사탕은 모두 몇 개인지 식을 쓰고, 답을 구하세요.

㉔ ______________________

㉓ ______________________

5 서현이는 매일 39분씩 그림 그리기를 했습니다. 서현이가 21일 동안 그림을 그린 시간은 모두 몇 분인지 식을 쓰고, 답을 구하세요.

㉔ ______________________

㉓ ______________________

교과역량 콕!

6 수 카드를 한 번씩만 사용하여 곱이 가장 작은 (두 자리 수)×(두 자리 수)의 곱셈식을 만들고, 계산해 보세요.

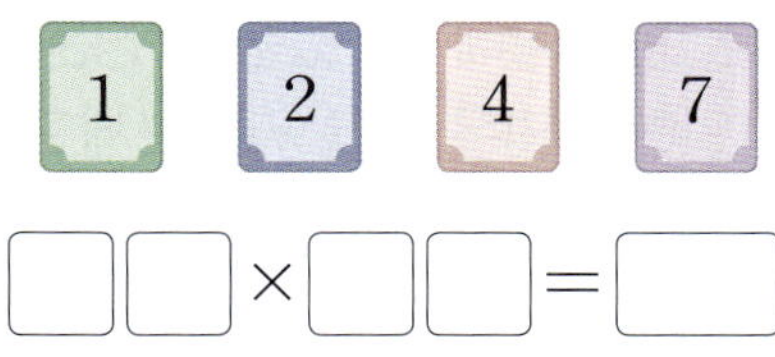

☐☐ × ☐☐ = ☐

1 ☐ 안에 알맞은 수를 써넣으세요.

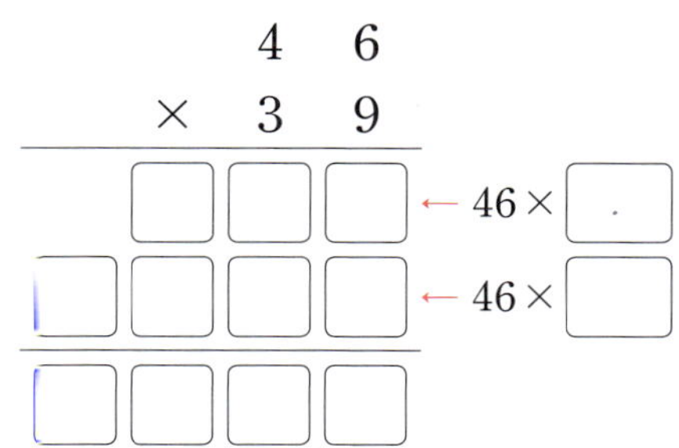

$$
\begin{array}{r}
4\ 6 \\
\times\ 3\ 9 \\
\hline
\end{array}
$$

☐☐☐ ← 46 × ☐

☐☐☐ ← 46 × ☐

☐☐☐☐

2 계산해 보세요.

(1)
$$
\begin{array}{r}
2\ 8 \\
\times\ 7\ 4 \\
\hline
\end{array}
$$

(2)
$$
\begin{array}{r}
3\ 6 \\
\times\ 4\ 8 \\
\hline
\end{array}
$$

(3) 52×29

(4) 43×68

3 계산 결과가 2500보다 작은 것을 찾아 색칠해 보세요.

| 68×37 | 56×39 |

4 탁구공이 한 상자에 38개씩 들어 있습니다. 26 상자에 들어 있는 탁구공은 모두 몇 개인지 ☐ 안에 알맞은 수를 써 넣으세요.

$$38 \times \boxed{} = \boxed{} \text{(개)}$$

5 미주는 동화책을 하루에 28쪽씩 읽으려고 합니다. 미주가 25일 동안 읽는 동화책은 모두 몇 쪽인지 식을 쓰고, 답을 구하세요.

식 __________________________

답 __________________________

교과역량 콕!

6 ☐ 안에 알맞은 수를 써넣으세요.

$$
\begin{array}{r}
4\ \boxed{} \\
\times\ \boxed{}\ 3 \\
\hline
1\ 4\ 1 \\
2\ 3\ 5\ 0 \\
\hline
\boxed{}\ \boxed{}\ \boxed{}\ \boxed{}
\end{array}
$$

교과역량 콕!

7 ㉠과 ㉡의 곱은 얼마인지 구하세요.

㉠ 10이 1개, 1이 8개인 수
㉡ 10이 7개, 1이 5개인 수

(   )

1 391×2가 약 얼마인지 어림셈으로 구하려고 합니다. 391을 몇백으로 어림하여 그림에 ◯표 하고, ☐ 안에 알맞은 수를 써넣으세요.

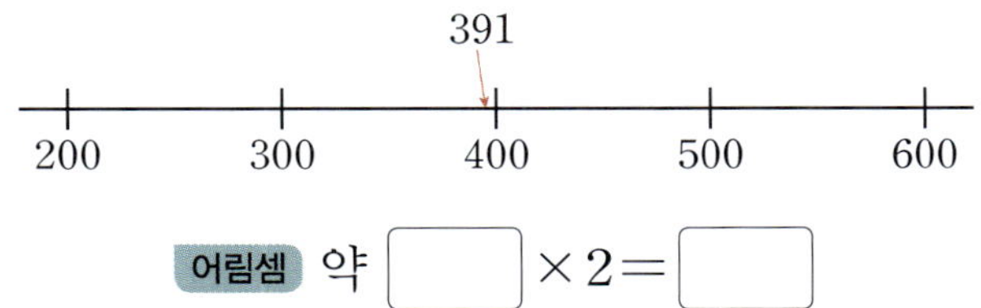

어림셈 약 ☐ × 2 = ☐

2 현영이는 10분 동안 912보를 걸었습니다. 현영이가 30분 동안 걸을 수 있는 걸음 수는 약 몇 보인지 어림셈으로 구하세요.

약 ☐ × ☐ = ☐ (보)

3 어림셈으로 구한 값을 찾아 이어 보세요.

(1) 51×40 •　　• 1200

(2) 19×61 •　　• 2000

(3) 72×78 •　　• 5600

4 친구들이 48×60의 값을 어림셈으로 구했습니다. 잘못 말한 친구의 이름을 쓰세요.

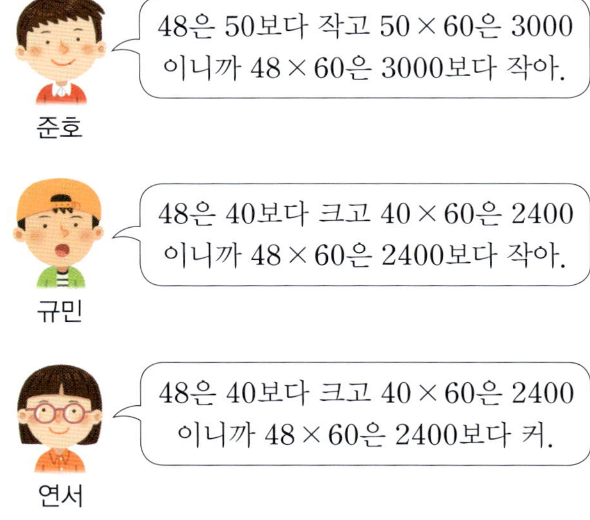

(　　　　　　　　　　)

5 빵 한 개의 가격은 790원입니다. 친구 6명이 모두 빵을 한 개씩 먹으려고 할 때 내야 할 돈은 약 얼마인지 어림셈으로 구하려고 합니다. 어림셈으로 구한 값을 찾아 ◯표 하세요.

4400　　4600　　4800　　5000

교과역량 콕!

6 민영이네 학교의 한 반의 학생 수는 22명이고 전체 학급 수는 12학급일 때 전교생 수는 약 몇 명인지 어림셈으로 구하고, 어떻게 구했는지 설명해 보세요.

답 약 ☐ 명

설명 ___________________________

____

____

개념책 040쪽 ● 정답 41쪽

[1~4] ☐ 안에 알맞은 수를 써넣으세요.

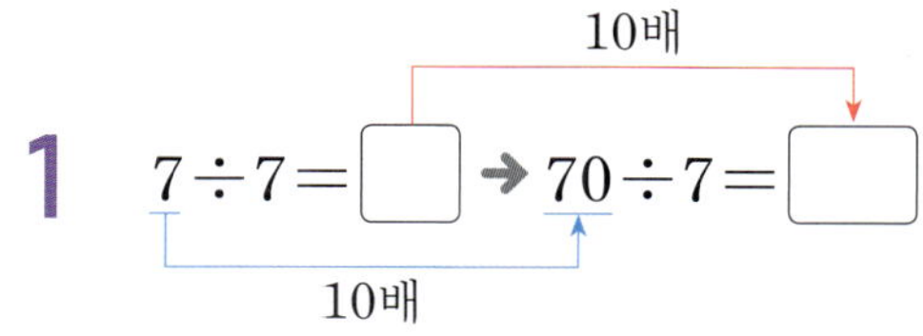

1 $7 \div 7 = \boxed{} \rightarrow 70 \div 7 = \boxed{}$ (10배, 10배)

2 $4 \div 2 = \boxed{} \rightarrow 40 \div 2 = \boxed{}$ (10배, 10배)

3 $8 \div 2 = \boxed{} \rightarrow 80 \div 2 = \boxed{}$ (10배, 10배)

4 $9 \div 3 = \boxed{} \rightarrow 90 \div 3 = \boxed{}$ (10배, 10배)

[5~13] 계산해 보세요.

5 $20 \div 2$

6 $60 \div 2$

7 $80 \div 4$

8 $66 \div 2$

9 $44 \div 4$

10 $36 \div 3$

11 $82 \div 2$

12 $93 \div 3$

13 $88 \div 4$

[1~9] 계산해 보세요.

1
$3\overline{)4\,2}$

2
$2\overline{)7\,8}$

3
$3\overline{)8\,1}$

4
$4\overline{)6\,8}$

5
$2\overline{)3\,2}$

6
$5\overline{)9\,5}$

7
$4\overline{)5\,6}$

8
$7\overline{)8\,4}$

9
$2\overline{)3\,6}$

[10~15] 빈칸에 알맞은 수를 써넣으세요.

10
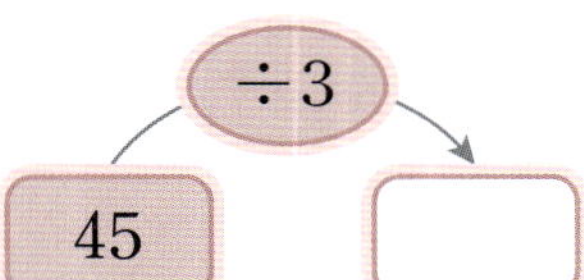

11
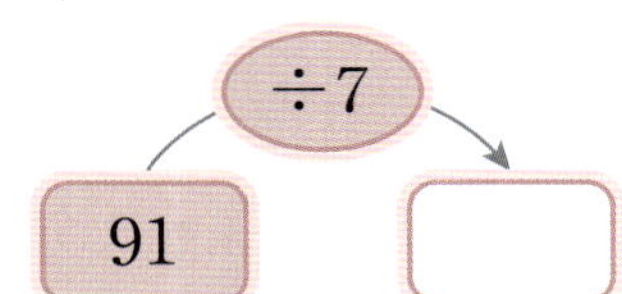

12
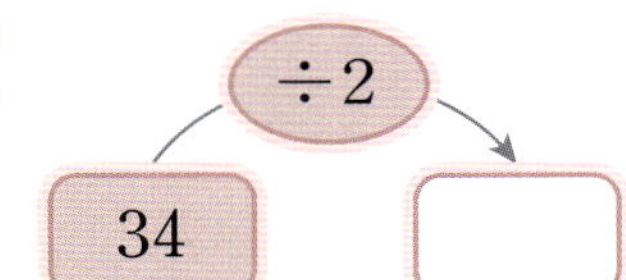

13
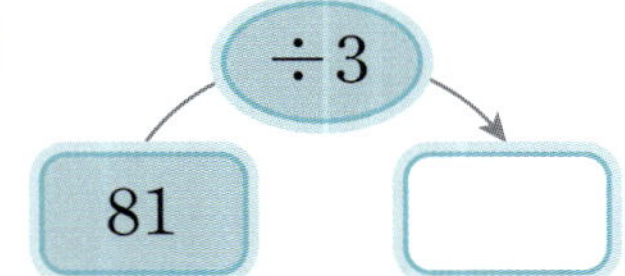

14
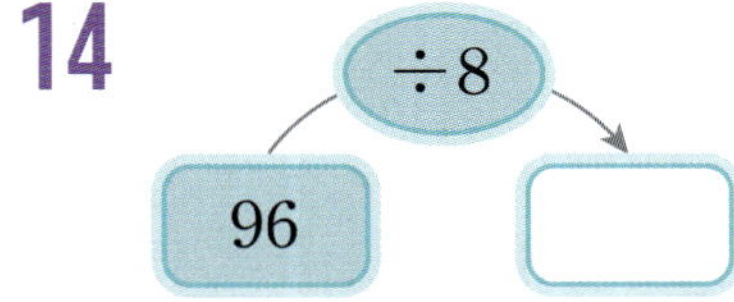

15
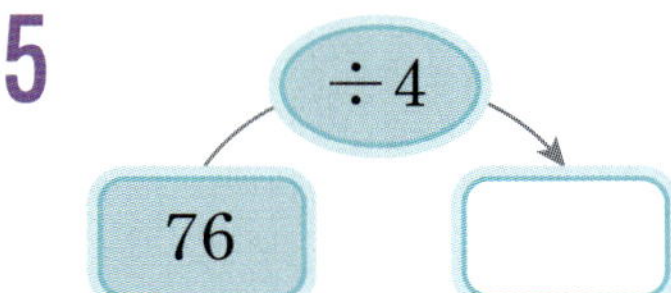

개념책 046쪽 ● 정답 41쪽

[1~6] 계산해 보세요.

1　$7\,\overline{)\,3\ 7}$

2　$5\,\overline{)\,4\ 8}$

3　$4\,\overline{)\,2\ 6}$

4　$5\,\overline{)\,6\ 6}$

5　$3\,\overline{)\,4\ 9}$

6　$3\,\overline{)\,8\ 3}$

[7~15] 계산해 보세요.

7　$69 \div 9$

8　$53 \div 6$

9　$36 \div 8$

10　$37 \div 5$

11　$71 \div 4$

12　$93 \div 7$

13　$76 \div 6$

14　$81 \div 5$

15　$94 \div 4$

개념책 048쪽 ● 정답 42쪽

[1~4] ☐ 안에 알맞은 수를 써넣으세요.

1 $68 \div 9 = \boxed{} \cdots \boxed{}$

확인 $9 \times \boxed{} = 63 \rightarrow 63 + \boxed{} = 68$

2 $14 \div 3 = \boxed{} \cdots \boxed{}$

확인 $3 \times \boxed{} = 12 \rightarrow 12 + \boxed{} = 14$

3 $45 \div 6 = \boxed{} \cdots \boxed{}$

확인 $6 \times \boxed{} = 42 \rightarrow 42 + \boxed{} = 45$

4 $59 \div 3 = \boxed{} \cdots \boxed{}$

확인 $3 \times \boxed{} = 57 \rightarrow 57 + \boxed{} = 59$

[5~10] 계산해 보고, 계산 결과가 맞는지 확인해 보세요.

5 $5 \overline{)7\,4}$

확인

6 $6 \overline{)9\,9}$

확인

7 $2 \overline{)5\,3}$

확인

8 $3 \overline{)7\,1}$

확인

9 $7 \overline{)9\,4}$

확인

10 $6 \overline{)8\,5}$

확인

개념책 054쪽 ● 정답 42쪽

[1~6] 계산해 보세요.

1
$3\overline{)450}$

2
$5\overline{)745}$

3
$6\overline{)918}$

4
$4\overline{)938}$

5
$7\overline{)899}$

6
$3\overline{)794}$

[7~15] 계산해 보세요.

7 $800 \div 4$

8 $900 \div 3$

9 $650 \div 5$

10 $540 \div 2$

11 $888 \div 6$

12 $944 \div 4$

13 $742 \div 3$

14 $947 \div 8$

15 $760 \div 6$

개념책 044쪽 ● 정답 42쪽

1 수 모형을 보고 ☐ 안에 알맞은 수를 써넣으세요.

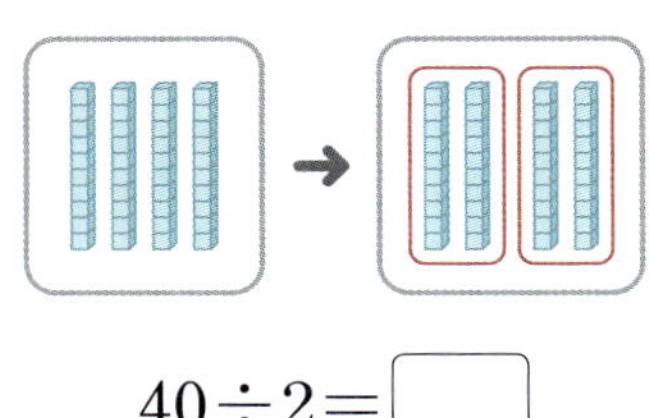

$$40 \div 2 = \boxed{}$$

2 계산해 보세요.

(1) $80 \div 4$

(2) $50 \div 5$

(3) $90 \div 3$

3 ☐ 안에 알맞은 수를 써넣으세요.

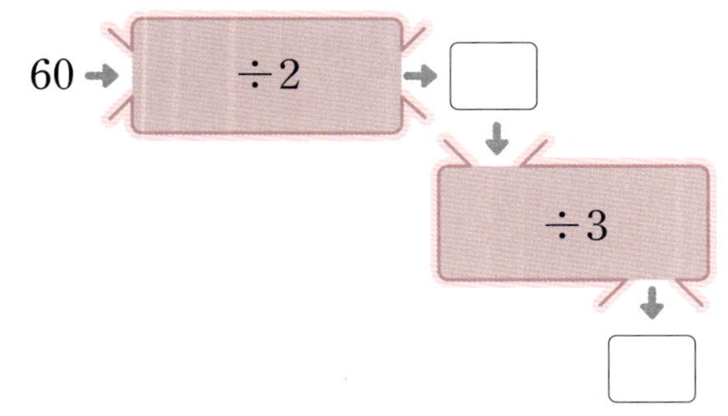

4 몫의 크기를 비교하여 ○ 안에 >, =, <를 알맞게 써넣으세요.

$$80 \div 8 \quad \bigcirc \quad 90 \div 3$$

5 클립 60개를 한 통에 6개씩 모두 담으려고 합니다. 필요한 통은 몇 개인지 식을 쓰고, 답을 구하세요.

식 ________________________

답 ________________________

교과역량 쿡!

6 몫이 10이 되는 나눗셈 문제를 만든 친구의 이름을 쓰세요.

> 유미: 사탕 70개를 일주일 동안 매일 똑같이 나누어 먹으려면 하루에 몇 개씩 먹어야 할까요?
>
> 지원: 지우개 80개를 4명이 똑같이 나누어 가지려면 한 명이 지우개를 몇 개씩 가져야 할까요?

(   )

개념책 044쪽 ● 정답 42쪽

1 수 모형을 보고 □ 안에 알맞은 수를 써넣으세요.

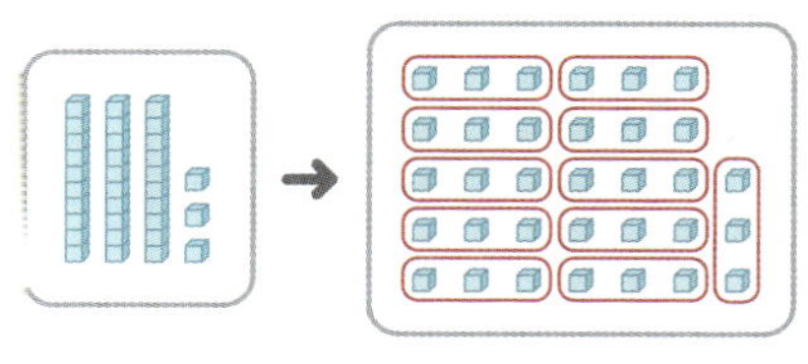

$$33 \div 3 = \boxed{}$$

2 □ 안에 알맞은 수를 써넣으세요.

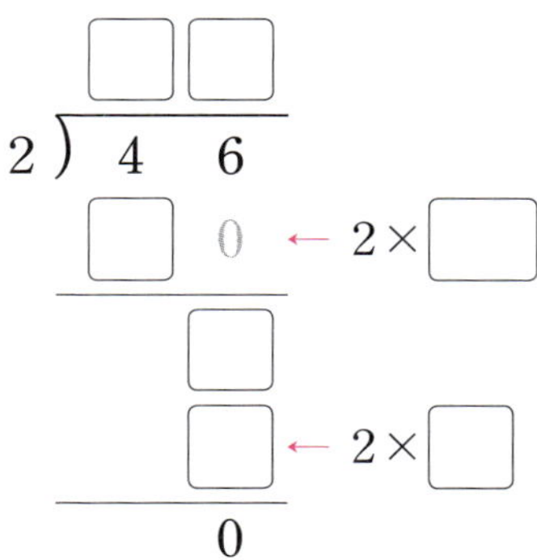

3 계산해 보세요.

(1) $4 \overline{)8\,8}$　　　(2) $3 \overline{)9\,6}$

(3) $63 \div 3$

(4) $62 \div 2$

4 몫이 가장 작은 나눗셈에 ◯표 하세요.

（　　　）　（　　　）　（　　　）

5 다음 도형은 네 변의 길이의 합이 48 cm인 정사각형입니다. 한 변의 길이는 몇 cm인지 식을 쓰고, 답을 구하세요.

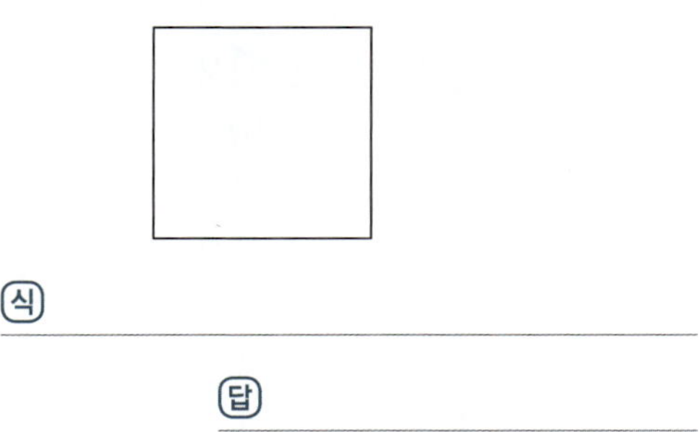

식

답

6 다은이는 배 55개를 바구니 5개에, 정후는 배 36개를 바구니 3개에 똑같이 나누어 담았습니다. 바구니 한 개에 배를 더 많이 담은 친구의 이름을 쓰고, 몇 개 더 많이 담았는지 구하세요.

（　　　　　　），（　　　　　　）

1 수 모형을 보고 □ 안에 알맞은 수를 써넣으세요.

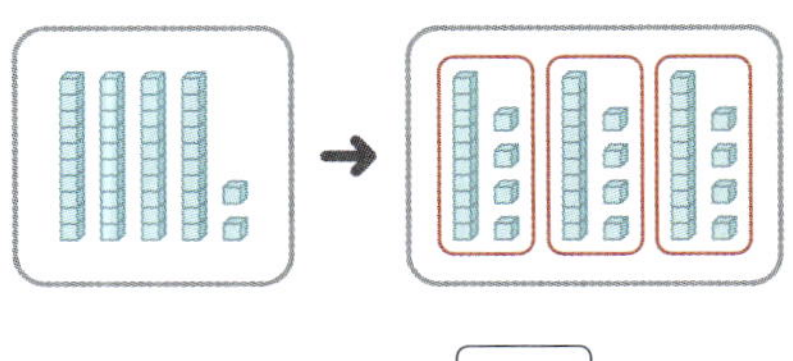

$$42 \div 3 = \boxed{}$$

2 □ 안에 알맞은 수를 써넣으세요.

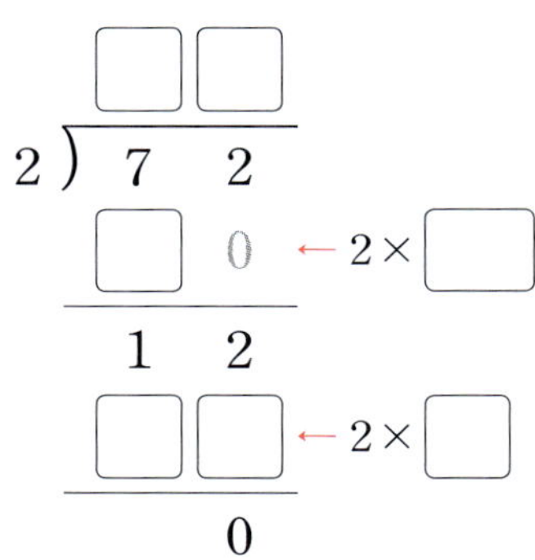

3 계산해 보세요.

(1)
$$4 \overline{)5\ 6}$$

(2)
$$3 \overline{)5\ 1}$$

(3) $84 \div 6$

(4) $98 \div 2$

4 크리스마스까지 앞으로 91일 남았습니다. 크리스마스는 몇 주 후인지 식을 쓰고, 답을 구하세요.

식

답

5 몫이 같은 것을 모두 찾아 색칠해 보세요.

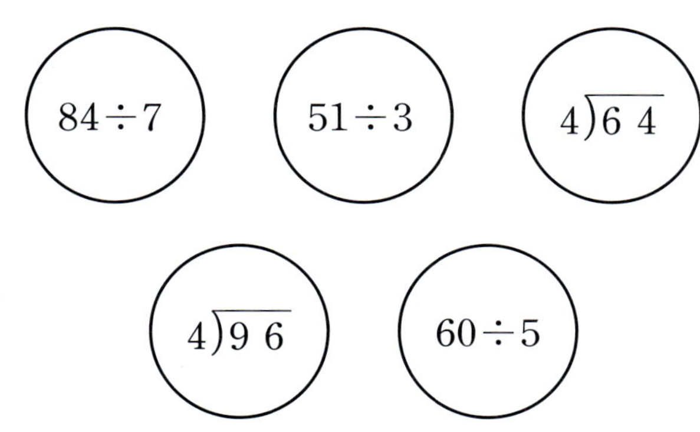

6 대화를 읽고 찹쌀떡을 담기 위해 필요한 상자는 몇 개인지 구하세요.

( )

1 ☐ 안에 알맞은 수를 써넣고, 30÷4의 몫과 나머지를 각각 구하세요.

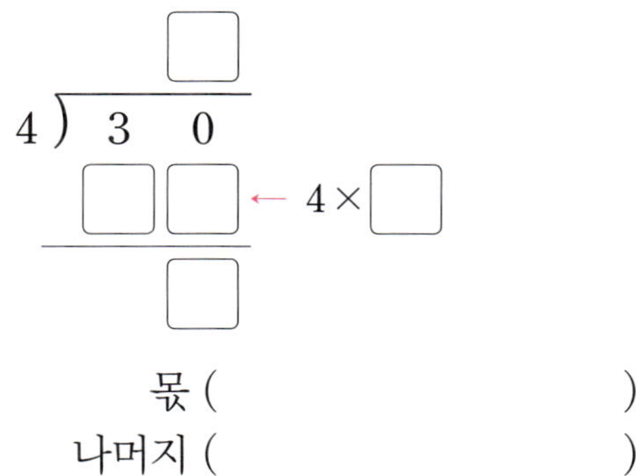

몫 (   )

나머지 (   )

2 계산해 보세요.

(1) 3)⎯1 3

(2) 2)⎯1 7

(3) 48÷7

(4) 61÷8

3 나머지가 같은 것끼리 이어 보세요.

(1) 23÷5 •

(2) 37÷7 •

• 52÷8

• 39÷4

• 50÷6

4 귤 43개를 봉지 6개에 똑같이 나누어 담으려고 합니다. 한 봉지에 귤을 몇 개씩 담을 수 있고, 몇 개가 남는지 식을 쓰고, 답을 구하세요.

식 ____________________

답 한 봉지에 귤을 ☐개씩 담을 수 있고,

☐개가 남습니다.

교과역량 콕!

5 다음 수 중에서 ☐÷6의 나머지가 될 수 있는 수를 모두 찾아 ○표 하세요.

| 4 | 5 | 6 | 7 | 8 |

교과역량 콕!

6 다음과 같이 젤리를 나누어 주었을 때, 남는 젤리가 있는 친구의 이름을 쓰고, 몇 개가 남는지 구하세요.

지원: 젤리 36개를 한 명에게 4개씩 나누어 줄 거예요.

연진: 젤리 58개를 한 명에게 9개씩 나누어 줄 거예요.

소현: 젤리 49개를 한 명에게 7개씩 나누어 줄 거예요.

(   ), (   )

1 ☐ 안에 알맞은 수를 써넣으세요.

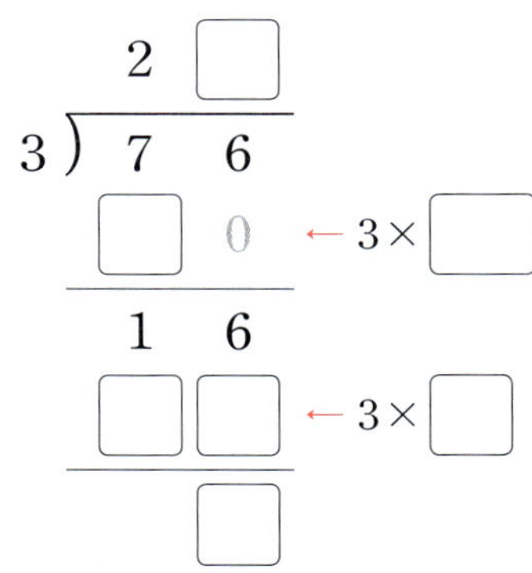

2 계산해 보세요.

(1) $8\,)\overline{9\ 3}$　　　(2) $2\,)\overline{3\ 7}$

(3) $53 \div 4$

(4) $87 \div 5$

3 ☐ 안에 몫을 써넣고, ◯ 안에 나머지를 써넣으세요.

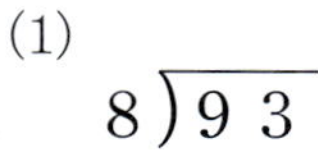

4 나머지가 가장 큰 나눗셈을 찾아 색칠해 보세요.

| $88 \div 6$ | $62 \div 5$ | $95 \div 8$ |

5 꽃 87송이를 6줄에 똑같이 나누어 심으려고 합니다. 꽃을 한 줄에 몇 송이씩 심을 수 있고, 몇 송이가 남는지 식을 쓰고, 답을 구하세요.

식 ______________________

답 꽃을 한 줄에 ☐ 송이씩 심을 수 있고,

☐ 송이가 남습니다.

교과역량 콕!

6 3장의 수 카드 중에서 2장을 골라 나머지가 1이 되는 나눗셈식을 완성해 보세요.

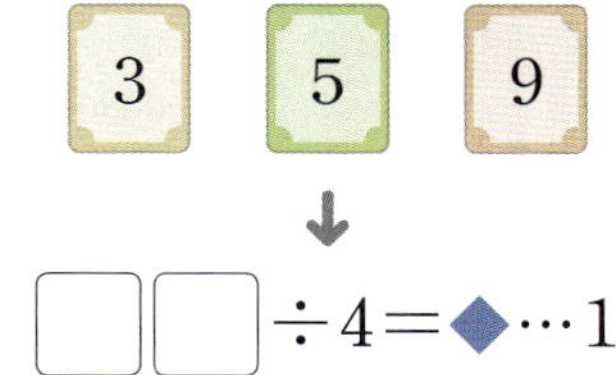

1 나눗셈의 계산이 맞는지 확인하려고 합니다. □
안에 알맞은 수를 써넣으세요.

$$53 \div 3 = 17 \cdots 2$$

확인 $3 \times \boxed{} = 51 \rightarrow 51 + \boxed{} = \boxed{}$

2 계산해 보고, 계산 결과가 맞는지 확인해 보세요.

(1)
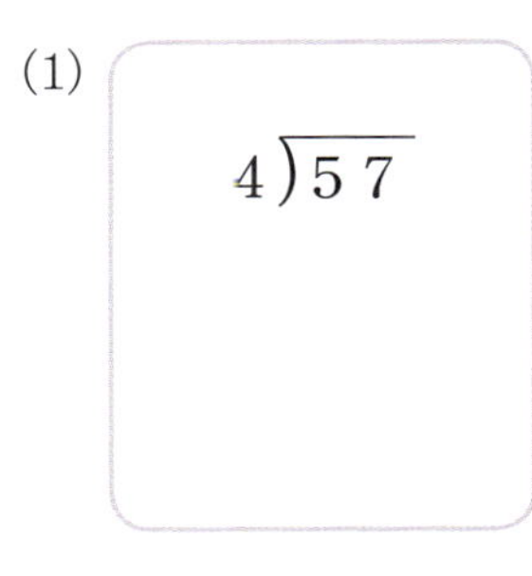
$4 \overline{)5\,7}$

확인

(2)
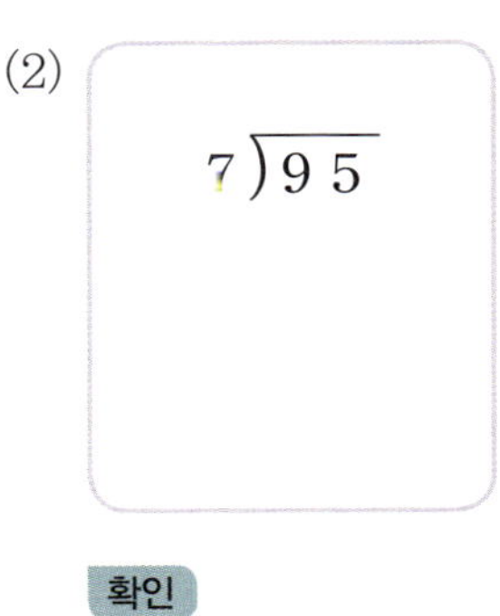
$7 \overline{)9\,5}$

확인

3 바르게 계산한 것을 찾아 ○표 하세요.

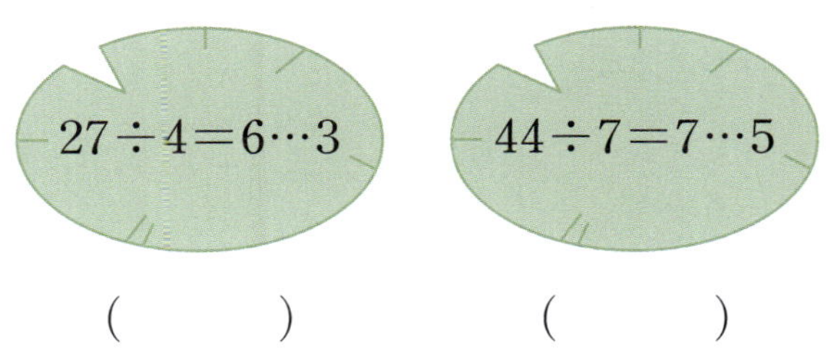

(   )   (   )

4 나누는 수가 4인 나눗셈식을 계산한 후 계산 결
과가 맞는지 확인한 식입니다. 계산한 나눗셈식
을 쓰고, 몫과 나머지를 구하세요.

확인 $4 \times 5 = 20 \rightarrow 20 + 1 = 21$

식 ____________________

몫 (   )

나머지 (   )

5 리아의 계산이 맞는지 확인하려고 합니다. □ 안
에 알맞은 수를 써넣고, 알맞은 말에 ○표 하세요.

$7 \times \boxed{} = \boxed{} \rightarrow \boxed{} + 1 = \boxed{}$

리아의 계산이 (맞습니다 , 틀립니다).

교과역량 쑥!

6 어떤 수를 8로 나누었더니 몫이 6이고 나머지가
2가 되었습니다. 어떤 수를 구하세요.

(   )

1 ☐ 안에 알맞은 수를 써넣으세요.

$$
\begin{array}{r}
\square\square \\
7\,\overline{)1\;9\;6} \\
\underline{\square\square} \\
\square\;6 \\
\underline{\square\square} \\
0
\end{array}
$$

2 계산해 보세요.

(1)

$$7\,\overline{)8\;6\;1}$$

(2)

$$6\,\overline{)9\;7\;8}$$

(3) $750 \div 3$

(4) $924 \div 4$

3 몫이 작은 것부터 차례로 기호를 쓰세요.

> ㉠ $528 \div 3$
> ㉡ $740 \div 5$
> ㉢ $736 \div 4$

( )

4 대화를 읽고 콩 주머니를 몇 명에게 나누어 줄 수 있는지 식을 쓰고, 답을 구하세요.

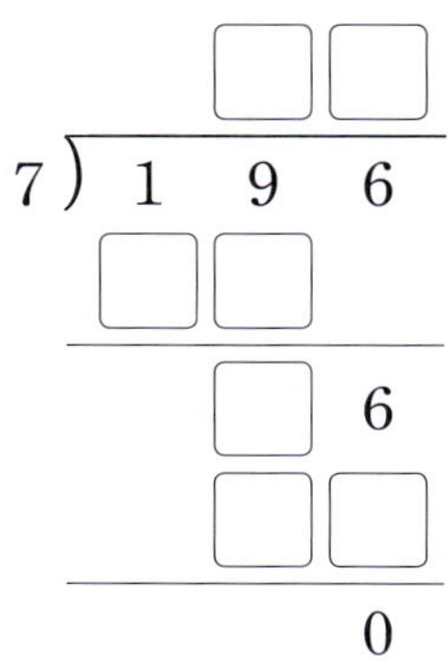

식

답

교과역량 쏙!

5 $762 \div 6$에 알맞은 문제를 만들고, 해결해 보세요.

문제

답

교과역량 쏙!

6 ☐ 안에 들어갈 수 있는 가장 큰 수는 얼마인지 구하세요.

> $819 \div 7 > \square$

( )

1 ☐ 안에 알맞은 수를 써넣으세요.

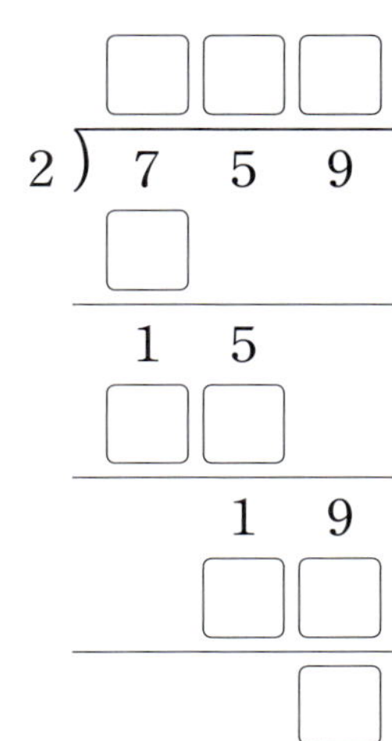

2 계산해 보세요.

(1) $4 \overline{)935}$　　　(2) $5 \overline{)694}$

(3) $759 \div 6$

(4) $808 \div 3$

3 몫의 크기를 비교하여 ○ 안에 >, =, <를 알맞게 써넣으세요.

$320 \div 6$　○　$417 \div 8$

4 9로 나누었을 때 나머지가 가장 큰 수를 찾아 ○표 하세요.

215　　571　　438　　830

5 잘못 계산한 곳을 찾아 바르게 계산해 보세요.

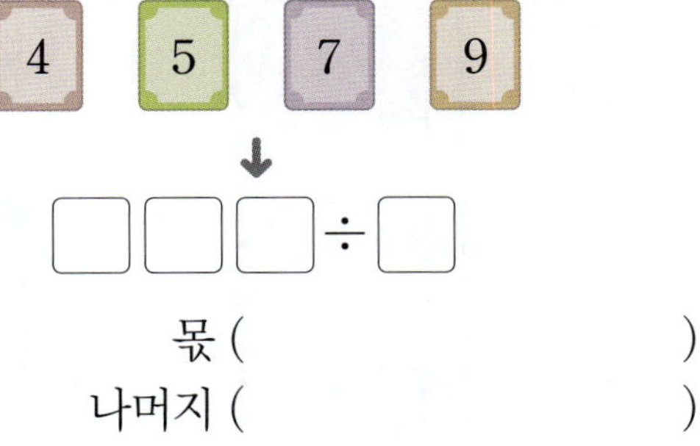

6 4장의 수 카드를 한 번씩만 사용하여 몫이 가장 큰 나눗셈을 만들려고 합니다. ☐ 안에 알맞은 수를 써넣고, 몫과 나머지를 구하세요.

4　5　7　9

↓

☐☐☐ ÷ ☐

몫 (　　　　　　)
나머지 (　　　　　　)

개념책 059쪽 ● 정답 45쪽

1 499÷5의 몫을 어림셈으로 구하려고 합니다. 499를 몇백으로 어림하여 그림에 ○표 하고, ☐ 안에 알맞은 수를 써넣으세요.

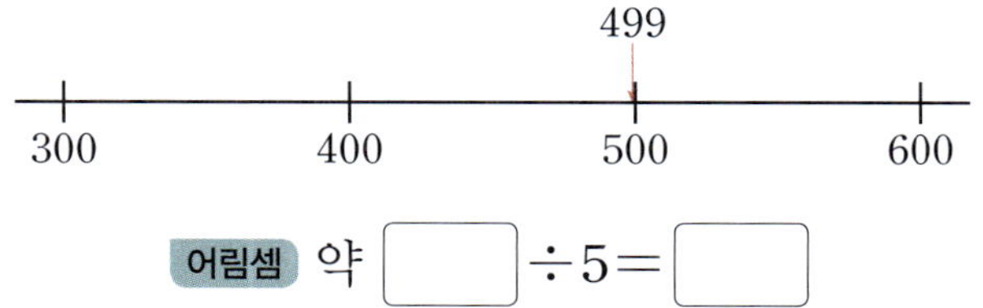

어림셈 약 ☐ ÷5 = ☐

2 711÷7의 몫을 어림셈으로 구하고, 어림셈한 것을 이용하여 실제 몫을 구하세요.

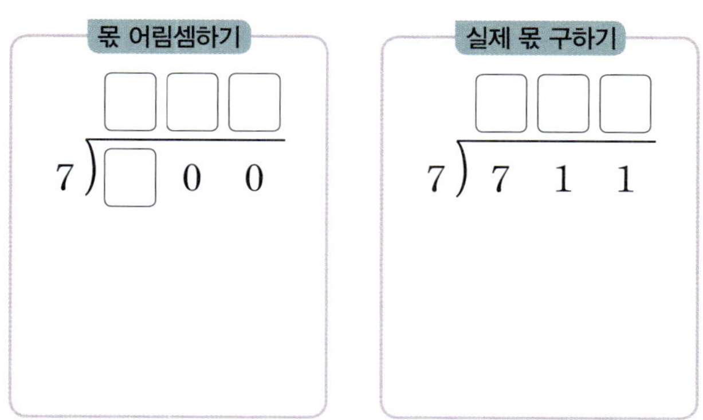

3 어림셈을 하기 위한 식을 찾아 이어 보세요.

(1) 502÷5 ・ ・ 600÷3

(2) 613÷3 ・ ・ 800÷4

(3) 797÷4 ・ ・ 500÷5

4 구슬 204개를 주머니 5개에 똑같이 나누어 담으려고 합니다. 주머니 한 개에 구슬을 약 몇 개씩 나누어 담을 수 있는지 어림셈으로 구하고, 어떻게 구했는지 설명해 보세요.

답 ________________________

설명 ________________________

____

____

교과역량 콕!

5 클립 289개를 한 통에 3개씩 넣으려고 합니다. 연아가 통을 100개 가지고 있다면 통이 충분한지 어림셈을 완성하고, 알맞은 말에 ○표 하세요.

어림셈 약 ☐ ÷3 = ☐ (개)

➔ 연아가 가진 통 100개는
(충분합니다 , 부족합니다).

교과역량 콕!

6 지나는 422÷7을 계산하여 몫이 56이라고 말했습니다. ☐ 안에 알맞은 수를 써넣고, 알맞은 말에 ○표 하세요.

422÷7의 몫을 어림셈으로 구하기 위해 ☐ ÷7을 계산하면 몫은 약 ☐ 이야.

➔ 지나는 (바르게 , 잘못) 계산했습니다.

[1~3] 원의 중심을 찾아 쓰세요.

1
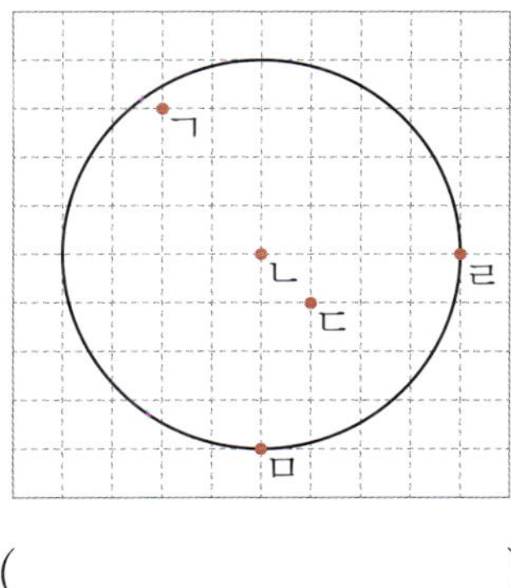

( )

2
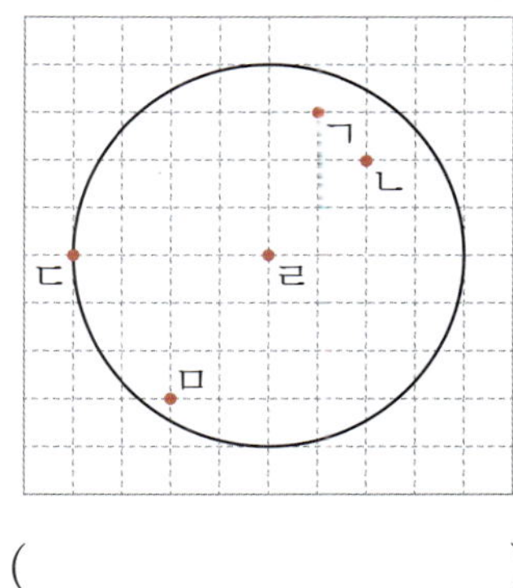

( )

3
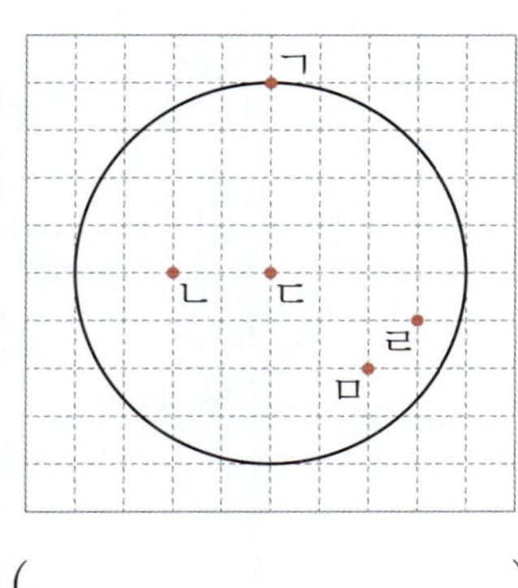

( )

[4~6] 점 ㅇ은 원의 중심입니다. 반지름을 나타내는 선분을 찾아 쓰세요.

4
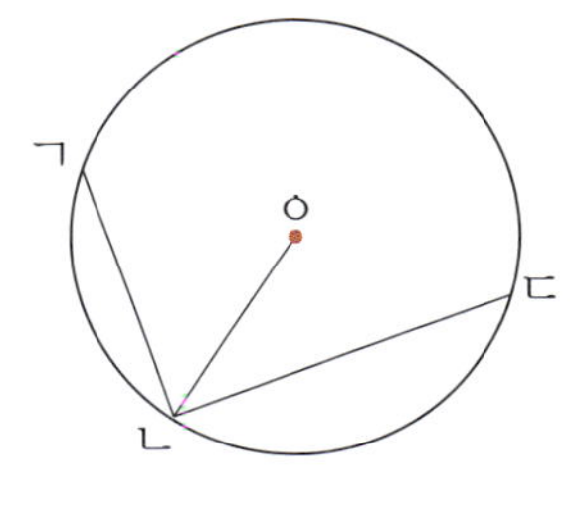

( )

5
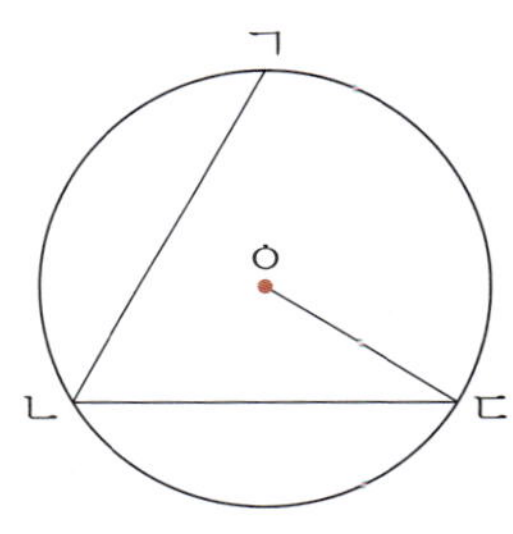

( )

6
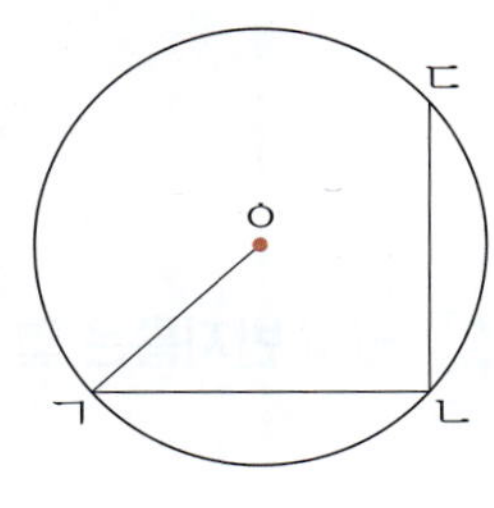

( )

[7~9] 점 ㅇ은 원의 중심입니다. 지름을 나타내는 선분을 찾아 쓰세요.

7
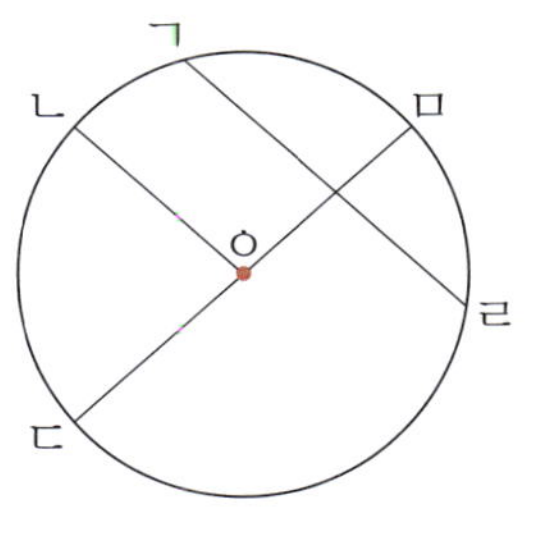

( )

8
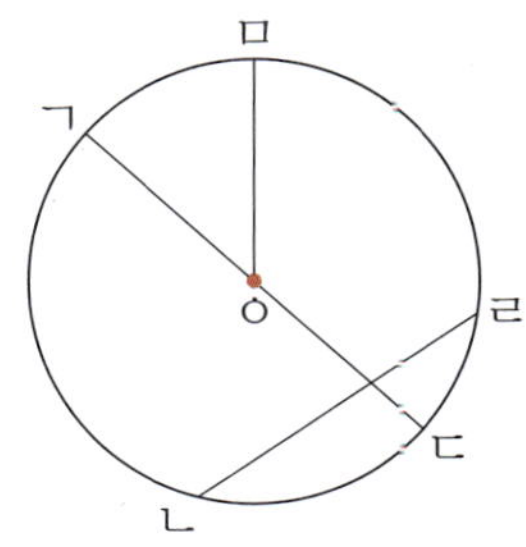

( )

9
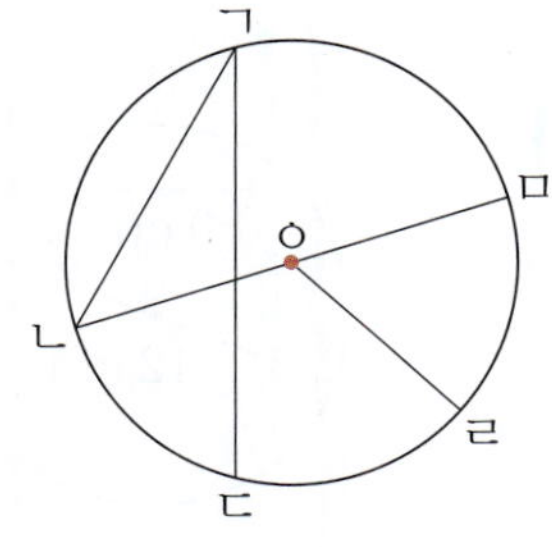

( )

개념책 070쪽 ● 정답 46쪽

[1~6] 원의 지름은 몇 cm인지 구하세요.

1

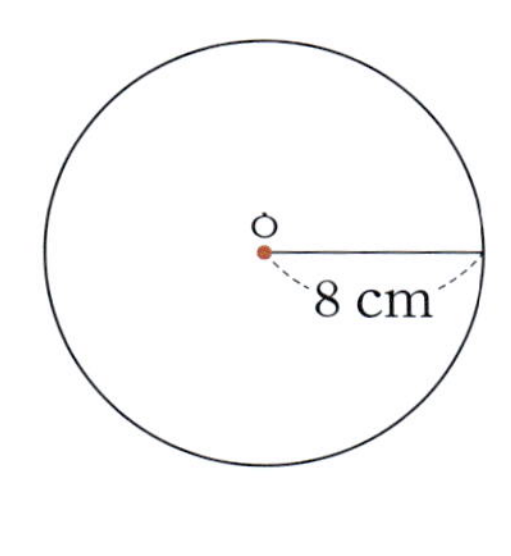

(　　　　　)

2

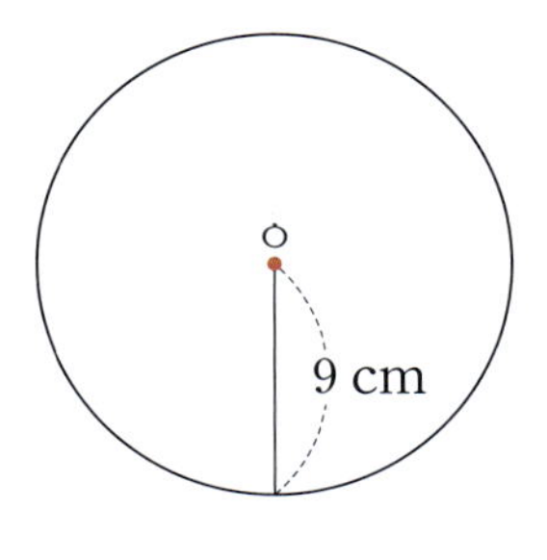

(　　　　　)

3

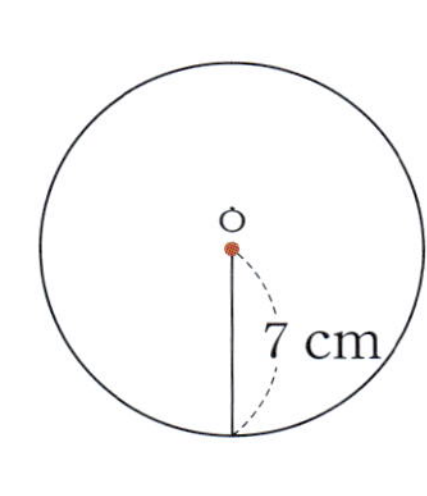

(　　　　　)

4

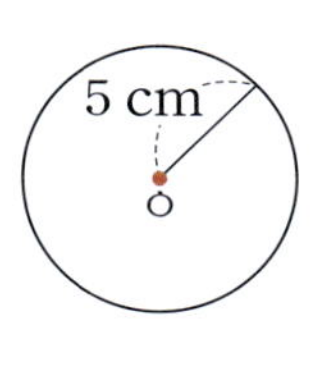

(　　　　　)

5

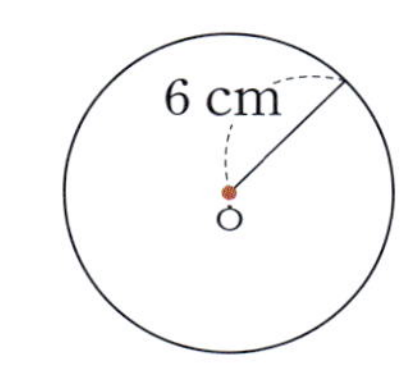

(　　　　　)

6

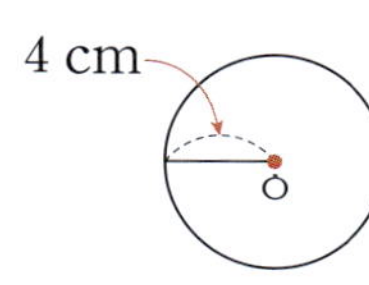

(　　　　　)

[7~12] 원의 반지름은 몇 cm인지 구하세요.

7

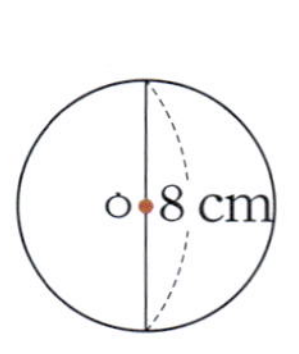

(　　　　　)

8

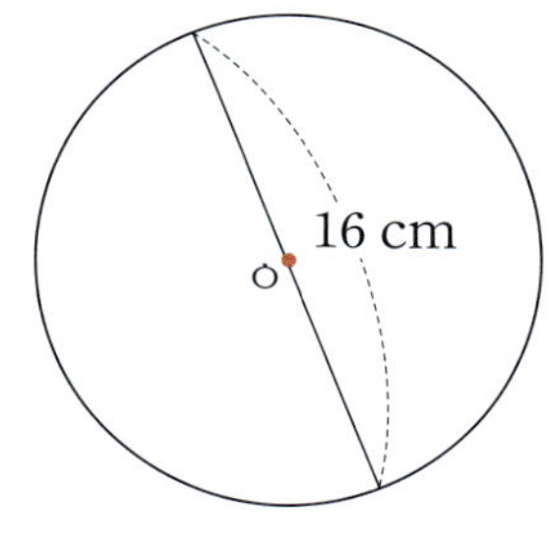

(　　　　　)

9

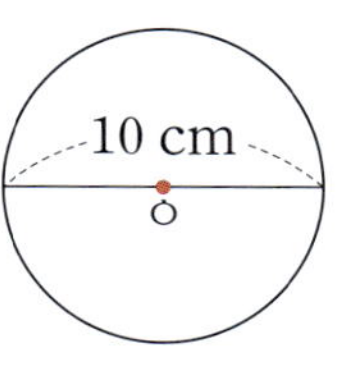

(　　　　　)

10

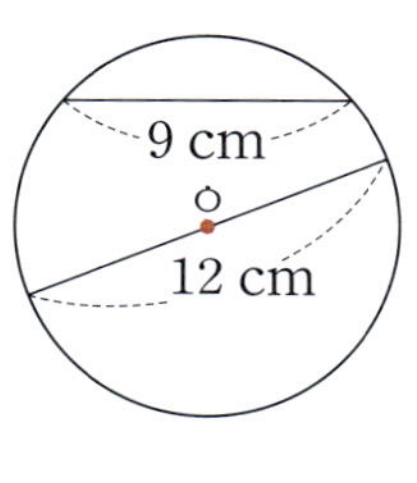

(　　　　　)

11

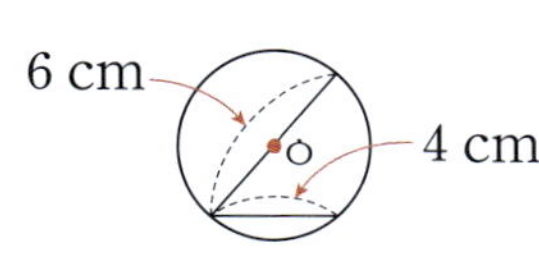

(　　　　　)

12

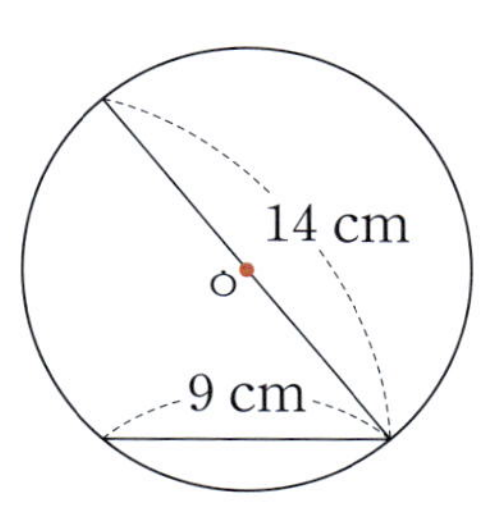

(　　　　　)

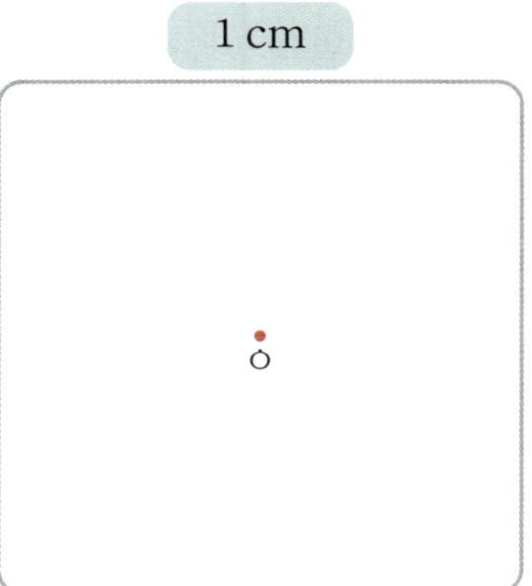

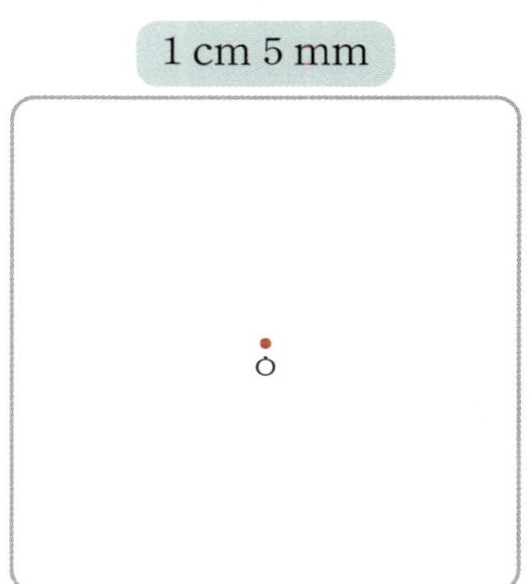

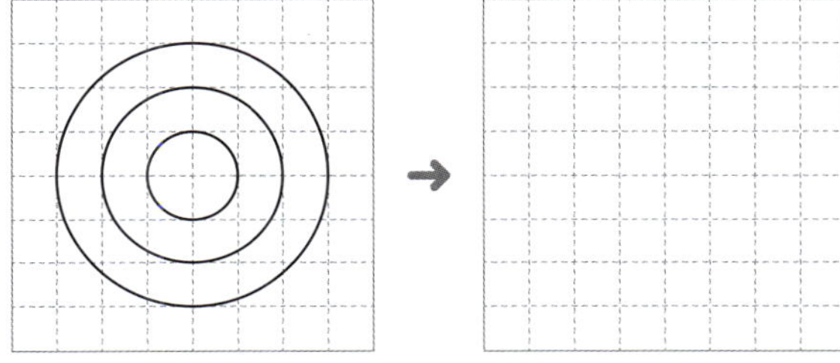

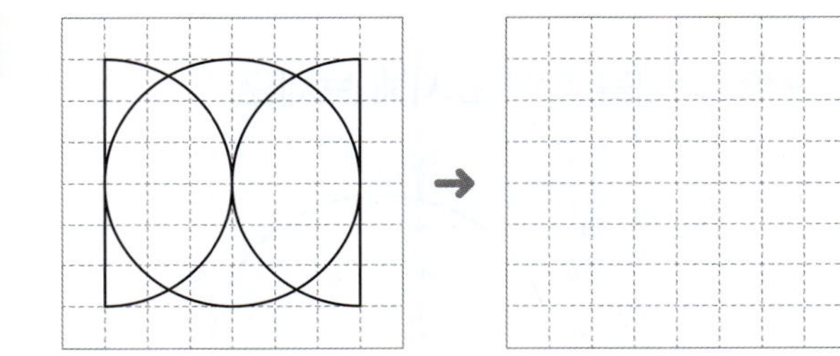

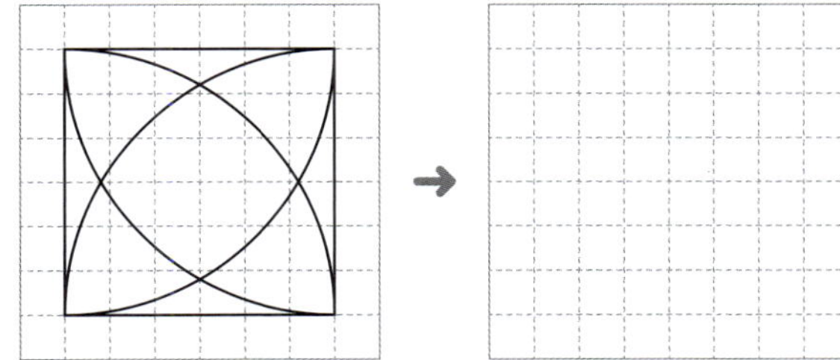

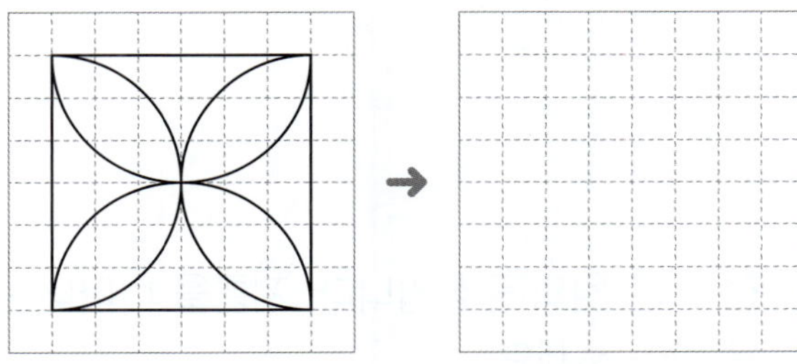

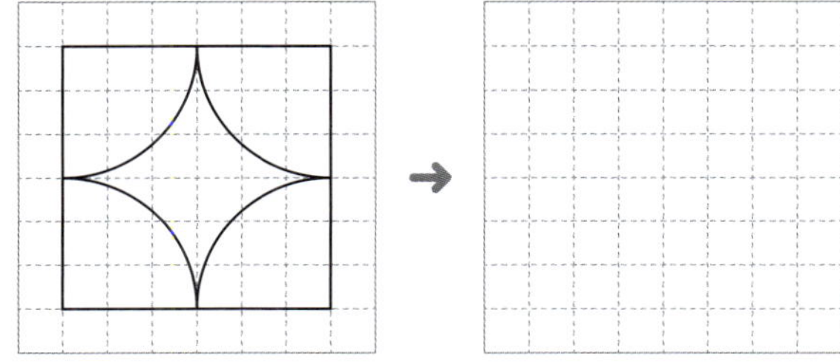

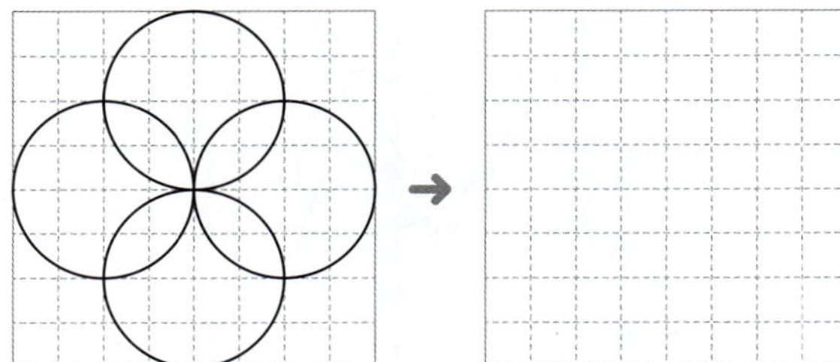

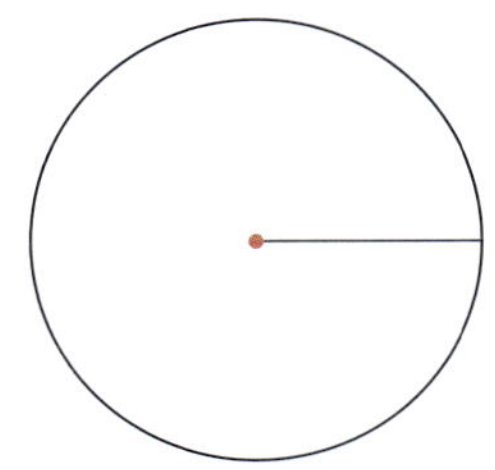

3단원 기초력 더하기

3. 컴퍼스를 이용하여 원 그리기 / 원을 이용하여 여러 가지 모양 그리기

개념책 072쪽 ● 정답 46쪽

[1~3] 점 ㅇ을 원의 중심으로 하고 주어진 길이를 반지름으로 하는 원을 그려 보세요.

1 1 cm

2 1 cm 5 mm

3 2 cm

[4~9] 주어진 모양과 똑같이 그려 보세요.

4

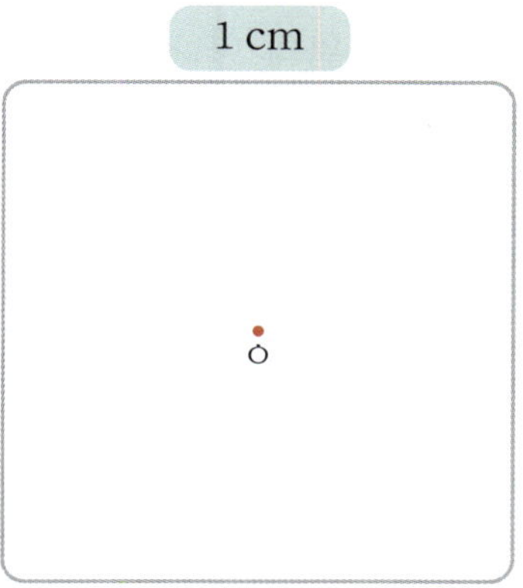

5

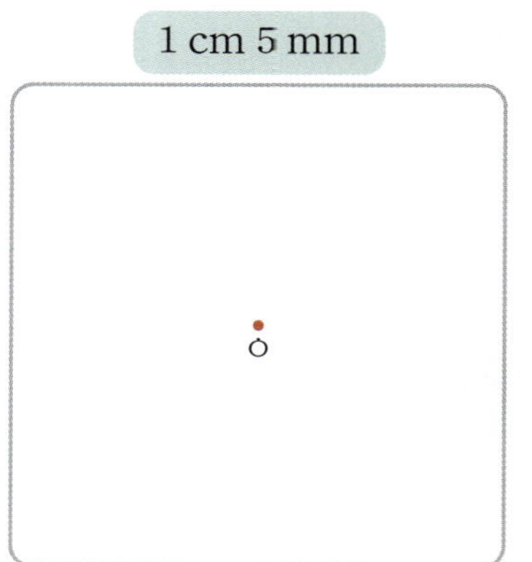

6

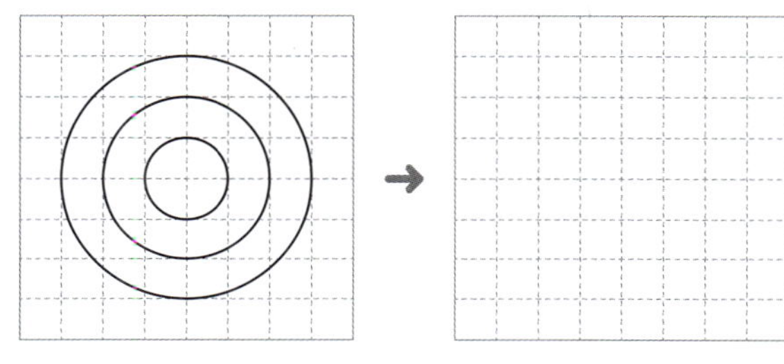

7

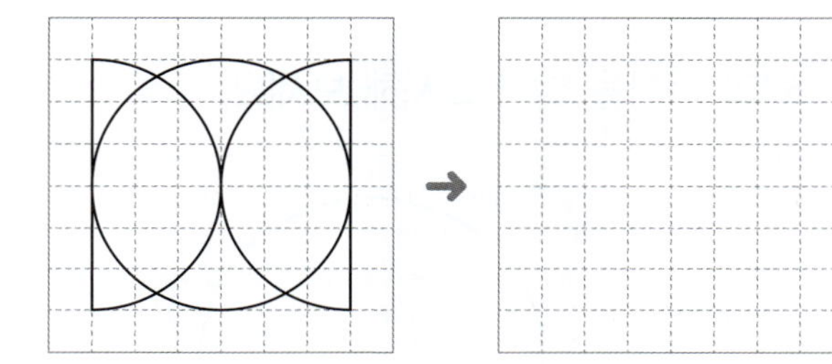

8

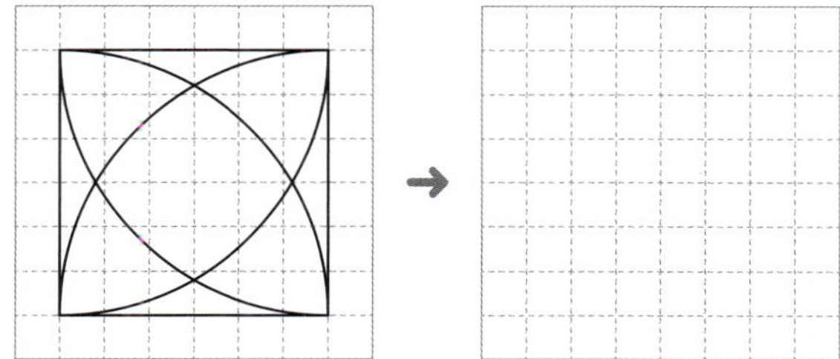

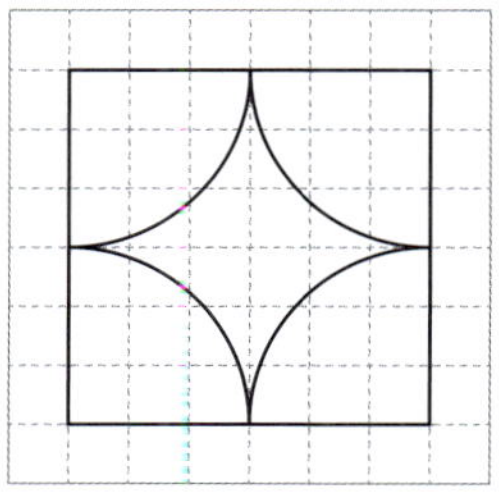

9

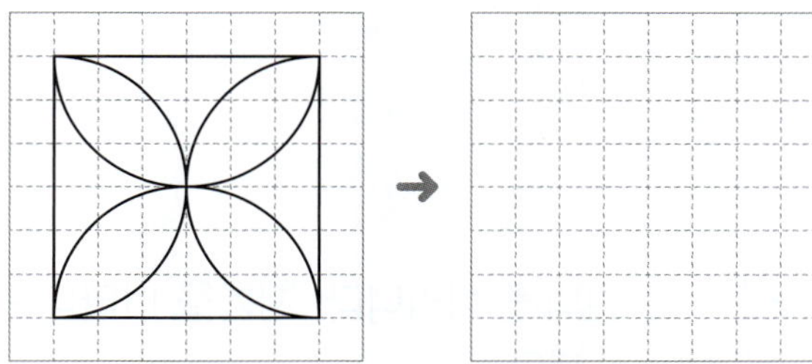

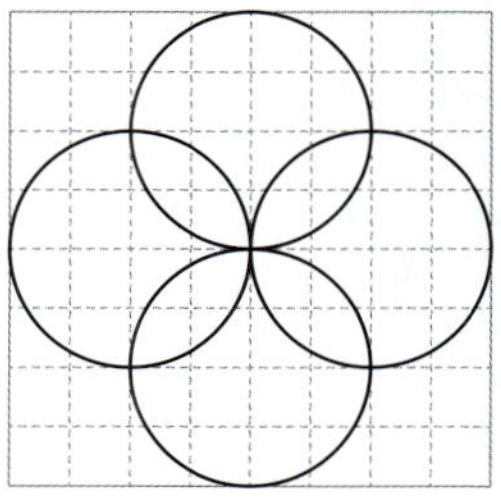

개념책 074쪽 ● 정답 46쪽

1 ☐ 안에 알맞은 말을 써넣으세요.

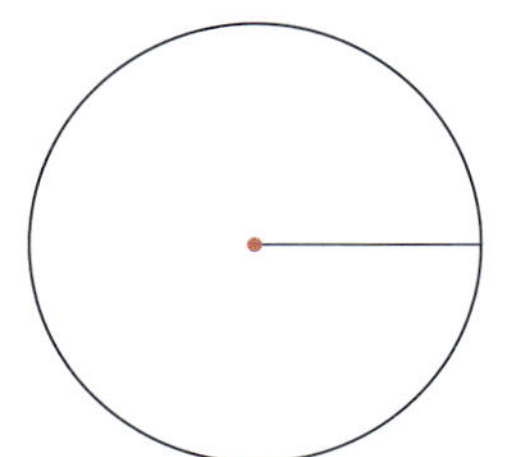

(1) 원 위의 모든 점에서 같은 거리에 있는 점을 원의 ☐ 이라고 합니다.

(2) 원의 중심과 원 위의 한 점을 이은 선분을 원의 ☐ 이라고 합니다.

2 원의 중심을 찾아 표시해 보세요.

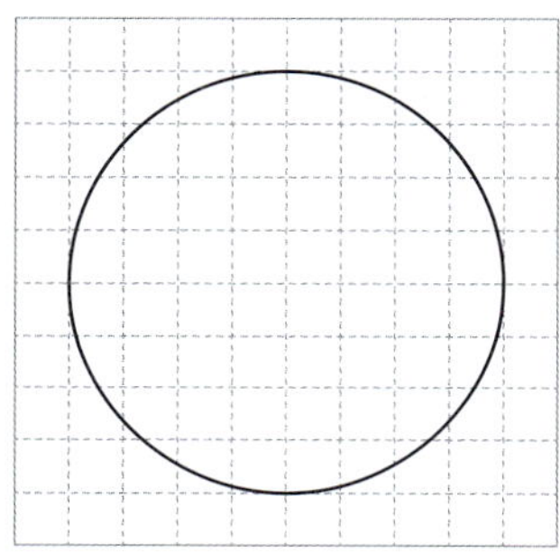

3 점 ㅇ은 원의 중심입니다. 지름을 나타내는 선분을 찾아 쓰세요.

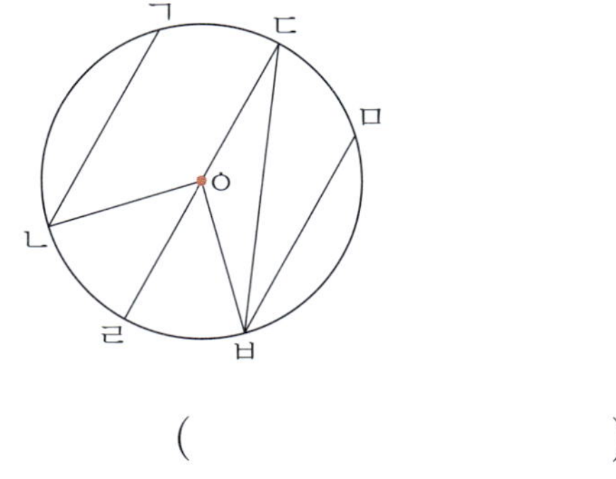

(　　　　　)

4 그린 원의 크기가 더 큰 친구의 이름을 쓰세요.

> 은서: 원의 중심과 원 위의 한 점을 이은 선분의 길이가 4 cm인 원을 그렸어.
> 재원: 내가 그린 원은 반지름이 6 cm야.

(　　　　　)

5 나무 판의 반지름과 지름을 구하세요.

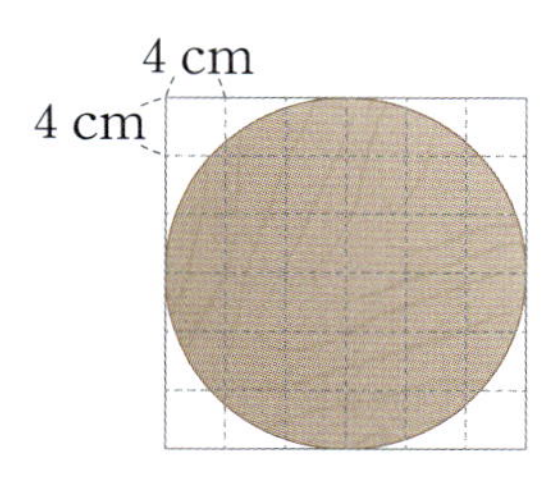

반지름 ☐ cm

지름 ☐ cm

교과역량 콕!

6 점 ㅇ은 원의 중심입니다. 반지름을 여러 개 그어 보고, ☐ 안에 알맞은 말을 써넣으세요.

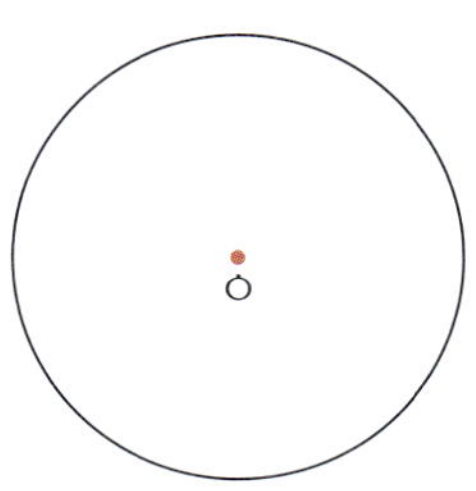

한 원에 반지름은 ☐ 그을 수 있습니다.

개념책 075쪽 ● 정답 47쪽

1 점 ㅇ은 원의 중심입니다. ☐ 안에 알맞은 수를 써넣으세요.

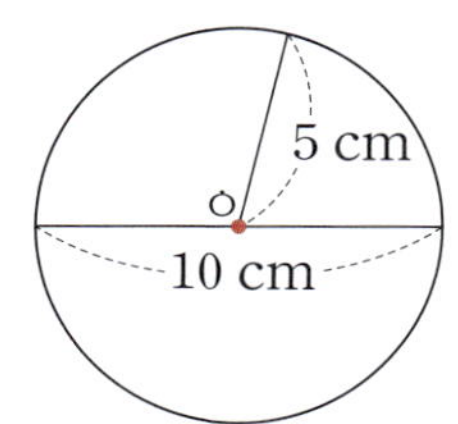

원의 지름은 반지름의 ☐ 배입니다.

2 점 ㅇ은 원의 중심입니다. 원이 똑같이 둘로 나누어지도록 선분을 그어 보세요.

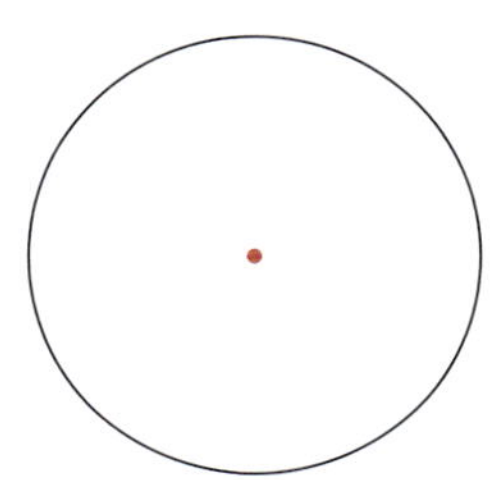

3 점 ㅇ은 원의 중심입니다. ☐ 안에 알맞은 수를 써넣으세요.

(1)
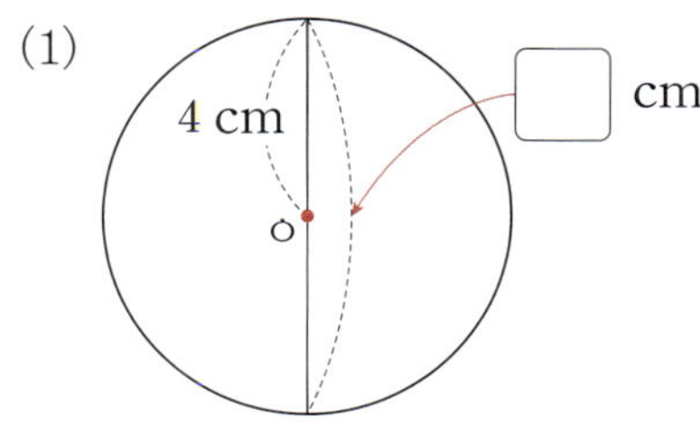

(2)
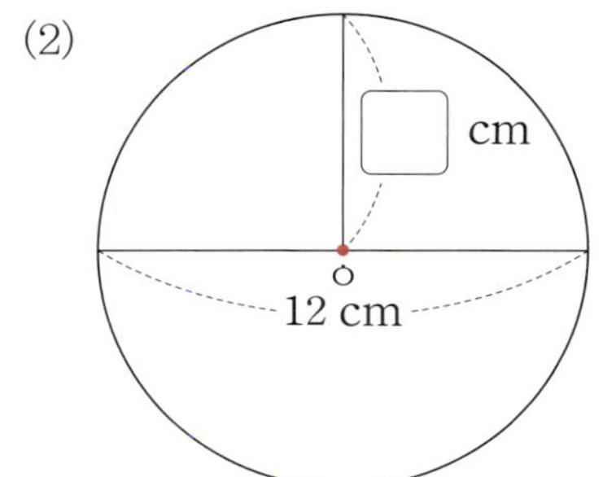

4 점 ㅇ은 원의 중심입니다. ☐ 안에 알맞게 써넣으세요.

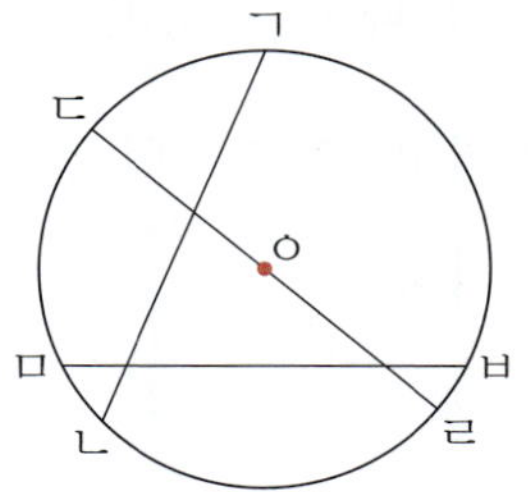

가장 긴 선분은 선분 ☐ 이고,

이 선분을 원의 ☐ 이라고 합니다.

5 큰 원부터 차례로 기호를 쓰세요.

> ㉠ 지름이 16 cm인 원
> ㉡ 반지름이 7 cm인 원
> ㉢ 원의 중심과 원 위의 한 점을 이은 선분의 길이가 9 cm인 원

( )

교과역량 콕!

6 점 ㄱ, 점 ㄴ, 점 ㄷ, 점 ㄹ은 원의 중심이고, 네 원의 크기는 모두 같습니다. 파란색 선의 길이는 몇 cm인지 구하세요.

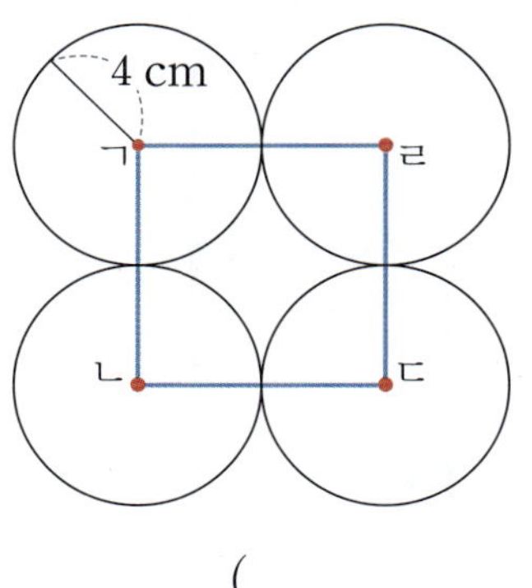

( )

1 ☐ 안에 알맞은 말을 써넣으세요.

원을 그릴 때에는 컴퍼스를 원의 ☐ 만큼 벌리고, 컴퍼스의 침을 원의 ☐ 에 꽂습니다.

2 컴퍼스를 이용하여 지름이 18 cm인 원을 그리려고 합니다. 컴퍼스를 몇 cm만큼 벌려야 하는지 구하세요.

(　　　　　)

3 점 ㅇ을 원의 중심으로 하고 반지름이 3 cm인 원을 그려 보세요.

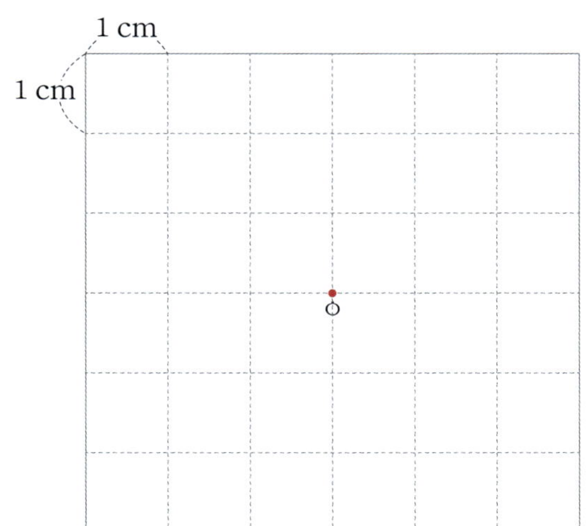

4 컴퍼스를 이용하여 반지름이 1 cm인 원을 그려 보세요.

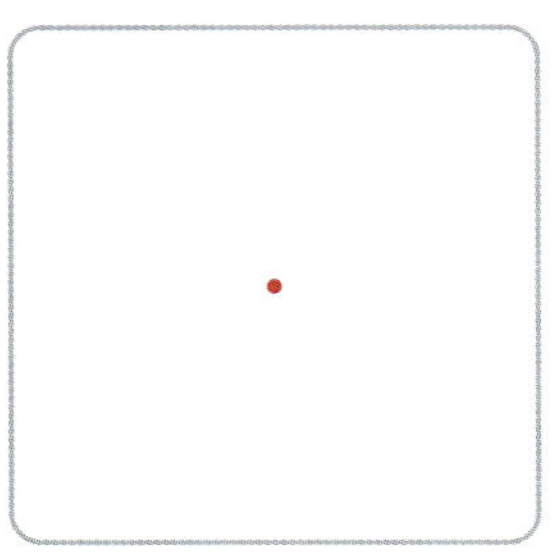

5 〈보기〉와 같이 컴퍼스를 이용하여 여러 가지 크기의 원을 그리고, 색칠해 보세요.

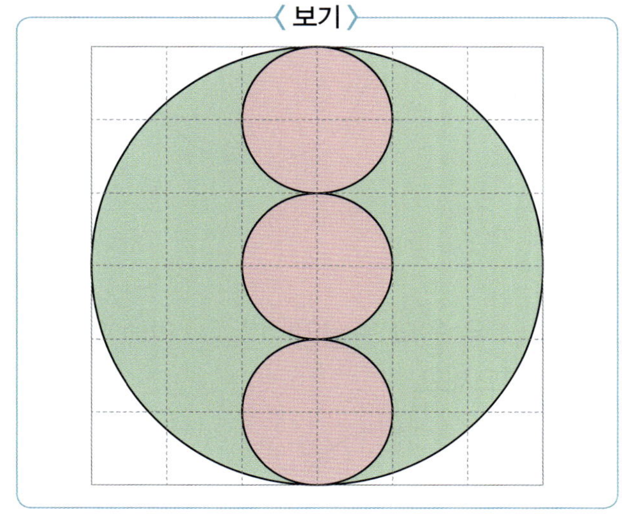

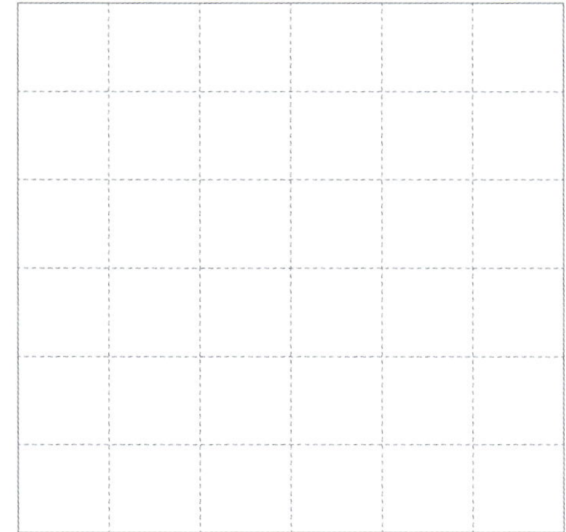

4단원 기초력 더하기 1. 분수로 나타내기

[1~6] 그림을 보고 ☐ 안에 알맞은 수를 써넣으세요.

1

(1) 1은 5의 ☐/☐ 입니다.

(2) 3은 5의 ☐/☐ 입니다.

2

(1) 2는 8의 ☐/☐ 입니다.

(2) 6은 8의 ☐/☐ 입니다.

3

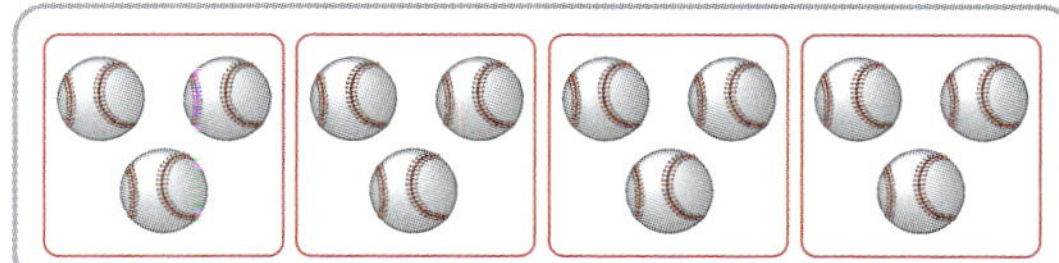

(1) 3은 12의 ☐/☐ 입니다.

(2) 9는 12의 ☐/☐ 입니다.

4

(1) 4는 20의 ☐/☐ 입니다.

(2) 16은 20의 ☐/☐ 입니다.

5

(1) 5는 15의 ☐/☐ 입니다.

(2) 10은 15의 ☐/☐ 입니다.

6

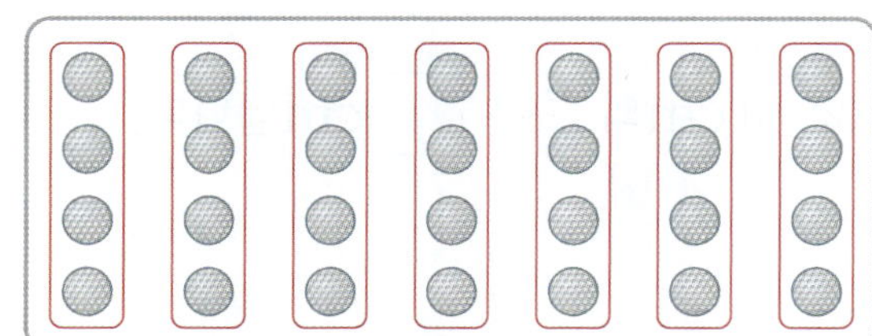

(1) 4는 28의 ☐/☐ 입니다.

(2) 16은 28의 ☐/☐ 입니다.

[1~8] 그림을 보고 ☐ 안에 알맞은 수를 써넣으세요.

1

(1) 9의 $\dfrac{1}{3}$은 ☐입니다.

(2) 9의 $\dfrac{2}{3}$는 ☐입니다.

2

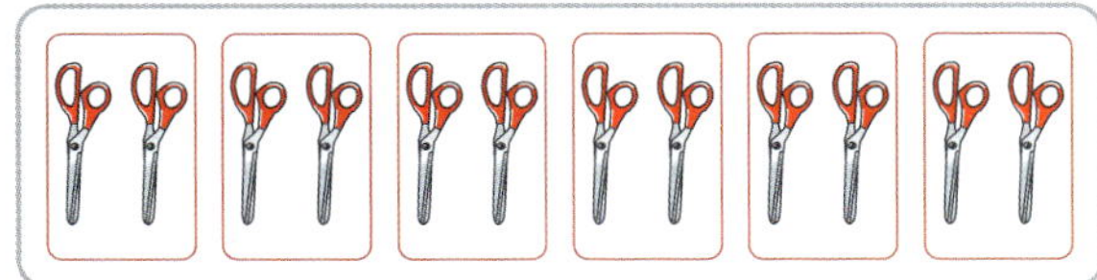

(1) 12의 $\dfrac{1}{6}$은 ☐입니다.

(2) 12의 $\dfrac{5}{6}$는 ☐입니다.

3

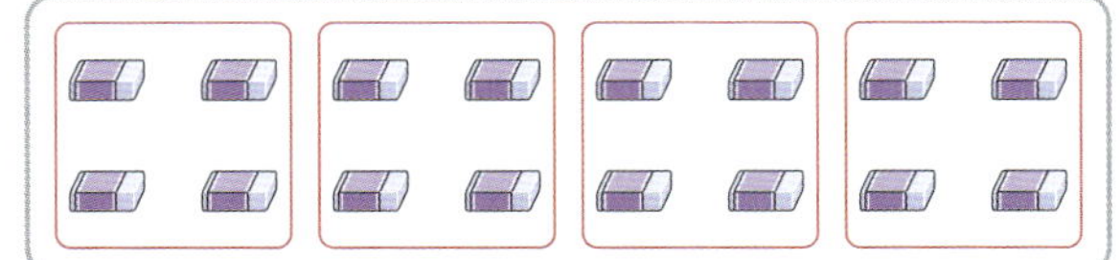

(1) 16의 $\dfrac{1}{4}$은 ☐입니다.

(2) 16의 $\dfrac{3}{4}$은 ☐입니다.

4

(1) 20의 $\dfrac{1}{5}$은 ☐입니다.

(2) 20의 $\dfrac{4}{5}$는 ☐입니다.

5

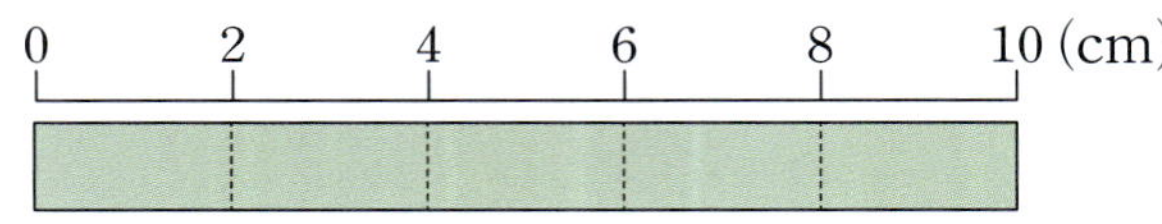

(1) 10 cm의 $\dfrac{1}{5}$은 ☐cm입니다.

(2) 10 cm의 $\dfrac{3}{5}$은 ☐cm입니다.

6

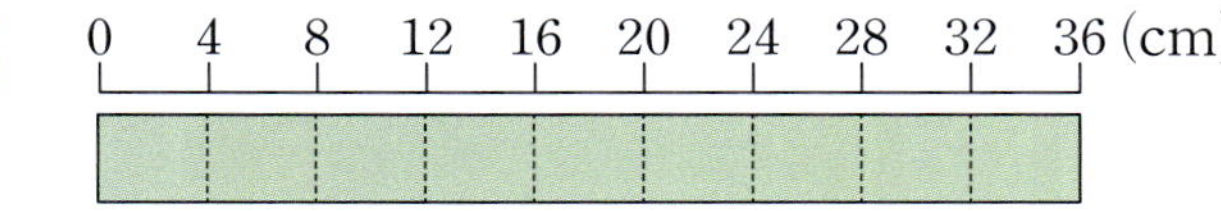

(1) 36 cm의 $\dfrac{1}{9}$은 ☐cm입니다.

(2) 36 cm의 $\dfrac{7}{9}$은 ☐cm입니다.

7

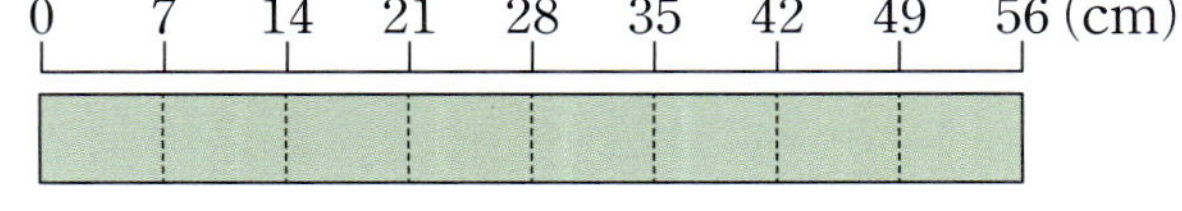

(1) 56 cm의 $\dfrac{1}{8}$은 ☐cm입니다.

(2) 56 cm의 $\dfrac{6}{8}$은 ☐cm입니다.

8

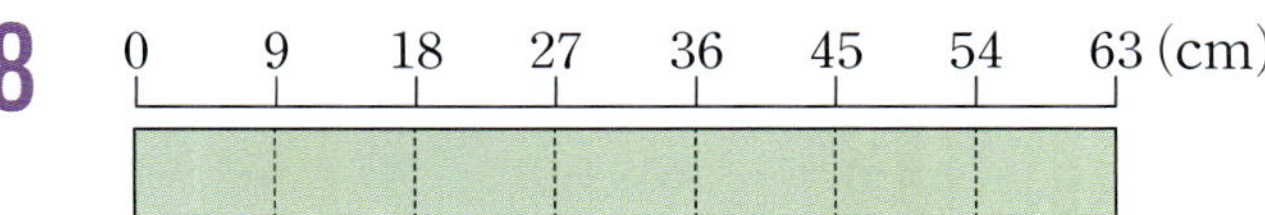

(1) 63 cm의 $\dfrac{1}{7}$은 ☐cm입니다.

(2) 63 cm의 $\dfrac{5}{7}$는 ☐cm입니다.

[1~8] 진분수를 모두 찾아 ◯표 하세요.

1
$$\frac{3}{2} \qquad \frac{1}{4} \qquad \frac{9}{8} \qquad \frac{3}{5}$$

2
$$\frac{5}{2} \qquad \frac{10}{7} \qquad \frac{4}{6} \qquad \frac{1}{5}$$

3
$$\frac{2}{3} \qquad \frac{5}{7} \qquad \frac{7}{2} \qquad \frac{8}{6}$$

4
$$\frac{12}{11} \qquad \frac{5}{5} \qquad \frac{1}{2} \qquad \frac{7}{10}$$

5
$$\frac{4}{9} \qquad \frac{3}{8} \qquad \frac{9}{4} \qquad \frac{10}{7}$$

6
$$\frac{11}{8} \qquad \frac{3}{5} \qquad \frac{2}{6} \qquad \frac{13}{12}$$

7
$$\frac{4}{7} \qquad \frac{10}{6} \qquad \frac{7}{5} \qquad \frac{1}{3}$$

8
$$\frac{9}{10} \qquad \frac{7}{7} \qquad \frac{5}{3} \qquad \frac{2}{4}$$

[9~16] 가분수를 모두 찾아 △표 하세요.

9
$$\frac{4}{3} \qquad \frac{2}{8} \qquad \frac{3}{4} \qquad \frac{10}{7}$$

10
$$\frac{5}{3} \qquad \frac{1}{2} \qquad \frac{2}{6} \qquad \frac{13}{5}$$

11
$$\frac{1}{4} \qquad \frac{3}{7} \qquad \frac{15}{8} \qquad \frac{9}{2}$$

12
$$\frac{2}{5} \qquad \frac{18}{7} \qquad \frac{6}{6} \qquad \frac{4}{8}$$

13
$$\frac{7}{5} \qquad \frac{4}{7} \qquad \frac{6}{4} \qquad \frac{1}{5}$$

14
$$\frac{10}{6} \qquad \frac{9}{4} \qquad \frac{3}{8} \qquad \frac{1}{6}$$

15
$$\frac{5}{6} \qquad \frac{1}{8} \qquad \frac{9}{5} \qquad \frac{11}{9}$$

16
$$\frac{15}{10} \qquad \frac{2}{3} \qquad \frac{1}{9} \qquad \frac{5}{5}$$

[1~4] 그림을 보고 대분수는 가분수로, 가분수는 대분수로 나타내세요.

1 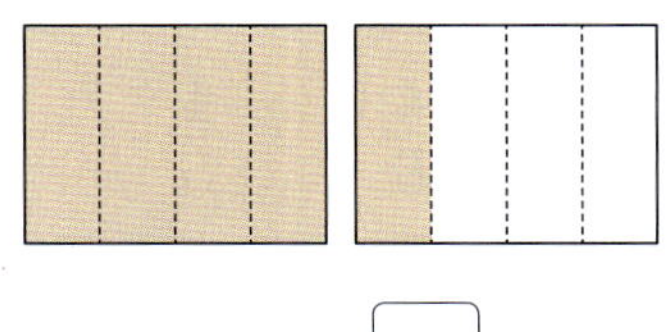

$$1\frac{1}{4}=\frac{\boxed{}}{4}$$

2 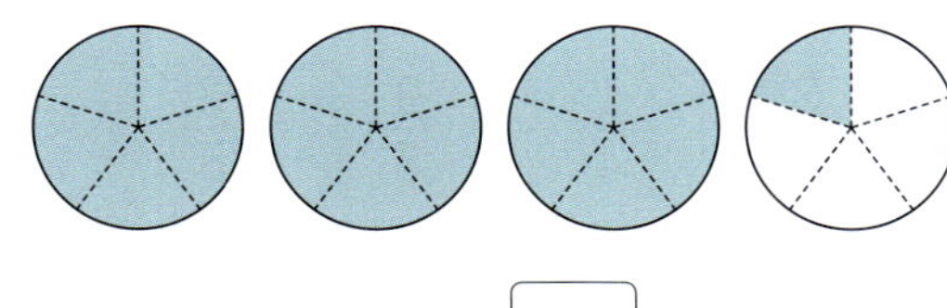

$$3\frac{1}{5}=\frac{\boxed{}}{5}$$

3 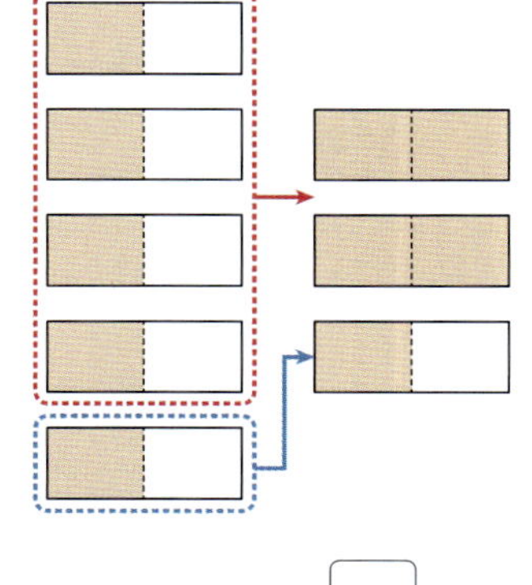

$$\frac{5}{2}=\boxed{}\frac{\boxed{}}{2}$$

4 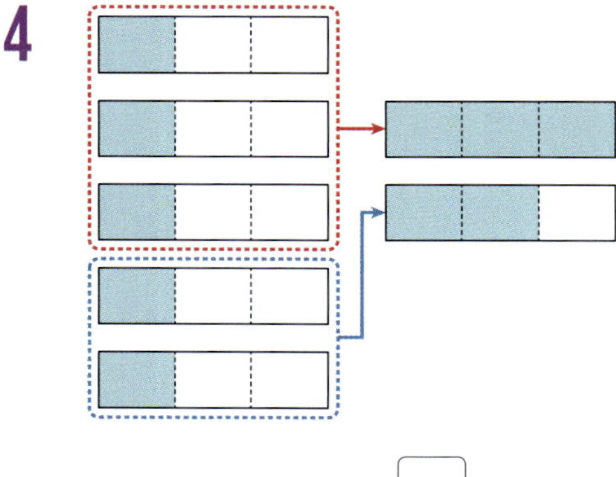

$$\frac{5}{3}=\boxed{}\frac{\boxed{}}{3}$$

[5~13] 대분수는 가분수로, 가분수는 대분수로 나타내세요.

5 $\quad 1\frac{1}{3}=\dfrac{\boxed{}}{\boxed{}}$

6 $\quad 2\frac{3}{8}=\dfrac{\boxed{}}{\boxed{}}$

7 $\quad 3\frac{5}{7}=\dfrac{\boxed{}}{\boxed{}}$

8 $\quad 4\frac{7}{9}=\dfrac{\boxed{}}{\boxed{}}$

9 $\quad 3\frac{3}{4}=\dfrac{\boxed{}}{\boxed{}}$

10 $\quad \dfrac{7}{6}=\boxed{}\dfrac{\boxed{}}{\boxed{}}$

11 $\quad \dfrac{19}{7}=\boxed{}\dfrac{\boxed{}}{\boxed{}}$

12 $\quad \dfrac{21}{4}=\boxed{}\dfrac{\boxed{}}{\boxed{}}$

13 $\quad \dfrac{23}{8}=\boxed{}\dfrac{\boxed{}}{\boxed{}}$

개념책 096쪽 ● 정답 48쪽

[1~4] 그림을 보고 두 분수의 크기를 비교하여 ◯ 안에 >, =, <를 알맞게 써넣으세요.

1

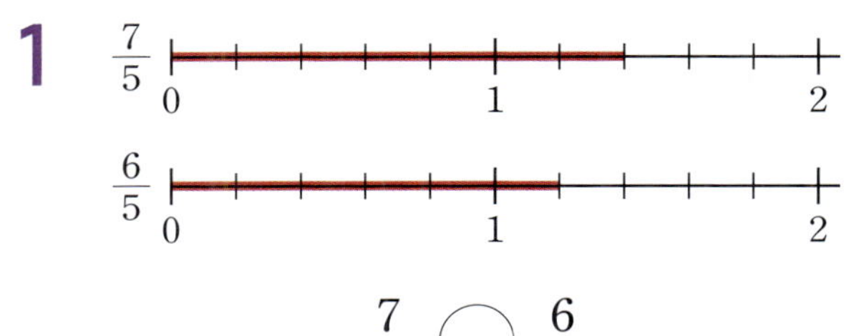

$\frac{7}{5}$ ◯ $\frac{6}{5}$

2

$\frac{9}{7}$ ◯ $\frac{11}{7}$

3

$3\frac{1}{3}$ ◯ $3\frac{2}{3}$

4

$2\frac{3}{4}$ ◯ $2\frac{1}{4}$

[5~16] 두 분수의 크기를 비교하여 ◯ 안에 >, =, <를 알맞게 써넣으세요.

5 $\frac{12}{5}$ ◯ $\frac{11}{5}$

6 $\frac{14}{8}$ ◯ $\frac{21}{8}$

7 $\frac{36}{7}$ ◯ $\frac{22}{7}$

8 $6\frac{8}{11}$ ◯ $9\frac{1}{11}$

9 $3\frac{5}{6}$ ◯ $3\frac{1}{6}$

10 $4\frac{3}{10}$ ◯ $4\frac{7}{10}$

11 $1\frac{5}{9}$ ◯ $\frac{21}{9}$

12 $3\frac{2}{6}$ ◯ $\frac{17}{6}$

13 $\frac{37}{8}$ ◯ $4\frac{3}{8}$

14 $\frac{19}{7}$ ◯ $2\frac{5}{7}$

15 $2\frac{4}{13}$ ◯ $\frac{31}{13}$

16 $3\frac{5}{12}$ ◯ $\frac{43}{12}$

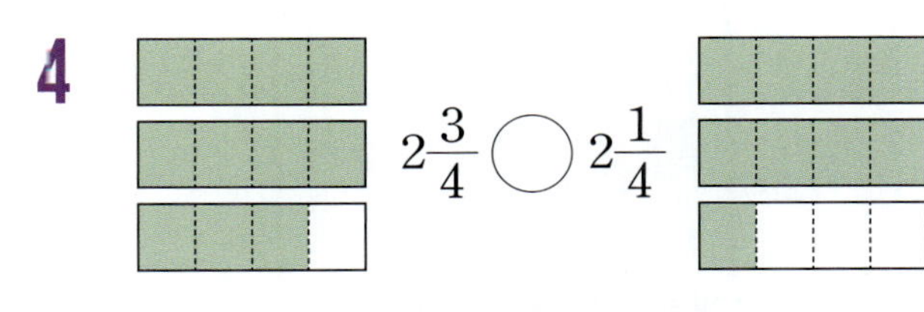

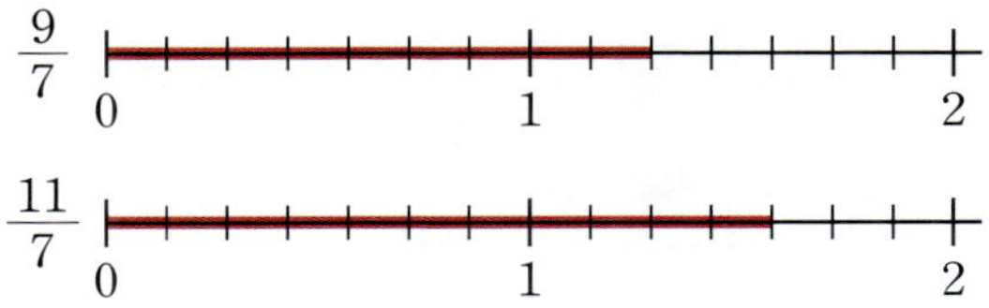

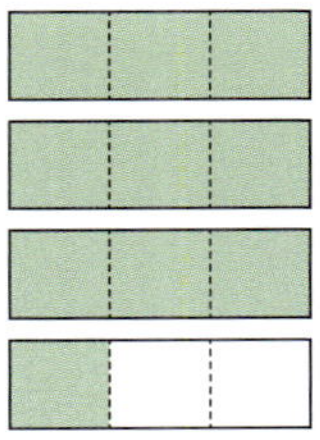

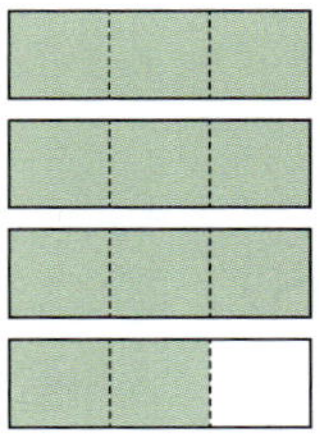

1 그림을 보고 □ 안에 알맞은 수를 써넣으세요.

부분 은 전체 를 똑같이 3으로 나눈 것 중의 □이므로 전체의 □/□ 입니다.

2 축구공 12개를 3개씩 묶고, □ 안에 알맞은 수를 써넣으세요.

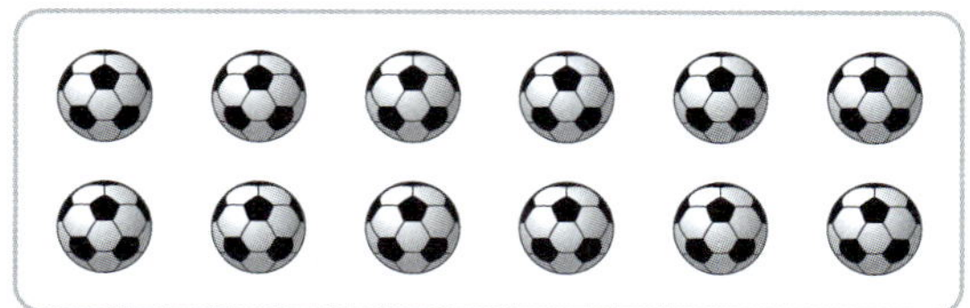

축구공 9개는 전체를 똑같이 □로 나눈 것 중의 □이므로 전체의 □/□ 입니다.

3 색칠한 부분은 전체의 얼마인지 분수로 나타내세요.

(1)

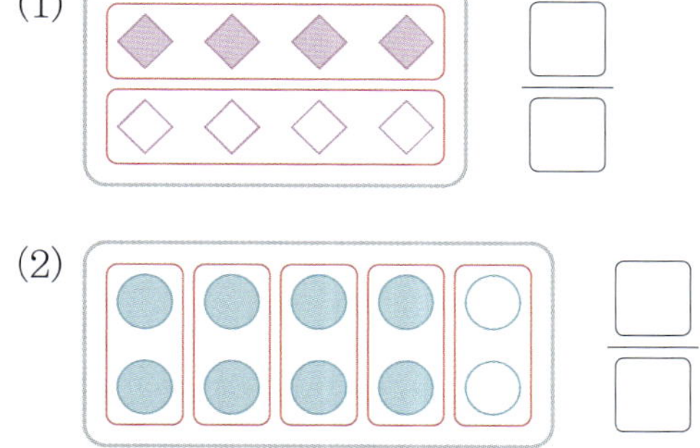

□/□

(2)

□/□

4 그림을 보고 □ 안에 알맞은 수를 써넣으세요.

(1) 4는 16의 □/□ 입니다.

(2) 12는 16의 □/□ 입니다.

교과역량 콕!

5 사탕 15개를 5개씩 묶고, □ 안에 알맞은 수를 써넣으세요.

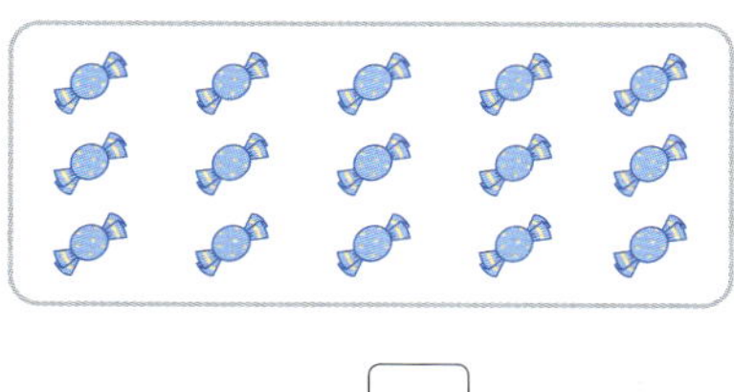

10은 15의 □/□ 입니다.

교과역량 콕!

6 잘못 말한 친구의 이름을 쓰고, 바르게 고쳐 보세요.

이름 (   )

바르게 고치기 (   )

1 그림을 보고 ☐ 안에 알맞은 수를 써넣으세요.

옥수수 9개를 똑같이 3묶음으로 나눈 것 중의 1묶음은 ☐개입니다.

→ 9의 $\frac{1}{3}$은 ☐입니다.

2 그림을 보고 ☐ 안에 알맞은 수를 써넣으세요.

12의 $\frac{5}{6}$는 ☐입니다.

3 고구마 20개를 똑같이 5묶음으로 나누고, ☐ 안에 알맞은 수를 써넣으세요.

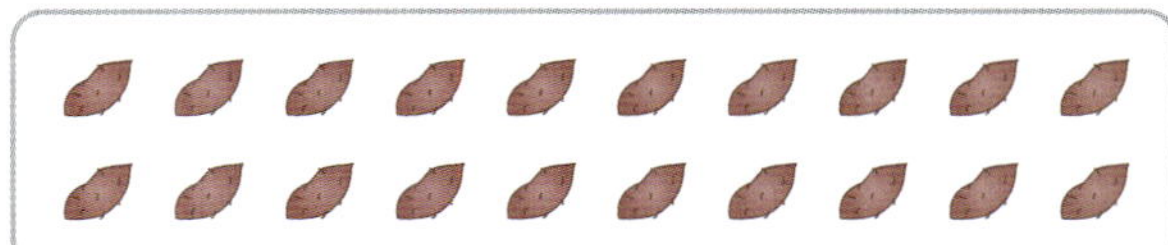

(1) 20의 $\frac{1}{5}$은 ☐입니다.

(2) 20의 $\frac{3}{5}$은 ☐입니다.

4 관계있는 것끼리 이어 보세요.

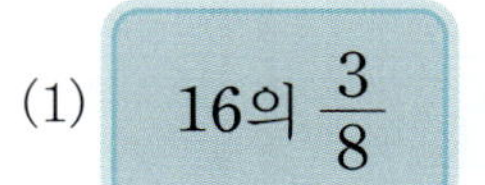

(1) 16의 $\frac{3}{8}$ ·

(2) 16의 $\frac{5}{8}$ ·

· 10

· 8

· 6

5 유경이는 지갑에 있는 동전 8개 중에서 전체의 $\frac{3}{4}$만큼을 저금통에 넣었습니다. 유경이가 저금통에 넣은 동전은 몇 개인가요?

(   )

6 ☐ 안에 알맞은 수를 써넣고, 그 수만큼 ○를 색깔별로 색칠하여 무늬를 꾸며 보세요.

빨간색: 14의 $\frac{1}{7}$인 ☐만큼 색칠

파란색: 14의 $\frac{4}{7}$인 ☐만큼 색칠

초록색: 14의 $\frac{2}{7}$인 ☐만큼 색칠

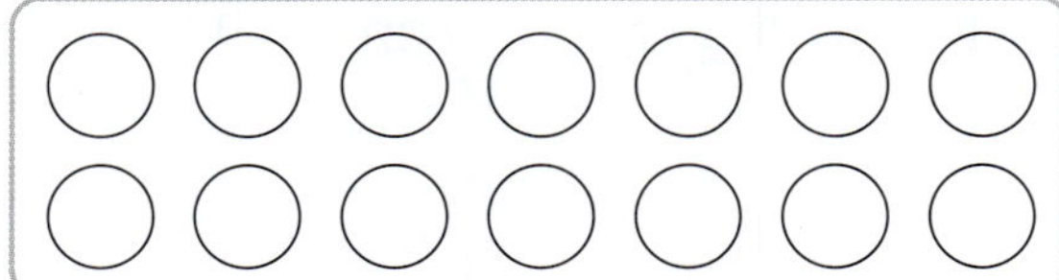

1 그림을 보고 ☐ 안에 알맞은 수를 써넣으세요.

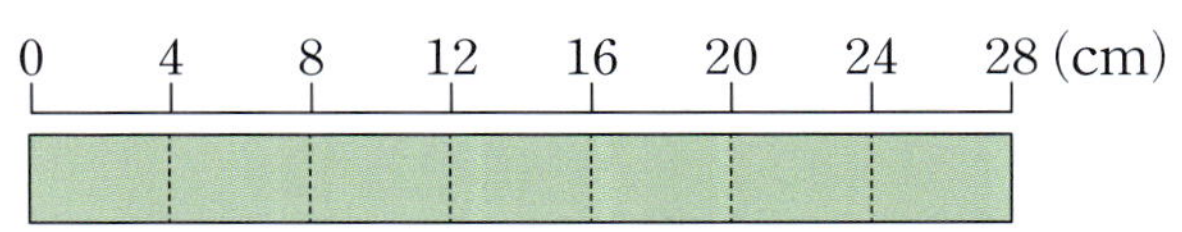

(1) 28 cm의 $\dfrac{1}{7}$ 은 ☐ cm입니다.

(2) 28 cm의 $\dfrac{5}{7}$ 는 ☐ cm입니다.

2 그림을 보고 ☐ 안에 알맞은 수를 써넣으세요.

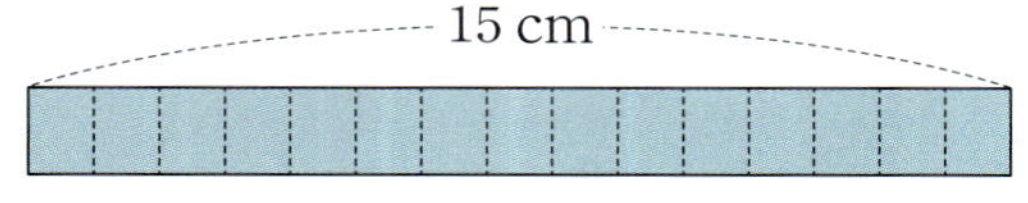

(1) 15 cm의 $\dfrac{2}{3}$ 는 ☐ cm입니다.

(2) 15 cm의 $\dfrac{2}{5}$ 는 ☐ cm입니다.

3 그림을 보고 ☐ 안에 알맞은 수를 써넣으세요.

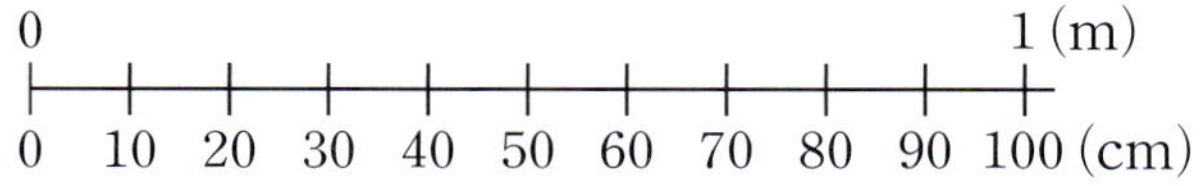

(1) 1 m의 $\dfrac{1}{5}$ 은 ☐ cm입니다.

(2) 1 m의 $\dfrac{3}{5}$ 은 ☐ cm입니다.

4 털실 56 m의 $\dfrac{4}{7}$ 만큼을 사용하여 장갑을 만들었습니다. 그림을 보고 장갑을 만드는 데 사용한 털실은 몇 m인지 구하세요.

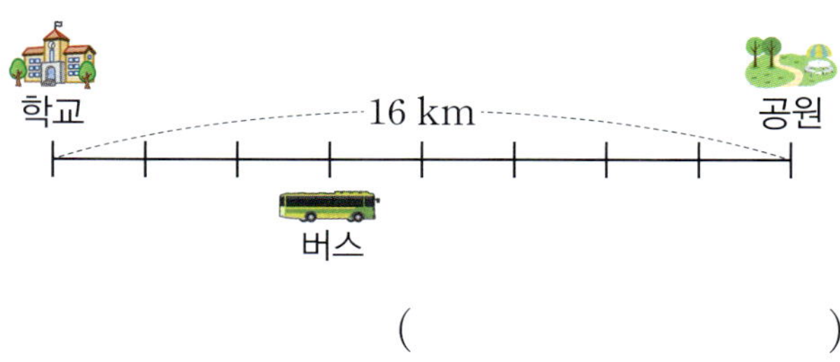

(　　　　　　　　)

5 유정이네 학교에서 공원까지의 거리는 16 km입니다. 버스가 학교에서 출발하여 공원까지 가는 길의 $\dfrac{3}{8}$ 만큼을 갔을 때, 더 가야 하는 거리는 몇 km인가요?

(　　　　　　　　)

6 민성이와 상현이는 선물 포장을 하는 데 길이가 48 cm인 끈을 다음과 같이 사용했습니다. 끈을 더 많이 사용한 사람은 누구인가요?

민성	상현
48 cm의 $\dfrac{6}{8}$	48 cm의 $\dfrac{4}{6}$

(　　　　　　　　)

개념책 098쪽 ● 정답 50쪽

1 그림을 보고 ☐ 안에 알맞은 수를 써넣으세요.

(1)

(2)

2 수직선을 보고 ☐ 안에 분모가 3인 분수를 써넣으세요.

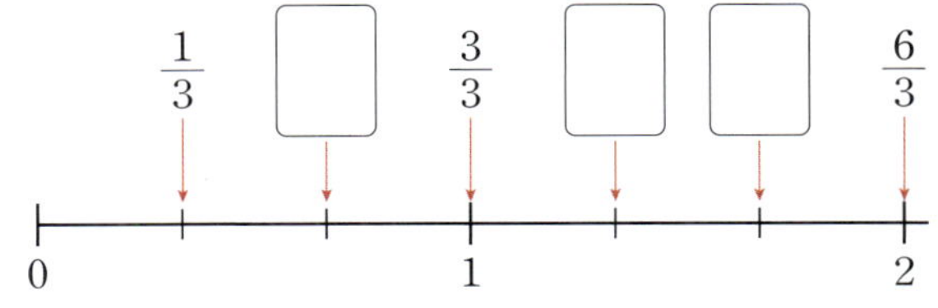

$\dfrac{1}{3}$ ☐ $\dfrac{3}{3}$ ☐   ☐ $\dfrac{6}{3}$

0   1   2

3 잘못 말한 사람의 이름을 쓰세요.

> 혜경: $\dfrac{8}{8}$ 은 진분수야.
>
> 동민: $\dfrac{9}{5}$ 는 가분수야.
>
> 은아: 3은 자연수야.

(   )

4 가분수를 모두 찾아 색칠하고, 색칠한 모양이 나타내는 숫자가 무엇인지 쓰세요.

$\dfrac{11}{9}$	$\dfrac{3}{3}$	$\dfrac{14}{5}$
$\dfrac{6}{6}$	$\dfrac{1}{4}$	$\dfrac{9}{8}$
$\dfrac{5}{8}$	$\dfrac{3}{10}$	$\dfrac{7}{2}$

(   )

교과역량 콕!

5 분모가 4인 진분수를 만들려고 합니다. 분자가 될 수 있는 수를 모두 구하세요.

$$\dfrac{\square}{4}$$

(   )

교과역량 콕!

6 연서가 설명하는 분수를 2개 쓰세요.

연서

(   )

개념책 099쪽 ● 정답 50쪽

1 〈보기〉를 보고 색칠한 부분을 대분수로 쓰고, 읽어 보세요.

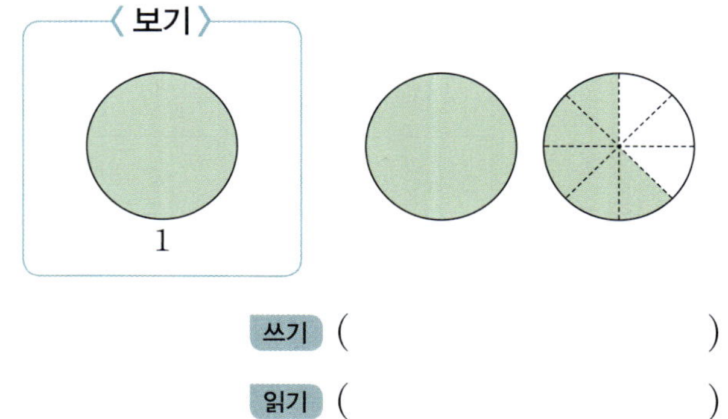

쓰기 (   )

읽기 (   )

2 그림을 보고 대분수는 가분수로, 가분수는 대분수로 나타내세요.

(1)
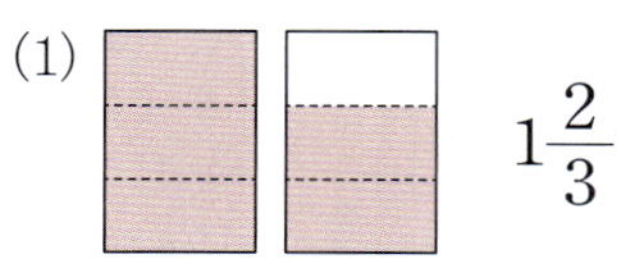
$1\dfrac{2}{3}=\dfrac{\Box}{\Box}$

(2)
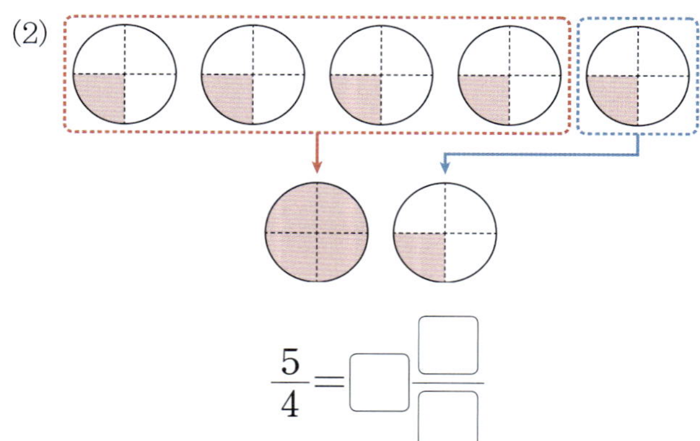

$\dfrac{5}{4}=\dfrac{\Box}{\Box}$

3 분수만큼을 그림에 ━으로 나타내고, 가분수를 대분수로 나타내세요.

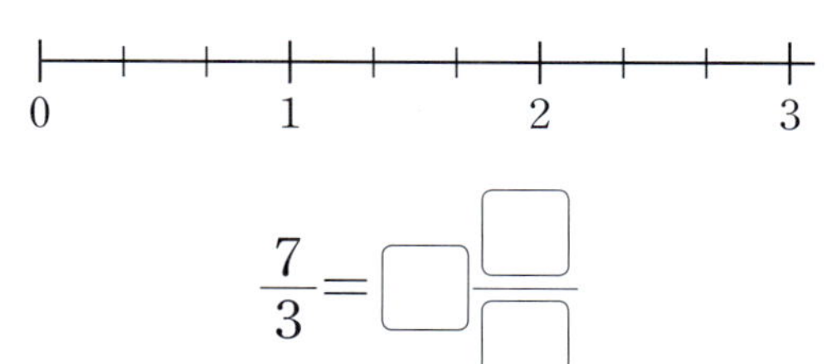

$\dfrac{7}{3}=\Box\dfrac{\Box}{\Box}$

4 대분수는 가분수로, 가분수는 대분수로 나타내세요.

(1) $1\dfrac{1}{5}=\dfrac{\Box}{\Box}$ (2) $3\dfrac{2}{7}=\dfrac{\Box}{\Box}$

(3) $\dfrac{11}{6}=\Box\dfrac{\Box}{\Box}$ (4) $\dfrac{21}{8}=\Box\dfrac{\Box}{\Box}$

교과역량 콕!

5 대분수로 나타내었을 때 자연수가 가장 큰 가분수를 찾아 쓰세요.

$$\dfrac{11}{4} \qquad \dfrac{9}{2} \qquad \dfrac{16}{9}$$

(   )

교과역량 콕!

6 〈보기〉에 알맞은 분수 중에서 가장 큰 분수를 구하세요.

〈보기〉
- 3보다 작은 대분수입니다.
- 분모는 9입니다.
- 분자는 5보다 작습니다.

(   )

개념책 100쪽 ● 정답 51쪽

1 그림을 보고 두 분수의 크기를 비교하여 ○ 안에 >, =, <를 알맞게 써넣으세요.

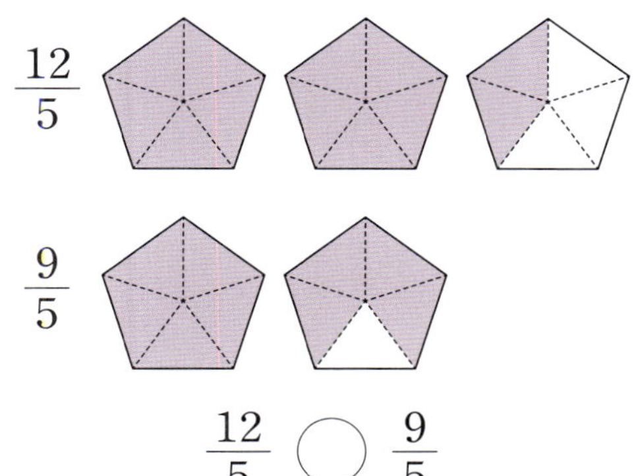

$$\dfrac{12}{5} \bigcirc \dfrac{9}{5}$$

2 분수만큼을 그림에 ━으로 나타내고, 두 분수의 크기를 비교하여 ○ 안에 >, =, <를 알맞게 써넣으세요.

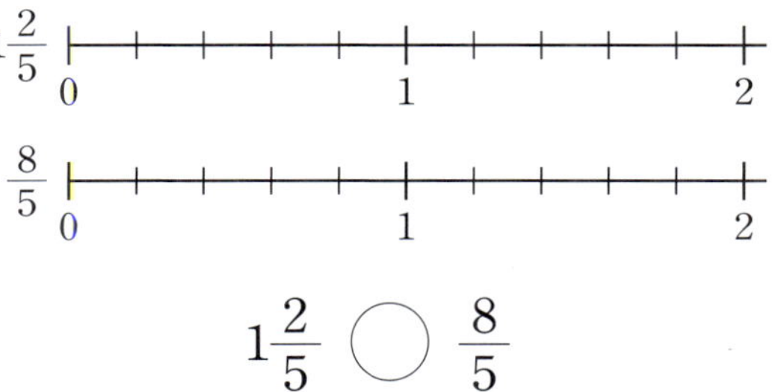

$$1\dfrac{2}{5} \bigcirc \dfrac{8}{5}$$

3 두 분수의 크기를 비교하여 ○ 안에 >, =, <를 알맞게 써넣으세요.

(1) $3\dfrac{1}{2} \bigcirc \dfrac{9}{2}$　　(2) $\dfrac{23}{7} \bigcirc 3\dfrac{3}{7}$

(3) $2\dfrac{2}{11} \bigcirc \dfrac{21}{11}$　　(4) $\dfrac{38}{15} \bigcirc 2\dfrac{8}{15}$

4 아래 두 분수의 크기를 비교하여 더 큰 분수를 위의 빈칸에 써넣으세요.

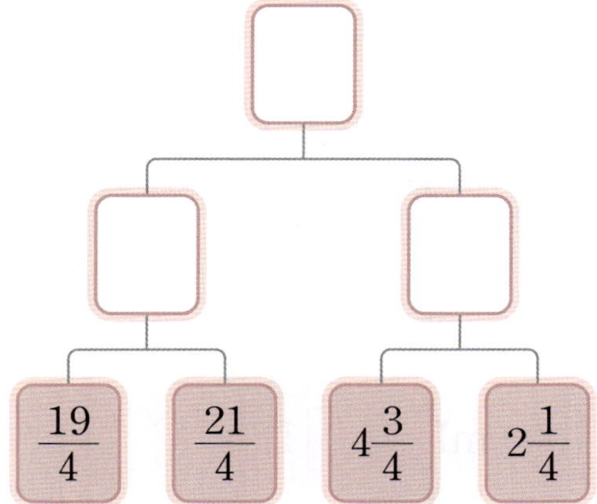

교과역량 콕!

5 빨간색 털실과 노란색 털실의 길이입니다. 빨간색과 노란색 중 어느 색 털실의 길이가 더 짧은가요?

빨간색 털실	노란색 털실
$3\dfrac{2}{9}$ cm	$\dfrac{31}{9}$ cm

(　　　　　　　)

교과역량 콕!

6 망고 맛 음료수를 만드는 데 사용한 재료의 양입니다. 많이 사용한 재료부터 차례로 쓰세요.

망고	생크림	우유
$\dfrac{3}{7}$컵	$1\dfrac{2}{7}$컵	$\dfrac{11}{7}$컵

(　　　　　　　)

개념책 112쪽 ● 정답 51쪽

[1~6] ☐ 안에 알맞은 수를 써넣으세요.

1 4 L = ☐ mL

2 8 L = ☐ mL

3 6 L = ☐ mL

4 5000 mL = ☐ L

5 7000 mL = ☐ L

6 9000 mL = ☐ L

[7~18] ☐ 안에 알맞은 수를 써넣으세요.

7 5 L 400 mL = ☐ mL

8 8 L 100 mL = ☐ mL

9 9 L 200 mL = ☐ mL

10 2 L 40 mL = ☐ mL

11 7 L 390 mL = ☐ mL

12 1 L 8 mL = ☐ mL

13 5900 mL = ☐ L ☐ mL

14 6580 mL = ☐ L ☐ mL

15 2300 mL = ☐ L ☐ mL

16 4070 mL = ☐ L ☐ mL

17 1020 mL = ☐ L ☐ mL

18 3005 mL = ☐ L ☐ mL

[1~6] □ 안에 알맞은 수를 써넣으세요.

1
```
    3 L  800 mL
 +  4 L  100 mL
 ───────────────
   □ L  □ mL
```

2
```
    6 L  200 mL
 +  2 L  100 mL
 ───────────────
   □ L  □ mL
```

3
```
    4 L  500 mL
 +  1 L  200 mL
 ───────────────
   □ L  □ mL
```

4
```
    4 L  600 mL
 −  1 L  400 mL
 ───────────────
   □ L  □ mL
```

5
```
    7 L  700 mL
 −  3 L  600 mL
 ───────────────
   □ L  □ mL
```

6
```
    9 L  900 mL
 −  4 L  500 mL
 ───────────────
   □ L  □ mL
```

[7~14] 계산해 보세요.

7
```
    5 L  300 mL
 +  2 L  500 mL
```

8
```
    3 L  200 mL
 +  3 L  400 mL
```

9
```
    8 L  700 mL
 −  3 L  300 mL
```

10
```
    5 L  600 mL
 −  2 L  500 mL
```

11　6 L 100 mL + 1 L 500 mL

12　9 L 300 mL + 4 L 200 mL

13　7 L 800 mL − 3 L 500 mL

14　4 L 900 mL − 2 L 300 mL

개념책 122쪽 ● 정답 51쪽

[1~6] ☐ 안에 알맞은 수를 써넣으세요.

1 3 kg = ☐ g

2 2 kg = ☐ g

3 8000 g = ☐ kg

4 7000 g = ☐ kg

5 5 t = ☐ kg

6 9000 kg = ☐ t

[7~18] ☐ 안에 알맞은 수를 써넣으세요.

7 4 kg 200 g = ☐ g

8 6 kg 500 g = ☐ g

9 3 kg 700 g = ☐ g

10 8 kg 900 g = ☐ g

11 1700 g = ☐ kg ☐ g

12 5600 g = ☐ kg ☐ g

13 4 t 200 kg = ☐ kg

14 7 t 400 kg = ☐ kg

15 9 t 100 kg = ☐ kg

16 6400 kg = ☐ t ☐ kg

17 5600 kg = ☐ t ☐ kg

18 9300 kg = ☐ t ☐ kg

개념책 124쪽 ● 정답 52쪽

[1~6] ☐ 안에 알맞은 수를 써넣으세요.

1
$$\begin{array}{r} 2 \ \text{kg} \ \ 200 \ \text{g} \\ + \ 1 \ \text{kg} \ \ 500 \ \text{g} \\ \hline \square \ \text{kg} \ \ \square \ \text{g} \end{array}$$

2
$$\begin{array}{r} 7 \ \text{kg} \ \ 100 \ \text{g} \\ + \ 2 \ \text{kg} \ \ 400 \ \text{g} \\ \hline \square \ \text{kg} \ \ \square \ \text{g} \end{array}$$

3
$$\begin{array}{r} 5 \ \text{kg} \ \ 300 \ \text{g} \\ + \ 3 \ \text{kg} \ \ 500 \ \text{g} \\ \hline \square \ \text{kg} \ \ \square \ \text{g} \end{array}$$

4
$$\begin{array}{r} 6 \ \text{kg} \ \ 700 \ \text{g} \\ - \ 4 \ \text{kg} \ \ 300 \ \text{g} \\ \hline \square \ \text{kg} \ \ \square \ \text{g} \end{array}$$

5
$$\begin{array}{r} 8 \ \text{kg} \ \ 600 \ \text{g} \\ - \ 1 \ \text{kg} \ \ 100 \ \text{g} \\ \hline \square \ \text{kg} \ \ \square \ \text{g} \end{array}$$

6
$$\begin{array}{r} 9 \ \text{kg} \ \ 500 \ \text{g} \\ - \ 5 \ \text{kg} \ \ 300 \ \text{g} \\ \hline \square \ \text{kg} \ \ \square \ \text{g} \end{array}$$

[7~14] 계산해 보세요.

7
$$\begin{array}{r} 3 \ \text{kg} \ \ 300 \ \text{g} \\ + \ 4 \ \text{kg} \ \ 600 \ \text{g} \\ \hline \end{array}$$

8
$$\begin{array}{r} 4 \ \text{kg} \ \ 200 \ \text{g} \\ + \ 2 \ \text{kg} \ \ 700 \ \text{g} \\ \hline \end{array}$$

9
$$\begin{array}{r} 7 \ \text{kg} \ \ 700 \ \text{g} \\ - \ 2 \ \text{kg} \ \ 600 \ \text{g} \\ \hline \end{array}$$

10
$$\begin{array}{r} 6 \ \text{kg} \ \ 900 \ \text{g} \\ - \ 3 \ \text{kg} \ \ 500 \ \text{g} \\ \hline \end{array}$$

11 $5 \ \text{kg} \ 100 \ \text{g} + 3 \ \text{kg} \ 200 \ \text{g}$

12 $4 \ \text{kg} \ 500 \ \text{g} + 2 \ \text{kg} \ 300 \ \text{g}$

13 $7 \ \text{kg} \ 600 \ \text{g} - 2 \ \text{kg} \ 400 \ \text{g}$

14 $9 \ \text{kg} \ 800 \ \text{g} - 3 \ \text{kg} \ 600 \ \text{g}$

개념책 116쪽 ● 정답 52쪽

1 주전자에 물을 가득 채운 후 물병에 모두 옮겨 담았더니 그림과 같이 물병에 물이 가득 채워지지 않았습니다. 주전자와 물병 중 들이가 더 많은 것은 어느 것인가요?

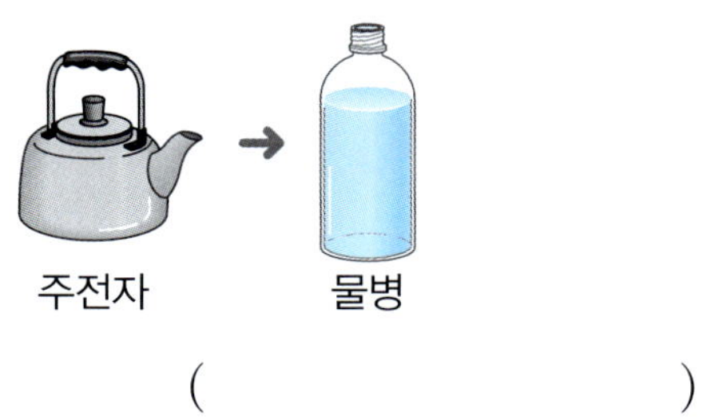

(　　　　　　　　)

2 음료수병과 요구르트병에 물을 가득 채운 후 모양과 크기가 같은 그릇에 모두 옮겨 담았더니 그림과 같았습니다. 음료수병과 요구르트병 중 들이가 더 많은 것은 어느 것인가요?

(　　　　　　　　)

3 그릇 가와 그릇 나에 물을 가득 채운 후 모양과 크기가 같은 컵에 모두 옮겨 담았습니다. ☐ 안에 알맞은 수나 말을 써넣으세요.

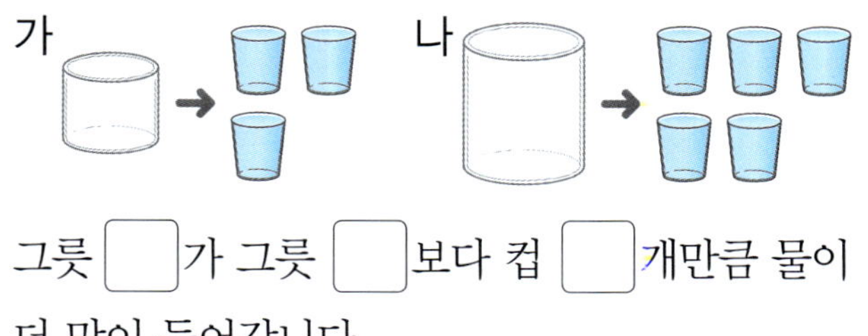

그릇 ☐ 가 그릇 ☐ 보다 컵 ☐ 개만큼 물이 더 많이 들어갑니다.

4 주스를 모양과 크기가 같은 통에 모두 옮겨 담았습니다. 들이가 많은 주스부터 차례로 쓰세요.

(　　　　　　　　)

5 양동이에 물을 가득 채우려면 컵 ㉮, 컵 ㉯에 물을 가득 채운 후 각각 다음과 같이 부어야 합니다. ☐ 안에 알맞은 기호를 써넣으세요.

컵	㉮	㉯
부은 횟수	6번	3번

들이가 더 많은 컵은 컵 ☐ 입니다.

6 병 가와 병 나에 물을 가득 채운 후 컵에 모두 옮겨 담았더니 그림과 같았습니다. 알맞은 말에 ○표 하세요.

컵의 종류가 다르므로
병 가와 병 나의 들이를 비교할 수
(있습니다 , 없습니다).

1 들이의 단위에 대한 설명입니다. ☐ 안에 알맞게 써넣으세요.

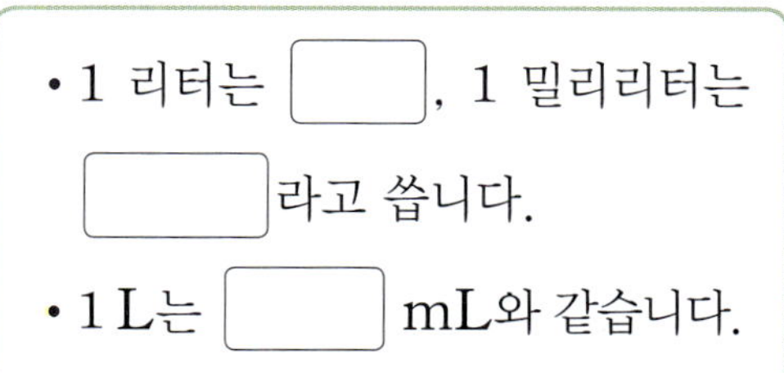

- 1 리터는 ☐ , 1 밀리리터는 ☐ 라고 씁니다.
- 1 L는 ☐ mL와 같습니다.

2 물병의 들이를 쓰고, 읽어 보세요.

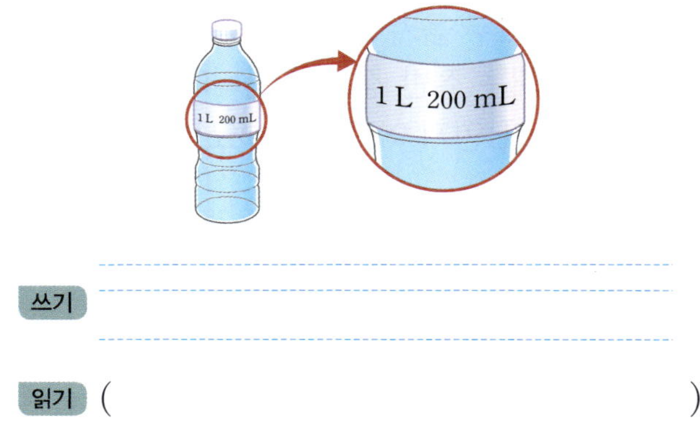

쓰기

읽기 ( )

3 빈 그릇에 포도주스 1 L와 350 mL를 넣었더니 그릇이 가득 찼습니다. ☐ 안에 알맞은 수를 써넣으세요.

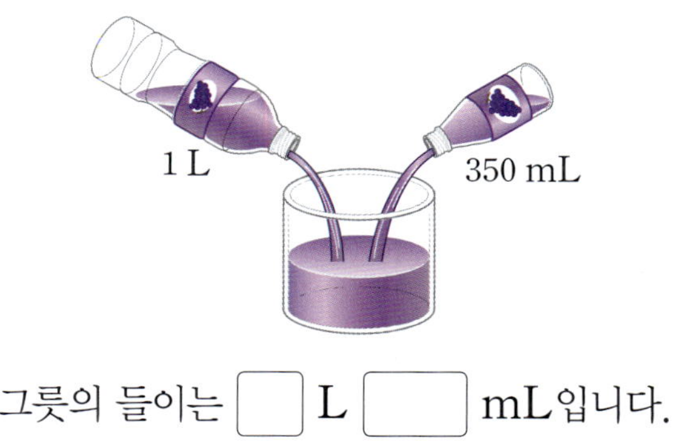

그릇의 들이는 ☐ L ☐ mL입니다.

4 물의 양이 얼마인지 눈금을 읽고 ☐ 안에 알맞은 수를 써넣으세요.

(1)
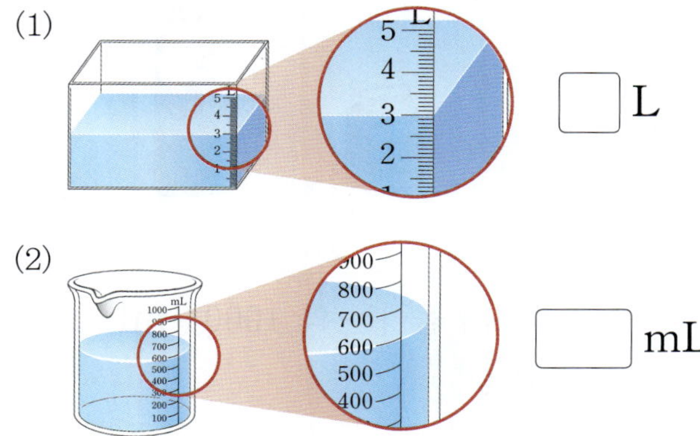

☐ L

(2)

☐ mL

교과역량 콕!

5 관계있는 것끼리 이어 보세요.

(1) 6 L • • 2 L 600 mL

(2) 3 L 800 mL • • 6000 mL

(3) 2600 mL • • 3800 mL

교과역량 콕!

6 세 친구가 하루 동안 마신 물의 양은 다음과 같습니다. 물을 적게 마신 친구부터 차례로 쓰세요.

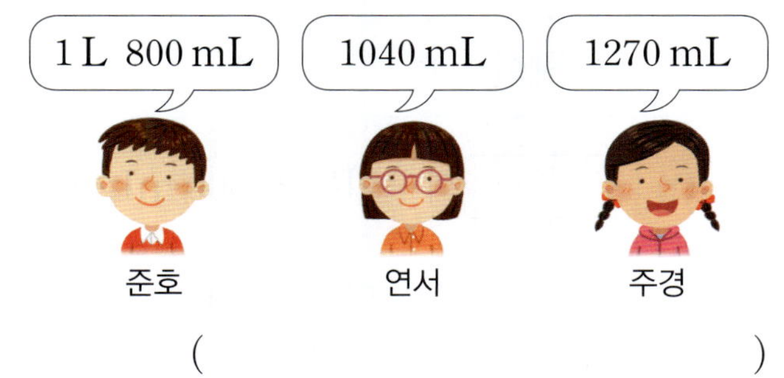

( )

1 들이가 500 mL인 우유갑을 보고 식초병의 들이를 어림하여 알맞은 단위에 ◯표 하세요.

500 mL

식초병의 들이는 약 1000 (mL , L) 입니다.

2 ☐ 안에 mL와 L 중 알맞은 단위를 써넣으세요.

(1) 양동이의 들이는 약 3 ☐ 입니다.

(2) 생수병의 들이는 약 500 ☐ 입니다.

3 〈보기〉에 주어진 물건을 선택하여 ☐ 안에 알맞게 써넣으세요.

〈 보기 〉
페인트 통   물약병   우유

(1) ☐ 의 들이는 약 300 mL입니다.

(2) ☐ 의 들이는 약 4 L입니다.

(3) ☐ 의 들이는 약 20 mL입니다.

4 물병의 들이는 1 L입니다. 이 물병에 들어 있는 물의 양을 가장 가깝게 어림한 친구의 이름을 쓰세요.

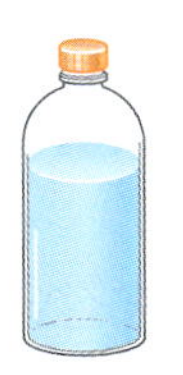

재민: 약 200 mL
성우: 약 500 mL
수아: 약 700 mL

(   )

교과역량 콕!

5 수조에 물을 가득 채운 후 들이가 1000 mL인 비커에 모두 옮겨 담았더니 3개는 가득 찼고, 남은 한 개는 절반 정도 찼습니다. 수조의 들이는 약 몇 mL인지 어림해 보세요.

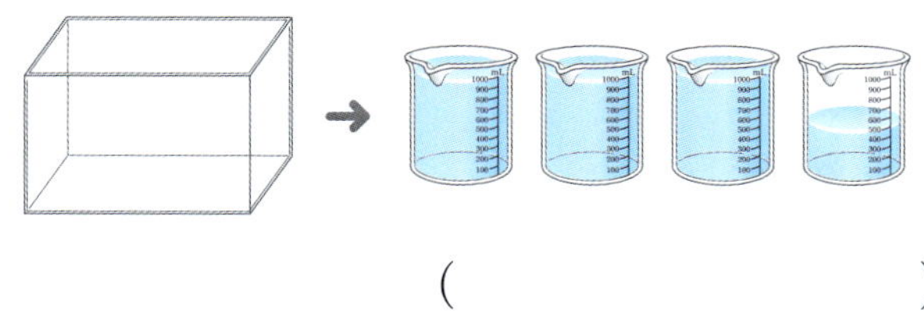

(   )

교과역량 콕!

6 연우와 주영이는 1100 mL 물병의 들이를 크기가 다른 컵을 이용하여 어림하였습니다. 물병의 들이를 더 가깝게 어림한 친구의 이름을 쓰세요.

연우: 물병에 물이 300 mL인 컵으로 3번쯤 들어갈 것 같으므로 물병의 들이는 약 900 mL야.
주영: 물병에 물이 600 mL인 컵으로 2번쯤 들어갈 것 같으므로 물병의 들이는 약 1200 mL야.

(   )

개념책 118쪽 ● 정답 53쪽

1 그림을 보고 ☐ 안에 알맞은 수를 써넣으세요.

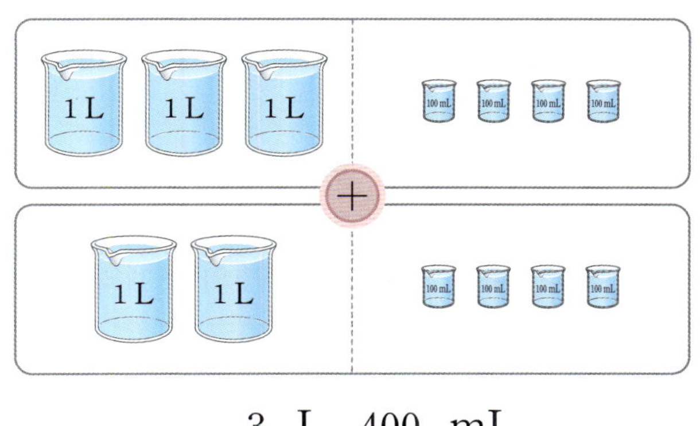

$$\begin{array}{r} 3 \text{ L} \quad 400 \text{ mL} \\ +\ 2 \text{ L} \quad 400 \text{ mL} \\ \hline \boxed{} \text{ L} \quad \boxed{} \text{ mL} \end{array}$$

2 그림을 보고 ☐ 안에 알맞은 수를 써넣으세요.

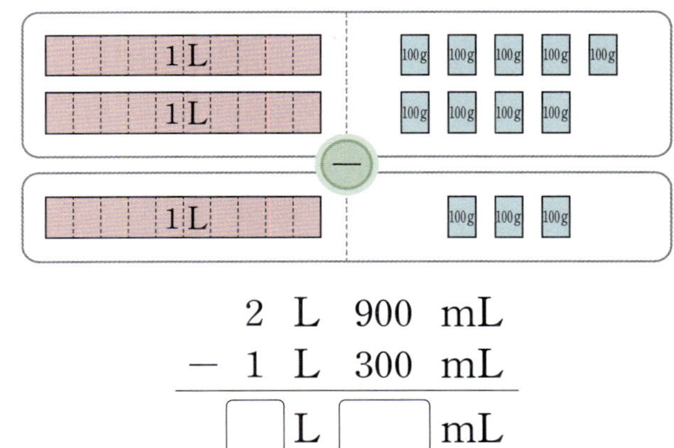

$$\begin{array}{r} 2 \text{ L} \quad 900 \text{ mL} \\ -\ 1 \text{ L} \quad 300 \text{ mL} \\ \hline \boxed{} \text{ L} \quad \boxed{} \text{ mL} \end{array}$$

3 계산해 보세요.

(1) $2 \text{ L } 400 \text{ mL} + 1 \text{ L } 300 \text{ mL}$

(2) $3 \text{ L } 500 \text{ mL} - 2 \text{ L } 200 \text{ mL}$

4 두 어항의 들이의 합은 몇 L 몇 mL인지 식을 쓰고, 답을 구하세요.

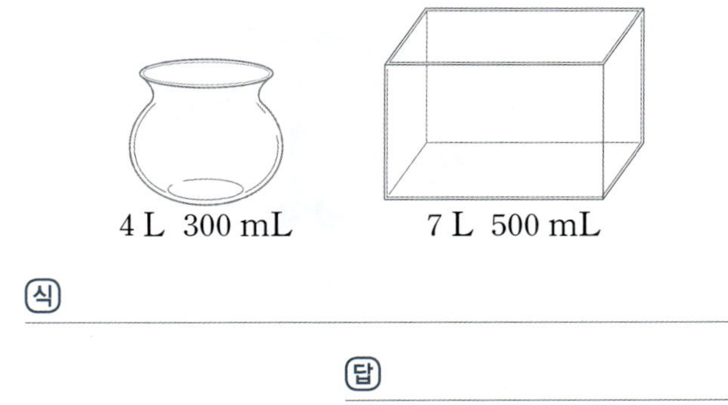

식

답

교과역량 콕!

5 들이가 가장 많은 것과 가장 적은 것의 합과 차를 구하세요.

8 L 700 mL	7 L 100 mL
6 L 500 mL	4 L 200 mL

합 (   )

차 (   )

교과역량 콕!

6 두 컵의 들이를 나타낸 표입니다. 2가지 컵을 모두 이용하여 4 L 수조에 물 1 L를 담는 방법을 설명해 보세요.

컵 가	컵 나
250 mL	1 L 500 mL

방법

1 저울로 가위와 풀의 무게를 비교했습니다. 가위와 풀 중에서 어느 것이 더 가벼운지 쓰세요.

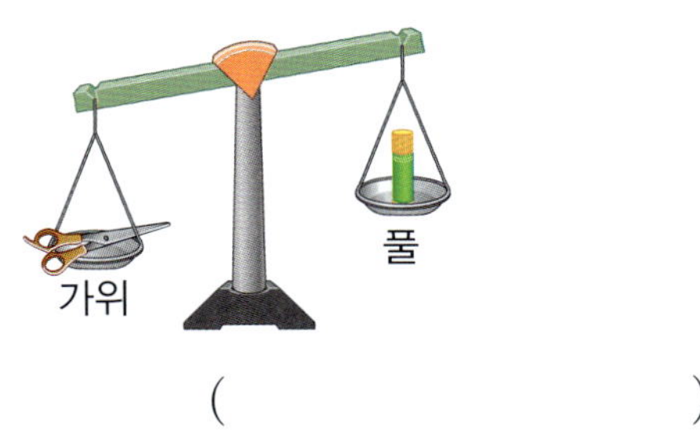

(　　　　　)

2 저울로 오렌지, 사과, 포도의 무게를 비교했습니다. 무게가 무거운 것부터 차례로 쓰세요.

(　　　　　)

3 바둑돌을 사용하여 고구마와 감자의 무게를 비교했습니다. ☐ 안에 알맞은 수나 말을 써넣으세요.

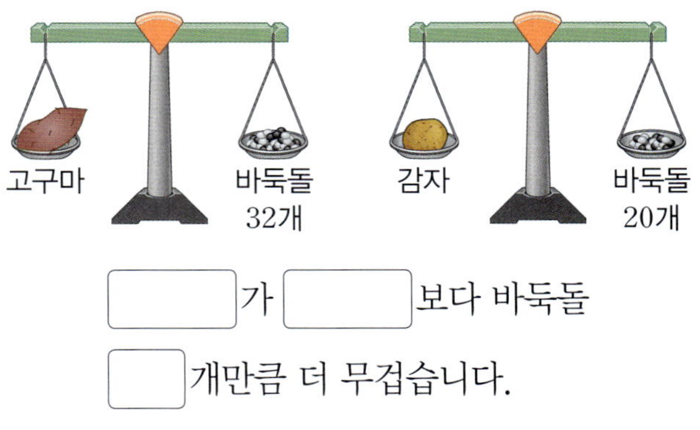

☐가 ☐보다 바둑돌

☐개만큼 더 무겁습니다.

4 100원짜리 동전을 이용하여 무게를 비교했습니다. 가장 무거운 물건을 가지고 있는 친구의 이름을 쓰세요.

수빈: 내 연필은 동전 5개의 무게와 같아.
나은: 내 책은 동전 14개의 무게와 같아.
재영: 내 공책은 동전 9개의 무게와 같아.

(　　　　　)

교과역량 콕!

5 색연필, 물감, 크레파스 중에서 하나의 무게가 가장 무거운 것은 어느 것인가요? (단, 같은 종류끼리는 무게가 각각 같습니다.)

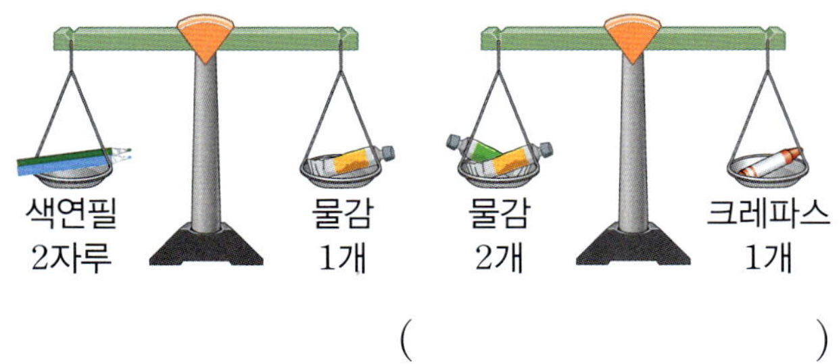

(　　　　　)

교과역량 콕!

6 쌓기나무와 바둑돌을 사용하여 자석과 돋보기의 무게를 다음과 같이 비교했습니다. 자석과 돋보기의 무게가 같은지 다른지 쓰고, 그 이유를 설명해 보세요.

답

이유

개념책 127쪽 ● 정답 53쪽

1 무게의 단위에 대한 설명입니다. ☐ 안에 알맞게 써넣으세요.

> • 1 킬로그램은 ☐, 1 그램은 ☐,
>
> 　1 톤은 ☐ 이라고 씁니다.
>
> • 1 kg은 ☐ g과 같고,
>
> 　1 t은 ☐ kg과 같습니다.

2 무게를 쓰고, 읽어 보세요.

하마 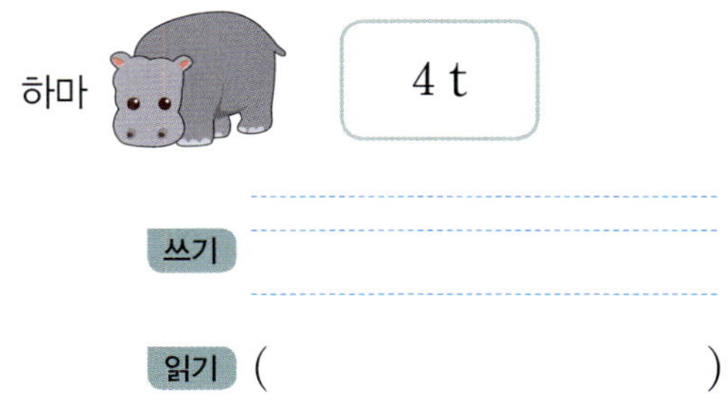 　4 t

쓰기 ____________________

읽기 (　　　　　　　　　)

3 저울 위에 1 kg짜리 설탕을 올려놓은 후 400 g짜리 설탕을 더 올려놓았습니다. ☐ 안에 알맞은 수를 써넣으세요.

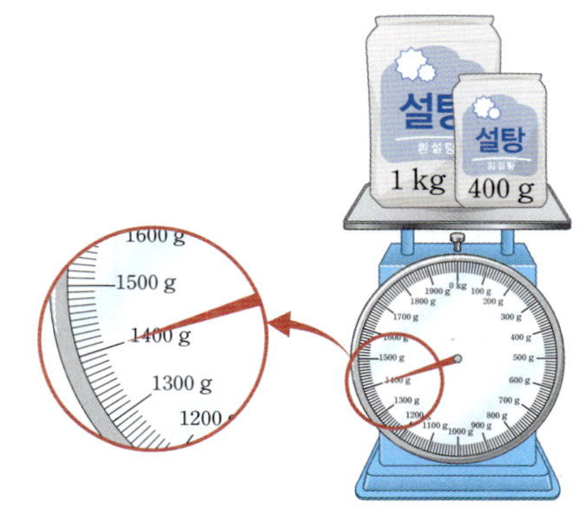

1 kg보다 400 g 더 무거운 무게는

☐ kg ☐ g입니다.

4 무게가 얼마인지 저울의 눈금을 읽고 ☐ 안에 알맞은 수를 써넣으세요.

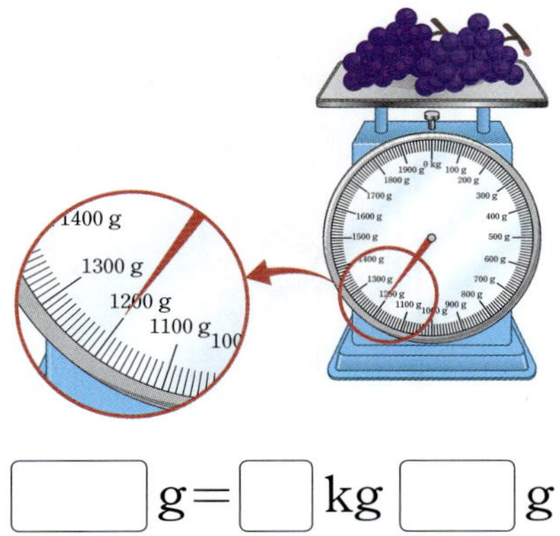

☐ g = ☐ kg ☐ g

5 ☐ 안에 알맞은 수를 써넣으세요.

(1) 2 kg = ☐ g

(2) 8000 kg = ☐ t

교과역량 콕!

6 가장 가벼운 것을 찾아 쓰세요.

소금	밀가루	쌀
1800 g	1600 g	2 kg

(　　　　　　　　　)

개념책 127쪽 ● 정답 53쪽

1 무게가 2 kg인 소금 한 봉지를 보고 오른쪽 소금 한 봉지의 무게는 약 몇 kg인지 어림해 보세요.

(   )

2 〈 보기 〉에서 골라 □ 안에 알맞게 써넣으세요.

〈 보기 〉
책가방   냉장고   버스

(1) [　　] 의 무게는 약 2 kg입니다.

(2) [　　] 의 무게는 약 8 t입니다.

3 1 kg보다 무거운 것을 찾아 기호를 쓰세요.

㉠ 사과 1개   ㉡ 필통 1개
㉢ 연필 1자루   ㉣ 멜론 1통

(   )

4 □ 안에 g, kg, t 중에서 알맞은 단위를 써넣으세요.

(1) 책상의 무게는 약 10 [　　] 입니다.

(2) 장갑의 무게는 약 50 [　　] 입니다.

(3) 자동차의 무게는 약 2 [　　] 입니다.

교과역량 콕!

5 도율이와 현우의 대화를 보고 바르게 말한 친구의 이름을 쓰세요.

(   )

교과역량 콕!

6 무게가 1 kg 700 g인 노트북이 있습니다. 노트북의 무게와 가장 가깝게 어림한 친구의 이름을 쓰세요.

예은: 노트북의 무게는 약 2 kg이야.
수진: 노트북의 무게는 약 1500 g이야.
민아: 노트북의 무게는 약 1 kg 800 g이야.

(   )

개념책 128쪽 ● 정답 54쪽

1 그림을 보고 ☐ 안에 알맞은 수를 써넣으세요.

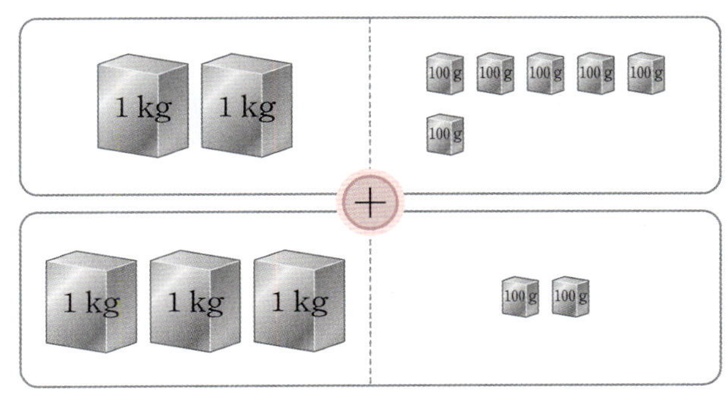

$$\begin{array}{r} 2 \ \text{kg} \quad 600 \ \text{g} \\ +\ 3 \ \text{kg} \quad 200 \ \text{g} \\ \hline \boxed{} \ \text{kg} \ \boxed{} \ \text{g} \end{array}$$

2 그림을 보고 ☐ 안에 알맞은 수를 써넣으세요.

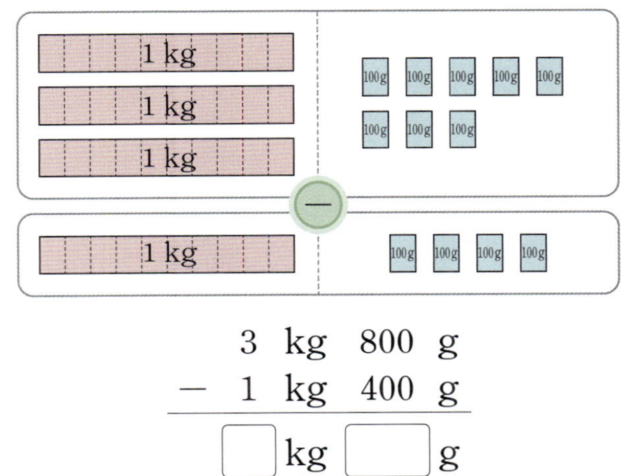

$$\begin{array}{r} 3 \ \text{kg} \quad 800 \ \text{g} \\ -\ 1 \ \text{kg} \quad 400 \ \text{g} \\ \hline \boxed{} \ \text{kg} \ \boxed{} \ \text{g} \end{array}$$

3 ☐ 안에 알맞은 수를 써넣으세요.

(1)
$$\begin{array}{r} 2 \ \text{kg} \quad 300 \ \text{g} \\ +\ 5 \ \text{kg} \quad 400 \ \text{g} \\ \hline \boxed{} \ \text{kg} \ \boxed{} \ \text{g} \end{array}$$

(2)
$$\begin{array}{r} 8 \ \text{kg} \quad 600 \ \text{g} \\ -\ 4 \ \text{kg} \quad 100 \ \text{g} \\ \hline \boxed{} \ \text{kg} \ \boxed{} \ \text{g} \end{array}$$

4 빈 접시의 무게는 300 g입니다. 접시 위에 있는 참외 3개의 무게의 합은 몇 kg 몇 g인지 구하세요.

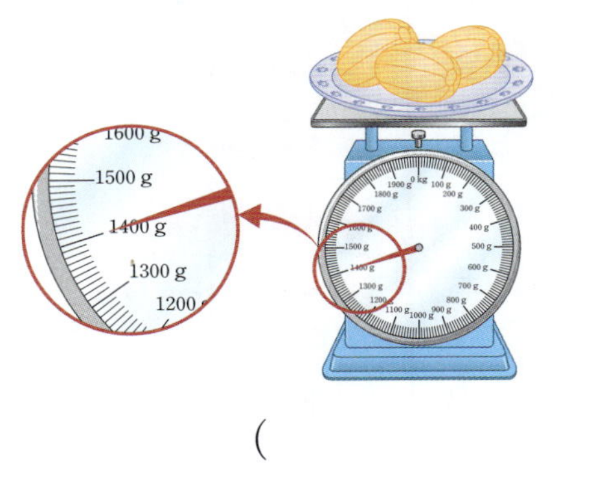

( )

5 성진이네 가족이 마트에서 산 쌀과 콩의 무게입니다. 쌀과 콩의 무게의 합은 몇 kg 몇 g인가요?

쌀	콩
5 kg 500 g	1 kg 200 g

( )

교과역량 **콕!**

6 영민이는 무게가 1 kg 100 g인 가방에 2 kg 700 g의 짐을 넣었고, 예은이는 무게가 2 kg 200 g 인 가방에 1 kg 100 g의 짐을 넣었습니다. 짐을 넣은 가방의 무게는 누구의 것이 얼마나 더 무거운지 쓰세요.

( ), ( )

[1~4] 그림그래프를 보고 ☐ 안에 알맞은 수나 말을 써넣으세요.

1

가지고 있는 구슬 수

이름	구슬 수
현우	
은진	
민서	
명준	

🔵 10개
🔹 1개

(1) 🔵은 ☐개, 🔹은 ☐개를 나타냅니다.

(2) 현우가 가지고 있는 구슬은 ☐개입니다.

(3) 민서가 가지고 있는 구슬은 ☐개입니다.

2

가지고 있는 우표 수

이름	우표 수
윤아	
세희	
지석	
동주	

10장
1장

(1) 은 ☐장, 은 ☐장을 나타냅니다.

(2) 세희가 가지고 있는 우표는 ☐장입니다.

(3) 동주가 가지고 있는 우표는 ☐장입니다.

3

과수원별 배나무 수

과수원	배나무 수
풀잎	
햇살	
청송	
이슬	

10그루
1그루

(1) 햇살 과수원에 있는 배나무는
☐그루입니다.

(2) 배나무가 가장 많은 과수원은
☐ 과수원이고, ☐그루입니다.

(3) 배나무가 가장 적은 과수원은
☐ 과수원이고, ☐그루입니다.

4

농장별 감자 생산량

농장	생산량
싱싱	
초록	
희망	
사랑	

10 kg
1 kg

(1) 사랑 농장의 감자 생산량은
☐kg입니다.

(2) 감자 생산량이 가장 많은 농장은
☐ 농장이고, ☐kg입니다.

(3) 감자 생산량이 가장 적은 농장은
☐ 농장이고, ☐kg입니다.

개념책 140쪽 ● 정답 54쪽

[1~6] 표를 보고 그림그래프로 나타내세요.

1

마을별 심은 나무 수

마을	꽃	바람	호수	합계
나무 수(그루)	23	31	17	71

마을별 심은 나무 수

마을	나무 수
꽃	
바람	
호수	

△ 10그루
△ 1그루

2

마을별 학생 수

마을	샛별	무지개	우주	합계
학생 수(명)	43	50	32	125

마을별 학생 수

마을	학생 수
샛별	
무지개	
우주	

□ 10명
□ 1명

3

반별 학급 문고 수

반	1반	2반	3반	합계
학급 문고 수(권)	45	21	34	100

반별 학급 문고 수

반	학급 문고 수
1반	
2반	
3반	

□ 10권
○ 1권

4

농장별 오리 수

농장	강산	달빛	우리	합계
오리 수(마리)	12	38	40	90

농장별 오리 수

농장	오리 수
강산	
달빛	
우리	

◎ 10마리
○ 1마리

5

좋아하는 프로그램별 학생 수

프로그램	만화	예능	교육	합계
학생 수(명)	520	320	160	1000

좋아하는 프로그램별 학생 수

프로그램	학생 수
만화	
예능	
교육	

○ 100명
△ 10명

6

가게별 아이스크림 판매량

가게	하나	제일	보람	합계
판매량(개)	530	460	210	1200

가게별 아이스크림 판매량

가게	판매량
하나	
제일	
보람	

▽ 100개
▽ 10개

[1~4] 조사한 자료를 보고 표와 그림그래프로 나타내세요.

1

좋아하는 과일

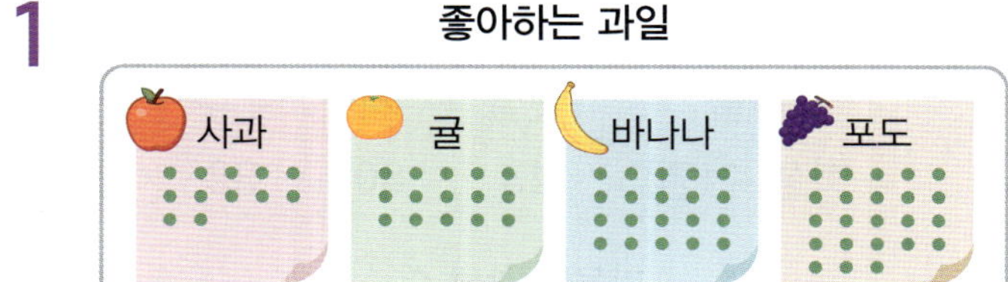

좋아하는 과일별 학생 수

과일	사과	귤	바나나	포도	합계
학생 수(명)					

좋아하는 과일별 학생 수

과일	학생 수
사과	
귤	
바나나	
포도	

△ 10명
△ 1명

2

좋아하는 음식

좋아하는 음식별 학생 수

음식	떡볶이	햄버거	자장면	피자	합계
학생 수(명)					

좋아하는 음식별 학생 수

음식	학생 수
떡볶이	
햄버거	
자장면	
피자	

□ 10명
□ 1명

3

체육관에 있는 공

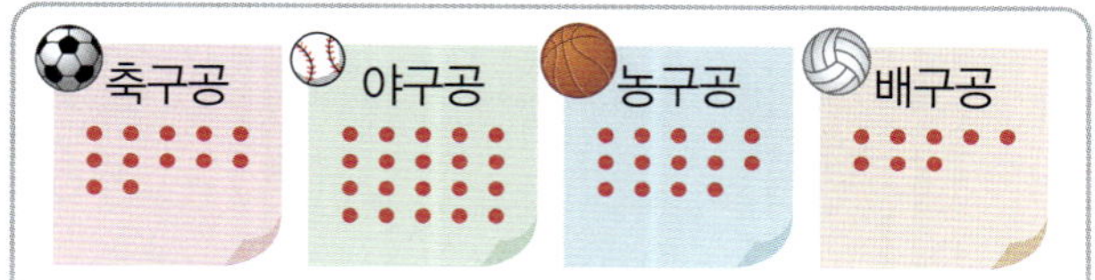

종류별 공의 수

종류	축구공	야구공	농구공	배구공	합계
공의 수(개)					

종류별 공의 수

종류	공의 수
축구공	
야구공	
농구공	
배구공	

◎ 10개
○ 1개

4

상자 안에 있는 구슬

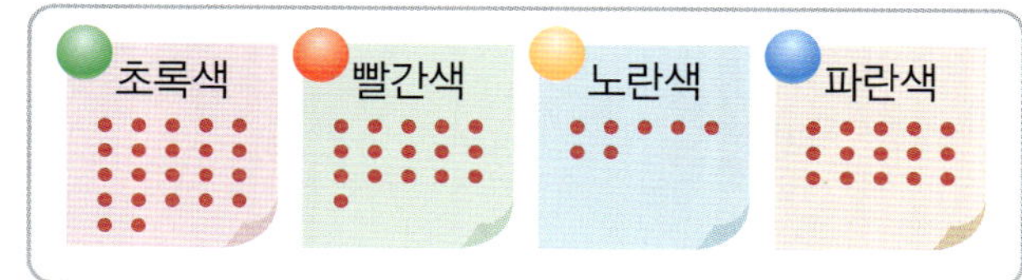

색깔별 구슬의 수

색깔	초록색	빨간색	노란색	파란색	합계
구슬의 수(개)					

색깔별 구슬의 수

색깔	구슬의 수
초록색	
빨간색	
노란색	
파란색	

▽ 10개
▽ 1개

개념책 146쪽 ● 정답 55쪽

[1~3] 농장별 기르고 있는 닭의 수를 조사하여 나타낸 그래프입니다. 물음에 답하세요.

농장별 기르고 있는 닭의 수

농장	닭의 수
가	🐔🐔 🐤🐤🐤🐤
나	🐔🐔🐔
다	🐔🐤
라	🐔🐤🐤🐤🐤🐤🐤

🐔 10마리
🐤 1마리

1 ☐ 안에 알맞은 말을 써넣으세요.

> 조사한 자료의 수를 그림으로 나타낸 그래프를 [   ]라고 합니다.

2 무엇을 조사하여 나타낸 그래프인가요?

(   )

3 🐔과 🐤은 각각 몇 마리를 나타내고 있나요?

🐔 (   )

🐤 (   )

[4~7] 어느 상점에서 한 달 동안 팔린 색깔별 가방의 수를 조사하여 나타낸 그림그래프입니다. 물음에 답하세요.

색깔별 팔린 가방의 수

색깔	가방의 수
초록색	👜👜👜👝
노란색	👜👝👝
파란색	👜👜👝👝👝👝👝

👜 100개
👝 10개

4 👜과 👝은 각각 몇 개를 나타내고 있나요?

👜 (   )

👝 (   )

5 ☐ 안에 알맞은 수를 써넣으세요.

> 팔린 노란색 가방의 수는 👜이 [ ]개이고, 👝이 [ ]개이므로 [ ]개입니다.

6 파란색 가방은 몇 개 팔렸는지 쓰세요.

(   )

교과역량 콕!

7 그림그래프로 나타냈을 때의 편리한 점을 한 가지 쓰세요.

____

____

개념책 147쪽 ● 정답 55쪽

[1~3] 진수네 학교 3학년 학생들이 가 보고 싶은 산을 조사하여 나타낸 표입니다. 물음에 답하세요.

가 보고 싶은 산별 학생 수

산	한라산	설악산	북한산	지리산	합계
학생 수(명)	55	32	43	27	157

1 표를 보고 그림그래프로 나타낼 때 그림을 몇 가지로 하는 것이 좋을까요?

(   )

2 표를 보고 그림그래프를 완성해 보세요.

가 보고 싶은 산별 학생 수

산	학생 수
한라산	◎◎◎◎◎◎○○○○○
설악산	
북한산	
지리산	

◎ 10명
○ 1명

3 가 보고 싶은 산별 학생 수가 많은 것부터 순서대로 쓰세요.

(   )

[4~6] 과수원별 사과 생산량을 조사하여 나타낸 표입니다. 물음에 답하세요.

과수원별 사과 생산량

과수원	아름	튼튼	하늘	햇님	합계
생산량(상자)	270	160	320	150	900

4 그림그래프를 그릴 때 그림을 몇 가지로 하면 좋을지 쓰고, 그 이유를 쓰세요.

(   )

[이유]

5 표를 보고 그림그래프로 나타낼 때 그림이 나타내는 수를 얼마로 하는 것이 좋을지 모두 골라 ○표 하세요.

10상자   100상자   1000상자

교과역량 쏙!

6 □는 100상자, ○는 10상자로 하여 그림그래프로 나타내세요.

과수원별 사과 생산량

과수원	생산량
아름	
튼튼	
하늘	
햇님	

□ 100상자
○ 10상자

개념책 148쪽 ● 정답 55쪽

[1~3] 어느 음식점에서 하루 동안 팔린 음식의 수를 조사하여 나타낸 그림그래프입니다. 물음에 답하세요.

하루 동안 팔린 종류별 음식의 수

종류	음식의 수
자장면	
짬뽕	
볶음밥	
탕수육	

🍜 10그릇
🥣 1그릇

1 많이 팔린 음식부터 순서대로 쓰세요.

( )

2 가장 적게 팔린 음식은 무엇이고, 몇 그릇 팔렸나요?

( ), ( )

3 하루 동안 팔린 짬뽕 수와 탕수육 수의 차는 몇 그릇인가요?

( )

[4~6] 어느 지역에서 농장별 귤 생산량을 조사하여 나타낸 그림그래프입니다. 물음에 답하세요.

농장별 귤 생산량

농장	귤 생산량
해	
달	
별	
꿈	

🍊 10상자
🍊 1상자

4 귤 생산량이 많은 농장부터 순서대로 쓰세요.

( )

5 귤 생산량이 해 농장의 2배인 농장은 어디인가요?

( )

교과역량 콕!

6 그림그래프를 보고 알 수 있는 내용으로 잘못된 것을 찾아 기호를 쓰세요.

> ㉠ 별 농장의 귤 생산량은 24상자입니다.
> ㉡ 달 농장의 귤 생산량은 해 농장의 귤 생산량보다 26상자 더 많습니다.
> ㉢ 귤 생산량이 가장 적은 농장은 꿈 농장입니다.

( )

개념책 149쪽 ● 정답 56쪽

[1~3] 민선이네 학교 3학년 학생들이 배우고 싶은 악기를 조사하였습니다. 물음에 답하세요.

배우고 싶은 악기

플룻	피아노	기타	드럼

1 조사한 내용은 무엇인가요?

( )

2 조사한 자료를 보고 표로 나타내세요.

배우고 싶은 악기별 학생 수

악기	플룻	피아노	기타	드럼	합계
학생 수(명)					

3 위 **2**의 표를 보고 그림그래프로 나타내세요.

배우고 싶은 악기별 학생 수

악기	학생 수
플룻	
피아노	
기타	
드럼	

◎ 10명
○ 1명

[4~6] 승우네 학교 3학년 학생들이 좋아하는 과목을 조사하여 나타낸 그림그래프입니다. 물음에 답하세요.

좋아하는 과목별 학생 수

과목	학생 수
국어	□ △△△△△△
수학	□□ △△△△△
음악	□□ △△△△
과학	□ △△

□ 10명
△ 1명

4 많은 학생들이 좋아하는 과목부터 순서대로 쓰세요.

( )

5 그림그래프를 보고 알 수 있는 내용을 2가지 쓰세요.

• ________________________

____

• ________________________

____

교과역량 쏙!

6 그림그래프를 보고 그림그래프를 어떻게 활용하면 좋을지 쓰세요.

____

____

문학, 비문학에 맞는 바른 독해법부터, 독해력을 키우는 **어휘** 학습까지!

#초등문해력 #완벽라인업 #빠작

비문학 독해에 **사회, 과학 교과 개념** 더하고!

초등 눈높이에 맞는 **문법**까지!

동아출판

큐브 개념

기본 강화책 | 초등 수학 3·2

엄마표 학습 큐브

큐브챌린지란?

큐브로 6주간 매주 자녀와
학습한 내용을 기록하고,
같은 목표를 가진 엄마들과 소통하며
함께 성장할 수 있는
엄마표 학습단입니다.

큐브챌린지 이런 점이 좋아요

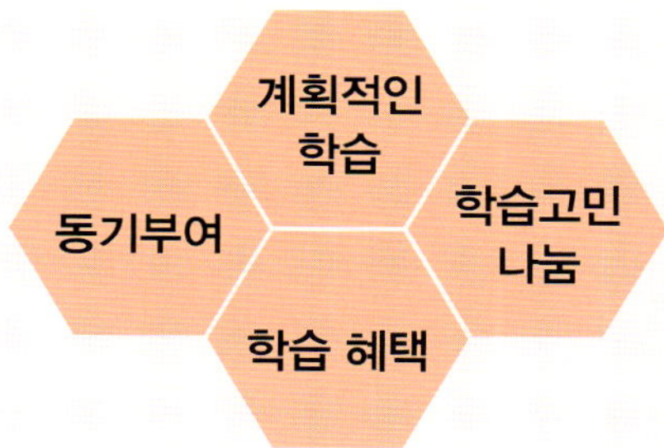

학습 태도 변화

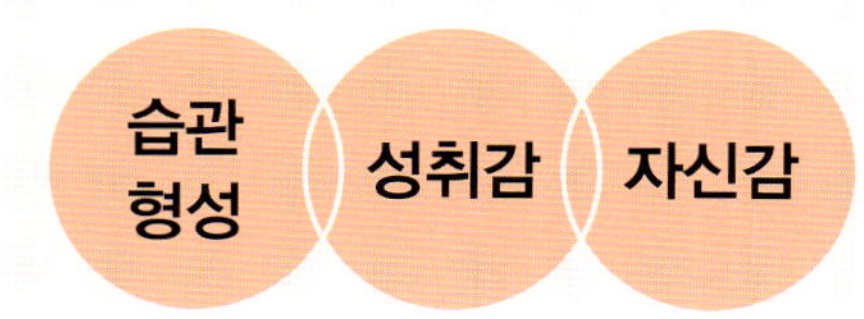

학습단 참여 후 우리 아이는
"꾸준히 학습하는 습관이 잡혔어요."
"성취감이 높아졌어요."
"수학에 자신감이 생겼어요."

학습 지속률

10명 중 8.3명

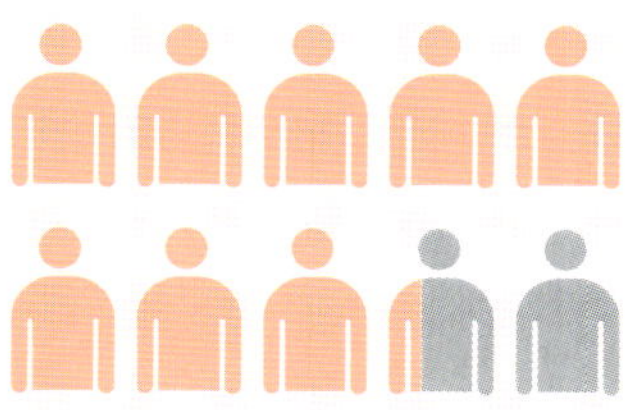

학습 스케줄

매일 4쪽씩 학습!

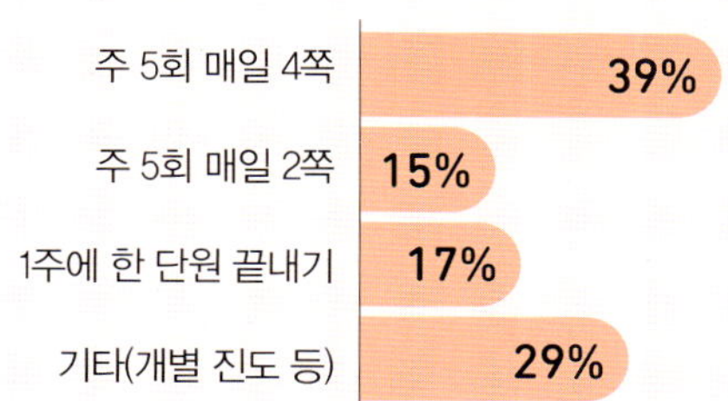

학습 방식	비율
주 5회 매일 4쪽	39%
주 5회 매일 2쪽	15%
1주에 한 단원 끝내기	17%
기타(개별 진도 등)	29%

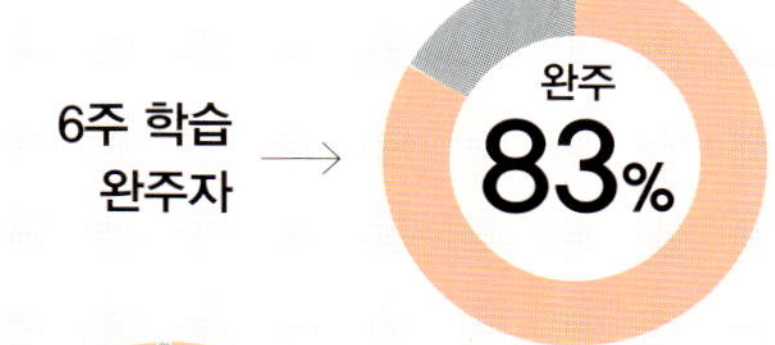

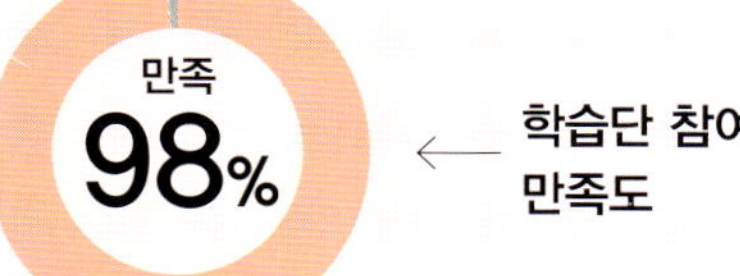

학습 참여자 2명 중 1명은

6주 간 1권 끝!

큐브 개념

초등 수학

3·2

쉽고 편리한 빠른 정답

정답 및 풀이

정답 및 풀이

<table>
<tr><td colspan="4">차례   초등 수학 3·2</td></tr>
</table>

	단원명	개념책	기본 강화책
1	곱셈	01~07쪽	37~41쪽
2	나눗셈	08~14쪽	41~45쪽
3	원	14~19쪽	46~47쪽
4	분수	19~25쪽	48~51쪽
5	들이와 무게	26~31쪽	51~54쪽
6	그림그래프	31~35쪽	54~56쪽
	1~6단원 총정리	35~36쪽	

모바일 빠른 정답

QR코드를 찍으면 **정답 및 풀이**를 쉽고 빠르게
확인할 수 있습니다.

1 곱셈

008쪽 1STEP 교과서 개념 잡기

1 600, 20, 4 / 624
2 9 / 0, 9 / 6, 0, 9
3 (1) 1, 3 (2) 3, 9 (3) 2, 6 (4) 396
4 (1) 3 / 6, 0 / 3, 0, 0 / 3, 6, 3
   (2) 6 / 8, 0 / 4, 0, 0 / 4, 8, 6
5 (1) 648 (2) 844
6 (1) 820 (2) 399

1 • $\boxed{100}$ 이 나타내는 수: $300 \times 2 = 600$
   • $\boxed{10}$ 이 나타내는 수: $10 \times 2 = 20$
   • $\boxed{1}$ 이 나타내는 수: $2 \times 2 = 4$
   ➜ $312 \times 2 = 600 + 20 + 4 = 624$

3 (4) 백 모형: 3개, 십 모형: 9개, 일 모형: 6개
   ➜ $132 \times 3 = 300 + 90 + 6 = 396$

010쪽 1STEP 교과서 개념 잡기

1 2, 4 / 2, 5, 4 / 2, 6, 5, 4
2 575
3 (1) 8 (2) 4 (3) 20, 2 (4) 860
4 (1) 1, 4 / 4, 0 / 6, 0, 0 / 6, 5, 4
   (2) 1, 0 / 2, 0 / 8, 0, 0 / 8, 3, 0
5 (1) 492 (2) 864
6 (1) 672 (2) 957

3 (4) 일 모형은 $5 \times 4 = 20$(개)이고, 일 모형을 십 모형 2개로 바꾸면 백 모형이 8개, 십 모형이 6개가 됩니다.
   ➜ $215 \times 4 = 860$

4 (1) • 일의 자리: $7 \times 2 = 14$
     • 십의 자리: $20 \times 2 = 40$
     • 백의 자리: $300 \times 2 = 600$
     ➜ $327 \times 2 = 14 + 40 + 600 = 654$
   (2) • 일의 자리: $5 \times 2 = 10$
     • 십의 자리: $10 \times 2 = 20$
     • 백의 자리: $400 \times 2 = 800$
     ➜ $415 \times 2 = 10 + 20 + 800 = 830$

6 (1)
$$\begin{array}{r} 2\ 2\ \overset{1}{4} \\ \times\ \ \ \ \ 3 \\ \hline 6\ 7\ 2 \end{array}$$
(2)
$$\begin{array}{r} 3\ 1\ \overset{2}{9} \\ \times\ \ \ \ \ 3 \\ \hline 9\ 5\ 7 \end{array}$$

012쪽 1STEP 교과서 개념 잡기

1 8 / 1, 6, 8 / 1, 3, 3, 6, 8
2 400, 100, 6 / 506
3
$$\begin{array}{r} 3\ 9\ 1 \\ \times\ \ \ \ \ 5 \\ \hline 5 \\ 4\ 5\ 0 \\ 1\ 5\ 0\ 0 \\ \hline 1\ 9\ 5\ 5 \end{array} \ \to \ \begin{array}{r} \overset{4}{}3\ 9\ 1 \\ \times\ \ \ \ \ 5 \\ \hline 1\ 9\ 5\ 5 \end{array}$$
4 (1) 348 (2) 2608
5 (1) 516 (2) 4155

2 • 백의 자리: $200 \times 2 = 400$
   • 십의 자리: $50 \times 2 = 100$
   • 일의 자리: $3 \times 2 = 6$
   ➜ $253 \times 2 = 400 + 100 + 6 = 506$

3 • 일의 자리: $1 \times 5 = 5$
   • 십의 자리: $90 \times 5 = 450$
   • 백의 자리: $300 \times 5 = 1500$
   ➜ $391 \times 5 = 5 + 450 + 1500 = 1955$

4 (1)
$$\begin{array}{r} 1 \\ 1\ 7\ 4 \\ \times 2 \\ \hline 3\ 4\ 8 \end{array}$$
(2)
$$\begin{array}{r} 2 \\ 6\ 5\ 2 \\ \times 4 \\ \hline 2\ 6\ 0\ 8 \end{array}$$

5 (1)
$$\begin{array}{r} 2 \\ 1\ 7\ 2 \\ \times 3 \\ \hline 5\ 1\ 6 \end{array}$$
(2)
$$\begin{array}{r} 1 \\ 8\ 3\ 1 \\ \times 5 \\ \hline 4\ 1\ 5\ 5 \end{array}$$

014쪽 1STEP 교과서 개념 잡기

1 방법1 (위에서부터) 80, 800, 10
　　방법2 (위에서부터) 8, 800, 100
2 방법1 10 / 156, 10 / 1560
　　방법2 3 / 520, 3 / 1560
3 2 / 2 / 280
4 (1) 120, 1200　　(2) 200, 2000
5 (1) 24　　(2) 574
6 (1) 1400　　(2) 2480

5 (1) $6 \times 4 = 24$ ➡ $60 \times 40 = 2400$
　　(2) $82 \times 7 = 574$ ➡ $82 \times 70 = 5740$

016쪽 2STEP 수학익힘 문제 잡기

01 626　　**02** (1) 448　　(2) 828
03 2, 846　　**04** 393, 663
05 =　　**06** 248번
07 292
08
$$\begin{array}{r} 1 \\ 4\ 1\ 9 \\ \times 2 \\ \hline 8\ 3\ 8 \end{array}$$
09 981
10 (위에서부터) 256, 384, 618, 927
11 $115 \times 4 = 460$ (또는 115×4) / 460 cm

12 981
13 (1) 960　　(2) 1362　　(3) 2968
14 (1) •　　•
　　(2) •　　•
15 2, 1120
16 미나
17 768, 753, 762에 색칠
18 7
19 (1) 150, 1500　　(2) 284, 2840
20 1000, 3750　　**21** (　)(　)(○)
22 ㉡　　**23** 720분
24 4, 5에 ○표

---

01 • 백 모형: $3 \times 2 = 6$(개)
　　• 십 모형: $1 \times 2 = 2$(개)
　　• 일 모형: $3 \times 2 = 6$(개)
　➡ $313 \times 2 = 626$

03 집에서 도서관까지 갔다가 다시 집으로 돌아오는 거리는 집에서 도서관까지의 거리의 2배입니다.
　➡ $423 \times 2 = 846$ (m)

05
$$\begin{array}{r} 4\ 0\ 2 \\ \times 2 \\ \hline 8\ 0\ 4 \end{array} \quad = \quad \begin{array}{r} 2\ 0\ 1 \\ \times 4 \\ \hline 8\ 0\ 4 \end{array}$$

06 (도율이가 훌라후프를 돌린 횟수)
　　$= 116 + 8 = 124$(번)
　➡ (미나가 훌라후프를 돌린 횟수)
　　$= 124 \times 2 = 248$(번)

08 일의 자리 계산에서 올림한 수는 십의 자리 위에 작게 씁니다.

10 • $128 \times 2 = 256$, $128 \times 3 = 384$
　　• $309 \times 2 = 618$, $309 \times 3 = 927$

12 100이 3개이면 300
　　10이 2개이면　20 ⎫ 327 ➡ $327 \times 3 = 981$
　　1이 7개이면　　7 ⎭

15 (경찰서에서 백화점까지의 거리)
　　= (슬기네 집에서 경찰서까지의 거리) $\times 2$
　　$= 560 \times 2 = 1120$ (m)

16 ・도율:

$$\begin{array}{r}\overset{1}{3}\ 5\ 2 \\ \times\ \ \ \ 2 \\ \hline 7\ 0\ 4\end{array}$$

・미나:

$$\begin{array}{r}\overset{2}{1}\ 7\ 2 \\ \times\ \ \ \ 3 \\ \hline 5\ 1\ 6\end{array}$$

→ 바르게 계산한 사람은 미나입니다.

17 ・$251\times3=753$
・$192\times4=768$
・$381\times2=762$

18 ㉠×3의 일의 자리 숫자가 1인 경우는 $7\times3=21$
입니다. → ㉠$=7$

21 $27\times70=1890$, $50\times50=2500$, $48\times60=2880$
→ 계산 결과가 2500보다 큰 것은 48×60입니다.

22 ㉠ $60\times30=1800$ ㉡ $40\times40=1600$
㉢ $20\times90=1800$
→ 계산 결과가 다른 것은 ㉡입니다.

23 1시간은 60분입니다.
→ (12시간)$=12\times60=720$(분)

24 $20\times30=600$이므로 $100\times\square<600$입니다.
$\square=4$일 때 $100\times4=400<600\,(\bigcirc)$
$\square=5$일 때 $100\times5=500<600\,(\bigcirc)$
$\square=6$일 때 $100\times6=600=600$
$\square=7$일 때 $100\times7=700>600$

020쪽 1STEP 교과서 개념 잡기

1

$$\begin{array}{r}\overset{1}{\ }\ 4 \\ \times\ 7\ 4 \\ \hline 6\end{array} \rightarrow \begin{array}{r}\overset{1}{\ }\ 4 \\ \times\ 7\ 4 \\ \hline 2\ 9\ 6\end{array} \quad \begin{array}{r} 4 \\ \times\ 7\ 4 \\ \hline 1\ 6 \\ 2\ 8\ 0 \\ \hline 2\ 9\ 6\end{array}$$

/ 1, 2, 9, 6 / 1, 2, 9, 6 / 같습니다

2 160, 40, 200
3 (1) 2, 4 / 1, 5, 0 / 1, 7, 4
　 (2) 1, 2 / 4, 2, 0 / 4, 3, 2
4 (1) 1 / 288　　(2) 6 / 3, 4, 3
5 (1) 252　　(2) 485

---

1 $4\times74=16+280=296$
$4\times74=296$, $74\times4=296$으로 두 식의 계산 결과
는 같습니다.

2 (하늘색 모눈의 수)$=8\times20=160$(칸)
(분홍색 모눈의 수)$=8\times5=40$(칸)
→ $8\times25=160+40=200$

3 (1) 일의 자리: $3\times8=24$, 십의 자리: $3\times50=150$
　　→ $3\times58=24+150=174$
　 (2) 일의 자리: $6\times2=12$, 십의 자리: $6\times70=420$
　　→ $6\times72=12+420=432$

022쪽 1STEP 교과서 개념 잡기

1

$$\begin{array}{r}\overset{1}{1}\ 3 \\ \times\ 3\ 5 \\ \hline 6\ 5\end{array} \rightarrow \begin{array}{r}\overset{1}{1}\ 3 \\ \times\ 3\ 5 \\ \hline 6\ 5 \\ 3\ 9\ 0\end{array} \rightarrow \begin{array}{r}\overset{1}{1}\ 3 \\ \times\ 3\ 5 \\ \hline 6\ 5 \\ 3\ 9\ 0 \\ \hline 4\ 5\ 5\end{array}$$

2 230, 92, 322
3 (1) 9, 0 / 1, 5, 0 / 2, 4, 0
　 (2) 1, 6, 8 / 4, 2, 0 / 5, 8, 8
4 (　)(　$\bigcirc$　)
5 (1) 996　　(2) 656
6 (1) 806　　(2) 300

---

1 $13\times5=65$, $13\times30=390$
→ $13\times35=65+390=455$

2 (하늘색 모눈의 수)$=23\times10=230$(칸)
(분홍색 모눈의 수)$=23\times4=92$(칸)
→ $23\times14=230+92=322$

3 (1) 일의 자리: $15 \times 6 = 90$
십의 자리: $15 \times 10 = 150$
➡ $15 \times 16 = 90 + 150 = 240$
(2) 일의 자리: $42 \times 4 = 168$
십의 자리: $42 \times 10 = 420$
➡ $42 \times 14 = 168 + 420 = 588$

4

참고
$$\begin{array}{r} 2\ 4 \\ \times\ 3\ 2 \\ \hline 4\ 8 \\ 7\ 2\ \\ \hline 7\ 6\ 8 \end{array}$$
24×30의 값을 쓸 때 왼쪽과 같이 720에서 0을 생략하고 72를 백의 자리와 십의 자리에 써도 됩니다.

5 (1)
$$\begin{array}{r} 8\ 3 \\ \times\ 1\ 2 \\ \hline 1\ 6\ 6 \\ 8\ 3\ 0 \\ \hline 9\ 9\ 6 \end{array}$$
(2)
$$\begin{array}{r} 1\ 6 \\ \times\ 4\ 1 \\ \hline 1\ 6 \\ 6\ 4\ 0 \\ \hline 6\ 5\ 6 \end{array}$$

6 (1)
$$\begin{array}{r} 6\ 2 \\ \times\ 1\ 3 \\ \hline 1\ 8\ 6 \\ 6\ 2\ 0 \\ \hline 8\ 0\ 6 \end{array}$$
(2)
$$\begin{array}{r} 1\ 2 \\ \times\ 2\ 5 \\ \hline 6\ 0 \\ 2\ 4\ 0 \\ \hline 3\ 0\ 0 \end{array}$$

2 (하늘색 모눈의 수) $= 29 \times 10 = 290$(칸)
(분홍색 모눈의 수) $= 29 \times 5 = 145$(칸)
➡ $29 \times 15 = 290 + 145 = 435$

3 (1) $45 \times 2 = 90$, $45 \times 50 = 2250$
➡ $45 \times 52 = 90 + 2250 = 2340$
(2) $74 \times 3 = 222$, $74 \times 20 = 1480$
➡ $74 \times 23 = 222 + 1480 = 1702$

4 (1) 일의 자리: $37 \times 4 = 148$
십의 자리: $37 \times 50 = 1850$
➡ $37 \times 54 = 148 + 1850 = 1998$
(2) 일의 자리: $56 \times 5 = 280$
십의 자리: $56 \times 30 = 1680$
➡ $56 \times 35 = 280 + 1680 = 1960$

5 (1)
$$\begin{array}{r} 2\ 6 \\ \times\ 5\ 7 \\ \hline 1\ 8\ 2 \\ 1\ 3\ 0\ 0 \\ \hline 1\ 4\ 8\ 2 \end{array}$$
(2)
$$\begin{array}{r} 5\ 2 \\ \times\ 4\ 9 \\ \hline 4\ 6\ 8 \\ 2\ 0\ 8\ 0 \\ \hline 2\ 5\ 4\ 8 \end{array}$$

6 (1)
$$\begin{array}{r} 4\ 3 \\ \times\ 3\ 7 \\ \hline 3\ 0\ 1 \\ 1\ 2\ 9\ 0 \\ \hline 1\ 5\ 9\ 1 \end{array}$$
(2)
$$\begin{array}{r} 7\ 2 \\ \times\ 8\ 4 \\ \hline 2\ 8\ 8 \\ 5\ 7\ 6\ 0 \\ \hline 6\ 0\ 4\ 8 \end{array}$$

024쪽 1STEP 교과서 개념 잡기

1
$$\begin{array}{r} 3 \\ 5\ 5 \\ \times\ 2\ 7 \\ \hline 3\ 8\ 5 \end{array} \rightarrow \begin{array}{r} 1 \\ 5\ 5 \\ \times\ 2\ 7 \\ \hline 3\ 8\ 5 \\ 1\ 1\ 0\ 0 \end{array} \rightarrow \begin{array}{r} 5\ 5 \\ \times\ 2\ 7 \\ \hline 3\ 8\ 5 \\ 1\ 1\ 0\ 0 \\ \hline 1\ 4\ 8\ 5 \end{array}$$

2 290, 145, 435

3 (1) 90, 2250 / 2340　　(2) 222, 1480 / 1702

4 (1) 1, 4, 8 / 1, 8, 5, 0 / 1, 9, 9, 8
(2) 2, 8, 0 / 1, 6, 8, 0 / 1, 9, 6, 0

5 (1) 1482　(2) 2548　　**6** (1) 1591　(2) 6048

1 $55 \times 7 = 385$, $55 \times 20 = 1100$
➡ $55 \times 27 = 385 + 1100 = 1485$

026쪽 1STEP 교과서 개념 잡기

1
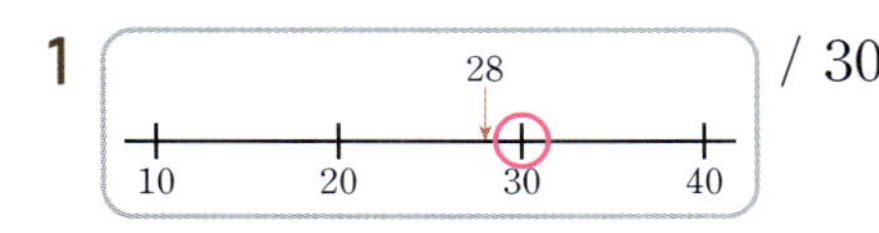

/ 30
/ 30, 600, 600

2 200 / 200, 800

3 (1) 200×4에 색칠　　(2) 7×30에 색칠

4 (1) 70　　(2) 20　　(3) 70, 20, 1400
(4) '작고', '작으므로', '작습니다'에 ○표

1 28은 30에 가까우므로 어림하면 약 30입니다.
→ 30×20=600이므로 색종이는 약 600장 필요합
니다.

3 ⑴ 195는 200과 가장 가까우므로 200×4에 색칠
합니다.
⑵ 31은 30과 가장 가까우므로 7×30에 색칠합니다.

4 ⑷ 68, 19가 어림한 두 수보다 작은 수이므로
68×19를 실제 계산한 값은 70×20=1400보
다 작습니다.

01
$$\begin{array}{r} {\scriptstyle 5} \\ 7 \\ \times\ 4\ 8 \\ \hline 3\ 3\ 6 \end{array}$$

02 72

03 432, 288

04 3×16=48 (또는 3×16) / 48바퀴

05 128
06 8, 3 / 424

07 ⑴ 456　⑵ 943　⑶ 351

08 (위에서부터) 588, 966

09 312 cm

10 12×16=192 (또는 12×16) / 192개

11 378
12 448쪽

13 182 cm

14 ⑴ 2044　⑵ 1276

15 (위에서부터) 1976, 3484

16 3, 2, 1

17 ⑴ 12　⑵ 12, 672

18 1727에 ◯표
19 1248개

20 ⑴ 384권　⑵ 350권　⑶ 동화책, 34권

21 '약 1500개'에 ◯표

22 예 20×30=600 / 약 600쪽

23 예 약 2400개

01 일의 자리 계산에서 올림한 수는 십의 자리 위에 작
게 씁니다.

02
$$\begin{array}{r} {\scriptstyle 1} \\ 6 \\ \times\ 1\ 2 \\ \hline 7\ 2 \end{array}$$

05 4<5<28<32이므로 가장 작은 수는 4, 가장 큰
수는 32입니다. → 4×32=128

06 3×58=174, 8×53=424
→ 174<424이므로 계산 결과가 더 큰 곱셈식은
8×53=424입니다.

07
⑴
$$\begin{array}{r} 1\ 2 \\ \times\ 3\ 8 \\ \hline 9\ 6 \\ 3\ 6\ 0 \\ \hline 4\ 5\ 6 \end{array}$$
⑵
$$\begin{array}{r} 2\ 3 \\ \times\ 4\ 1 \\ \hline 2\ 3 \\ 9\ 2\ 0 \\ \hline 9\ 4\ 3 \end{array}$$
⑶
$$\begin{array}{r} 2\ 7 \\ \times\ 1\ 3 \\ \hline 8\ 1 \\ 2\ 7\ 0 \\ \hline 3\ 5\ 1 \end{array}$$

10 (숙소에 있는 전체 객실 수)
=(한 층에 있는 객실 수)×(층 수)
=12×16=192(개)

11 16×31=496, 21×18=378 → 496>378

12 2주는 14일입니다.
(14일 동안 읽은 동화책 쪽수)
=32×14=448(쪽)

13 빨간 선의 길이는 13 cm인 길이 14개와 같습니다.
→ (빨간 선의 전체 길이)=13×14=182 (cm)

15
⑴
$$\begin{array}{r} 5\ 2 \\ \times\ 3\ 8 \\ \hline 4\ 1\ 6 \\ 1\ 5\ 6\ 0 \\ \hline 1\ 9\ 7\ 6 \end{array}$$
⑵
$$\begin{array}{r} 5\ 2 \\ \times\ 6\ 7 \\ \hline 3\ 6\ 4 \\ 3\ 1\ 2\ 0 \\ \hline 3\ 4\ 8\ 4 \end{array}$$

16 ・19×25=475
・45×12=540
・23×27=621
→ 621>540>475

17 ⑵ (연필 56타에 들어 있는 연필의 수)
=(연필 한 타에 들어 있는 연필의 수)×56
=12×56=672(자루)

18 48×36=1728 → □<1728이므로 □ 안에 들어
갈 수 있는 수는 1727입니다.

19 (전체 3학년 학생 수)$=42+36=78$(명)
➜ (필요한 사탕의 수)$=16\times78=1248$(개)

다른 풀이 · 남학생: $16\times42=672$(개)
· 여학생: $16\times36=576$(개)
➜ (필요한 사탕의 수)$=672+576=1248$(개)

20 (1) (동화책의 수)$=24\times16=384$(권)
(2) (위인전의 수)$=14\times25=350$(권)
(3) $384>350$이므로 동화책이
$384-350=34$(권) 더 많이 꽂혀 있습니다.

21 302는 300에 가장 가까우므로 5봉지에 들어 있는
머리끈은 $300\times5=1500$ ➜ 약 1500개입니다.

22 21은 약 20, 31은 약 30으로 어림할 수 있습니다.
따라서 미나가 7월 한 달 동안 읽은 책은
$20\times30=600$ ➜ 약 600쪽입니다.

23 42는 약 40, 61은 약 60으로 어림할 수 있습니다.
따라서 61상자에 넣은 감자는
$40\times60=2400$ ➜ 약 2400개입니다.

4 (1단계) 한 상자에 들어 있는 망고는
$7\times3=21$(개)입니다. ▶2점
(2단계) 따라서 16상자에 들어 있는 망고는
$21\times16=336$(개)입니다. ▶3점
(답) 336개

5 (1단계) 94, 94, 43 (2단계) 43, 2193
(답) 2193

6 (1단계) 어떤 수를 ■라 하면 ■$-43=36$이므로
■$=36+43=79$입니다. ▶2점
(2단계) 따라서 바르게 계산한 값은
$79\times43=3397$입니다. ▶3점
(답) 3397

7 (1단계) (예) 2통에 들어 있는 바둑돌은 모두 몇 개
일까요?
(2단계) 246
(답) 246개

8 (1단계) (예) 선민이가 5개월 동안 읽은 책의 쪽수는
모두 몇 쪽일까요?
(2단계) 360, 5, 1800
(답) 1800쪽

7 (채점 가이드) 주어진 단어로 알맞은 문제를 만들고, $123\times2=246$
을 바르게 계산하여 답을 구했으면 정답으로 인정합니다.

8 (채점 가이드) 주어진 단어로 알맞은 문제를 만들고,
$360\times5=1800$을 바르게 계산하여 답을 구했으면 정답으로 인
정합니다.

032쪽 3STEP 서술형 문제 잡기

※서술형 문제의 예시 답안입니다.

1 (1단계) (2단계) 12, 십

$$\begin{array}{r} \overset{1}{} \\ 2\ 1\ 4 \\ \times3 \\ \hline 6\ 4\ 2 \end{array}$$

2 (1단계)

$$\begin{array}{r} \overset{1}{} \\ 4\ 3\ 8 \\ \times2 \\ \hline 8\ 7\ 6 \end{array}$$ ▶2점

(2단계) 일의 자리 계산 $8\times2=16$에서 십의 자리
로 올림한 수를 십의 자리 계산에 더해야 합니다.
▶3점

3 (1단계) 4, 36 (2단계) 36, 432
(답) 432개

034쪽 1단원 마무리

01 426
02 1, 4 / 2, 0 / 8, 0, 0 / 8, 3, 4
03 540 **04** 1088
05 1500 **06** 936
07 2526 **08**

$$\begin{array}{r} \overset{2}{} \\ 3\ 2\ 7 \\ \times3 \\ \hline 9\ 8\ 1 \end{array}$$

09 리아

10 (1) •———•
(2) •———•
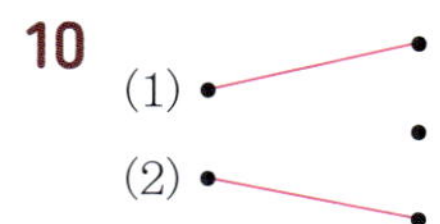

11 ⑳ 20, 60, 1200 / 1200

12 2328　　　　**13** >

14 26×12=312 (또는 26×12) / 312권

15 ⑳ 약 1400회　　　**16** ㉠, ㉢, ㉡

17 8　　　　**18** 8, 4 / 592

19 ❶ 한 상자에 들어 있는 곶감의 수 구하기 ▶ 2점
❷ 15상자에 들어 있는 곶감의 수 구하기 ▶ 3점

❶ (한 상자에 들어 있는 곶감의 수)
　=8×4=32(개)
❷ (15상자에 들어 있는 곶감의 수)
　=32×15=480(개)
답 480개

20 ❶ 어떤 수 구하기 ▶ 2점
❷ 바르게 계산한 값 구하기 ▶ 3점

❶ 어떤 수를 ■라 하면 ■＋14=75이므로
■=75−14=61입니다.
❷ 따라서 바르게 계산한 값은 61×14=854
입니다.
답 854

01 • 백 모형: 2×2=4(개)
• 십 모형: 1×2=2(개)
• 일 모형: 3×2=6(개)
➔ 213×2=426

02 • 일의 자리: 7×2=14　• 십의 자리: 10×2=20
• 백의 자리: 400×2=800
➔ 417×2=14＋20＋800=834

04
```
     3 2
   ×  3 4
   ─────
   1 2 8
   9 6 0
   ─────
   1 0 8 8
```

05 (모은 50원짜리 동전의 금액)
　=50×30=1500(원)

07
```
        1
     4 2 1
   ×     6
   ───────
   2 5 2 6
```

08 일의 자리 계산 7×3=21에서 십의 자리로 올림한
2를 십의 자리 계산에 더하지 않았습니다.

09 • 규민: 26×3=78 ➔ 26×30=780
• 리아: 19×4=76 ➔ 19×40=760
➔ 바르게 계산한 사람은 리아입니다.

10 (1)
```
     3 8
   × 5 6
   ─────
   2 2 8
   1 9 0 0
   ───────
   2 1 2 8
```
(2)
```
     7 4
   × 2 9
   ─────
   6 6 6
   1 4 8 0
   ───────
   2 1 4 6
```

11 22는 약 20, 59는 약 60으로 어림할 수 있습니다.
➔ 20×60=1200이므로 사탕은 약 1200개라고
　어림할 수 있습니다.

12 100이 5개이면 500
10이 8개이면 80 ⎫582 ➔ 582×4=2328
1이 2개이면 2 ⎭

13 8×46=368, 7×52=364
➔ 368>364

15 202는 약 200으로 어림할 수 있고 일주일은 7일입
니다.
따라서 200×7=1400 ➔ 약 1400회로 어림할 수
있습니다.

16 ㉠ 84×19=1596　　㉡ 75×20=1500
㉢ 92×17=1564
➔ 1596>1564>1500이므로 계산 결과가 큰 것
　부터 차례로 기호를 쓰면 ㉠, ㉢, ㉡입니다.

17 □×6의 일의 자리 수가 8인 경우는
□=3 또는 □=8입니다.
• □=3인 경우: 331×6=1986 (×)
• □=8인 경우: 381×6=2286 (○)
➔ □ 안에 알맞은 수는 8입니다.

18 4×78=312, 8×74=592
➔ 312<592이므로 계산 결과가 더 큰 곱셈식은
　8×74=592입니다.

2 나눗셈

1 (위에서부터) 10 / 3, 30 / 10
2 40, 10 / 8, 2 / 12 / 12
3 (1) 2 (2) 20
4 (1) 1, 10 (2) 3, 30
5 (1) (위에서부터) 41, 40, 1
　　(2) (위에서부터) 32, 30, 2
6 (1) 20 (2) 10 (3) 11 (4) 21

1 $90 \div 3$의 계산 결과는 $9 \div 3 = 3$의 계산 결과에 0을
붙인 것과 같습니다.
➔ $90 \div 3 = 30$

2 십 모형 4개를 똑같이 4묶음으로 나누면 한 묶음에
십 모형이 1개씩, 일 모형 8개를 똑같이 4묶음으로
나누면 한 묶음에 일 모형이 2개씩 있습니다.
➔ $48 \div 4 = 12$

3 (2) 십 모형 2개는 20이므로 $80 \div 4$의 몫은 20입니다.

6 (3) $\left.\begin{array}{l} 70 \div 7 = 10 \\ 7 \div 7 = 1 \end{array}\right\}$ ➔ $77 \div 7 = 11$

　 (4) $\left.\begin{array}{l} 60 \div 3 = 20 \\ 3 \div 3 = 1 \end{array}\right\}$ ➔ $63 \div 3 = 21$

1

$$
\begin{array}{r} 1 \\ 2\overline{)3\,4} \\ \hline 2\,0 \\ \hline 1\,4 \end{array}
\;\to\;
\begin{array}{r} 1\,7 \\ 2\overline{)3\,4} \\ \hline 2\,0 \\ \hline 1\,4 \\ 1\,4 \\ \hline 0 \end{array}
\quad
\begin{array}{r} 1\,7 \\ 2\overline{)3\,4} \\ \hline 2 \\ \hline 1\,4 \\ 1\,4 \\ \hline 0 \end{array}
$$

2 15　　　　　**3** 14
4 (1)
$$
\begin{array}{r} 1\,6 \\ 5\overline{)8\,0} \\ \hline 5\,0 \\ \hline 3\,0 \\ 3\,0 \\ \hline 0 \end{array}
\begin{array}{l} \\ \leftarrow 5 \times 10 \\ \\ \leftarrow 5 \times 6 \\ \\ \end{array}
$$
　　(2)
$$
\begin{array}{r} 2\,6 \\ 2\overline{)5\,2} \\ \hline 4\,0 \\ \hline 1\,2 \\ 1\,2 \\ \hline 0 \end{array}
\begin{array}{l} \\ \leftarrow 2 \times 20 \\ \\ \leftarrow 2 \times 6 \\ \\ \end{array}
$$

5 (1) 15 (2) 12

1 십의 자리에서 3에는 2가 1번 들어가므로 몫의 십의
자리에 1을 씁니다. 내림한 수 14에는 2가 7번 들어
가므로 몫의 일의 자리에 7을 씁니다.

4 나누어지는 수의 십의 자리를 먼저 나누어 몫을 십의
자리 위에 쓰고, 일의 자리를 나누어 몫을 일의 자리
위에 씁니다.

5 (1)
$$
\begin{array}{r} 1\,5 \\ 3\overline{)4\,5} \\ \hline 3 \\ \hline 1\,5 \\ 1\,5 \\ \hline 0 \end{array}
\quad
\begin{array}{r} 1\,2 \\ 6\overline{)7\,2} \\ \hline 6 \\ \hline 1\,2 \\ 1\,2 \\ \hline 0 \end{array}
$$
　　(2)

01 (1) 1, 10 (2) 3, 30
02 10
03 14, 31
04 >
05 55, 5, 11 / 11권
06 (　)(○)(　)
07 (1) 15 (2) 27
08
(1) •
(2) •
09 (1) 19 (2) 17
10 현우
11 43
12 13개

01 (1) $4 \div 4 = 1 \Rightarrow 40 \div 4 = 10$ (10배)

(2) $9 \div 3 = 3 \Rightarrow 90 \div 3 = 30$ (10배)

04 $42 \div 2 = 21$, $90 \div 9 = 10 \Rightarrow 21 > 10$

05 (책꽂이 한 칸에 꽂아야 하는 동화책의 수)
$=$(전체 동화책의 수)$\div$(책꽂이의 칸 수)
$=55 \div 5 = 11$(권)

06 $36 \div 3 = 12$, $26 \div 2 = 13$, $48 \div 4 = 12$
$\Rightarrow$ 몫이 다른 나눗셈은 $26 \div 2$입니다.

10 • 리아: $84 \div 3 = 28$
• 현우: $72 \div 2 = 36$
$\Rightarrow$ 계산을 바르게 한 사람은 현우입니다.

11 • $56 \div 4 = 14 \Rightarrow \bullet = 14$
• $87 \div 3 = 29 \Rightarrow \bigstar = 29$
$\Rightarrow \bullet + \bigstar = 14 + 29 = 43$

12 (만들 수 있는 모양의 수)
$=$(전체 성냥개비의 수)$\div$(모양 한 개를 만드는 데
　필요한 성냥개비의 수)
$=65 \div 5 = 13$(개)

1 3, 3 / 3, 나머지
/ $6 \overline{)21}$ 몫 3 / 3, 3 / $6 \overline{)21}$ 몫 3

2 (1) 5, 3　(2) 5, 3

3 (1) $7 \overline{)45}$ 몫 6 / 6, 3
　　$4 \ 2 \leftarrow 7 \times 6$
　　3

(2) $4 \overline{)93}$ 몫 23 / 23, 1
　　$8 \ 0 \leftarrow 4 \times 20$
　　$1 \ 3$
　　$1 \ 2 \leftarrow 4 \times 3$
　　1

4 (1) $6 \cdots 3$　(2) $24 \cdots 3$

2 (2) 23을 4로 나누면 몫은 5이고 3이 남습니다.
이때 3을 $23 \div 4$의 나머지라고 합니다.

3 (1) $45 \div 7 = 6 \cdots 3$이므로 몫은 6이고 3이 남습니다.
(2) $93 \div 4 = 23 \cdots 1$이므로 몫은 23이고 1이 남습니다.

4 (1) $6 \overline{)39}$ 몫 6　(2) $4 \overline{)99}$ 몫 24
　　$3 \ 6$　　　　　8
　　3　　　　　$1 \ 9$
　　　　　　　　$1 \ 6$
　　　　　　　　3

1 7, 1 / 예

2 7, 1 / 7, 28, 28, 1, 29

3 (1) 예 / 6, 2

(2) 6, 2, 32 / '맞습니다'에 ◯표

4 (1) 5, 2, 17　(2) 8, 1, 73

5 6, 3, 27

1 과자 29개를 4개씩 묶으면 7묶음이고 1개가 남습니다. ➡ $29 \div 4 = 7 \cdots 1$

2 나누는 수와 몫의 곱에 나머지를 더한 값이 나누어지는 수와 같으면 계산이 맞습니다.

3 ⑴ 모자 32개를 5개씩 묶으면 6묶음이고, 2개가 남습니다.
　　⑵ 나누는 수와 몫의 곱에 나머지를 더한 값이 나누어지는 수 32와 같으므로 계산 결과가 맞습니다.

4 (나누는 수)×(몫)=□,
　　□+(나머지)=(나누어지는 수)

5 나누는 수와 몫의 곱에 나머지를 더한 값이 나누어지는 수와 같으면 계산이 맞습니다.

050쪽 2STEP 수학익힘 문제 잡기

01 몫, 나머지
02 5, 4, 5, 1 / 5, 1
03 ⑴ $9 \cdots 2$ ⑵ $14 \cdots 3$
04 11, 6 / 11, 6
05 (위에서부터) 6, 1 / 3, 4
06 (　)(◯)
07 ⑴⑵ (선 잇기)
08
$$4) \overline{6\,5}$$
몫 16, 나머지 1
09 $<$
10 92
11 3개
12 ㉢, ㉠, ㉡
13 ㉡
14 9
15 ㉡
16 $98 \div 8 = 12 \cdots 2$ (또는 $98 \div 8$) / 12, 2
17 ⑴ 21명 ⑵ 3명
18 ⑴ 9, 4 / 9, 4, 49 ⑵ 13, 2 / 13, 2, 80
19 18, 2 / $3 \times 18 = 54$, $54 + 2 = 56$

---

20 ⑴
$$4) \overline{6\,0}$$
$4 \times 15 = 60$, 몫 15
　⑵
$$7) \overline{8\,8}$$
$7 \times 12 = 84$, $84 + 4 = 88$, 몫 12

21 은진
22 $51 \div 2 = 25 \cdots 1$ (또는 $51 \div 2$) / 25, 1
23 31

---

01 ■ ÷ ▲ = ● ⋯ ★
　　　　　　↑　↑
　　　　　몫　나머지

04
$$7) \overline{8\,3}$$
몫 11 ← 몫, 나머지 6 ← 나머지

05
$$5) \overline{3\,1}$$
몫 6 ← 몫, 나머지 1 ← 나머지
$$8) \overline{2\,8}$$
몫 3 ← 몫, 나머지 4 ← 나머지

06 ・$19 \div 2 = 9 \cdots 1$
　　・$24 \div 6 = 4$
　➡ 나누어떨어지는 나눗셈은 $24 \div 6$입니다.

07 ⑴
$$4) \overline{6\,7}$$
몫 16, 나머지 3
　⑵
$$6) \overline{7\,3}$$
몫 12, 나머지 1

08 나머지가 나누는 수보다 작도록 몫을 1만큼 더 크게 잡아 계산합니다.

09 $46 \div 7 = 6 \cdots 4$, $47 \div 6 = 7 \cdots 5$
　➡ 몫의 크기를 비교하면 $6 < 7$입니다.

10 ・$62 \div 8 = 7 \cdots 6$

    ・$86 \div 8 = 10 \cdots 6$

    ・$92 \div 8 = 11 \cdots 4$

    ➜ 8로 나누었을 때 나머지가 다른 것은 92입니다.

11 나머지는 나누는 수인 6보다 작아야 하므로 나머지가 될 수 있는 수는 3, 4, 5로 모두 3개입니다.

12 ㉠ $73 \div 5 = 14 \cdots 3$

    ㉡ $61 \div 4 = 15 \cdots 1$

    ㉢ $90 \div 7 = 12 \cdots 6$

    ➜ 나머지의 크기를 비교하면 $6 > 3 > 1$입니다.

13 나머지가 3이 되려면 나누는 수는 3보다 커야 합니다.

    ➜ 나머지가 3이 될 수 없는 나눗셈은 나누는 수가 2인 ㉡입니다.

14 ・$38 \div 7 = 5 \cdots 3$이므로 ㉠$=5$

    ・$76 \div 8 = 9 \cdots 4$이므로 ㉡$=4$

    ➜ ㉠과 ㉡의 합: $5 + 4 = 9$

15 $54 \div 4 = 13 \cdots 2$

    ㉠ 몫은 13이므로 15보다 작습니다.

    ㉡ 나머지가 2이므로 7보다 작습니다. (○)

    ㉢ 나머지가 있으므로 나누어떨어지지 않습니다.

16 $98 \div 8 = 12 \cdots 2$

    ➜ 꽃 장식을 12개 만들 수 있고, 2 cm가 남습니다.

17 ⑴ (모둠을 만든 학생 수)$=26 - 5 = 21$(명)

    ⑵ 2부터 6까지의 수 중에서 21을 나누어떨어지게 하는 수를 찾습니다.

      $21 \div 2 = 10 \cdots 1(\times)$ $21 \div 3 = 7(\bigcirc)$

      $21 \div 4 = 5 \cdots 1(\times)$ $21 \div 5 = 4 \cdots 1(\times)$

      $21 \div 6 = 3 \cdots 3(\times)$

      ➜ $21 \div 3 = 7$이므로 한 모둠에 모인 학생은 3명입니다.

18 나누는 수와 몫의 곱에 나머지를 더한 값이 나누어지는 수와 같으면 계산이 맞습니다.

19 $56 \div 3 = 18 \cdots 2$

    ➜ 확인: $3 \times 18 = 54, \ 54 + 2 = 56$

20 ♥$\div$▲$=$●$\cdots$★

    ➜ 확인: ▲$\times$●$=\square$, $\square + ★ = ♥$

21 ・은진: $5 \times 6 = 30, \ 30 + 4 = 34$

    ・수찬: $8 \times 7 = 56, \ 56 + 3 = 59$

    따라서 계산을 바르게 한 사람은 은진입니다.

22 나누는 수와 몫의 곱에 나머지를 더한 값이 나누어지는 수와 같으면 계산이 맞는 것이므로 나누는 수는 2, 몫은 25, 나머지는 1입니다.

    ➜ $51 \div 2 = 25 \cdots 1$

               몫 나머지

23 어떤 수를 $\square$라 하면 $\square \div 4 = 7 \cdots 3$입니다.

    $4 \times 7 = 28, \ 28 + 3 = 31$이므로 $\square = 31$입니다.

054쪽 **1STEP 교과서 개념 잡기**

1
$$5 \overline{)467} \rightarrow 5 \overline{)467}$$

         9 ··· 45 ··· 1   93 ··· 45 ··· 17 ··· 15 ··· 2

2 ⑴
$$6 \overline{)258} \rightarrow 6 \overline{)258}$$

         4 ··· 24 ··· 1   43 ··· 24 ··· 18 ··· 18 ··· 0

    ⑵ 43

3 ⑴
$$2 \overline{)203}$$
    101 ··· 2 ··· 3 ··· 2 ··· 1

    ⑵
$$5 \overline{)412}$$
    82 ··· 40 ··· 12 ··· 10 ··· 2

4 ⑴ 56   ⑵ $140 \cdots 3$

1 백의 자리에서 4를 5로 나눌 수 없으므로 십의 자리에서 46을 5로 나눕니다.
나누고 남은 1과 일의 자리 수의 합을 한 번 더 나누면 2가 남습니다.

2 (1) 백의 자리에서 2를 6으로 나눌 수 없으므로 십의 자리에서 25를 6으로 나누어 몫의 십의 자리에 4를 씁니다.
나누고 남은 1과 일의 자리 수 8을 합한 18을 6으로 나누어 몫의 일의 자리에 3을 씁니다.

3 백의 자리, 십의 자리, 일의 자리 순서로 몫을 계산합니다.

4 (1)
```
        5 6
    7 ) 3 9 2
        3 5
        ̅ ̅ ̅ ̅
          4 2
          4 2
        ̅ ̅ ̅ ̅
            0
```
(2)
```
        1 4 0
    7 ) 9 8 3
        7
        ̅ ̅ ̅ ̅
          2 8
          2 8
        ̅ ̅ ̅ ̅
            3
```

056쪽 1STEP 교과서 개념 잡기

1 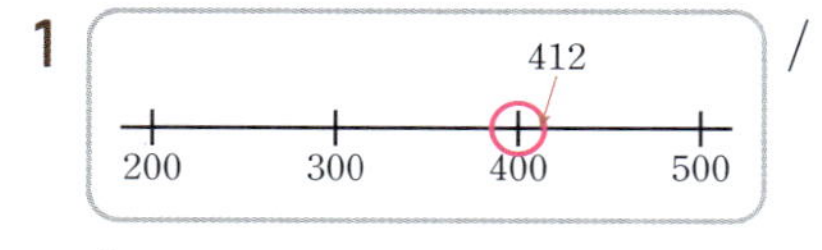

/ 400
/ 400, 50, 50

2 60 / 60, 10, 10

3 (1) 80÷4에 색칠 (2) 250÷5에 색칠

4 (1) 200 (2) 200, 40, 40

2 두 자리 수를 어림할 때는 가장 가까운 몇십으로 어림합니다.

3 (1) 81은 80과 가장 가까우므로 80÷4에 색칠합니다.
(2) 249는 250과 가장 가까우므로 250÷5에 색칠합니다.

4 (1) 202는 약 200으로 어림할 수 있습니다.
(2) 200÷5=40이므로 마카롱은 약 40상자가 됩니다.

058쪽 2STEP 수학익힘 문제 잡기

01 (1) 144 (2) 35…6 (3) 145…4
02 92
03 (위에서부터) 204, 2 / 87, 5
04 <
05 154÷4=38…2 (또는 154÷4) / 38, 2
06 120명   **07** 279
08 은희   **09** 3, 143
10 (1) 20에 색칠 (2) 20에 색칠
11 30 / 90, 30
12 예 480, 80 / '부족합니다'에 ○표

03
```
        2 0 4 ← 몫
    3 ) 6 1 4
        6
        ̅ ̅ ̅ ̅
          1 4
          1 2
        ̅ ̅ ̅ ̅
            2 ← 나머지
```
```
          8 7 ← 몫
    7 ) 6 1 4
        5 6
        ̅ ̅ ̅ ̅
          5 4
          4 9
        ̅ ̅ ̅ ̅
            5 ← 나머지
```

04 • 580÷5=116   • 847÷7=121
➔ 116<121

06 (나누어 줄 수 있는 사람 수)=720÷6=120(명)

07 845÷3=281…2
➔ ●−★=281−2=279

08 • 진우: 538÷4=134…2
• 은희: 326÷7=46…4
• 성민: 263÷5=52…3
➔ 나머지가 가장 큰 사람은 은희입니다.

09 81÷6=13…3 ➔ ♥=3
429÷3=143 ➔ ◆=143

10 (1) 98은 약 100으로 어림할 수 있습니다.
➔ 어림셈: 100÷5=20
(2) 162는 약 160으로 어림할 수 있습니다.
➔ 어림셈: 160÷8=20

11 88보다 큰 90으로 어림하여 구한 값이 30이므로 88÷3의 계산 결과는 30보다 작습니다.

12 482는 480보다 크므로 테니스공을 한 상자에 6개씩 담을 때 필요한 상자는 80개보다 많아야 합니다.
따라서 상자 80개는 부족합니다.

※서술형 문제의 예시 답안입니다.

1 [1단계] 6　　　　[2단계] 4, 5
[답] 4, 5

2 [1단계] 나머지는 나누는 수인 8보다 작아야 합니다. ▶2점
[2단계] 따라서 나머지가 될 수 있는 수는 5, 6, 7입니다. ▶3점
[답] 5, 6, 7

3 [1단계]
$$\begin{array}{r} 2\,9 \\ 3\overline{)8\,8} \\ 6 \\ \hline 2\,8 \\ 2\,7 \\ \hline 1 \end{array}$$
[2단계] 3

4 [1단계]
$$\begin{array}{r} 5\,2 \\ 8\overline{)4\,1\,9} \\ 4\,0 \\ \hline 1\,9 \\ 1\,6 \\ \hline 3 \end{array}$$　▶2점
[2단계] 나머지 11이 나누는 수 8보다 크므로 몫을 더 크게 바꾸어 계산해야 합니다. ▶3점

5 [1단계] 11, 3
[2단계] 77, 77, 3, 80, 80
[답] 80

6 [1단계] 어떤 수를 ■라 하여 나눗셈식을 만들면 ■÷6=13…5입니다. ▶2점
[2단계] 6×13=78, 78+5=83이므로 어떤 수는 83입니다. ▶3점
[답] 83

7 [1단계] 3　　　　[2단계] 3, 6, 5, 6, 5
[몫] 6　[나머지] 5

8 [예] [1단계] 4, 7, 9
[2단계] 47÷9=5…2이므로 몫은 5, 나머지는 2입니다.
[몫] 5　[나머지] 2

8 [채점 가이드] 고른 수 카드 3장에 따라 몫과 나머지가 다양하게 나올 수 있습니다.
[주의] 나누어떨어지는 나눗셈식을 만들었을 경우 나머지를 0으로 적습니다.

01 10　　　　**02** 3, 1 / 6, 30 / 2, 1
03 <　　　　**04** 56
05
$$\begin{array}{r} 5 \\ 9\overline{)5\,1} \\ 4\,5 \\ \hline 6 \end{array}$$ / 5, 6
06
$$\begin{array}{r} 1\,7 \\ 5\overline{)8\,5} \\ 5 \\ \hline 3\,5 \\ 3\,5 \\ \hline 0 \end{array}$$

07 (○)(　)(　)

08 11, 5 / 11, 5, 93

09
$$\begin{array}{r} 1\,6 \\ 6\overline{)9\,8} \\ 6 \\ \hline 3\,8 \\ 3\,6 \\ \hline 2 \end{array}$$
10 (1), (2) 연결

11 ㉡　　　　**12** [예] 약 20상자
13 46÷6=7…4 (또는 46÷6) / 7, 4
14 (위에서부터) 109, 2 / 54, 6
15 현우　　　　**16** 24일
17 80÷3=26…2(또는 80÷3) / 26, 2
18 15개

19 ❶ 나머지와 나누는 수의 관계 알기 ▶ 2점
❷ 나머지가 될 수 있는 수 구하기 ▶ 3점

❶ 나머지는 나누는 수인 7보다 작아야 합니다.
❷ 따라서 나머지가 될 수 있는 수는 5, 6입니다.
[답] 5, 6

20 ❶ 어떤 수를 □라 하여 나눗셈식 만들기 ▶ 2점
❷ 어떤 수 구하기 ▶ 3점

❶ 어떤 수를 □라 하여 나눗셈식을 만들면 □÷9=12…4입니다.
❷ 9×12=108, 108+4=112이므로 어떤 수는 112입니다.
[답] 112

03 • 80÷8=10　　• 90÷5=18
➜ 10 < 18

05 51÷9=5…6이므로 몫은 5, 나머지는 6입니다.

06 나누어지는 수의 십의 자리를 먼저 나누어 몫을 십의 자리 위에 쓰고, 남은 수와 일의 자리를 더한 값을 나누어 몫을 일의 자리 위에 씁니다.

07 $24 \div 2 = 12$, $80 \div 5 = 16$, $48 \div 3 = 16$
→ 몫이 다른 나눗셈은 $24 \div 2$입니다.

08 나누는 수와 몫의 곱에 나머지를 더한 값이 나누어지는 수와 같으면 계산이 맞습니다.

09 나머지는 나누는 수보다 작아야 하는데 나머지 8은 나누는 수 6보다 크므로 잘못된 계산입니다.

10 (1) $69 \div 5 = 13 \cdots 4$
(2) $77 \div 3 = 25 \cdots 2$

11 ㉠ $47 \div 5 = 9 \cdots 2$　　㉡ $95 \div 6 = 15 \cdots 5$
㉢ $620 \div 8 = 77 \cdots 4$
→ 나머지의 크기를 비교하면 $5 > 4 > 2$이므로 나머지가 가장 큰 것은 ㉡입니다.

12 61은 약 60으로 어림할 수 있습니다.
$60 \div 3 = 20$이므로 쿠기는 약 20상자가 됩니다.

13 $46 \div 6 = 7 \cdots 4$이므로 몫은 7, 나머지는 4입니다.
→ 한 봉지에 감자를 7개씩 담을 수 있고, 4개가 남습니다.

14 ・$438 \div 4 = 109 \cdots 2$
・$438 \div 8 = 54 \cdots 6$

15 $396 \div 8 = 49 \cdots 4$이므로 실제에 더 가깝게 어림한 사람은 현우입니다.

16 $187 \div 8 = 23 \cdots 3$이므로 8쪽씩 23일 동안 읽고 남은 3쪽도 읽어야 합니다.
따라서 위인전을 모두 읽는 데 24일이 걸립니다.

17 나누는 수와 몫의 곱에 나머지를 더한 값이 나누어지는 수와 같으면 계산이 맞습니다.
따라서 나누는 수는 3, 몫은 26, 나머지는 2입니다.
→ $80 \div 3 = 26 \cdots 2$
　　　　　　몫　나머지

18 (전체 공의 수)$= 28 + 17 = 45$(개)
→ (필요한 바구니의 수)$= 45 \div 3 = 15$(개)

---

3 원

068쪽 1STEP 교과서 개념 잡기

1 (1) 원의 중심　　(2) 반지름　　(3) 지름
2 (1) 점 ㄷ
(2) **예** 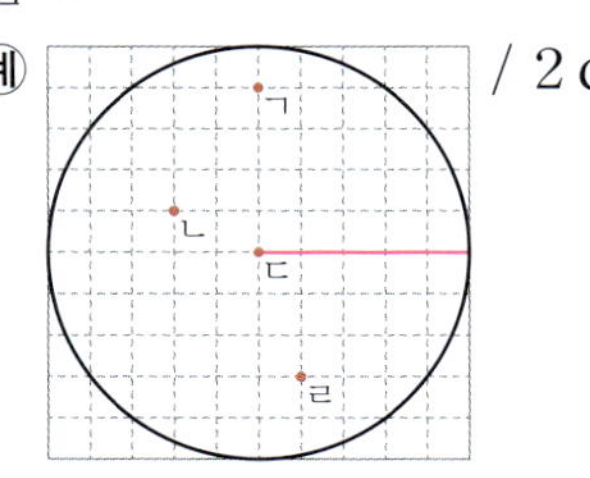 / 2 cm
3 (1) 선분 ㄴㄷ(또는 선분 ㄷㄴ)
(2) 선분 ㄷㄹ(또는 선분 ㄹㄷ)
4 준호

2 (1) 원 위의 점까지의 길이가 모두 같도록 원의 가장 안쪽에 있는 점을 찾으면 점 ㄷ입니다.
(2) 위치나 방향에 관계없이 원의 중심과 원 위의 한 점을 잇는 선분을 그은 후 자로 길이를 재어 보면 2 cm입니다.

3 원의 중심을 지나도록 원 위의 두 점을 이은 선분을 찾습니다.

4 한 원에서 반지름과 지름은 무수히 많이 그을 수 있습니다.

070쪽 1STEP 교과서 개념 잡기

1 (1) 똑같이 둘로　　(2) 지름
2 2, 2
3 (　　)(○)(　　)
4 (1) ㄱㄹ(또는 ㄹㄱ)　　(2) 중심
(3) ㄱㄹ(또는 ㄹㄱ)
5 (1) 12　　(2) 6　　(3) 2
6 (1) 10　　(2) 7

2
- 원의 지름은 반지름의 2배입니다.
- 원의 반지름은 지름의 반입니다.

3 원의 지름은 원을 똑같이 둘로 나누므로 원의 지름을 따라 표시된 것을 찾습니다.

4 (3) 원의 지름은 원 안에 그을 수 있는 가장 긴 선분이므로 선분 ㄱㄹ입니다.

5 (3) $6 \times 2 = 12 \, (\text{cm})$ ➡ (지름)=(반지름)$\times 2$

6 (1) (지름)=(반지름)$\times 2 = 5 \times 2 = 10 \, (\text{cm})$
(2) (반지름)=(지름)$\div 2 = 14 \div 2 = 7 \, (\text{cm})$

1 중심, 반지름
2 ㄷ, ㄱ
3 ( )( )(○)
4
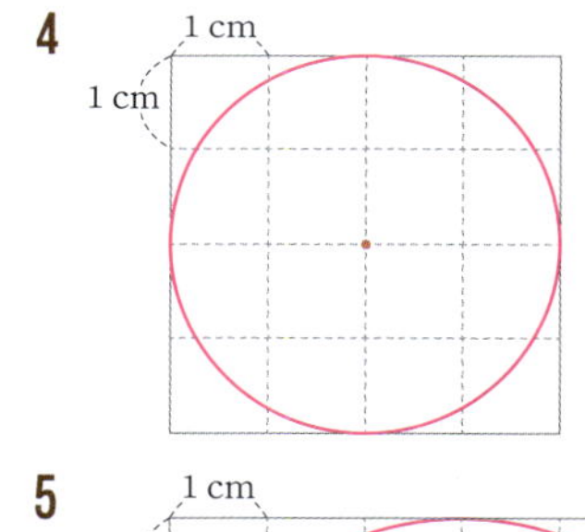
5
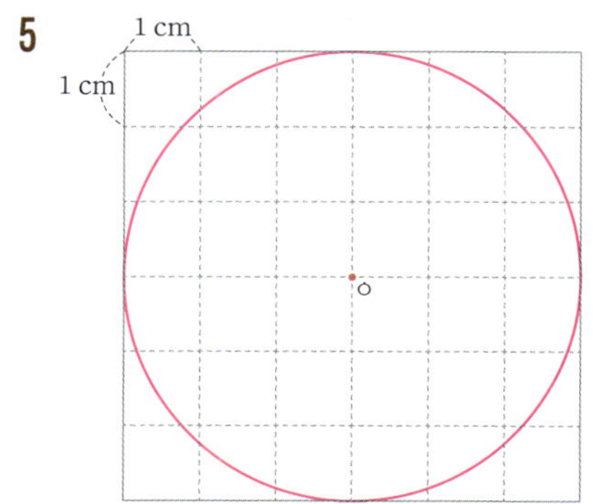

3 컴퍼스의 침을 자의 눈금 0에 맞추고 $4 \, \text{cm}$만큼 벌린 것을 찾습니다.

4 주어진 원의 반지름은 $2 \, \text{cm}$이고, 모눈 한 칸의 길이는 $1 \, \text{cm}$이므로 컴퍼스의 침과 연필심 사이를 모눈 2칸($2 \, \text{cm}$)만큼 벌려서 원을 그립니다.

5 모눈 한 칸의 길이는 $1 \, \text{cm}$이므로 컴퍼스의 침과 연필심 사이를 모눈 3칸($3 \, \text{cm}$)만큼 벌려서 원을 그립니다.

01 지름, 원의 중심, 반지름
02 선분 ㅇㄱ(또는 선분 ㄱㅇ),
선분 ㅇㄹ(또는 선분 ㄹㅇ)
03 예
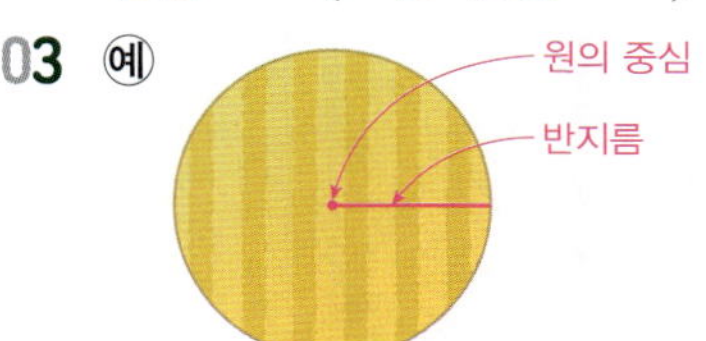

04 예 / 4 cm
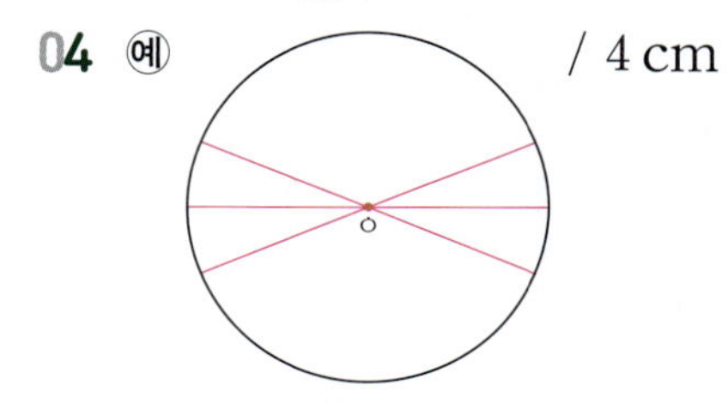

05 3 cm, 6 cm
06 8, 8
07 ㄷ
08 20 cm
09 예 / 지름
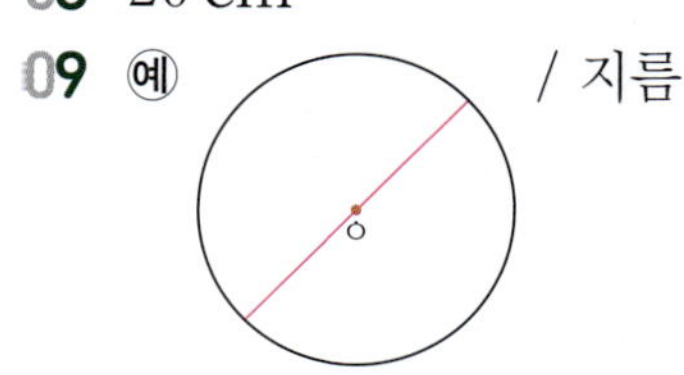

10 선분 ㄷㄹ(또는 선분 ㄹㄷ)
11 6 cm
12 ㄴ
13 현우
14 8 cm
15 15 cm
16

17

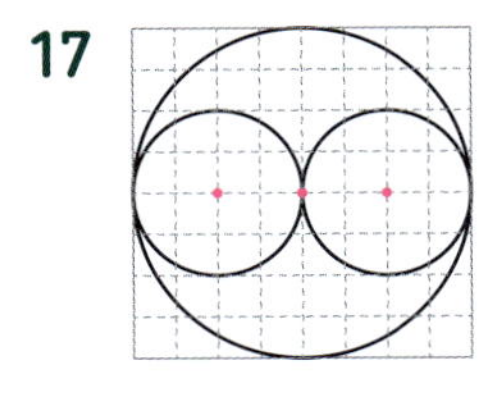

18

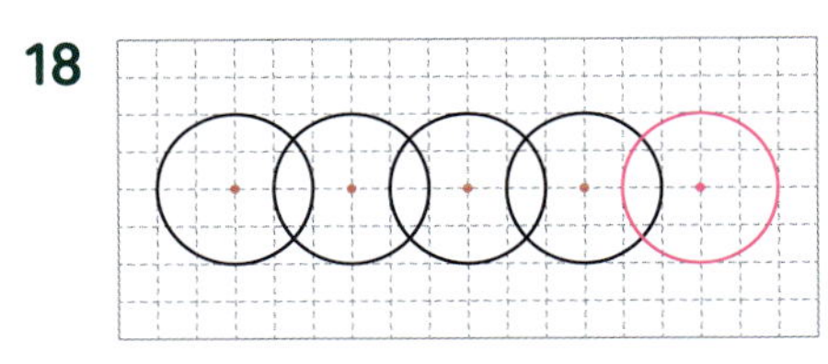

/ 3, '같습니다'에 ◯표

19 5 cm

20

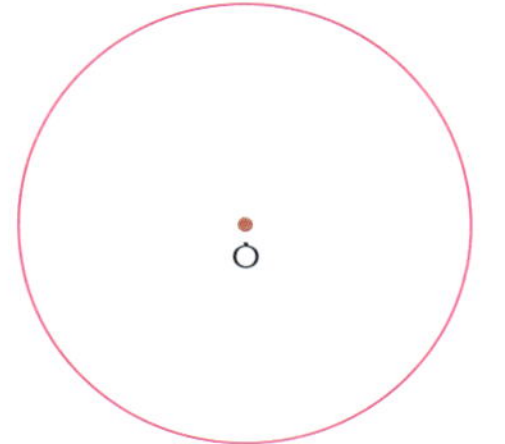

21

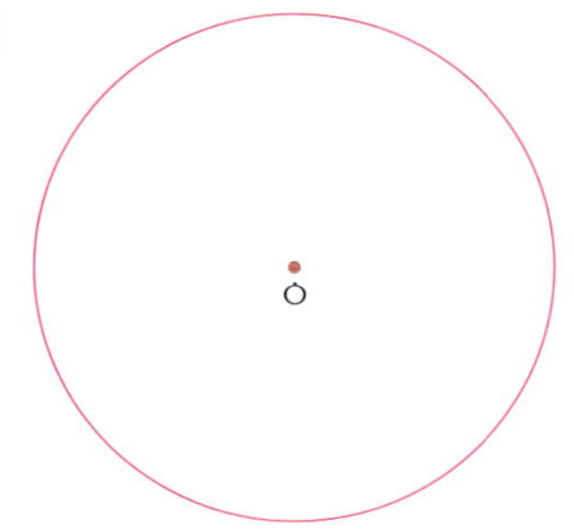

22

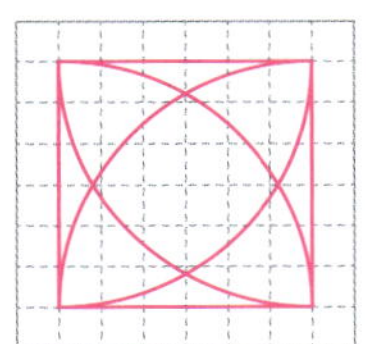

23

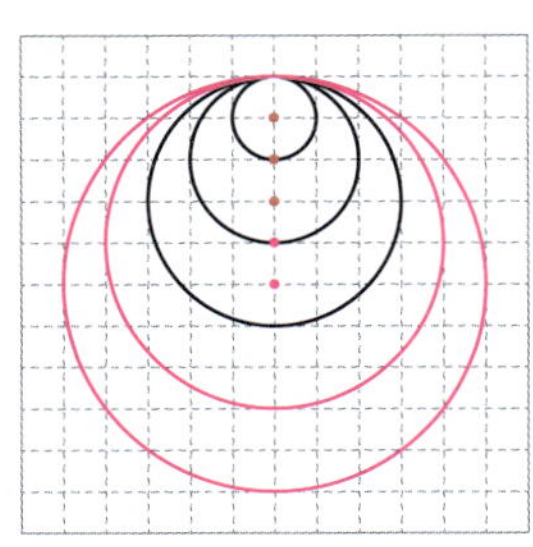

24 3 cm

01 • 원의 중심: 원을 그릴 때 누름 못이 꽂혔던 점
　　• 반지름: 원의 중심과 원 위의 한 점을 이은 선분
　　• 지름: 원의 중심을 지나도록 원 위의 두 점을 이은
　　　선분

02 원의 중심인 점 ㅇ과 원 위의 한 점을 이은 선분을
　　모두 찾습니다.

03 • 원의 중심: 원을 그릴 때 누름 못이 꽂혔던 점
　　• 반지름: 원의 중심과 원 위의 한 점을 이은 선분

04 원의 중심인 점 ㅇ을 지나는 선분을 3개 긋고, 선분
　　의 길이를 자로 재면 4 cm입니다.
　　참고 한 원에서 그은 지름은 길이가 모두 같습니다.

05 • 반지름: 원의 중심과 원 위의 한 점을 이은 선분
　　　　　　→ 3 cm
　　• 지름: 원의 중심을 지나도록 원 위의 두 점을 이은
　　　선분 → 6 cm

06 한 원에서 반지름은 길이가 모두 같습니다.

07 누름 못을 꽂은 점에서 연필을 꽂는 위치가 멀수록
　　원을 더 크게 그릴 수 있습니다.
　　→ 원을 더 크게 그리려면 ㉢에 연필을 꽂고 그려야
　　　합니다.

08 모눈 한 칸의 길이가 5 cm이므로
　　(지름)=5×4=20 (cm)입니다.

09 원의 중심을 지나는 선분을 1개 긋습니다.
　　→ 원 안에 그을 수 있는 선분 중 가장 긴 선분은 원
　　　의 지름입니다.

10 원 안에 그을 수 있는 선분 중 길이가 가장 긴 선분
　　은 원의 지름입니다. 따라서 원의 중심을 지나는 선
　　분 ㄷㄹ이 가장 깁니다.

11 (지름)=12 cm
　　→ (반지름)=12÷2=6 (cm)

12 ㉠ 원의 지름은 선분 ㄱㄹ입니다.
　　㉢ 반지름은 선분 ㅇㄱ과 선분 ㅇㄹ입니다.
　　→ 바르게 설명한 것은 ㉡입니다.

13 현우: (지름)=7×2=14 (cm)
　　→ 지름의 길이를 비교하면 14 cm>8 cm이므로
　　　크기가 더 큰 원을 그린 사람은 현우입니다.
　　다른 풀이 미나: (반지름)=8÷2=4 (cm)
　　→ 반지름의 길이를 비교하면 7 cm>4 cm이므로
　　　크기가 더 큰 원을 그린 사람은 현우입니다.

14 원의 지름은 정사각형의 한 변의 길이와 같으므로
16 cm입니다.

→ (반지름)=16÷2=8 (cm)

15 선분 ㄱㄴ의 길이는 반지름의 길이 3개와 같습니다.
(반지름)=10÷2=5 (cm)

→ (선분 ㄱㄴ)=5×3=15 (cm)

16 컴퍼스의 침과 연필심 사이를 선분의 길이만큼 벌려
서 원을 그립니다.

`다른 풀이` 주어진 선분의 길이를 자로 재어 보면 1 cm
이므로 컴퍼스의 침과 연필심 사이를 1 cm만큼 벌
려서 원을 그립니다.

17 컴퍼스의 침을 꽂는 곳은 원의 중심이므로 원의 중심
이 되는 점을 모두 찾습니다.

18 원의 중심이 오른쪽으로 3칸씩 이동하고, 원의 반지
름은 2칸으로 모두 같습니다.

19 컴퍼스의 침과 연필심 사이를 5 cm만큼 벌렸으므로
그린 원의 반지름은 5 cm입니다.

20 ① 나침반의 중심에 컴퍼스의 침을 꽂고 반지름만큼
컴퍼스를 벌립니다.
② 컴퍼스의 침을 점 ㅇ에 꽂고 원을 그립니다.

`다른 풀이` 나침반의 반지름을 자로 재어 보면 1.5 cm
이므로 컴퍼스의 침과 연필심 사이를 1.5 cm만큼
벌려서 원을 그립니다.

21 (반지름)=4÷2=2 (cm)

→ 컴퍼스의 침과 연필심 사이를 2 cm만큼 벌려서
반지름이 2 cm인 원을 그립니다.

22 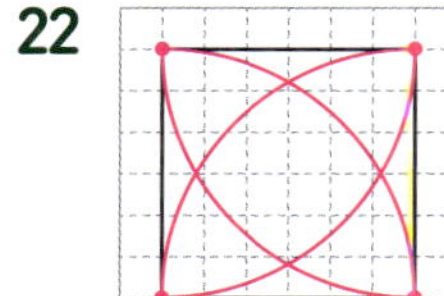

① 정사각형을 그립니다.
② 정사각형의 네 꼭짓점을 원의 중심으로 하고 반지
름이 정사각형의 한 변과 같은 원의 일부분을 4개
그립니다.

23 원의 중심이 아래쪽으로 1칸씩 이동하고, 원의 반지
름이 1칸씩 늘어나는 규칙입니다.

24 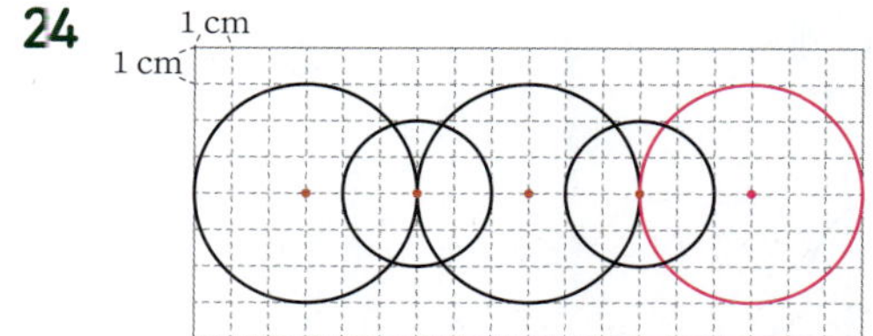

원의 중심은 오른쪽으로 3칸씩 이동하고, 원의 반지
름은 3칸과 2칸이 반복됩니다. 다섯 번째에 그려질
원은 원의 중심을 오른쪽으로 3칸 이동하고 반지름
은 3칸으로 그립니다. 모눈 한 칸의 길이가 1 cm이
므로 원의 반지름은 3 cm입니다.

※서술형 문제의 예시 답안입니다.

1 (1단계) 2, 7　　(2단계) 반지름, 7
(답) 7 cm

2 (1단계) 원의 반지름은 22÷2=11 (cm)입니다.
▶3점

(2단계) 컴퍼스의 침과 연필심 사이의 거리는 원의
반지름과 같으므로 11 cm만큼 벌려야 합니다.
▶2점

(답) 11 cm

3 (1단계) 4　　(2단계) 4, 32
(답) 32 cm

4 (1단계) 상자의 긴 쪽의 길이는 마카롱 반지름의 6
배입니다. ▶2점

(2단계) 따라서 상자의 긴 쪽의 길이는
2×6=12 (cm)입니다. ▶3점

(답) 12 cm

5 (1단계) 27　　(2단계) 27, 16, 8, 8
(답) 8 cm

6 (1단계) 원의 반지름을 ■ cm라 하면
■＋■＋16=36입니다. ▶2점

(2단계) ■＋■=36−16=20이므로 ■=10입
니다.
따라서 원의 반지름은 10 cm입니다. ▶3점

(답) 10 cm

7 규칙 '같고'에 ○표, 1

8 예
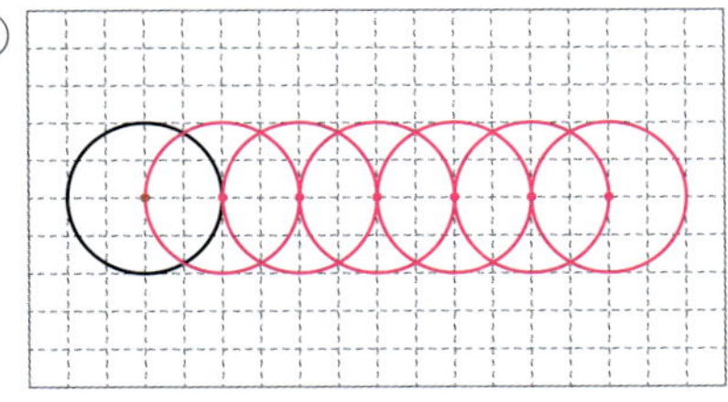

규칙 원의 중심이 오른쪽으로 2칸씩 이동하고 원의 반지름이 같습니다.

8 채점 가이드 다양한 형태의 답이 나올 수 있습니다. 그린 모양과 설명한 규칙이 맞으면 정답으로 인정합니다.

080쪽 **3단원 마무리**

01 점 ㄹ

02 선분 ㅇㄹ(또는 선분 ㄹㅇ)

03 선분 ㄷㅁ(또는 선분 ㅁㄷ)

04 3 cm

05 예 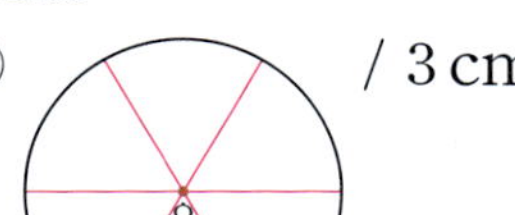 / 3 cm

06 16

07 

08 5, 5

09 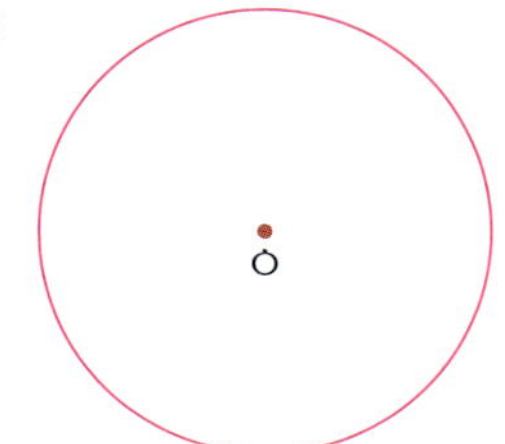

10 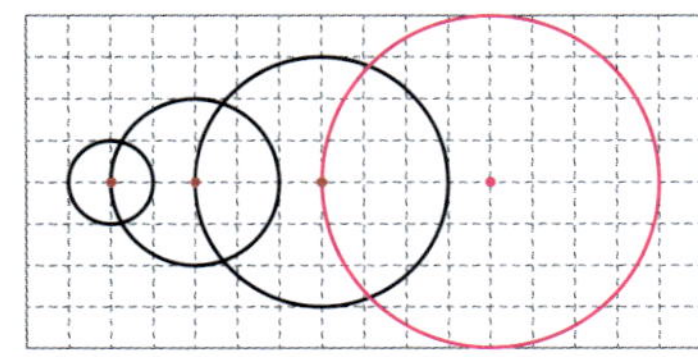

11 5 cm

12 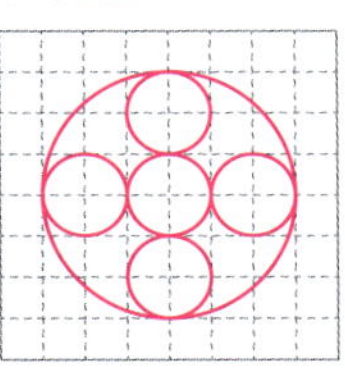

13 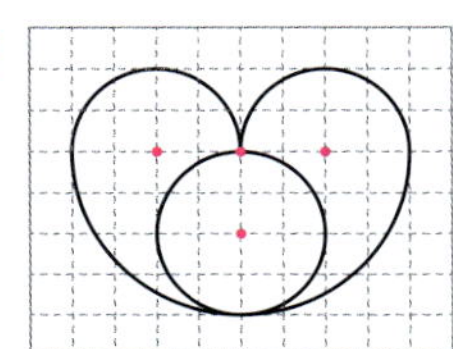

14 ㉢

15 효영

16 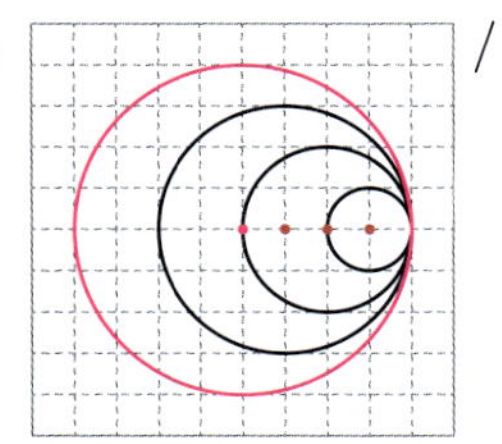 / 1, 1

17 7 cm

18 28 cm

 ※서술형 문제의 예시 답안입니다.

19 ❶ 원의 반지름 구하기 ▶ 3점
❷ 컴퍼스의 침과 연필심 사이의 간격 구하기 ▶ 2점

❶ 원의 반지름은 20÷2＝10 (cm)입니다.
❷ 컴퍼스의 침과 연필심 사이의 거리는 원의 반지름과 같으므로 10 cm만큼 벌려야 합니다.
답 10 cm

20 ❶ 상자의 긴 쪽의 길이는 반지름의 몇 배인지 구하기 ▶ 2점
❷ 상자의 긴 쪽의 길이 구하기 ▶ 3점

❶ 상자의 긴 쪽의 길이는 비스킷 반지름의 8배입니다.
❷ 따라서 상자의 긴 쪽의 길이는 3×8＝24 (cm)입니다.
답 24 cm

03 원 안에 그을 수 있는 선분 중 길이가 가장 긴 선분은 원의 지름입니다. 따라서 원의 중심을 지나는 선분 ㄷㅁ이 가장 깁니다.

04 컴퍼스의 침과 연필심 사이를 3 cm만큼 벌렸으므로 그린 원의 반지름은 3 cm입니다.

06 (반지름)=8 cm

　→ (지름)=8×2=16 (cm)

07 컴퍼스의 침과 연필심 사이를 1 cm만큼 벌려서 원을 그립니다.

　참고　컴퍼스를 이용하여 원을 그릴 때에는 원의 반지름만큼 컴퍼스를 벌려야 합니다.

09 컴퍼스의 침과 연필심 사이를 선분의 길이만큼 벌려서 원을 그립니다.

　다른 풀이　주어진 선분의 길이를 자로 재어 보면 1.5 cm이므로 컴퍼스의 침과 연필심 사이를 1.5 cm만큼 벌려서 원을 그립니다.

11 (지름)=10 cm

　→ (반지름)=10÷2=5 (cm)

12

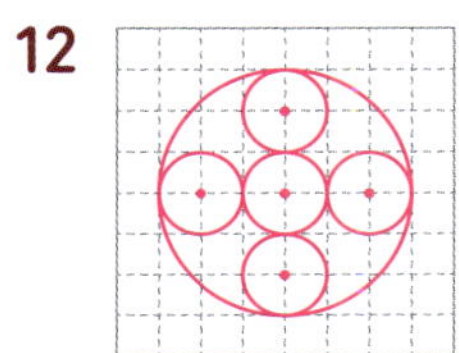

원의 중심이 되는 곳을 찾아 컴퍼스를 이용하여 주어진 모양과 똑같이 그립니다.

13 컴퍼스의 침을 꽂는 곳은 원의 중심이므로 원의 중심이 되는 점을 모두 찾습니다.

14 ㉠ 원의 중심은 점 ㅇ으로 1개입니다.
　㉡ 원을 똑같이 둘로 나누는 선분은 선분 ㄷㄹ입니다.
　→ 바르게 설명한 것은 ㉡입니다.

15 효영: (반지름)=6÷2=3 (cm)
　→ 반지름의 길이를 비교하면 3 cm<4 cm<5 cm이므로 크기가 가장 작은 원을 그린 사람은 효영입니다.

17 원의 지름은 정사각형의 한 변의 길이와 같으므로 14 cm입니다.
　→ (반지름)=14÷2=7 (cm)

18 사각형 ㄱㄴㄷㄹ은 네 변이 모두 원의 반지름과 같습니다.
　(원의 반지름)=14÷2=7 (cm)
　→ (사각형 ㄱㄴㄷㄹ의 네 변의 길이의 합)
　　=7+7+7+7=28 (cm)

4 분수

1 4, 1 / 4, 3, $\dfrac{3}{4}$

2 (1) 3　(2) 3, 1, $\dfrac{1}{3}$

3 9, 5, $\dfrac{5}{9}$　　　　**4** (1) $\dfrac{1}{7}$　(2) $\dfrac{5}{7}$

3 색칠한 부분은 전체를 똑같이 9묶음으로 나눈 것 중의 5묶음이므로 전체의 $\dfrac{5}{9}$입니다.

4 (1) ♥ 2개는 전체를 똑같이 7로 나눈 것 중의 1입니다. → 2는 14의 $\dfrac{1}{7}$입니다.
　(2) ♥ 10개는 전체를 똑같이 7로 나눈 것 중의 5입니다. → 10은 14의 $\dfrac{5}{7}$입니다.

1 2, 2 / 10, 10

2 (1) 예

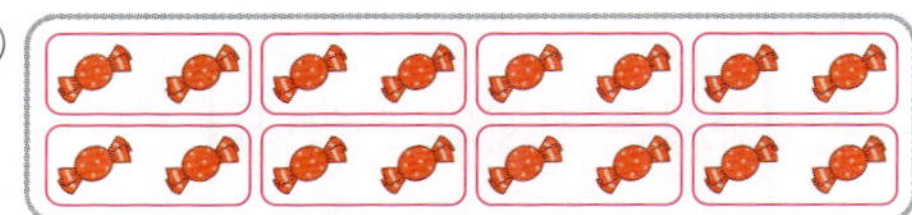

　(2) 2, 2

3 (1) 2　(2) 6　　　　**4** (1) 3　(2) 9

1 12 cm를 똑같이 6부분으로 나눈 것 중의 1부분은 2 cm이므로 12 cm의 $\dfrac{1}{6}$은 2 cm입니다.
　→ 12 cm의 $\dfrac{5}{6}$는 10 cm입니다.

4 (1) 구슬 15개를 똑같이 5묶음으로 나눈 것 중의 1묶음은 3개입니다.
　(2) 구슬 24개를 똑같이 8묶음으로 나눈 것 중의 3묶음은 9개입니다.

090쪽 2STEP 수학익힘 문제 잡기

01 (1) 2 (2) $\frac{1}{5}$ **02** (1) 7 (2) $\frac{3}{7}$

03 $\frac{1}{5}$ **04** 2 / 1 / 4

05 (예) / 8, 16

06 (1) 6 (2) 30 **07** (1) 4 (2) 6

08 / 9

09 (1) (2)

10 28 cm

11 (예)

12 (1) 3개 (2) 21개 (3) 6개

---

02 (2) 복숭아 9개는 전체를 똑같이 7로 나눈 것 중의 3
이므로 전체의 $\frac{3}{7}$입니다. → 9는 21의 $\frac{3}{7}$입니다.

03 20을 4씩 묶으면 5묶음이고 4는 5묶음 중의 1묶음
입니다.
→ 백합 4송이는 전체의 $\frac{1}{5}$입니다.

04 • 30을 2씩 묶으면 15묶음이고 4는 15묶음 중의 2
묶음입니다.
• 30을 5씩 묶으면 6묶음이고 5는 6묶음 중의 1묶음
입니다.
• 30을 6씩 묶으면 5묶음이고 24는 5묶음 중의 4묶
음입니다.

07 (1) 16을 똑같이 4묶음으로 나눈 것 중의 1묶음은 4
입니다. → 16의 $\frac{1}{4}$은 4입니다.
(2) 15를 똑같이 5묶음으로 나눈 것 중의 2묶음은 6
입니다. → 15의 $\frac{2}{5}$는 6입니다.

08 12 cm를 똑같이 4부분으로 나눈 것 중의 1부분은
3 cm이므로 3부분은 $3 \times 3 = 9$ (cm)입니다.

09 (1) 14 m를 똑같이 7부분으로 나눈 것 중의 1부분은
2 m입니다.
(2) 18 m를 똑같이 9부분으로 나눈 것 중의 2부분은
4 m입니다.

10 32 cm의 $\frac{7}{8}$은 32 cm를 똑같이 8부분으로 나눈 것
중의 7부분이므로 28 cm입니다.
→ 은호가 사용한 종이테이프의 길이는 28 cm입니다.

11 • ○ 20개를 똑같이 5묶음으로 나눈 것 중의 1묶음
은 4개입니다. → 4개를 빨간색으로 색칠합니다.
• ○ 20개를 똑같이 5묶음으로 나눈 것 중의 4묶음
은 16개입니다. → 16개를 파란색으로 색칠합니다.

12 (1) 24의 $\frac{1}{8}$은 3입니다.
→ 준규가 먹은 찹쌀떡은 3개입니다.
(2) (준규가 먹고 남은 찹쌀떡의 수)
$= 24 - 3 = 21$(개)
(3) 21의 $\frac{1}{7}$은 3이므로 21의 $\frac{2}{7}$는 6입니다.
→ 희수가 먹은 찹쌀떡은 6개입니다.

092쪽 1STEP 교과서 개념 잡기

1 진분수, 가분수, 자연수 / $\frac{2}{4}$, $\frac{5}{4}$, $\frac{8}{4}$

2 (1) (예) , $\frac{1}{2}$ / , $\frac{2}{2}$
/ (예) , $\frac{3}{2}$
(2) $\frac{1}{2}$, '진분수'에 ○표 / $\frac{2}{2}$, '가분수'에 ○표
$\frac{3}{2}$, '가분수'에 ○표

3 $\frac{3}{5}$, $\frac{4}{5}$, $\frac{5}{5}$, $\frac{6}{5}$, $\frac{7}{5}$, $\frac{8}{5}$, $\frac{9}{5}$ /
(1) $\frac{1}{5}$, $\frac{2}{5}$, $\frac{3}{5}$, $\frac{4}{5}$ (2) $\frac{5}{5}$, $\frac{6}{5}$, $\frac{7}{5}$, $\frac{8}{5}$, $\frac{9}{5}$

4 (1) 진 (2) 가 (3) 가 (4) 진

1 $\frac{1}{4}$이 2개이면 $\frac{2}{4}$, 5개이면 $\frac{5}{4}$, 8개이면 $\frac{8}{4}$입니다.

2 (2) $\frac{1}{2}$은 진분수이고, $\frac{2}{2}$와 $\frac{3}{2}$은 가분수입니다.

3 (1) 분자가 분모보다 작은 분수는 $\frac{1}{5}$, $\frac{2}{5}$, $\frac{3}{5}$, $\frac{4}{5}$입니다.

(2) 분자가 분모와 같거나 분모보다 큰 분수는 $\frac{5}{5}$, $\frac{6}{5}$, $\frac{7}{5}$, $\frac{8}{5}$, $\frac{9}{5}$입니다.

4 (1) $\frac{2}{7}$ ➜ 2<7이므로 진분수

(2) $\frac{11}{6}$ ➜ 11>6이므로 가분수

(3) $\frac{4}{4}$ ➜ 4=4이므로 가분수

(4) $\frac{9}{10}$ ➜ 9<10이므로 진분수

3 대분수는 자연수와 진분수로 이루어진 분수이므로 $2\frac{5}{9}$, $3\frac{1}{2}$입니다.

4 (1) $2\frac{4}{5}$는 $\frac{1}{5}$이 14개입니다. ➜ $2\frac{4}{5}=\frac{14}{5}$

(2) $\frac{1}{2}$이 2개이면 1이므로 $\frac{3}{2}$은 1과 $\frac{1}{2}$입니다.

➜ $\frac{3}{2}=1\frac{1}{2}$

5 (1) $1\frac{1}{6}$ ➜ $\frac{6}{6}$과 $\frac{1}{6}$ ➜ $\frac{1}{6}$이 6+1=7(개) ➜ $\frac{7}{6}$

(2) $\frac{21}{8}$ ➜ $\frac{16}{8}$과 $\frac{5}{8}$ ➜ 2와 $\frac{5}{8}$ ➜ $2\frac{5}{8}$

094쪽 1STEP 교과서 개념 잡기

1 7, 7, $\frac{7}{4}$ / 2, 1, 2, 1, $2\frac{1}{3}$

2 $2\frac{4}{5}$ / 2와 5분의 4

3 $2\frac{5}{9}$, $3\frac{1}{2}$에 ◯표

4 (1) $\frac{14}{5}$ (2) $1\frac{1}{2}$

5 (1) $\frac{7}{6}$ (2) $2\frac{5}{8}$

1 • $1\frac{3}{4}$에서 자연수 1은 $\frac{1}{4}$이 4개이고, $\frac{3}{4}$은 $\frac{1}{4}$이 3개이므로 $\frac{7}{4}$로 나타낼 수 있습니다.

• $\frac{7}{3}$에서 $\frac{6}{3}$은 자연수 2로, 나머지 $\frac{1}{3}$은 진분수로 나타내면 $2\frac{1}{3}$입니다.

2 원 2개와 $\frac{4}{5}$개를 대분수로 나타내면 $2\frac{4}{5}$입니다.

076쪽 1STEP 교과서 개념 잡기

1 >, > / >, >

2 $\frac{11}{6}$

$\frac{7}{6}$

/ '큽니다'에 ◯표

3 <

4 (1) 29, <   (2) 3, 4, <

5 (1) >   (2) <   (3) =   (4) <

1 $\frac{13}{4}$과 $2\frac{3}{4}$을 각각 대분수, 가분수로 나타내어 크기를 비교합니다.

방법1 $2\frac{3}{4}$을 가분수로 나타내면 $\frac{11}{4}$이므로 $\frac{13}{4}>\frac{11}{4}$입니다.

방법2 $\frac{13}{4}$을 대분수로 나타내면 $3\frac{1}{4}$이므로 $3\frac{1}{4}>2\frac{3}{4}$입니다.

2 $\frac{11}{6}$은 $\frac{1}{6}$이 11개이고, $\frac{7}{6}$은 $\frac{1}{6}$이 7개입니다.

➜ 분자의 크기를 비교하면 11>7이므로 $\frac{11}{6}$은 $\frac{7}{6}$보다 더 큽니다.

3 자연수 부분이 같으므로 분자의 크기를 비교하면
$2 < 5$입니다.

→ $1\dfrac{2}{9} < 1\dfrac{5}{9}$

4 (1) $4\dfrac{1}{7}$ → $\dfrac{28}{7}$과 $\dfrac{1}{7}$ → $\dfrac{1}{7}$이 29개 → $\dfrac{29}{7}$

따라서 $\dfrac{25}{7} < \dfrac{29}{7}$이므로 $\dfrac{25}{7} < 4\dfrac{1}{7}$입니다.

(2) $\dfrac{25}{7}$ → $\dfrac{21}{7}$과 $\dfrac{4}{7}$ → 3과 $\dfrac{4}{7}$ → $3\dfrac{4}{7}$

따라서 $3\dfrac{4}{7} < 4\dfrac{1}{7}$이므로 $\dfrac{25}{7} < 4\dfrac{1}{7}$입니다.

5 (1) 분자의 크기를 비교하면 $12 > 6$입니다.

→ $\dfrac{12}{5} > \dfrac{6}{5}$

(2) 자연수의 크기를 비교하면 $2 < 3$입니다.

→ $2\dfrac{3}{4} < 3\dfrac{1}{4}$

(3) $\dfrac{21}{8}$을 대분수로 나타내면 $2\dfrac{5}{8}$입니다.

→ $\dfrac{21}{8} = 2\dfrac{5}{8}$

(4) $1\dfrac{5}{6} = \dfrac{11}{6}$이므로 $\dfrac{11}{6} < \dfrac{13}{6}$입니다.

→ $1\dfrac{5}{6} < \dfrac{13}{6}$

098쪽 2STEP 수학익힘 문제 잡기

01 1, 4, 5

02 $\dfrac{3}{6}$, $\dfrac{7}{6}$, $\dfrac{9}{6}$, $\dfrac{11}{6}$

03

04 (1) (2) (3)

---

05 $\dfrac{1}{7}$, $\dfrac{2}{3}$, $\dfrac{4}{5}$ / $\dfrac{17}{10}$, $\dfrac{8}{8}$

06 규민   **07** 요구르트

08 (1) 3   (2) 14   (3) 3

09 $1\dfrac{2}{3}$, $3\dfrac{2}{7}$, $5\dfrac{1}{2}$, $4\dfrac{7}{8}$에 색칠

10 $\dfrac{9}{8}$, $\dfrac{3}{3}$에 △표, $5\dfrac{1}{2}$, $2\dfrac{4}{9}$에 ○표, $\dfrac{5}{6}$에 □표

11 $\dfrac{8}{5}$ / $1\dfrac{3}{5}$

12 $3\dfrac{2}{3}$, $\dfrac{11}{3}$

13 (1) $\dfrac{17}{9}$ (2) $\dfrac{19}{5}$ (3) $1\dfrac{3}{7}$ (4) $4\dfrac{2}{9}$

14 $\dfrac{17}{2}$ **15** (1) $\dfrac{9}{4}$ (2) $2\dfrac{1}{4}$

16 $<$

17 (예) / $>$ /

18 $1\dfrac{3}{7}$

$\dfrac{9}{7}$ / $>$

19 (1) $>$ (2) $<$ (3) $<$ (4) $>$

20 주경   **21** 연서

22 (   )(   )(○)

23 (위에서부터) $1\dfrac{7}{9}$, $\dfrac{13}{9}$, $1\dfrac{7}{9}$

24 $2\dfrac{5}{8}$, $1\dfrac{7}{8}$, $\dfrac{19}{8}$

---

04 (1) $\dfrac{11}{9}$은 분자가 분모보다 크므로 가분수입니다.

(2) $\dfrac{5}{12}$는 분자가 분모보다 작으므로 진분수입니다.

(3) $\dfrac{12}{7}$는 분자가 분모보다 크므로 가분수입니다.

05 • 진분수: 분자가 분모보다 작은 분수

→ $\dfrac{1}{7}$, $\dfrac{2}{3}$, $\dfrac{4}{5}$

• 가분수: 분자가 분모와 같거나 분모보다 큰 분수

→ $\dfrac{17}{10}$, $\dfrac{8}{8}$

06 진분수는 분자가 분모보다 작은 분수이므로 1보다 작습니다.

→ 잘못 말한 사람은 규민입니다.

07 가분수는 분자가 분모와 같거나 분모보다 큰 분수이므로 $\dfrac{7}{4}$입니다.

→ 필요한 양이 가분수인 재료는 요구르트입니다.

08 (1) 1을 분수로 나타내면 분모와 분자가 같으므로 $\dfrac{3}{3}=1$입니다.

(2) $\dfrac{1}{7}$이 14개이면 2와 같으므로 $\dfrac{14}{7}=2$입니다.

(3) $\dfrac{1}{5}$이 15개이면 3과 같으므로 $\dfrac{15}{5}=3$입니다.

09 대분수는 자연수와 진분수로 이루어진 분수이므로 $1\dfrac{2}{3},\ 3\dfrac{2}{7},\ 5\dfrac{1}{2},\ 4\dfrac{7}{8}$입니다.

10 • 진분수: 분자가 분모보다 작은 분수

$\rightarrow \dfrac{5}{6}$

• 가분수: 분자가 분모와 같거나 분모보다 큰 분수

$\rightarrow \dfrac{9}{8},\ \dfrac{3}{3}$

• 대분수: 자연수와 진분수로 이루어진 분수

$\rightarrow 5\dfrac{1}{2},\ 2\dfrac{4}{9}$

11 수직선에서 작은 눈금 한 칸은 $\dfrac{1}{5}$을 나타냅니다.

$\dfrac{8}{5}$ → $\dfrac{5}{5}$와 $\dfrac{3}{5}$ → 1과 $\dfrac{3}{5}$ → $1\dfrac{3}{5}$

12 • 대분수: 3과 $\dfrac{2}{3}$만큼이므로 $3\dfrac{2}{3}$입니다.

• 가분수: $\dfrac{1}{3}$이 11개이므로 $\dfrac{11}{3}$입니다.

13 (1) $1\dfrac{8}{9}$ → $\dfrac{9}{9}$와 $\dfrac{8}{9}$ → $\dfrac{1}{9}$이 $9+8=17$(개) → $\dfrac{17}{9}$

(2) $3\dfrac{4}{5}$ → $\dfrac{15}{5}$와 $\dfrac{4}{5}$ → $\dfrac{1}{5}$이 $15+4=19$(개)

$\rightarrow \dfrac{19}{5}$

(3) $\dfrac{10}{7}$ → $\dfrac{7}{7}$과 $\dfrac{3}{7}$ → 1과 $\dfrac{3}{7}$ → $1\dfrac{3}{7}$

(4) $\dfrac{38}{9}$ → $\dfrac{36}{9}$과 $\dfrac{2}{9}$ → 4와 $\dfrac{2}{9}$ → $4\dfrac{2}{9}$

14 $\dfrac{11}{8}=1\dfrac{3}{8},\ \dfrac{17}{2}=8\dfrac{1}{2},\ \dfrac{34}{7}=4\dfrac{6}{7}$

따라서 자연수가 가장 큰 가분수는 $\dfrac{17}{2}$입니다.

15 (1) 가분수는 분자가 분모와 같거나 분모보다 큰 분수이므로 $\dfrac{9}{4}$입니다.

(2) $\dfrac{9}{4}$ → $\dfrac{8}{4}$과 $\dfrac{1}{4}$ → 2와 $\dfrac{1}{4}$ → $2\dfrac{1}{4}$

17 자연수 부분이 같으므로 분자의 크기를 비교하면 $3>1$입니다. → $2\dfrac{3}{5}>2\dfrac{1}{5}$

19 (4) $\dfrac{27}{4}=6\dfrac{3}{4}$이므로 $6\dfrac{3}{4}>6\dfrac{1}{4}$입니다.

$\rightarrow \dfrac{27}{4}>6\dfrac{1}{4}$

20 • 도율: $2\dfrac{4}{5}=\dfrac{14}{5}$ → $2\dfrac{4}{5}\left(=\dfrac{14}{5}\right)<\dfrac{16}{5}$

• 주경: $\dfrac{31}{9}=3\dfrac{4}{9}$ → $\dfrac{31}{9}\left(=3\dfrac{4}{9}\right)<3\dfrac{5}{9}$

따라서 크기를 바르게 비교한 사람은 주경입니다.

21 $\dfrac{9}{7}=1\dfrac{2}{7}$이므로 $\dfrac{9}{7}\left(=1\dfrac{2}{7}\right)<1\dfrac{3}{7}$입니다.

→ 더 많이 걸은 사람은 연서입니다.

22 $1\dfrac{5}{6}=\dfrac{11}{6}$이므로 $\dfrac{13}{6}>1\dfrac{5}{6}\left(=\dfrac{11}{6}\right)>\dfrac{6}{6}$입니다.

→ 가장 큰 분수는 $\dfrac{13}{6}$입니다.

다른 풀이 $\dfrac{6}{6}<\dfrac{13}{6}$이므로 $1\dfrac{5}{6}$와 $\dfrac{13}{6}$의 크기를 비교하면 $1\dfrac{5}{6}<\dfrac{13}{6}\left(=2\dfrac{1}{6}\right)$입니다.

→ 가장 큰 분수는 $\dfrac{13}{6}$입니다.

23 • $\dfrac{9}{9}<\dfrac{13}{9}$ • $1\dfrac{7}{9}>1\dfrac{2}{9}$

• $\dfrac{13}{9}=1\dfrac{4}{9}$ → $\dfrac{13}{9}\left(=1\dfrac{4}{9}\right)<1\dfrac{7}{9}$

24 $\dfrac{23}{8}=2\dfrac{7}{8},\ \dfrac{9}{8}=1\dfrac{1}{8},\ \dfrac{19}{8}=2\dfrac{3}{8}$

→ $1\dfrac{3}{8}$보다 크고 $\dfrac{23}{8}\left(=2\dfrac{7}{8}\right)$보다 작은 분수는 $2\dfrac{5}{8},\ 1\dfrac{7}{8},\ \dfrac{19}{8}\left(=2\dfrac{3}{8}\right)$입니다.

102쪽 3STEP 서술형 문제 잡기

※서술형 문제의 예시 답안입니다.

1 (1단계) 분자, 분모　　(2단계) 1, 2, 3, 3
(답) 3개

2 (1단계) 진분수는 분자가 분모보다 작은 분수입니다. ▶2점
(2단계) 따라서 분자가 될 수 있는 수는 1, 2, 3, 4, 5로 모두 5개입니다. ▶3점
(답) 5개

3 (1단계) 5, 5　　(2단계) 5, 15
(답) 15명

4 (1단계) 36의 $\frac{1}{9}$은 4이고, 36의 $\frac{5}{9}$는 20이므로 수탉은 20마리입니다. ▶3점
(2단계) 따라서 암탉은 $36-20=16$(마리)입니다. ▶2점
(답) 16마리

5 (1단계) $\frac{8}{5}$
(2단계) $\frac{8}{5}$, $\frac{9}{5}$, $\frac{10}{5}$, $\frac{11}{5}$, 3
(답) 3개

6 (1단계) $2\frac{2}{9}$를 가분수로 나타내면 $\frac{20}{9}$입니다. ▶2점
(2단계) $\frac{20}{9}$보다 크고 $\frac{26}{9}$보다 작은 가분수는 $\frac{21}{9}$, $\frac{22}{9}$, $\frac{23}{9}$, $\frac{24}{9}$, $\frac{25}{9}$이므로 모두 5개입니다. ▶3점
(답) 5개

7 (1단계) '큰'에 ○표, $7\frac{2}{5}$
(2단계) $7\frac{2}{5}$, $\frac{37}{5}$
(답) $\frac{37}{5}$

8 (예) (1단계) 내가 만들고 싶은 대분수는 $8\frac{3}{4}$입니다.
(2단계) 내가 만든 대분수를 가분수로 나타내면 $8\frac{3}{4}=\frac{35}{4}$입니다.
(답) $\frac{35}{4}$

8 (채점 가이드) 만든 대분수와 그 대분수를 가분수로 나타낸 답이 다음 세 가지 중 하나이면 정답으로 인정합니다.
$3\frac{4}{8}=\frac{28}{8}$, $4\frac{3}{8}=\frac{35}{8}$, $8\frac{3}{4}=\frac{35}{4}$

104쪽 4단원 마무리

01 5, $\frac{1}{5}$

02 (예) / 4, $\frac{3}{4}$

03 6

04 6

05 $\frac{4}{5}$, $\frac{1}{3}$, $\frac{5}{9}$ / $\frac{10}{4}$, $\frac{6}{6}$

06 $\frac{19}{4}$

07 $<$

08 $2\frac{5}{8}$

09 $<$　　　　**10** ㉢

11 $\frac{2}{4}$　　　　**12** 14

13 25 cm　　　**14** (○)(　　)

15 미술관

16 $\frac{31}{9}$

17 $\frac{7}{3}$ / $2\frac{1}{3}$

18 3개

서술형

※서술형 문제의 예시 답안입니다.

19 ❶ 진분수에 대해 설명하기 ▶2점
❷ 분자가 될 수 있는 수의 개수 구하기 ▶3점

❶ 진분수는 분자가 분모보다 작은 분수입니다.
❷ 따라서 분자가 될 수 있는 수는 1, 2, 3, 4, 5, 6, 7로 모두 7개입니다.
(답) 7개

❶ 28의 $\dfrac{1}{7}$은 4이고, 28의 $\dfrac{4}{7}$는 16이므로 여학생은 16명입니다.
❷ 따라서 운동장에 있는 남학생은
$28-16=12$(명)입니다.
답 12명

01 ◆ 2개는 전체를 똑같이 5로 나눈 것 중의 1이므로 전체의 $\dfrac{1}{5}$입니다.
→ 2는 10의 $\dfrac{1}{5}$입니다.

02 과자 12개는 전체를 똑같이 4로 나눈 것 중의 3이므로 전체의 $\dfrac{3}{4}$입니다.
→ 12는 16의 $\dfrac{3}{4}$입니다.

03 당근 12개를 똑같이 2묶음으로 나눈 것 중의 1묶음은 6개입니다.
→ 12의 $\dfrac{1}{2}$은 6입니다.

04 9 cm를 똑같이 3부분으로 나눈 것 중의 2부분은 6 cm입니다.
→ 9 cm의 $\dfrac{2}{3}$는 6 cm입니다.

05 • 진분수: 분자가 분모보다 작은 분수
→ $\dfrac{4}{5}$, $\dfrac{1}{3}$, $\dfrac{5}{9}$
• 가분수: 분자가 분모와 같거나 분모보다 큰 분수
→ $\dfrac{10}{4}$, $\dfrac{6}{6}$

06 색칠한 부분은 $\dfrac{1}{4}$이 19개입니다.
→ $4\dfrac{3}{4}=\dfrac{19}{4}$

07 자연수 부분이 같으므로 분자의 크기를 비교하면
$1<5$입니다. → $1\dfrac{1}{6}<1\dfrac{5}{6}$

08 $\dfrac{21}{8}$ → $\dfrac{16}{8}$과 $\dfrac{5}{8}$ → 2와 $\dfrac{5}{8}$ → $2\dfrac{5}{8}$

09 $3\dfrac{2}{7}=\dfrac{23}{7}$ → $3\dfrac{2}{7}\left(=\dfrac{23}{7}\right)<\dfrac{29}{7}$

다른 풀이 $\dfrac{29}{7}=4\dfrac{1}{7}$ → $3\dfrac{2}{7}<\dfrac{29}{7}\left(=4\dfrac{1}{7}\right)$

10 ㉢ $4\dfrac{1}{6}=\dfrac{25}{6}$ → $4\dfrac{1}{6}\left(=\dfrac{25}{6}\right)<\dfrac{27}{6}$
→ 두 분수의 크기를 잘못 비교한 것은 ㉢입니다.

11 연필 8자루를 2자루씩 묶으면 4묶음이고 연필 4자루는 4묶음 중의 2묶음이므로 전체의 $\dfrac{2}{4}$입니다.

12 35를 똑같이 5묶음으로 나눈 것 중의 2묶음은 14입니다. → 35의 $\dfrac{2}{5}$는 14입니다.

13 40 cm의 $\dfrac{5}{8}$는 40 cm를 똑같이 8부분으로 나눈 것 중의 5부분이므로 25 cm입니다.
→ 사용한 종이테이프의 길이는 25 cm입니다.

14 • 21 m의 $\dfrac{5}{7}$는 21 m를 똑같이 7부분으로 나눈 것 중의 5부분이므로 15 m입니다.
• 36 m의 $\dfrac{4}{9}$는 36 m를 똑같이 9부분으로 나눈 것 중의 4부분이므로 16 m입니다.
→ $15 m<16 m$이므로 길이가 더 짧은 것은 21 m의 $\dfrac{5}{7}$입니다.

15 $\dfrac{15}{4}=3\dfrac{3}{4}$이므로 $\dfrac{15}{4}\left(=3\dfrac{3}{4}\right)>3\dfrac{1}{4}$입니다.
→ 희진이네 집에서 더 가까운 곳은 미술관입니다.

16 $2\dfrac{7}{9}=\dfrac{25}{9}$이므로 $\dfrac{31}{9}>\dfrac{29}{9}>2\dfrac{7}{9}\left(=\dfrac{25}{9}\right)$입니다.
→ 가장 큰 분수는 $\dfrac{31}{9}$입니다.

17 • 가분수는 분자가 분모와 같거나 분모보다 큰 분수이므로 $\dfrac{7}{3}$입니다.
• $\dfrac{7}{3}$ → $\dfrac{6}{3}$과 $\dfrac{1}{3}$ → 2와 $\dfrac{1}{3}$ → $2\dfrac{1}{3}$

18 대분수는 자연수와 진분수로 이루어진 분수이므로 만들 수 있는 대분수는 $3\dfrac{5}{9}$, $5\dfrac{3}{9}$, $9\dfrac{3}{5}$으로 모두 3개입니다.

5 들이와 무게

110쪽 1STEP 교과서 개념 잡기

1 3, 4 / 1 / 많습니다
2 '어항'에 ◯표
3 '적습니다'에 ◯표
4 (2)(1)(3)

1 모양과 크기가 같은 컵의 개수를 세어 들이를 비교합니다.

2 물통의 물을 어항에 옮겨 담았더니 어항에 물이 가득 차지 않았습니다.
→ 들이가 더 많은 것은 어항입니다.

3 음료수병에서 옮겨 담은 물의 높이가 더 낮으므로 음료수병의 들이는 물병의 들이보다 더 적습니다.

4 옮겨 담은 물의 높이가 높을수록 들이가 더 많습니다.

112쪽 1STEP 교과서 개념 잡기

1 1L 1mL
/ 리터, 밀리리터 / 1000
2 ⑴ 500 ⑵ 1, 500
3 ⑴ 7L / 7 리터
⑵ 5L 200 mL
/ 5 리터 200 밀리리터
4 ⑴ 2000, 2300 ⑵ 7000, 7, 100
5 ⑴ mL ⑵ L

1 1 L는 1 리터라고 읽고, 1 mL는 1 밀리리터라고 읽습니다. 1 L는 1000 mL와 같습니다.

2 오렌지주스 1 L와 500 mL를 그릇에 넣었으므로 그릇의 들이는 1 L 500 mL입니다.

4 ⑴ 1 L＝1000 mL → 2 L＝2000 mL
→ 2 L 300 mL＝2300 mL
⑵ 1000 mL＝1 L → 7000 mL＝7 L
→ 7100 mL＝7 L 100 mL

5 적은 양의 들이는 mL, 많은 양의 들이는 L를 사용합니다.

114쪽 1STEP 교과서 개념 잡기

1 600, 4, 600 / 4, 600
2 ⑴ 3, 900 / 3, 900 ⑵ 1, 100 / 1, 100
3 ⑴ 4, 700 ⑵ 3, 500
4 ⑴ 6 L 800 mL ⑵ 1 L 700 mL

2 ⑴ L는 L끼리, mL는 mL끼리 더합니다.
⑵ L는 L끼리, mL는 mL끼리 뺍니다.

116쪽 2STEP 수학익힘 문제 잡기

01 어항
02 항아리, 바가지, 2
03 '많습니다'에 ◯표
04 3
05 리아
06 가
07 ⑴ 600 ⑵ 4
08 ⑴ 3000 ⑵ 8 ⑶ 9
09 예 약 1 L
10 (1)
(2)

11 2500 mL

12 ㉡

13 ㉄ 약 1 L

14 ㉢, ㉡, ㉠

15 도율

16 ⑴ 9 L 900 mL ⑵ 5 L 300 mL

17 8, 900

18 3, 800

19 1, 200

20 2 L 400 mL

21 1 L 500 mL

22 ㉢

23 1 L 200 mL

24 2 L 300 mL

01 어항의 물을 물병에 옮겨 담았더니 물병을 가득 채우고 넘쳤으므로 어항의 들이가 더 많습니다.

02 항아리가 바가지보다 컵 6−4=2(개)만큼 물이 더 많이 들어갑니다.

03 직접 옮겨 담아 들이를 비교할 때 옮겨 담은 그릇에 물이 넘치면 처음 그릇의 들이가 더 많은 것입니다.
→ 프라이팬은 밥그릇보다 들이가 더 많습니다.

04 양동이는 컵 9개, 주전자는 컵 3개만큼 물이 들어갑니다.
→ 양동이의 들이는 주전자의 들이의 9÷3=3(배)입니다.

05 종이컵으로 부은 횟수가 많을수록 그릇의 들이가 더 많으므로 리아가 가진 그릇의 들이가 더 많습니다.

06 컵의 들이가 많을수록 물을 부어야 하는 횟수가 적습니다.
→ 부어야 하는 횟수를 비교하면 4<6<9이므로 들이가 가장 많은 컵은 가입니다.

07 ⑴ 비커의 눈금을 읽으면 600 mL입니다.
⑵ 수조의 눈금을 읽으면 4 L입니다.

08 1 L=1000 mL인 것을 이용합니다.

09 식용유병의 들이는 우유갑의 들이의 2배쯤입니다.
500 mL의 2배쯤 → 약 1 L

10 ⑴ 5 L 10 mL=5000 mL+10 mL=5010 mL
⑵ 5 L 100 mL=5000 mL+100 mL
         =5100 mL

11 1 L씩 2번 부으면 2 L이고, 500 mL만큼을 더 부었으므로 냄비의 들이는 2 L 500 mL입니다.
→ 2 L 500 mL=2000 mL+500 mL
           =2500 mL

12 ㉡ 양치 컵의 들이는 약 100 mL입니다.
→ 단위가 잘못된 문장은 ㉡입니다.

13 들이가 2 L인 수조에 물이 절반 정도 찼으므로 그릇의 들이는 약 1 L입니다.

14 ㉠ 1 L 300 mL=1300 mL
→ 1500 mL>1350 mL>1300 mL이므로 들이가 많은 것부터 차례로 기호를 쓰면 ㉢, ㉡, ㉠입니다.

15 900 mL는 600 mL보다 800 mL에 더 가깝습니다.

16 ⑴　　 8 L　500 mL
　　＋ 1 L　400 mL
　　　　9 L　900 mL

⑵　　 9 L　600 mL
　　− 4 L　300 mL
　　　　5 L　300 mL

17　　 5 L　300 mL
　　＋ 3 L　600 mL
　　　　8 L　900 mL

18 (두 병에 들어 있는 매실주스의 양의 합)
  =(병 ㉮에 들어 있는 매실주스의 양)
   +(병 ㉯에 들어 있는 매실주스의 양)
  =1 L 200 mL+2 L 600 mL
  =3 L 800 mL

19 (더 부어야 하는 물의 양)
  =(수조의 들이)−(수조에 들어 있는 물의 양)
  =2 L 500 mL−1 L 300 mL
  =1 L 200 mL

20 (산 주스의 양)=1 L 200 mL+1 L 200 mL
           =2 L 400 mL

21 수조에 들어 있는 물은 4 L 600 mL입니다.
→ (남는 물의 양)=4 L 600 mL−3 L 100 mL
           =1 L 500 mL

22 ㉠ 2 L 100 mL＋2 L 600 mL＝4 L 700 mL
ㄴ 5 L 900 mL－1 L 800 mL＝4 L 100 mL
ㄷ 1 L 500 mL＋2 L 300 mL＝3 L 800 mL
ㄹ 7 L 700 mL－2 L 400 mL＝5 L 300 mL
따라서 들이가 4 L보다 적은 것의 기호는 ㄷ입니다.

23 6500 mL＝6 L 500 mL이고,
5450 mL＝5 L 450 mL이므로 들이가 가장 많은
것은 6 L 500 mL, 가장 적은 것은 5 L 300 mL입
니다.
→ 6 L 500 mL－5 L 300 mL
＝1 L 200 mL

24 (빈 통에 부은 전체 물의 양)
＝1 L 400 mL＋2 L 200 mL
＝3 L 600 mL
→ (더 부어야 하는 물의 양)
＝5 L 900 mL－3 L 600 mL
＝2 L 300 mL

120쪽 1STEP 교과서 개념 잡기

1 4, 2 / 2 / 무겁습니다
2 (1) 사과   (2) 멜론   (3) 멜론
3 컴퍼스
4 (1) 9, 5   (2) 4

1 100원짜리 동전의 개수를 비교하여 메모지와 볼펜
의 무게를 비교합니다.

2 (3) 키위보다 사과가 더 무겁고, 사과보다 멜론이 더
무거우므로 가장 무거운 것은 멜론입니다.

3 저울의 접시가 아래로 내려간 쪽에 있는 컴퍼스가 더
무겁습니다.

4 (2) 물감이 크레파스보다 바둑돌 9－5＝4(개)만큼
더 무겁습니다.

122쪽 1STEP 교과서 개념 잡기

1 1kg   1g   1t
/ 킬로그램, 그램, 톤 / 1000, 1000
2 (1) 700   (2) 1, 700
3 (1) 3kg 800g
/ 3 킬로그램 800 그램
(2) 5t / 5 톤
4 (1) 2000, 2500   (2) 4000, 4, 700
(3) 6000, 6, 400
5 (1) g   (2) kg

1 1 kg은 1 킬로그램, 1 g은 1 그램, 1 t은 1 톤이라
고 읽습니다.
1 kg은 1000 g과 같고, 1 t은 1000 kg과 같습니다.

2 1 kg보다 700 g 더 무거운 무게는 1 kg 700 g입니다.

4 (1) 1 kg＝1000 g → 2 kg＝2000 g
→ 2 kg 500 g＝2500 g
(2) 1000 g＝1 kg → 4000 g＝4 kg
→ 4700 g＝4 kg 700 g
(3) 1000 kg＝1 t → 6000 kg＝6 t
→ 6400 kg＝6 t 400 kg

124쪽 1STEP 교과서 개념 잡기

1 500, 1, 500 / 1, 500
2 (1) 3, 800 / 3, 800   (2) 1, 200 / 1, 200
3 (1) 5, 800   (2) 2, 500
4 (1) 5 kg 700 g   (2) 3 kg 300 g

2 (1) kg은 kg끼리, g은 g끼리 더합니다.
(2) kg은 kg끼리, g은 g끼리 뺍니다.

01 당근 **02** 지우개

03 거울, 머리빗, 5 **04** 자석

05 바둑돌

06 단호박, 양파, 감자

07 (1) 2 (2) 1300

08 (1) 3000 (2) 4000

09 (1) 5800 (2) 7, 200

10 ( )(○)( )

11 ⑩ 약 8 kg

12 설탕 **13** ㉡

14 50

15 서율

16 (1) 6 kg 900 g (2) 5 kg 100 g

17 2, 700

18 8, 500

19 3, 200

20 (○)
   ( )

21 4600

22 3 kg 200 g

23 38 kg 800 g

24 1 kg 300 g

---

02 가위보다 풀이 더 가볍고, 풀보다 지우개가 더 가볍습니다.
→ 지우개<풀<가위이므로 가장 가벼운 것은 지우개입니다.

03 머리빗은 100원짜리 동전 3개, 거울은 100원짜리 동전 8개와 무게가 같습니다.
→ 거울이 머리빗보다 100원짜리 동전 8−3=5(개)만큼 더 무겁습니다.

04 자석 3개의 무게와 돋보기 2개의 무게가 같습니다.
→ 한 개의 무게가 더 가벼운 것은 개수가 더 많은 자석입니다.

05 바둑돌 7개와 10원짜리 동전 16개의 무게가 같습니다.
→ 한 개의 무게가 더 무거운 것은 개수가 더 적은 바둑돌입니다.

06 •(감자 3개의 무게)=(단호박 1개의 무게)
   → 단호박이 감자보다 무겁습니다.
 •(양파 5개의 무게)=(감자 6개의 무게)
   → 양파가 감자보다 무겁습니다.
 •(감자 6개의 무게)=(단호박 2개의 무게)
   → (양파 5개의 무게)=(단호박 2개의 무게)
   → 단호박이 양파보다 무겁습니다.
따라서 무거운 것부터 차례로 쓰면 단호박, 양파, 감자입니다.

11 벽돌 ⓑ의 무게는 벽돌 ⓐ의 무게의 8배쯤이므로 약 8 kg입니다.

12 2 kg 80 g=2080 g
→ 2080 g<2500 g이므로 더 많이 사용한 것은 설탕입니다.
 다른 풀이 2500 g=2 kg 500 g
→ 2 kg 80 g<2 kg 500 g이므로 더 많이 사용한 것은 설탕입니다.

13 ㉠ 6 kg 50 g=6050 g
 ㉡ 6 kg 500 g=6500 g
→ 무게가 다른 것은 ㉡입니다.

14 1 t=1000 kg이므로 20 kg의 50배입니다.
→ 1 t은 쌀 50포대 정도의 무게입니다.

15 저울의 눈금을 보면 수박의 무게는 4 kg 300 g입니다.
4 kg과 4 kg 500 g 중 4 kg 300 g과 더 가까운 것은 4 kg 500 g입니다.
→ 실제 무게에 더 가깝게 어림한 사람은 서율입니다.

19 (쌀의 무게와 콩의 무게의 차)
   =7 kg 500 g−4 kg 300 g=3 kg 200 g

20 3 kg 200 g+4 kg 400 g=7 kg 600 g
11 kg 900 g−4 kg 500 g=7 kg 400 g
→ 7 kg 600 g>7 kg 400 g

21 6 kg 800 g−2 kg 200 g=4 kg 600 g
→ 4 kg 600 g=4600 g → □=4600

22 9850 g=9 kg 850 g이므로 빈 책꽂이의 무게는
9 kg 850 g−6 kg 650 g=3 kg 200 g입니다.

23 (현우의 몸무게)=38 kg 100 g+700 g
        =38 kg 800 g

24 2 kg 320 g＞1 kg 200 g＞1 kg 20 g이므로
가장 무거운 것은 가장 가벼운 것보다
2 kg 320 g－1 kg 20 g＝1 kg 300 g 더 무겁습
니다.

130쪽 **3STEP 서술형 문제 잡기**

※서술형 문제의 예시 답안입니다.

1 (1단계) 2600　　　(2단계) 2600, ＞, 수조
(답) 수조

2 (1단계) 1480 mL＝1 L 480 mL입니다. ▶2점
(2단계) 1 L 480 mL＜1 L 700 mL이므로 우유
가 더 많이 들어 있는 것은 ㈁입니다. ▶3점
(답) ㈁

3 (1단계) 300, 1500
(2단계) 1500, 300, 1200, 1, 200
(답) 1 kg 200 g

4 (1단계) 빈 바구니의 무게는 200 g이고, 무를 담은
바구니의 무게는 1800 g입니다. ▶2점
(2단계) (무의 무게)＝1800 g－200 g
＝1600 g＝1 kg 600 g ▶3점
(답) 1 kg 600 g

5 (1단계) 500, 300　　　(2단계) 300, 200
(답) 200 g

6 (1단계) 물 반만큼의 무게는
950 g－550 g＝400 g입니다. ▶3점
(2단계) 빈 병의 무게는 550 g－400 g＝150 g입
니다. ▶2점
(답) 150 g

7 (방법1) 1, 1　　　(방법2) 1, 2

8 (예) (방법1) 가, 1, 나, 5　(방법2) 가, 2, 다, 2

8 (채점 가이드) 컵 나를 5번 사용하면 1 L, 컵 다를 2번 사용하면 1 L
인 것을 이용하여 물이 3 L가 되도록 썼으면 정답으로 인정합니다.

132쪽 **5단원 마무리**

01 우유병　　　　**02** L
03 가지　　　　**04** 1600, 1, 600
05
(1)
(2)
06 사과, 바나나, 3
07 (　　)(○)(　　)
08 4, 700　　　　**09** ㉢
10 (예) 약 3500 mL　　**11** 8, 700
12 은아　　　　**13** 나
14 준호　　　　**15** 2 L 200 mL
16 2 kg 800 g
17 6 L 900 mL　　**18** 52 kg 200 g

서술형　　　　※서술형 문제의 예시 답안입니다.

19 ❶ 같은 단위로 바꾸기 ▶2점
❷ 물이 더 많이 들어 있는 것 찾기 ▶3점

❶ 3 L 420 mL＝3420 mL입니다.
❷ 3420 mL＞3090 mL이므로 물이 더 많이
들어 있는 것은 냄비입니다.
(답) 냄비

20 ❶ 빈 상자와 책을 담은 상자의 무게 각각 읽기 ▶2점
❷ 책의 무게 구하기 ▶3점

❶ 빈 상자의 무게는 400 g이고, 책을 담은 상
자의 무게는 1700 g입니다.
❷ (책의 무게)＝1700 g－400 g
＝1300 g＝1 kg 300 g
(답) 1 kg 300 g

04 저울의 눈금을 읽으면 1600 g입니다.
→ 1600 g＝1 kg 600 g

05 (1) 4 L 300 mL＝4000 mL＋300 mL
＝4300 mL
(2) 4 L 30 mL＝4000 mL＋30 mL＝4030 mL

06 사과는 대추 12개, 바나나는 대추 9개와 무게가 같
습니다.
→ 사과가 바나나보다 대추 12－9＝3(개)만큼 더
무겁습니다.

07 세탁기의 무게는 kg, 병아리의 무게는 g, 소방차의 무게는 t으로 나타내기에 알맞습니다.

08 kg은 kg끼리, g은 g끼리 더합니다.

09 ㉠ 5 kg보다 200 g 더 무거운 무게는
5 kg 200 g입니다.
㉢ 5020 g＝5 kg 20 g
➡ 무게가 다른 것은 ㉢입니다.

10 들이가 1000 mL인 그릇 3개가 가득 찼으므로 3000 mL이고, 들이가 1000 mL인 그릇의 절반 정도는 약 500 mL입니다.
➡ 양동이의 들이는 약 3500 mL입니다.

11 (지금 자동차에 들어 있는 휘발유의 양)
＝(처음 휘발유의 양)＋(더 넣은 휘발유의 양)
＝3 L 400 mL＋5 L 300 mL＝8 L 700 mL

12 머그컵 한 개의 무게를 나타낼 때는 g을 쓰는 것이 알맞습니다.

13 컵의 들이가 많을수록 물을 부어야 하는 횟수가 적습니다.
➡ 부어야 하는 횟수를 비교하면 6＜8＜10이므로 들이가 가장 많은 컵은 나입니다.

14 6 L 400 mL와 6 L 250 mL 중 6 L와 더 가까운 것은 6 L 250 mL입니다.
➡ 어항의 들이를 더 가깝게 어림한 사람은 준호입니다.

15 수조에 들어 있는 물은 3 L 800 mL입니다.
➡ (남는 물의 양)＝3 L 800 mL－1 L 600 mL
＝2 L 200 mL

16 (강아지의 무게)＝2 kg 400 g＋400 g
＝2 kg 800 g

17 (3분 동안 받는 물의 양)
＝2 L 300 mL＋2 L 300 mL＋2 L 300 mL
＝4 L 600 mL＋2 L 300 mL＝6 L 900 mL

18 (서현이 아버지의 몸무게)
＝36 kg 200 g＋40 kg 700 g＝76 kg 900 g
➡ (서현이 어머니의 몸무게)
＝76 kg 900 g－24 kg 700 g
＝52 kg 200 g

6 그림그래프

138쪽 1STEP 교과서 개념 잡기

1 10, 1 / 2, 2, 22 / 1, 6, 16 / 3, 3, 33
2 (1) 그림그래프　(2) 10, 1　(3) 34
3 (1) 예 농장별 소의 수　(2) 100, 10
　(3) 2, 3, 230　(4) 140

2 (3) 별빛 마을: ☺ 3개, ☻ 4개 ➡ 34명

3 (4) 해님 농장: 🐂 1개, 🐄 4개 ➡ 140마리

140쪽 1STEP 교과서 개념 잡기

1 (1) 10, 1　(2)

좋아하는 색깔별 학생 수

색깔	학생 수
빨간색	👤 👤👤👤👤👤
노란색	👤 👤👤
초록색	👤👤 👤👤 👤
파란색	👤👤 👤👤 👤

👤 10명
👤 1명

2 (1) 10, 1　(2) 2, 1
(3) 예

학교에 있는 종류별 공의 수

종류	공의 수
배구공	◎◎ ○○○○○○○
농구공	◎◎◎
축구공	◎◎○
탁구공	◎ ○○○○○○

◎ 10개
○ 1개

3 하루 동안 팔린 종류별 찐빵의 수

종류	찐빵의 수
야채	◠◠◠◠◠
팥	◠◠◠◠
고구마	◠◠
피자	◠◠◠◠◠◠◠

◠ 10개
◠ 1개

1 (2) • 초록색: 23명 ➡ 👤 2개, 👤 3개

　　• 파란색: 31명 ➡ 👤 3개, 👤 1개

2 (2) 축구공의 수는 21개이므로 10개를 나타내는 ◎를 2개, 1개를 나타내는 ○를 1개 그려야 합니다.

　(3) • 축구공: 21개 ➡ ◎ 2개, ○ 1개

　　• 탁구공: 16개 ➡ ◎ 1개, ○ 6개

3 • 고구마: 12개 ➡ ◠ 1개, ◡ 2개

　• 피자: 16개 ➡ ◠ 1개, ◡ 6개

142쪽 1STEP 교과서 개념 잡기

1 640 / 소 / 벚 / 대 / 감, 벚
2 (1) 12　(2) 토끼　(3) 8
3 (1) 25명　(2) 줄다리기　(3) 달리기

---

1 • 감나무: 100그루짜리 그림 6개와 10그루짜리 그림 4개 ➡ 640그루

• 100그루짜리 그림 4개와 10그루짜리 그림 4개가 그려진 나무: 소나무

• 100그루짜리 그림이 가장 많은 나무: 벚나무

• 100그루짜리 그림이 가장 적은 나무: 대나무

• 소나무보다 100그루짜리 그림이 더 많은 나무: 감나무, 벚나무

2 (1) 10명짜리 그림 1개와 1명짜리 그림 2개 ➡ 12명
　(2) 10명짜리 그림이 가장 적은 동물: 토끼
　(3) 햄스터: 32명, 고양이: 24명 ➡ $32-24=8$(명)

3 (1) 10명짜리 그림 2개와 1명짜리 그림 5개 ➡ 25명
　(2) 10명짜리 그림이 가장 많은 경기: 줄다리기
　(3) 공 굴리기: 21명 ➡ $21 \times 2 = 42$(명)의 학생이 하고 싶은 경기: 달리기

144쪽 1STEP 교과서 개념 잡기

1 11 /

좋아하는 빵별 학생 수

빵	학생 수
크림빵	🍞 🍞 🍞 🍞
식빵	🍞 🍞 🍞 🍞 🍞 🍞
단팥빵	🍞

🍞 10명　🍞 1명

2 (1) 28, 12, 19　(2) 예 2가지

(3) 예 　좋아하는 과목별 학생 수

과목	학생 수
국어	❤ ❤ ♡
수학	♡ ♡ ♡ ♡ ♡ ♡ ♡ ♡
사회	♡ ♡
과학	♡ ♡ ♡ ♡ ♡ ♡ ♡

❤ 10명　♡ 1명

(4) 수학, 국어, 과학, 사회
(5) '많은'에 ○표, 수학

---

1 • 빵별 표시한 수를 세어 표로 나타냅니다.
• 조사한 수에 맞게 그림그래프로 나타냅니다.

2 (1) 과목별 붙임딱지의 수를 세어 표로 나타냅니다.
(2) 10명과 1명인 2가지로 나타내면 좋을 것 같습니다.
(4) 10명짜리 그림의 수를 먼저 비교하고, 10명짜리 그림의 수가 같으면 1명짜리 그림의 수를 비교합니다.

146쪽 2STEP 수학익힘 문제 잡기

01 10마리 / 1마리　**02** 32마리
03 현우
04 (위에서부터) 14, 26, 23, 12
05 10 / 1　**06** 그림그래프
07 예 2가지
08 　가고 싶은 나라별 학생 수

나라	학생 수
미국	○ ○○○○○
일본	○ ○ ○ ○
캐나다	○ ○○○○○○○

○ 10명　○ 1명

09 하고 싶은 활동별 학생 수

활동	학생 수
책 읽기	△ △△△△△△
음악 듣기	△ △ △
축구하기	△ △ △ △
술래잡기	△ △△△△△△△△

△ 100명
△ 10명

10 48명

11 (예) 좋아하는 한국 음식별 외국인 수

음식	외국인 수
잡채	◎◎ ● ● ● ● ●
불고기	◎◎◎ ● ● ● ● ● ●
갈비찜	◎◎◎◎ ● ● ● ● ● ● ● ●
된장찌개	◎ ●

◎ 10명
● 1명

12 (예) 좋아하는 한국 음식별 외국인 수

음식	외국인 수
잡채	◎◎ △
불고기	◎◎◎ △ ●
갈비찜	◎◎◎◎ △ ● ● ●
된장찌개	◎ ●

◎ 10명
△ 5명
● 1명

13 바이올린

14 오카리나, 13명

15 O형, A형, B형, AB형

16 24개

17 ⑴ 26명 ⑵ 줄넘기

18 (예) 3학년 학생들이 좋아하는 계절

19 24, 16, 19, 13, 72

20 좋아하는 계절별 학생 수

계절	학생 수
봄	★★ ☆☆☆☆
여름	★ ☆☆☆☆☆
가을	★ ☆☆☆☆☆☆☆☆☆
겨울	★ ☆☆☆

☆ 10명
☆ 1명

21 30, 23, 15, 28, 96

/ 가고 싶은 장소별 학생 수

장소	학생 수
눈썰매장	😊😊😊
과학관	😊😊 😊😊😊
박물관	😊 😊😊😊😊
눈 축제	😊😊 😊😊😊😊😊😊😊😊

😊 10명
😊 1명

22 30, 눈썰매장, 눈썰매장

03 참고 주경이가 말한 내용은 합계가 나와 있는 표로 나타내었을 때 편리한 점입니다.

08 • 미국: 15명 ➡ ○ 1개, ○ 5개
　• 일본: 26명 ➡ ○ 2개, ○ 6개
　• 캐나다: 17명 ➡ ○ 1개, ○ 7개

09 △는 100명, △는 10명을 나타내므로 하고 싶은 활동별 학생 수에 맞게 그림그래프로 나타냅니다.

10 (갈비찜을 좋아하는 외국인 수)
　＝120－25－36－11＝48(명)

11 • 잡채: 25명 ➡ ◎ 2개, ● 5개
　• 불고기: 36명 ➡ ◎ 3개, ● 6개
　• 갈비찜: 48명 ➡ ◎ 4개, ● 8개
　• 된장찌개: 11명 ➡ ◎ 1개, ● 1개

12 • 잡채: 25명 ➡ ◎ 2개, △ 1개
　• 불고기: 36명 ➡ ◎ 3개, △ 1개, ● 1개
　• 갈비찜: 48명 ➡ ◎ 4개, △ 1개, ● 3개
　• 된장찌개: 11명 ➡ ◎ 1개, ● 1개

13 10명을 나타내는 그림의 수를 비교하면 두 번째로 많은 학생들이 배우고 싶은 악기는 바이올린입니다.

14 10명을 나타내는 큰 그림이 가장 적은 악기를 찾으면 오카리나입니다. ➡ 13명

15 💧의 수가 많은 혈액형부터 차례로 쓰면 O형, A형, B형, AB형입니다.

16 • 메달 수가 가장 많은 나라: 노르웨이(39개)
　• 메달 수가 가장 적은 나라: 프랑스(15개)
　➡ (노르웨이와 프랑스의 메달 수의 차)
　　＝39－15＝24(개)

17 ⑴ 축구: 44명, 줄넘기: 17명, 태권도: 35명
　➡ (수영을 좋아하는 학생 수)
　　＝122－44－17－35＝26(명)
　⑵ 수영을 좋아하는 학생 수는 26명이므로 26명보다 적은 학생 수를 찾으면 줄넘기입니다.

19 계절별 붙임딱지의 수를 세어 표로 나타냅니다.
　(합계)＝24＋16＋19＋13＝72

21 · 장소별 표시한 수를 세어 표로 나타냅니다.
  (합계)＝30＋23＋15＋28＝96
 · 조사한 수에 맞게 그림그래프로 나타냅니다.

8 채점 가이드 원하는 지역을 고르고 고른 지역의 나무의 수를 △ 과 ▲ 으로 바르게 나타내었으면 정답으로 인정합니다.

150쪽 3 STEP 서술형 문제 잡기

※서술형 문제의 예시 답안입니다.

1 (1단계) 팽이치기 (2단계) 투호

2 (1단계) 책을 가장 많이 빌려 간 때는 10월입니다. ▶3점

 (2단계) 책을 가장 적게 빌려 간 때는 11월입니다. ▶2점

3 (1단계) 42, 31 (2단계) 42, 31, 73
 답 73명

4 (1단계) 10월에 빌려 간 책은 63권이고, 11월에 빌려 간 책은 46권입니다. ▶3점
 (2단계) 10월에 빌려 간 책의 수와 11월에 빌려 간 책의 수의 차는 63－46＝17(권)입니다. ▶2점
 답 17권

5 (1단계) 32, 8 (2단계) 32, 8, 24
 답 24명

6 (1단계) 진료를 본 환자 수는 내과가 150명, 안과가 80명입니다. ▶2점
 (2단계) 따라서 피부과 진료를 본 환자는 500－150－80＝270(명)입니다. ▶3점
 답 270명

7 나 지역의 학교 수

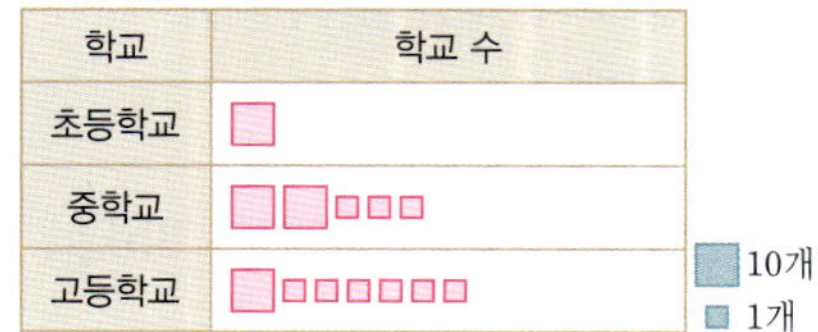

학교	학교 수
초등학교	□
중학교	□□□□□
고등학교	□□□□□□

■ 10개
□ 1개

8 예 가 지역의 나무의 수

나무	가로수의 수
은행나무	△△△△△
단풍나무	△△△△△
플라타너스	△△△△△△△△

▲ 100그루
△ 10그루

152쪽 6단원 마무리

01 10명 / 1명 **02** 2, 6, 26
03 33명 **04** 82명
05 예 2가지
06 학년별 참가한 학생 수

학년	학생 수
3학년	◎○○○○
4학년	◎◎
5학년	◎◎○○
6학년	◎◎◎○○○○

◎ 10명
○ 1명

07 6학년 **08** 3학년, 14명
09 예 모둠별로 받은 칭찬 붙임딱지의 수
10 18, 21, 14, 17, 70
11 모둠별 칭찬 붙임딱지의 수

모둠	칭찬 붙임딱지의 수
㉮	■□□□□□□□
㉯	■□
㉰	■□□□
㉱	■□□

■ 10장
□ 1장

12 ㉯, ㉮, ㉱, ㉰
13 보고 싶은 동물별 학생 수

동물	학생 수
원숭이	◎◎◎·····
코끼리	◎·······
기린	◎······
호랑이	◎◎◎◎◎········

◎ 10명
· 1명

14 보고 싶은 동물별 학생 수

동물	학생 수
원숭이	◎◎◎△·
코끼리	◎△··
기린	◎◎△····
호랑이	◎◎◎◎△···

◎ 10명
△ 5명
· 1명

15 120그릇 / 150그릇 **16** 80그릇
17 ㉢ **18** 예 칼국수

서술형

19
- ❶ 알 수 있는 내용 한 가지 쓰기 ▶ 3점
- ❷ 알 수 있는 다른 내용 한 가지 쓰기 ▶ 2점

❶ 가장 많은 학생들이 좋아하는 꽃은 튤립입니다.

❷ 가장 적은 학생들이 좋아하는 꽃은 국화입니다.

20
- ❶ 1반, 3반에서 빌려 간 책의 수 각각 구하기 ▶ 2점
- ❷ 2반에서 빌려 간 책의 수 구하기 ▶ 3점

❶ 빌려 간 책의 수는 1반이 26권, 3반이 13권입니다.

❷ 따라서 2반에서 빌려 간 책은
$73-26-13=34$(권)입니다.

답 34권

04 그림그래프에 그려진 전체 그림 수를 세어 보면
😊 7개, 😊 12개입니다.
→ (조사한 학생 수)$=70+12=82$(명)

06
- 3학년: 14명 → ◎ 1개, ○ 4개
- 4학년: 20명 → ◎ 2개
- 5학년: 22명 → ◎ 2개, ○ 2개
- 6학년: 34명 → ◎ 3개, ○ 4개

07 가장 많은 학생들이 참가한 학년은 ◎의 수가 가장 많은 6학년입니다.

08 가장 적은 학생들이 참가한 학년은 ◎의 수가 가장 적은 3학년으로 14명입니다.

11
- ㉮ 모둠: 18장 → ☐ 1개, □ 8개
- ㉯ 모둠: 21장 → ☐ 2개, □ 1개
- ㉰ 모둠: 14장 → ☐ 1개, □ 4개
- ㉱ 모둠: 17장 → ☐ 1개, □ 7개

15 🥣은 100그릇, 🥣은 10그릇을 나타내므로 팔린 음식의 수에 맞게 수를 씁니다.

16 칼국수: 210그릇, 쫄면: 130그릇
→ $210-130=80$(그릇)

17 ㉢ 팔린 음식의 수가 200그릇보다 많은 음식은 칼국수입니다.

18 가장 많이 팔린 음식은 칼국수이므로 칼국수의 재료를 가장 많이 준비하면 좋을 것 같습니다.

 1~6단원 총정리

01 639

02 선분 ㅇㄴ(또는 선분 ㄴㅇ),
선분 ㅇㄹ(또는 선분 ㄹㅇ)

03 5400 **04** 27

05 가, 나, 1 **06** 5 / $\dfrac{1}{5}$

07 4 cm **08**

$$6\,\overline{)\,97}\quad\begin{array}{r}16\\\hline 6\\\hline 37\\36\\\hline 1\end{array}$$

09 ㉡ **10** 130명

11 $4\times17=68$(또는 4×17) / 68바퀴

12

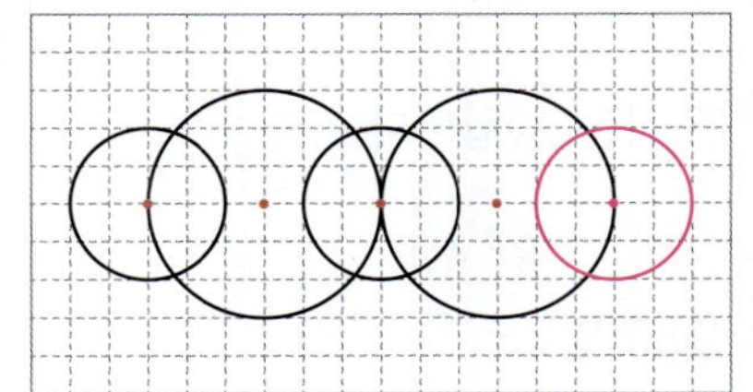

13 $1\dfrac{3}{8}$판 / $\dfrac{11}{8}$판

14 3 L 900 mL

15

농장별 감자 생산량

농장	생산량
초원	◎◎◎○○
싱싱	◎◎◎◎
푸른	◎◎○○○○○○
하늘	◎◎◎○○○○

◎ 10 kg
○ 1 kg

16 싱싱 농장, 하늘 농장, 초원 농장, 푸른 농장

17 $3\dfrac{2}{5}$ **18** 윤아

19 45개 **20** 231명, 410명, 53명

21 ㉡, ㉢, ㉠ **22** 74 kg 900 g

23 1200 **24** 36 cm

25 14명

02 원의 중심인 점 ㅇ과 원 위의 한 점을 이은 선분을 찾습니다.

03 $60\times90=5400$

04 $81\div3=27$

05 가 그릇은 6컵, 나 그릇은 5컵에 물이 들어가므로 가 그릇이 나 그릇보다 컵 $6-5=1$(개)만큼 물이 더 많이 들어갑니다.

06 나비 4마리는 나비 20마리를 똑같이 5묶음으로 나눈 것 중의 1묶음이므로 4는 20의 $\frac{1}{5}$입니다.

07 컴퍼스의 침과 연필심 사이의 거리를 4 cm만큼 벌렸으므로 그린 원의 반지름은 4 cm입니다.

08 나머지는 나누는 수보다 작아야 하는데 나머지 7은 나누는 수 6보다 크므로 잘못된 계산입니다. 따라서 몫을 15보다 1만큼 큰 수인 16으로 계산합니다.

09 ㉠ 5300 g＝5 kg 300 g
  ㉡ 5 kg보다 300 g 더 무거운 무게는 5 kg 300 g 입니다.
  ➡ 무게가 다른 것은 ㉡입니다.

10 (나누어 줄 수 있는 사람 수)
  ＝520÷4＝130(명)

11 (윤호가 17일 동안 운동장을 뛴 바퀴 수)
  ＝4×17＝68(바퀴)

12 원의 중심은 오른쪽으로 3칸씩 이동하고, 원의 반지름은 2칸과 3칸이 반복되는 규칙입니다.

13 • 대분수: 1과 $\frac{3}{8}$만큼이므로 $1\frac{3}{8}$입니다.
  • 가분수: $1\frac{3}{8}$은 $\frac{1}{8}$이 11개이므로 $\frac{11}{8}$입니다.

14 (민석이와 재희가 하루 동안 마신 물의 양의 합)
  ＝1 L 600 mL＋2 L 300 mL
  ＝3 L 900 mL

15 ◎는 10 kg, ○는 1 kg을 나타내므로 농장별 감자 생산량에 맞게 그림그래프로 나타냅니다.

16 ◎의 수를 먼저 비교하고 ◎의 수가 같으면 ○의 수를 비교합니다.

17 $3\frac{2}{5}=\frac{17}{5}$이므로 $3\frac{2}{5}\left(=\frac{17}{5}\right)>\frac{16}{5}>\frac{12}{5}$입니다.
  ➡ 가장 큰 분수는 $3\frac{2}{5}$입니다.

18 멜론의 무게는 2 kg 600 g이고, 실제 무게와 어림한 무게의 차가 작을수록 실제 무게에 더 가깝게 어림한 것입니다.
  • 윤아: 2 kg 600 g－2 kg 400 g＝200 g
  • 현석: 2 kg 900 g－2 kg 600 g＝300 g
  ➡ 실제 무게에 더 가깝게 어림한 사람은 윤아입니다.

19 72의 $\frac{1}{8}$은 9이고, 72의 $\frac{3}{8}$은 27이므로 흰색 바둑돌은 27개입니다.
  ➡ (검은색 바둑돌의 수)＝72－27＝45(개)

20 • 생태 체험장: 👦 2개, 👦 3개, 👶 1개 ➡ 231명
  • 놀이공원: 👶 4개, 👦 1개 ➡ 410명
  • 박물관: 👦 5개, 👶 3개 ➡ 53명

21 • 52÷6＝8…4 ➡ 6×8＝48, 48＋4＝52(㉡)
  • 69÷6＝11…3 ➡ 6×11＝66, 66＋3＝69(㉢)
  • 112÷9＝12…4
    ➡ 9×12＝108, 108＋4＝112(㉠)
  참고 나누는 수와 몫의 곱에 나머지를 더한 값이 나누어지는 수가 되면 맞게 계산한 것입니다.

22 (지연이의 몸무게)
  ＝37 kg 700 g－500 g＝37 kg 200 g
  (성민이와 지연이의 몸무게의 합)
  ＝37 kg 700 g＋37 kg 200 g
  ＝74 kg 900 g

23 어떤 수를 ☐라 하면 ☐＋48＝73이므로
  ☐＝73－48＝25입니다.
  따라서 바르게 계산한 값은 25×48＝1200입니다.

24 삼각형 ㄱㄴㄷ의 세 변의 길이는 각각 원의 반지름과 같습니다.
  (원의 반지름)＝24÷2＝12 (cm)
  ➡ (삼각형 ㄱㄴㄷ의 세 변의 길이의 합)
    ＝12＋12＋12＝36 (cm)

25 학생 수가 가장 많은 혈액형은 O형으로 31명이고, 가장 적은 혈액형은 AB형으로 17명입니다.
  ➡ (O형과 AB형의 학생 수의 차)
    ＝31－17＝14(명)

1 곱셈

기초력 더하기

01쪽 1. 올림이 없는 (세 자리 수)×(한 자리 수)

1	396	2	488	3	448
4	990	5	284	6	884
7	505	8	933	9	848
10	828	11	840	12	646
13	484	14	666	15	996

02쪽 2. 일의 자리에서 올림이 있는 (세 자리 수)×(한 자리 수)

1	696	2	634	3	684
4	878	5	824	6	951
7	642	8	645	9	832
10	496	11	648	12	595
13	630	14	681	15	656

03쪽 3. 십, 백의 자리에서 올림이 있는 (세 자리 수)×(한 자리 수)

1	720	2	928	3	705
4	819	5	1280	6	1064
7	5040	8	1443	9	2305
10	542	11	756	12	549
13	1779	14	2528	15	2169

04쪽 4. (몇십)×(몇십), (몇십몇)×(몇십)

1	18	2	24	3	42
4	24	5	155	6	234
7	141	8	212	9	168
10	7200	11	2800	12	5400
13	1800	14	3600	15	480
16	1840	17	3240	18	1520

05쪽 5. (몇)×(몇십몇)

1	145	2	272	3	135
4	102	5	208	6	196
7	122	8	297	9	222
10	416	11	235	12	112
13	174	14	260	15	252

06쪽 6. 올림이 있는 (몇십몇)×(몇십몇)

1	420	2	2883	3	1914
4	4802	5	221	6	1344
7	2736	8	1053	9	2976
10	987	11	840	12	1088
13	2499	14	1820	15	2436

수학익힘 다잡기

07쪽 1. 올림이 없는 (세 자리 수)×(한 자리 수)를 어떻게 계산할까요

1 693

2 (1) 284 (2) 639 (3) 808 (4) 862

3 (1) •
(2) •
(3) •

4 <

5 $221 \times 4 = 884$ (또는 221×4) / 884권

6 369

---

1 • 100 이 나타내는 수: $200 \times 3 = 600$
- 10 이 나타내는 수: $30 \times 3 = 90$
- 1 이 나타내는 수: $1 \times 3 = 3$
→ $231 \times 3 = 693$

4 $211 \times 4 = 844$, $313 \times 3 = 939$
→ $844 < 939$

5 (전체 책의 수)
= (책꽂이 한 개에 꽂은 책의 수) × (책꽂이의 수)
= $221 \times 4 = 884$(권)

6 100이 1개인 수는 100, 1이 23개인 수는 23이므로 규민이가 설명하는 수는 123입니다. 따라서 123을 3배 한 수는 $123 \times 3 = 369$입니다.

08쪽 2. 일의 자리에서 올림이 있는 (세 자리 수)×(한 자리 수)를 어떻게 계산할까요

1 492

2 (1) 496 (2) 638

3 (1) 468 (2) 675

4 474 m

5 주경, 169

6 975

---

1 • 100 이 나타내는 수: $200 \times 2 = 400$
- 10 이 나타내는 수: $40 \times 2 = 80$
- 1 이 나타내는 수: $6 \times 2 = 12$
→ $246 \times 2 = 492$

2 일의 자리 계산에서 올림한 수는 십의 자리 위에 작게 씁니다.

3 (1) $117 \times 4 = 468$
(2) $225 \times 3 = 675$

4 지수가 걸은 거리는 모두
$237 \times 2 = 474$ (m)입니다.

5 (주경이네 가족이 딴 딸기의 수)
= $214 \times 4 = 856$(개)
(도율이네 가족이 딴 딸기의 수)
= $229 \times 3 = 687$(개)
따라서 주경이네 가족이 딸기를
$856 - 687 = 169$(개) 더 많이 땄습니다.

6 어떤 수를 □라 하면 잘못 계산한 식은
$□ + 3 = 328$, $□ = 328 - 3 = 325$입니다.
따라서 바르게 계산하면 $325 \times 3 = 975$입니다.

09쪽 3. 십, 백의 자리에서 올림이 있는 (세 자리 수)×(한 자리 수)를 어떻게 계산할까요

1 426

2 (1) 1528 (2) 2466 (3) 579 (4) 1368

3 1450 / 4137

4 (○)(   )(   )

5 $270 \times 6 = 1620$ (또는 270×6) / 1620개

6 2, 0 / 3, 5

---

1 • 100 이 나타내는 수: $100 \times 3 = 300$
- 10 이 나타내는 수: $40 \times 3 = 120$
- 1 이 나타내는 수: $2 \times 3 = 6$
→ $142 \times 3 = 426$

2 (3)
$$\begin{array}{r} 1\ 9\ 3 \\ \times\quad\ 3 \\ \hline 5\ 7\ 9 \end{array}$$
(4)
$$\begin{array}{r} 3\ 4\ 2 \\ \times\quad\ 4 \\ \hline 1\ 3\ 6\ 8 \end{array}$$

3 • $290 \times 5 = 1450$

• $591 \times 7 = 4137$

4 • $261 \times 3 = 783$ • $192 \times 4 = 768$

• $353 \times 2 = 706$

➜ $783 > 768 > 706$

5 (전체 호두의 수)

＝(한 상자에 들어 있는 호두의 수)×(상자의 수)

＝$270 \times 6 = 1620$(개)

6 ㉠×5에서 1을 올림하여 계산했으므로 ㉠에 올 수 있는 수는 2와 3입니다.

➜ ㉠＝2이면 ㉡＝0, ㉠＝3이면 ㉡＝5입니다.

---

1 (1) 10 / 3200 (2) 10 / 5400

2 (1) 800 (2) 3500 (3) 3060 (4) 2430

3 1400 / 1120   **4** 37×50에 색칠

5 42×30＝1260 (또는 42×30) / 1260개

6 6

---

1 (몇십)×(몇십)의 계산은 (몇십)×(몇)의 계산에 0을 붙인 것과 같습니다.

2 (1) $20 \times 40 = 800$ (2) $70 \times 50 = 3500$

(3) $34 \times 90 = 3060$ (4) $81 \times 30 = 2430$

3 • $70 \times 20 = 1400$ • $56 \times 20 = 1120$

4 • $48 \times 40 = 1920$

• $64 \times 30 = 1920$

• $37 \times 50 = 1850$

---

5 (민석이가 외운 전체 영어 단어 수)

＝(하루에 외운 영어 단어 수)×(날수)

＝$42 \times 30 = 1260$(개)

6 • $80 \times 10 = 800$ • $80 \times 20 = 1600$

• $80 \times 30 = 2400$ • $80 \times 40 = 3200$

• $80 \times 50 = 4000$ • $80 \times 60 = 4800$

• $80 \times 70 = 5600\,(\times)$

따라서 ☐ 안에 들어갈 수 있는 가장 큰 수는 6입니다.

---

1 90 / 45 / 135

2 (1) 294 (2) 504 (3) 177 (4) 216

3 14, 84

4 7×52＝364 (또는 7×52) / 364개

5
$$\begin{array}{r} 8 \\ \times\ 2\ 6 \\ \hline 4\ 8 \\ 1\ 6\ 0 \\ \hline 2\ 0\ 8 \end{array}$$
6 8 / 4

---

1 파란색 모눈의 수: $9 \times 10 = 90$

빨간색 모눈의 수: $9 \times 5 = 45$

➜ 전체 모눈의 수: $9 \times 15 = 90 + 45 = 135$

2 (3)
$$\begin{array}{r} 3 \\ \times\ 5\ 9 \\ \hline 1\ 7\ 7 \end{array}$$
(4)
$$\begin{array}{r} 8 \\ \times\ 2\ 7 \\ \hline 2\ 1\ 6 \end{array}$$

3 (전체 학생 수)

＝(한 줄에 서 있는 학생 수)×(줄의 수)

＝$6 \times 14 = 84$(명)

4 (전체 배의 수)

＝(한 상자에 들어 있는 배의 수)×(상자의 수)

＝$7 \times 52 = 364$(개)

5 세로로 계산할 때는 자리를 잘 맞추어 쓰고 계산합니다.

6
$$\begin{array}{r} \boxed{4} \\ \times\ 6\ \boxed{8} \\ \hline 2\ 7\ 2 \end{array} \qquad \begin{array}{r} \boxed{8} \\ \times\ 6\ \boxed{4} \\ \hline 5\ 1\ 2 \end{array}$$

➜ $272 < 512$이므로 ㉠$=8$, ㉡$=4$입니다.

6 두 수의 십의 자리 수가 작을수록 곱이 작아지므로 두 수의 십의 자리에 각각 1, 2를 놓습니다.
$14 \times 27 = 378$, $17 \times 24 = 408$이므로 곱이 가장 작은 식은 $14 \times 27 = 378$입니다.

12쪽
6. 올림이 한 번 있는 (두 자리 수)×(두 자리 수)를 어떻게 계산할까요

1 160 / 48 / 208
2 (1) 448 (2) 775 (3) 351 (4) 966
3 (위에서부터) 312 / 540
4 $12 \times 17 = 204$ (또는 12×17) / 204개
5 $39 \times 21 = 819$ (또는 39×21) / 819분
6 1, 4, 2, 7, 378

1 파란색 모눈의 수: $16 \times 10 = 160$
빨간색 모눈의 수: $16 \times 3 = 48$
➜ 전체 모눈의 수: $16 \times 13 = 160 + 48 = 208$

2 (3)
$$\begin{array}{r} 2\ 7 \\ \times\ 1\ 3 \\ \hline 8\ 1 \\ 2\ 7\ 0 \\ \hline 3\ 5\ 1 \end{array}$$
(4)
$$\begin{array}{r} 4\ 6 \\ \times\ 2\ 1 \\ \hline 4\ 6 \\ 9\ 2\ 0 \\ \hline 9\ 6\ 6 \end{array}$$

3
$$\begin{array}{r} 1\ 2 \\ \times\ 2\ 6 \\ \hline 7\ 2 \\ 2\ 4\ 0 \\ \hline 3\ 1\ 2 \end{array}$$
$$\begin{array}{r} 1\ 2 \\ \times\ 4\ 5 \\ \hline 6\ 0 \\ 4\ 8\ 0 \\ \hline 5\ 4\ 0 \end{array}$$

4 (포장한 사탕의 수)
= (한 봉지에 넣은 사탕의 수) × (봉지의 수)
= $12 \times 17 = 204$(개)

5 (서현이가 21일 동안 그림을 그린 시간)
= (하루에 그림을 그린 시간) × (날수)
= $39 \times 21 = 819$(분)

13쪽
7. 올림이 여러 번 있는 (두 자리 수)×(두 자리 수)를 어떻게 계산할까요

1 4, 1, 4, 9 / 1, 3, 8, 0, 30 / 1, 7, 9, 4
2 (1) 2072 (2) 1728 (3) 1508 (4) 2924
3 56×39에 색칠
4 26, 988
5 $28 \times 25 = 700$ (또는 28×25) / 700쪽
6 7 / 5 / 2, 4, 9, 1
7 1350

1 • 일의 자리: $46 \times 9 = 414$
• 십의 자리: $46 \times 30 = 1380$
➜ $46 \times 39 = 414 + 1380 = 1794$

2 (3)
$$\begin{array}{r} 5\ 2 \\ \times\ 2\ 9 \\ \hline 4\ 6\ 8 \\ 1\ 0\ 4\ 0 \\ \hline 1\ 5\ 0\ 8 \end{array}$$
(4)
$$\begin{array}{r} 4\ 3 \\ \times\ 6\ 8 \\ \hline 3\ 4\ 4 \\ 2\ 5\ 8\ 0 \\ \hline 2\ 9\ 2\ 4 \end{array}$$

3 • $68 \times 37 = 2516$ • $56 \times 39 = 2184$
따라서 $2184 < 2500$이므로 56×39에 색칠합니다.

4 (전체 탁구공의 수)
= (한 상자에 들어 있는 탁구공의 수) × (상자의 수)
= $38 \times 26 = 988$(개)

5 (미주가 읽는 동화책의 전체 쪽수)
= (하루에 읽는 동화책의 쪽수) × (날수)
= $28 \times 25 = 700$(쪽)

6 • 일의 자리: □×3의 일의 자리 수가 1인 경우는
　　7×3=21입니다. ➡ □=7
　　• 십의 자리: 47×□=235 ➡ □=5
　　• 47×53=2491

7 ㉠ 10이 1개, 1이 8개인 수 ➡ 18
　　㉡ 10이 7개, 1이 5개인 수 ➡ 75
　　➡ ㉠×㉡=18×75=1350

1
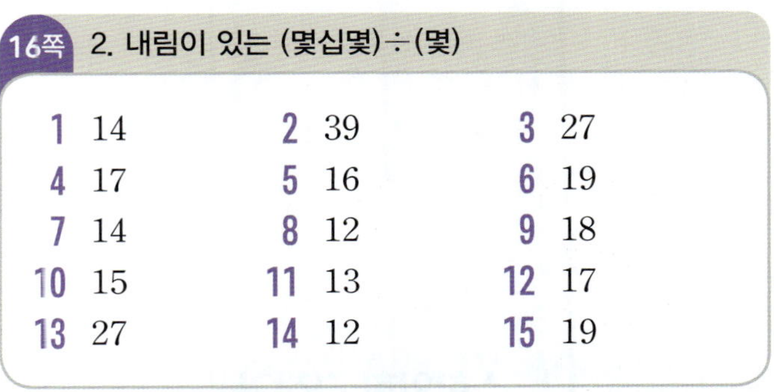

/ ㉲ 400, 800

2 900, 3, 2700

3 (1) ·　· ＼／ ·
　　(2) ·　· ／＼ ·
　　(3) ·　·－－· ·

4 규민

5 4800에 ○표

6 200 / ㉲ 22는 20에 가깝고, 12는 10에 가까우
　　므로 전교생 수는 약 20×10=200(명)입니다.

---

1 391을 어림하면 약 400입니다. 따라서 391×2를
　　어림셈으로 구하면 약 400×2=800입니다.

2 912는 900에 가까우므로 현영이가 30분 동안 걸을
　　수 있는 걸음 수는 약 900×3=2700(보)입니다.

3 (1) 51×40은 약 50×40으로 어림합니다. ➡ 2000
　　(2) 19×61은 약 20×60으로 어림합니다. ➡ 1200
　　(3) 72×78은 약 70×80으로 어림합니다. ➡ 5600

4 48은 40보다 크고 40×60은 2400이므로 48×60
　　은 2400보다 큽니다.

5 790은 800에 가까우므로 내야 할 돈은
　　약 800×6=4800(원)입니다.

---

2 나눗셈

기초력 더하기

15쪽　1. 내림이 없는 (몇십몇)÷(몇)

1 1, 10			**2** 2, 20		
3 4, 40			**4** 3, 30		
5 10		**6** 30		**7** 20	
8 33		**9** 11		**10** 12	
11 41		**12** 31		**13** 22	

16쪽　2. 내림이 있는 (몇십몇)÷(몇)

1 14	**2** 39	**3** 27
4 17	**5** 16	**6** 19
7 14	**8** 12	**9** 18
10 15	**11** 13	**12** 17
13 27	**14** 12	**15** 19

17쪽　3. 나머지가 있는 (두 자리 수)÷(한 자리 수)

1 5…2	**2** 9…3	**3** 6…2
4 13…1	**5** 16…1	**6** 27…2
7 7…6	**8** 8…5	**9** 4…4
10 7…2	**11** 17…3	**12** 13…2
13 12…4	**14** 16…1	**15** 23…2

18쪽 4. 나눗셈의 계산이 맞는지 확인하기

1 7, 5 / 7, 5　　　　**2** 4, 2 / 4, 2
3 7, 3 / 7, 3　　　　**4** 19, 2 / 19, 2
5 $14\cdots4$ / $5\times14=70$, $70+4=74$
6 $16\cdots3$ / $6\times16=96$, $96+3=99$
7 $26\cdots1$ / $2\times26=52$, $52+1=53$
8 $23\cdots2$ / $3\times23=69$, $69+2=71$
9 $13\cdots3$ / $7\times13=91$, $91+3=94$
10 $14\cdots1$ / $6\times14=84$, $84+1=85$

19쪽 5. (세 자리 수)÷(한 자리 수)

1 150　　**2** 149　　**3** 153
4 $234\cdots2$　　**5** $128\cdots3$　　**6** $264\cdots2$
7 200　　**8** 300　　**9** 130
10 270　　**11** 148　　**12** 236
13 $247\cdots1$　　**14** $118\cdots3$　　**15** $126\cdots4$

수학익힘 다잡기

20쪽 1. 내림이 없는 (몇십)÷(몇)을 어떻게 계산할까요

1 20
2 ⑴ 20　⑵ 10　⑶ 30
3 30 / 10
4 <
5 $60\div6=10$ (또는 $60\div6$) / 10개
6 유미

1 십 모형 4개를 2묶음으로 똑같이 나누면 한 묶음에 십 모형이 2개씩 있습니다. ➡ $40\div2=20$

---

3 ・$6\div2=3$ ➡ $60\div2=30$
　　・$3\div3=1$ ➡ $30\div3=10$

4 $80\div8=10$, $90\div3=30$
　　➡ $10<30$

5 (필요한 통의 수)
　　=(전체 클립의 수)÷(한 통에 담는 클립의 수)
　　=$60\div6=10$(개)

6 ・유미: $70\div7=10$　　・지원: $80\div4=20$
따라서 몫이 10이 되는 나눗셈 문제를 만든 친구는 유미입니다.

21쪽 2. 내림이 없는 (몇십몇)÷(몇)을 어떻게 계산할까요

1 11
2 2, 3 / 4, 20 / 6 / 6, 3
3 ⑴ 22　⑵ 32　⑶ 21　⑷ 31
4 (　　)(　　)(○)
5 $48\div4=12$ (또는 $48\div4$) / 12 cm
6 정후, 1개

1 십 모형 3개를 일 모형 30개로 바꾸어 3개씩 묶으면 모두 11묶음입니다. ➡ $33\div3=11$

2 나누어지는 수의 십의 자리를 먼저 나누어 몫을 십의 자리 위에 쓰고, 일의 자리를 나누어 몫을 일의 자리 위에 씁니다.

4 ・$24\div2=12$　　・$39\div3=13$　　・$88\div8=11$

5 정사각형은 네 변의 길이가 모두 같으므로 네 변의 길이의 합이 48 cm인 정사각형의 한 변의 길이는 $48\div4=12$ (cm)입니다.

6 ・다은: $55\div5=11$(개)
　　・정후: $36\div3=12$(개)
따라서 정후가 $12-11=1$(개) 더 많이 담았습니다.

---

 3. 내림이 있는 (두 자리 수)÷(한 자리 수)를 어떻게 계산할까요

1 14

2 3, 6 / 6, 30 / 1, 2, 6

3 (1) 14 (2) 17 (3) 14 (4) 49

4 $91÷7=13$ (또는 $91÷7$) / 13주 후

5 $84÷7$, $60÷5$에 색칠

6 13개

1 십 모형 1개를 일 모형 10개로 바꾸어 수 모형을 3 묶음으로 똑같이 나누면 한 묶음에 14개씩 있습니다. ➜ $42÷3=14$

2 나누어지는 수의 십의 자리를 먼저 나누어 몫을 십의 자리 위에 쓰고, 남은 수와 일의 자리를 더한 값을 나누어 몫을 일의 자리 위에 씁니다.

4 일주일은 7일이므로 $91÷7=13$입니다. 따라서 크리스마스는 13주 후입니다.

5 • $84÷7=12$ • $51÷3=17$ • $64÷4=16$
• $96÷4=24$ • $60÷5=12$

6 (필요한 상자의 수)
＝(전체 찹쌀떡의 수)÷(한 상자에 담는 찹쌀떡의 수)
＝$78÷6=13$(개)

---

 4. 내림이 없고 나머지가 있는 (두 자리 수)÷(한 자리 수)를 어떻게 계산할까요

1 7 / 2, 8, 7 / 2 / 7 / 2

2 (1) $4⋯1$ (2) $8⋯1$ (3) $6⋯6$ (4) $7⋯5$

3 (1) •
(2) •

4 $43÷6=7⋯1$ (또는 $43÷6$) / 7, 1

5 4, 5에 ○표

6 연진, 4개

---

1 $30÷4=7⋯2$이므로 몫은 7이고 나머지는 2입니다.

2 (3)
$$7\,)\overline{\,4\,8\,}$$
몫 6, 42, 6

(4)
$$8\,)\overline{\,6\,1\,}$$
몫 7, 56, 5

3 (1) $23÷5=4⋯3$, $39÷4=9⋯3$
(2) $37÷7=5⋯2$, $50÷6=8⋯2$
$52÷8=6⋯4$

4 $43÷6=7⋯1$이므로 몫은 7이고 나머지는 1입니다.
➜ 한 봉지에 귤을 7개씩 담을 수 있고, 1개가 남습니다.

5 나머지는 나누는 수인 6보다 작아야 합니다.
➜ 나머지가 될 수 있는 수는 4, 5입니다.

6 • 지원: $36÷4=9$ • 연진: $58÷9=6⋯4$
• 소현: $49÷7=7$
따라서 연진이가 젤리를 나누어 주었을 때 젤리가 4개 남습니다.

---

 5. 내림이 있고 나머지가 있는 (두 자리 수)÷(한 자리 수)를 어떻게 계산할까요

1 5 / 6, 20 / 1, 5, 5 / 1

2 (1) $11⋯5$ (2) $18⋯1$ (3) $13⋯1$ (4) $17⋯2$

3 (위에서부터) 16, 1 / 24, 2

4 $95÷8$에 색칠

5 $87÷6=14⋯3$ (또는 $87÷6$) / 14, 3

6 5, 3 (또는 9, 3)

1 ① 십의 자리 수를 나눈 몫을 십의 자리 위에 씁니다.
② 남은 수를 내림하여 일의 자리 수와 함께 나눈 몫을 일의 자리 위에 씁니다.
③ 나머지를 구합니다.

2 (3)
$$4\overline{)\,5\ 3} = 1\ 3$$
$$\begin{array}{r} 1\ 3 \\ 4\overline{)\,5\ 3} \\ 4 \\ \hline 1\ 3 \\ 1\ 2 \\ \hline 1 \end{array}$$
(4)
$$\begin{array}{r} 1\ 7 \\ 5\overline{)\,8\ 7} \\ 5 \\ \hline 3\ 7 \\ 3\ 5 \\ \hline 2 \end{array}$$

3 • $65 \div 4 = 16 \cdots 1$ • $74 \div 3 = 24 \cdots 2$

4 $88 \div 6 = 14 \cdots 4$, $62 \div 5 = 12 \cdots 2$,
$95 \div 8 = 11 \cdots 7$

5 $87 \div 6 = 14 \cdots 3$이므로 몫은 14이고 나머지는 3입니다. → 꽃을 한 줄에 14송이씩 심을 수 있고, 3송이가 남습니다.

6 $35 \div 4 = 8 \cdots 3$, $39 \div 4 = 9 \cdots 3$, $53 \div 4 = 13 \cdots 1$,
$59 \div 4 = 14 \cdots 3$, $93 \div 4 = 23 \cdots 1$, $95 \div 4 = 23 \cdots 3$
따라서 나머지가 1이 되는 나눗셈식은
$53 \div 4 = 13 \cdots 1$, $93 \div 4 = 23 \cdots 1$입니다.

25쪽 **6. 나눗셈의 계산이 맞는지 어떻게 확인할 수 있을까요**

1 17, 2, 53

2 (1)
$$\begin{array}{r} 1\ 4 \\ 4\overline{)\,5\ 7} \\ 4 \\ \hline 1\ 7 \\ 1\ 6 \\ \hline 1 \end{array}$$
/ $4 \times 14 = 56$, $56 + 1 = 57$

(2)
$$\begin{array}{r} 1\ 3 \\ 7\overline{)\,9\ 5} \\ 7 \\ \hline 2\ 5 \\ 2\ 1 \\ \hline 4 \end{array}$$
/ $7 \times 13 = 91$, $91 + 4 = 95$

3 (◯)( )

4 $21 \div 4 = 5 \cdots 1$ (또는 $21 \div 4$) / 5 / 1

5 9, 63, 63, 64, '틀립니다'에 ◯표

6 50

3 • $27 \div 4 = 6 \cdots 3$ → $4 \times 6 = 24$, $24 + 3 = 27$ (◯)
• $44 \div 7 = 7 \cdots 5$ → $7 \times 7 = 49$, $49 + 5 = 54$ (×)

4 나누는 수와 몫의 곱에 나머지를 더한 값이 나누어지는 수와 같으면 계산이 맞는 것이므로 나누는 수는 4, 몫은 5, 나머지는 1입니다.
→ $21 \div 4 = 5 \cdots 1$

5 나누는 수 7과 몫 9의 곱은 63이고, 63에 나머지 1을 더하면 64가 됩니다. 나누어지는 수 65와 다르므로 리아의 계산이 틀립니다.

6 어떤 수를 □라 하면 $□ \div 8 = 6 \cdots 2$입니다.
$8 \times 6 = 48$, $48 + 2 = 50$이므로 □ $= 50$입니다.

26쪽 **7. 나머지가 없는 (세 자리 수)÷(한 자리 수)를 어떻게 계산할까요**

1 2, 8 / 1, 4 / 5 / 5, 6

2 (1) 123 (2) 163 (3) 250 (4) 231

3 ㉡, ㉠, ㉢

4 $320 \div 4 = 80$ (또는 $320 \div 4$) / 80명

5 예 책 762권을 책장 6개에 똑같이 나누어 꽂으려고 합니다. 책장 한 개에 책을 몇 권씩 꽂아야 할까요? / 127권

6 116

3 ㉠ $528 \div 3 = 176$ ㉡ $740 \div 5 = 148$
㉢ $736 \div 4 = 184$
→ $148 < 176 < 184$이므로 몫이 작은 것부터 차례로 기호를 쓰면 ㉡, ㉠, ㉢입니다.

4 (나누어 줄 수 있는 사람 수)
=(전체 콩 주머니의 수)÷(한 명에게 주는 콩 주머니의 수)
=$320 \div 4 = 80$(명)

5 채점 가이드 $762 \div 6$을 이용하여 문제를 만들고 답을 127로 쓰면 정답입니다.

6 $819 \div 7 = 117$이므로 117보다 작으면서 가장 큰 수는 116입니다.

8. 나머지가 있는 (세 자리 수)÷(한 자리 수)를 어떻게 계산할까요

1 3, 7, 9 / 6 / 1, 4 / 1, 8 / 1

2 (1) $233\cdots3$ (2) $138\cdots4$
  (3) $126\cdots3$ (4) $269\cdots1$

3 $>$

4 215에 ○표

5
$$7)\overline{249}$$
몫 35, 21 / 39 / 35 / 4

6 9, 7, 5, 4 / 243 / 3

2
(1)
$$4)\overline{935}$$
233 … 8 / 13 / 12 / 15 / 12 / 3

(2)
$$5)\overline{694}$$
138 … 5 / 19 / 15 / 44 / 40 / 4

(3)
$$6)\overline{759}$$
126 … 6 / 15 / 12 / 39 / 36 / 3

(4)
$$3)\overline{808}$$
269 … 6 / 20 / 18 / 28 / 27 / 1

3 • $320\div6=53\cdots2$ • $417\div8=52\cdots1$
  ➜ 몫의 크기를 비교하면 $53>52$입니다.

4 • $215\div9=23\cdots8$ • $571\div9=63\cdots4$
  • $438\div9=48\cdots6$ • $830\div9=92\cdots2$
따라서 215를 9로 나누었을 때 나머지가 8로 가장 큽니다.

5 백의 자리에서 나눌 수 없으므로 십의 자리 수와 합쳐 계산해야 합니다.

6 몫이 가장 큰 나눗셈을 만들려면 나누어지는 수가 가장 커야 하고, 나누는 수는 가장 작아야 합니다.
  ➜ $975\div4=243\cdots3$

9. 나눗셈의 어림셈을 어떻게 할까요

1 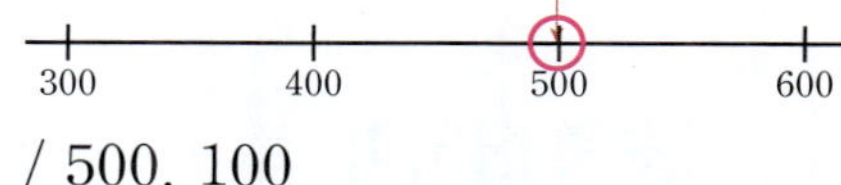
/ 500, 100

2
예
$$7)\overline{700} \quad 7)\overline{711}$$
100 / 700 / 0   101 / 7 / 11 / 7 / 4

3 (1) (2) (3) 선 잇기

4 예 약 40개 / 예 204는 200에 가까우므로 주머니 한 개에 구슬을 약 $200\div5=40$(개)씩 나누어 담을 수 있습니다.

5 300, 100, '충분합니다'에 ○표

6 420, 60 / '잘못'에 ○표

1 499는 500에 가까우므로 약 500입니다. $499\div5$를 어림셈으로 구하면 약 $500\div5=100$입니다.

2 711은 약 700이고 어림셈으로 구하면 약 $700\div7=100$이므로 몫은 약 100입니다.
711은 700보다 크므로 실제 몫은 어림셈으로 구한 몫인 100보다 크게 생각할 수 있습니다.

3 (1) 502는 약 500으로 어림할 수 있습니다.
  (2) 613은 약 600으로 어림할 수 있습니다.
  (3) 797은 약 800으로 어림할 수 있습니다.

4 204는 약 200이므로 어림셈으로 구하면 약 $200\div5=40$입니다.

5 289는 약 300이므로 어림셈으로 구하면 몫은 약 $300\div3=100$입니다.
289는 300보다 작으므로 연아가 가진 통 100개는 충분합니다.

6 422는 약 420으로 어림하여 계산하면 $420\div7=60$입니다.
나누어지는 수 422는 420보다 크기 때문에 $422\div7$의 몫은 60과 같거나 60보다 커야 합니다.

기본 강화책

2 단원

3 원

기초력 더하기

29쪽 1. 원의 중심, 반지름, 지름

1 점 ㄴ   **2** 점 ㄹ   **3** 점 ㄷ
4 선분 ㅇㄴ(또는 선분 ㄴㅇ)
5 선분 ㅇㄷ(또는 선분 ㄷㅇ)
6 선분 ㅇㄱ(또는 선분 ㄱㅇ)
7 선분 ㄷㅁ(또는 선분 ㅁㄷ)
8 선분 ㄱㄷ(또는 선분 ㄷㄱ)
9 선분 ㄴㅁ(또는 선분 ㅁㄴ)

30쪽 2. 원의 성질

1 16 cm   **2** 18 cm   **3** 14 cm
4 10 cm   **5** 12 cm   **6** 8 cm
7 4 cm   **8** 8 cm   **9** 5 cm
10 6 cm   **11** 3 cm   **12** 7 cm

31쪽 3. 컴퍼스를 이용하여 원 그리기 / 원을 이용하여 여러 가지 모양 그리기

1
2

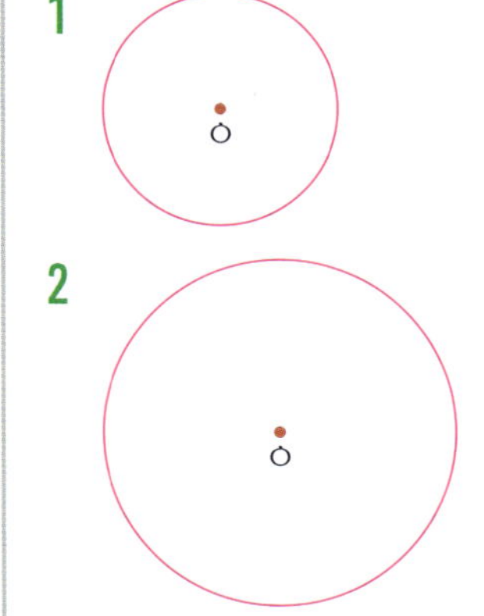

3

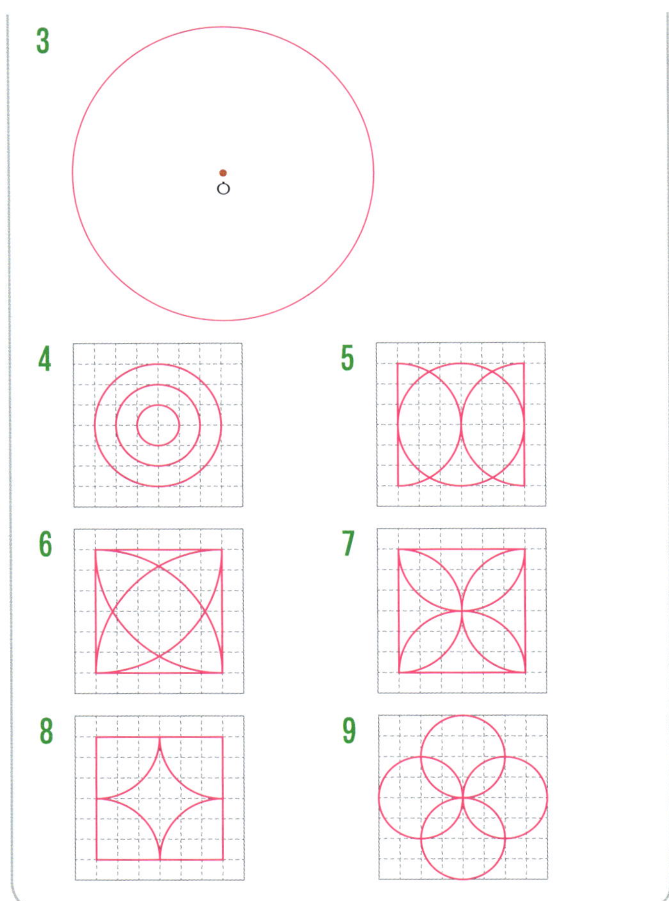

4   **5**

6   **7**

8   **9**

수학익힘 다잡기

32쪽 1. 원의 중심, 반지름, 지름은 무엇일까요

1 (1) 중심 (2) 반지름   **2**

3 선분 ㄷㄹ(또는 선분 ㄹㄷ)
4 재원   **5** 12 / 24
6 예 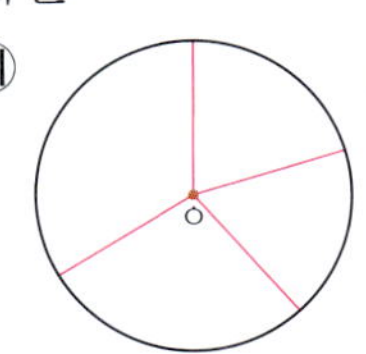 / 무수히 많이

1 ⑴ 원의 중심은 원 위의 모든 점에서 같은 거리에 있는 점입니다.

⑵ 원의 반지름은 원의 중심과 원 위의 한 점을 이은 선분입니다.

2 한 원에서 원의 중심과 원 위의 한 점을 이은 선분의 길이는 항상 같아야 합니다.

3 원의 중심을 지나도록 원 위의 두 점을 이은 선분을 찾습니다.

4 은서가 그린 원의 반지름: 4 cm
재원이가 그린 원의 반지름: 6 cm
따라서 재원이가 그린 원의 크기가 더 큽니다.

5 모눈 한 칸의 길이가 4 cm이므로 반지름은 모눈 3칸인 $4 \times 3 = 12$ (cm)입니다.
지름은 모눈 6칸인 $4 \times 6 = 24$ (cm)입니다.

6 한 원에 반지름은 길이가 모두 같으며 무수히 많이 그을 수 있습니다.

---

1 2

2 예 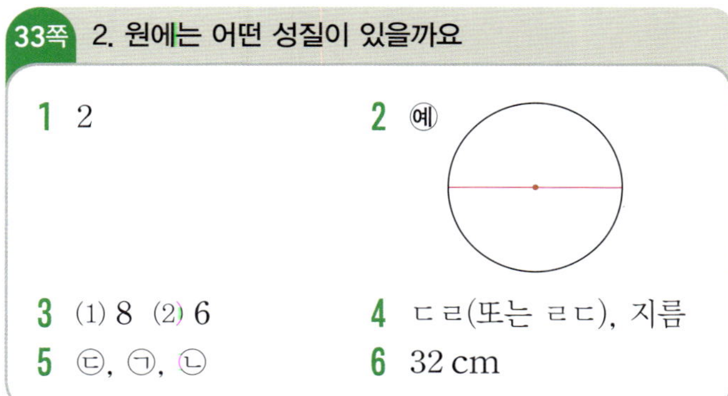

3 ⑴ 8 ⑵ 6

4 ㄷㄹ(또는 ㄹㄷ), 지름

5 ㉢, ㉠, ㉡

6 32 cm

---

1 한 원에서 원의 지름은 반지름의 2배입니다.

2 원의 중심을 지나는 원의 지름은 원을 똑같이 둘로 나눕니다.

3 ⑴ (지름)＝(반지름)$\times 2 = 4 \times 2 = 8$ (cm)
⑵ (반지름)＝(지름)$\div 2 = 12 \div 2 = 6$ (cm)

4 원의 지름은 원 안에 그을 수 있는 가장 긴 선분입니다.

5 반지름으로 비교하면 ㉠: 8 cm, ㉡: 7 cm, ㉢: 9 cm 입니다. 따라서 큰 원부터 차례로 기호를 쓰면 ㉢, ㉠, ㉡입니다.

---

6 네 원의 크기가 같으므로 반지름은 모두 4 cm입니다.
따라서 파란색 선의 길이는 반지름의 8배이므로 $4 \times 8 = 32$ (cm)입니다.

1 반지름, 중심

2 9 cm

3

4

5 예

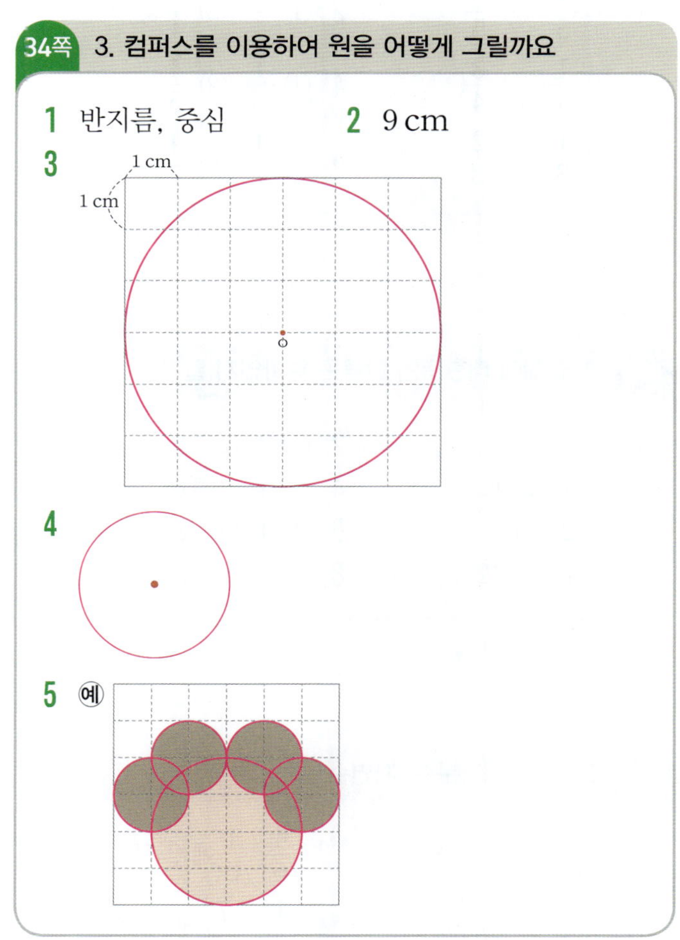

---

1 컴퍼스를 이용하여 원을 그릴 때 컴퍼스를 벌린 길이는 원의 반지름이고, 컴퍼스의 침을 꽂는 곳은 원의 중심입니다.

2 (반지름)＝$18 \div 2 = 9$ (cm)
➜ 컴퍼스를 9 cm만큼 벌려야 합니다.

3 모눈 한 칸의 길이는 1 cm이므로 컴퍼스를 모눈 3칸(3 cm)만큼 벌려서 원을 그립니다.

4 컴퍼스를 1 cm만큼 벌린 후 컴퍼스의 침을 원의 중심에 꽂고 컴퍼스를 돌려서 원을 그립니다.

4 분수

기초력 더하기

35쪽 1. 분수로 나타내기

1 (1) $\dfrac{1}{5}$ (2) $\dfrac{3}{5}$ **2** (1) $\dfrac{1}{4}$ (2) $\dfrac{3}{4}$

3 (1) $\dfrac{1}{4}$ (2) $\dfrac{3}{4}$ **4** (1) $\dfrac{1}{5}$ (2) $\dfrac{4}{5}$

5 (1) $\dfrac{1}{3}$ (2) $\dfrac{2}{3}$ **6** (1) $\dfrac{1}{7}$ (2) $\dfrac{4}{7}$

36쪽 2. 전체에 대한 분수만큼은 얼마인지 알기

1 (1) 3 (2) 6 **2** (1) 2 (2) 10

3 (1) 4 (2) 12 **4** (1) 4 (2) 16

5 (1) 2 (2) 6 **6** (1) 4 (2) 28

7 (1) 7 (2) 42 **8** (1) 9 (2) 45

37쪽 3. 진분수, 가분수, 자연수

1 $\dfrac{1}{4}$, $\dfrac{3}{5}$에 ◯표 **2** $\dfrac{4}{6}$, $\dfrac{1}{5}$에 ◯표

3 $\dfrac{2}{3}$, $\dfrac{5}{7}$에 ◯표 **4** $\dfrac{1}{2}$, $\dfrac{7}{10}$에 ◯표

5 $\dfrac{4}{9}$, $\dfrac{3}{8}$에 ◯표 **6** $\dfrac{3}{5}$, $\dfrac{2}{6}$에 ◯표

7 $\dfrac{4}{7}$, $\dfrac{1}{3}$에 ◯표 **8** $\dfrac{9}{10}$, $\dfrac{2}{4}$에 ◯표

9 $\dfrac{4}{3}$, $\dfrac{10}{7}$에 △표 **10** $\dfrac{5}{3}$, $\dfrac{13}{5}$에 △표

11 $\dfrac{15}{8}$, $\dfrac{9}{2}$에 △표 **12** $\dfrac{18}{7}$, $\dfrac{6}{6}$에 △표

13 $\dfrac{7}{5}$, $\dfrac{6}{4}$에 △표 **14** $\dfrac{10}{6}$, $\dfrac{9}{4}$에 △표

15 $\dfrac{9}{5}$, $\dfrac{11}{9}$에 △표 **16** $\dfrac{15}{10}$, $\dfrac{5}{5}$에 △표

38쪽 4. 대분수

1 5 **2** 16

3 2, 1 **4** 1, 2

5 $\dfrac{4}{3}$ **6** $\dfrac{19}{8}$ **7** $\dfrac{26}{7}$

8 $\dfrac{43}{9}$ **9** $\dfrac{15}{4}$ **10** $1\dfrac{1}{6}$

11 $2\dfrac{5}{7}$ **12** $5\dfrac{1}{4}$ **13** $2\dfrac{7}{8}$

39쪽 5. 분모가 같은 분수의 크기 비교

1 > **2** <

3 < **4** >

5 > **6** < **7** >

8 < **9** > **10** <

11 < **12** > **13** >

14 = **15** < **16** <

수학익힘 다잡기

40쪽 1. 분수로 어떻게 나타낼까요

1 1, $\dfrac{1}{3}$

2 예 / 4, 3, $\dfrac{3}{4}$

3 (1) $\dfrac{1}{2}$ (2) $\dfrac{4}{5}$ **4** (1) $\dfrac{1}{4}$ (2) $\dfrac{3}{4}$

5 예 / $\dfrac{2}{3}$

6 리아, 예 15는 20의 $\dfrac{3}{4}$이야.

1 구슬 2개는 구슬 6개를 똑같이 3으로 나눈 것 중의 1입니다.

2 축구공 12개를 3개씩 묶으면 4묶음입니다.
축구공 9개는 전체를 똑같이 4로 나눈 것 중의 3이므로 전체의 $\dfrac{3}{4}$입니다.

3 ⑴ 색칠한 부분은 전체를 똑같이 2로 나눈 것 중의 1이므로 전체의 $\dfrac{1}{2}$입니다.

⑵ 색칠한 부분은 전체를 똑같이 5로 나눈 것 중의 4이므로 전체의 $\dfrac{4}{5}$입니다.

4 ⑴ 과자 4개는 과자 16개를 똑같이 4로 나눈 것 중의 1입니다.

⑵ 과자 12개는 과자 16개를 똑같이 4로 나눈 것 중의 3입니다.

5 사탕 15개를 5개씩 묶으면 3묶음입니다. 사탕 10개는 3묶음 중의 2묶음이므로 10은 15의 $\dfrac{2}{3}$입니다.

6 다른 풀이 15는 25의 $\dfrac{3}{5}$이야.

41쪽 2. 전체 개수의 분수만큼은 얼마인지 어떻게 알까요

1 3 / 3

2 10

3 예 [그림] / ⑴ 4 ⑵ 12

4 (1), (2)

5 6개

6 2, 8, 4 / 예 [그림]

---

1 옥수수 9개를 똑같이 3묶음으로 나누면 1묶음에는 옥수수가 3개 있습니다. 따라서 9의 $\dfrac{1}{3}$은 3입니다.

2 감자 12개를 똑같이 6묶음으로 나눈 것 중의 5묶음은 10개입니다.

3 고구마 20개를 똑같이 5묶음으로 나누면 한 묶음에는 고구마가 4개 있습니다.

⑴ 20의 $\dfrac{1}{5}$은 4입니다.

⑵ 20의 $\dfrac{3}{5}$은 12입니다.

4 ⑴ 16을 똑같이 8묶음으로 나눈 것 중의 3묶음은 6입니다.

⑵ 16을 똑같이 8묶음으로 나눈 것 중의 5묶음은 10입니다.

5 동전 8개를 똑같이 4묶음으로 나눈 것 중의 3묶음은 6개이므로 유경이가 저금통에 넣은 동전은 6개입니다.

6 14의 $\dfrac{1}{7}$, $\dfrac{4}{7}$, $\dfrac{2}{7}$는 각각 2, 8, 4이므로 빨간색은 2개, 파란색은 8개, 초록색은 4개를 색칠합니다.

42쪽 3. 전체 길이의 분수만큼은 얼마인지 어떻게 알까요

1 ⑴ 4 ⑵ 20

2 ⑴ 10 ⑵ 6

3 ⑴ 20 ⑵ 60

4 32 m

5 10 km

6 민성

---

3 ⑴ 1 m는 100 cm이므로 100 cm의 $\dfrac{1}{5}$은 20 cm입니다.

⑵ 1 m는 100 cm이므로 100 cm의 $\dfrac{3}{5}$은 60 cm입니다.

4 56 m의 $\dfrac{1}{7}$은 8 m이므로 56 m의 $\dfrac{4}{7}$는 32 m입니다.

5 학교에서 공원까지의 거리인 16 km의 $\dfrac{3}{8}$만큼을 갔으므로 6 km를 갔습니다. 따라서 공원까지 더 가야 하는 거리는 16－6＝10 (km)입니다.

6 $48\,\mathrm{cm}$의 $\dfrac{1}{8}$은 $6\,\mathrm{cm}$이므로 $48\,\mathrm{cm}$의 $\dfrac{6}{8}$은 $36\,\mathrm{cm}$입니다.

$48\,\mathrm{cm}$의 $\dfrac{1}{6}$은 $8\,\mathrm{cm}$이므로 $48\,\mathrm{cm}$의 $\dfrac{4}{6}$는 $32\,\mathrm{cm}$입니다.

따라서 민성이가 끈을 더 많이 사용했습니다.

43쪽 4. 진분수와 가분수는 무엇일까요

1 (1) $\dfrac{1}{4}$ (2) $\dfrac{5}{4}$ **2** $\dfrac{2}{3}$, $\dfrac{4}{3}$, $\dfrac{5}{3}$

3 혜경

4

$\dfrac{11}{9}$	$\dfrac{3}{3}$	$\dfrac{14}{5}$
$\dfrac{6}{6}$	$\dfrac{1}{4}$	$\dfrac{9}{8}$
$\dfrac{5}{8}$	$\dfrac{3}{10}$	$\dfrac{7}{2}$

/ 7

5 1, 2, 3   **6** $\dfrac{5}{2}$, $\dfrac{4}{3}$

---

1 (1) $\dfrac{1}{4}$이 1개이면 $\dfrac{1}{4}$입니다.

(2) $\dfrac{1}{4}$이 5개이면 $\dfrac{5}{4}$입니다.

2 수직선에서 작은 눈금 한 칸은 $\dfrac{1}{3}$을 나타냅니다.

3 $\dfrac{8}{8}$은 분자와 분모가 같으므로 가분수입니다.

➡ 잘못 말한 사람은 혜경입니다.

4 분자가 분모와 같거나 분모보다 큰 분수를 모두 찾아 색칠합니다.

5 진분수는 분자가 분모보다 작은 분수이므로 분자가 될 수 있는 수는 4보다 작은 수입니다. ➡ 1, 2, 3

6 분모와 분자의 합이 7이므로 1보다 큰 자연수를 분모로 하고 7에서 분모를 뺀 수를 분자로 합니다.

➡ 분모가 1보다 큰 가분수: $\dfrac{5}{2}$, $\dfrac{4}{3}$

44쪽 5. 대분수는 무엇일까요

1 $1\dfrac{5}{8}$, 1과 8분의 5

2 (1) $\dfrac{5}{3}$ (2) $1\dfrac{1}{4}$

3 / $2\dfrac{1}{3}$

4 (1) $\dfrac{6}{5}$ (2) $\dfrac{23}{7}$ (3) $1\dfrac{5}{6}$ (4) $2\dfrac{5}{8}$

5 $\dfrac{9}{2}$

6 $2\dfrac{4}{9}$

---

2 (1) $1\dfrac{2}{3}$는 $\dfrac{1}{3}$이 5개입니다.

➡ $1\dfrac{2}{3}=\dfrac{5}{3}$

(2) $\dfrac{1}{4}$이 4개이면 1이므로 $\dfrac{5}{4}$는 1과 $\dfrac{1}{4}$입니다.

➡ $\dfrac{5}{4}=1\dfrac{1}{4}$

3 $\dfrac{7}{3}$에서 $\dfrac{6}{3}$은 자연수 2로, $\dfrac{1}{3}$은 진분수로 나타내면 $2\dfrac{1}{3}$입니다.

4 (1) $1\dfrac{1}{5}$ ➡ $\dfrac{5}{5}$와 $\dfrac{1}{5}$ ➡ $\dfrac{1}{5}$이 $5+1=6$(개) ➡ $\dfrac{6}{5}$

(2) $3\dfrac{2}{7}$ ➡ $\dfrac{21}{7}$과 $\dfrac{2}{7}$ ➡ $\dfrac{1}{7}$이 $21+2=23$(개) ➡ $\dfrac{23}{7}$

(3) $\dfrac{11}{6}$ ➡ $\dfrac{6}{6}$과 $\dfrac{5}{6}$ ➡ 1과 $\dfrac{5}{6}$ ➡ $1\dfrac{5}{6}$

(4) $\dfrac{21}{8}$ ➡ $\dfrac{16}{8}$과 $\dfrac{5}{8}$ ➡ 2와 $\dfrac{5}{8}$ ➡ $2\dfrac{5}{8}$

5 $\dfrac{11}{4}=2\dfrac{3}{4}$, $\dfrac{9}{2}=4\dfrac{1}{2}$, $\dfrac{16}{9}=1\dfrac{7}{9}$

➡ 자연수의 크기를 비교하면 $4>2>1$이므로 자연수가 가장 큰 가분수는 $\dfrac{9}{2}$입니다.

6 3보다 작은 대분수이므로 자연수 중 가장 큰 수는 2입니다. 자연수가 2이고, 분모가 9이면서 분자가 5보다 작은 분수 중 가장 큰 분수는 $2\dfrac{4}{9}$입니다.

1 $>$

2 $1\frac{2}{5}$ / $<$

$\frac{8}{5}$

3 (1) $<$ (2) $<$ (3) $>$ (4) $=$

4 $\dfrac{21}{4}$, $\dfrac{21}{4}$, $4\dfrac{3}{4}$ **5** 빨간색

6 우유, 생크림, 망고

1 $\dfrac{12}{5}$ 는 $\dfrac{1}{5}$ 이 12개이고, $\dfrac{9}{5}$ 는 $\dfrac{1}{5}$ 이 9개입니다.

→ $\dfrac{12}{5} > \dfrac{9}{5}$

2 그림에 나타낸 ▬의 길이를 비교하면 $\dfrac{8}{5}$ 이 $1\dfrac{2}{5}$ 보다 더 길므로 $1\dfrac{2}{5} < \dfrac{8}{5}$ 입니다.

3 (1) $3\dfrac{1}{2} = \dfrac{7}{2}$ → $\dfrac{7}{2} < \dfrac{9}{2}$ → $3\dfrac{1}{2} < \dfrac{9}{2}$

(2) $\dfrac{23}{7} = 3\dfrac{2}{7}$ → $3\dfrac{2}{7} < 3\dfrac{3}{7}$ → $\dfrac{23}{7} < 3\dfrac{3}{7}$

(3) $2\dfrac{2}{11} = \dfrac{24}{11}$ → $\dfrac{24}{11} > \dfrac{21}{11}$ → $2\dfrac{2}{11} > \dfrac{21}{11}$

(4) $\dfrac{38}{15} = 2\dfrac{8}{15}$

4 두 가분수의 크기를 비교하면 $\dfrac{19}{4} < \dfrac{21}{4}$ 이고, 두 대분수의 크기를 비교하면 $4\dfrac{3}{4} > 2\dfrac{1}{4}$ 입니다. $\dfrac{21}{4}$ 을 대분수로 나타내면 $5\dfrac{1}{4}$ 이므로 $\dfrac{21}{4} > 4\dfrac{3}{4}$ 입니다.

5 $3\dfrac{2}{9} = \dfrac{29}{9}$ 이므로 $3\dfrac{2}{9}\left(=\dfrac{29}{9}\right) < \dfrac{31}{9}$ 입니다.

→ 빨간색 털실의 길이가 더 짧습니다.

다른 풀이 $\dfrac{31}{9} = 3\dfrac{4}{9}$ 이므로 $3\dfrac{2}{9} < \dfrac{31}{9}\left(=3\dfrac{4}{9}\right)$ 입니다.

→ 빨간색 털실의 길이가 더 짧습니다.

6 $1\dfrac{2}{7}$ 를 가분수로 나타내면 $\dfrac{9}{7}$ 입니다. 따라서 사용한 양이 많은 재료부터 차례로 쓰면 우유, 생크림, 망고 입니다.

5 들이와 무게

기초력 더하기

1 4000		**2** 8000	
3 6000		**4** 5	
5 7		**6** 9	
7 5400		**8** 8100	
9 9200		**10** 2040	
11 7390		**12** 1008	
13 5, 900		**14** 6, 580	
15 2, 300		**16** 4, 70	
17 1, 20		**18** 3, 5	

1 7, 900   **2** 8, 300   **3** 5, 700
4 3, 200   **5** 4, 100   **6** 5, 400
7 7 L 800 mL   **8** 6 L 600 mL
9 5 L 400 mL   **10** 3 L 100 mL
11 7 L 600 mL   **12** 13 L 500 mL
13 4 L 300 mL   **14** 2 L 600 mL

1 3000		**2** 2000	
3 8		**4** 7	
5 5000		**6** 9	
7 4200		**8** 6500	
9 3700		**10** 8900	
11 1, 700		**12** 5, 600	
13 4200		**14** 7400	
15 9100		**16** 6, 400	
17 5, 600		**18** 9, 300	

기본 강화책

5 단원

49쪽 4. 무게의 덧셈과 뺄셈

1 3, 700	**2** 9, 500	**3** 8, 800
4 2, 400	**5** 7, 500	**6** 4, 200

7 7 kg 900 g   **8** 6 kg 900 g

9 5 kg 100 g   **10** 3 kg 400 g

11 8 kg 300 g   **12** 6 kg 800 g

13 5 kg 200 g   **14** 6 kg 200 g

수학익힘 다잡기

50쪽 1. 들이를 어떻게 비교할까요

1 물병

2 음료수병

3 나, 가, 2

4 포도주스, 딸기주스, 레몬주스

5 ㉯

6 '없습니다'에 ◯표

1 주전자의 물을 물병에 모두 옮겨 담았더니 물병에 물이 가득 채워지지 않았으므로 들이가 더 많은 것은 물병입니다.

2 옮겨 담은 물의 높이가 더 높은 음료수병의 들이가 더 많습니다.

3 그릇 나가 그릇 가보다 컵 5−3=2(개)만큼 물이 더 많이 들어갑니다.

4 통에 옮겨 담은 주스의 높이가 높은 주스부터 차례로 쓰면 포도주스, 딸기주스, 레몬주스입니다.

5 물을 부은 횟수가 적을수록 컵의 들이가 더 많습니다.

6 모양과 크기가 같은 컵에 옮겨 담아야 들이를 비교할 수 있습니다.

51쪽 2. 들이의 단위는 무엇일까요

1 1 L, 1 mL / 1000

2 1 L 200 mL

/ 1 리터 200 밀리리터

3 1, 350   **4** (1) 3 (2) 600

5 (1), (2), (3)   **6** 연서, 주경, 준호

5 (1) 6 L＝6000 mL

(2) 3 L 800 mL＝3000 mL＋800 mL

＝3800 mL

(3) 2600 mL＝2000 mL＋600 mL

＝2 L 600 mL

6 준호가 마신 물의 양은

1 L 800 mL＝1000 mL＋800 mL＝1800 mL
이므로

1040 mL＜1270 mL＜1 L 800 mL입니다.

따라서 물을 적게 마신 친구부터 차례로 쓰면 연서, 주경, 준호입니다.

52쪽 3. 들이를 어떻게 어림하고 잴까요

1 mL에 ◯표   **2** (1) L (2) mL

3 (1) 우유 (2) 페인트 통 (3) 물약병

4 수아   **5** 예 약 3500 mL

6 주영

5 들이가 1000 mL인 비커 3개가 가득 찼으므로 약 3000 mL이고, 들이가 1000 mL인 비커의 절반은 약 500 mL입니다.

→ 수조의 들이는 약 3500 mL입니다.

6 900 mL보다 1200 mL가 1100 mL에 더 가깝습니다.

따라서 물병의 들이를 더 가깝게 어림한 친구는 주영입니다.

1 5, 800　　　　　　**2** 1, 600
3 ⑴ 3 L 700 mL　⑵ 1 L 300 mL
4 4 L 300 mL＋7 L 500 mL＝11 L 800 mL
　　(또는 4 L 300 mL＋7 L 500 mL)
　　/ 11 L 800 mL
5 12 L 900 mL / 4 L 500 mL
6 ⑩ 컵 나에 물을 가득 담아 수조에 부은 후 컵 가
　　에 물을 가득 담아 2번 뺍니다.

4 (두 어항의 들이의 합)
　　＝4 L 300 mL＋7 L 500 mL
　　＝11 L 800 mL

5 들이가 가장 많은 것: 8 L 700 mL
　　들이가 가장 적은 것: 4 L 200 mL
　　➜ 합: 8 L 700 mL＋4 L 200 mL
　　　　　＝12 L 900 mL
　　➜ 차: 8 L 700 mL－4 L 200 mL
　　　　　＝4 L 500 mL

1 풀　　　　　　　**2** 포도, 사과, 오렌지
3 고구마, 감자, 12　**4** 나은
5 크레파스
6 ⑩ 자석과 돋보기의 무게는 다를 수 있습니다.
　　/ ⑩ 쌓기나무와 바둑돌의 무게가 다르기 때문입
　　니다.

2 오렌지＜사과, 포도＞사과이므로 오렌지, 사과, 포
　　도의 무게를 비교하면 포도＞사과＞오렌지입니다.
　　➜ 무게가 무거운 것부터 차례로 쓰면 포도, 사과,
　　　오렌지입니다.

3 고구마는 바둑돌 32개, 감자는 바둑돌 20개의 무게
　　와 같습니다.
　　➜ 고구마가 감자보다 바둑돌 32－20＝12(개)만큼
　　　더 무겁습니다.

4 동전의 개수가 많을수록 더 무거운 물건이므로 가장
　　무거운 물건을 가지고 있는 친구는 나은입니다.

5 색연필 1자루＜물감 1개, 물감 1개＜크레파스 1개
　　입니다. 따라서 하나의 무게를 비교하면
　　크레파스＞물감＞색연필이므로 크레파스가 가장 무
　　겁습니다.

6 무게가 같고, 종류가 같은 단위를 사용하여 무게를
　　비교해야 합니다.

1 1 kg, 1 g, 1 t / 1000, 1000
2 4 t / 4 톤
3 1, 400　　　　**4** 1200, 1, 200
5 ⑴ 2000　⑵ 8　**6** 밀가루

3 1 kg보다 400 g 더 무거운 무게는 1 kg 400 g입니다.

4 저울의 눈금을 읽으면 1200 g입니다.
　　➜ 1200 g＝1000 g＋200 g＝1 kg 200 g

5 ⑴ 1 kg＝1000 g ➜ 2 kg＝2000 g
　　⑵ 1000 kg＝1 t ➜ 8000 kg＝8 t

6 쌀 2 kg은 2000 g과 같습니다.
　　따라서 1600 g＜1800 g＜2 kg이므로 밀가루가
　　가장 가볍습니다.

1 ⑩ 약 1 kg　　　**2** ⑴ 책가방　⑵ 버스
3 ㉣　　　　　　　**4** ⑴ kg　⑵ g　⑶ t
5 도율　　　　　　**6** 민아

1 오른쪽 소금 한 봉지는 무게가 2 kg인 소금 한 봉지
　　의 절반쯤 되므로 무게를 어림하면 약 1 kg입니다.

2 (1) 약 2 kg 정도 되는 것은 책가방입니다.
(2) 약 8 t 정도 되는 것은 버스입니다.

3 멜론의 무게는 약 2 kg이므로 무게가 1 kg보다 무겁습니다.

4 (1) 책상의 무게로 10 g, 10 t은 알맞지 않습니다.
(2) 장갑의 무게로 50 kg, 50 t은 알맞지 않습니다.
(3) 자동차의 무게로 2 g, 2 kg은 알맞지 않습니다.

5 딸기잼 한 병의 무게의 단위는 kg이 알맞으므로 약 1 kg으로 나타내어야 합니다.

6 1500 g은 1 kg 500 g입니다. 따라서 1 kg 700 g에 가장 가깝게 어림한 친구는 민아입니다.

57쪽 8. 무게의 덧셈과 뺄셈을 어떻게 할까요

1 5, 800 **2** 2, 400
3 (1) 7, 700 (2) 4, 500
4 1 kg 100 g **5** 6 kg 700 g
6 영민, 500 g

4 빈 접시의 무게는 300 g이고, 참외 3개가 담긴 접시의 무게는 1400 g＝1 kg 400 g입니다.
(참외 3개의 무게의 합)＝1 kg 400 g－300 g
＝1 kg 100 g

5 (쌀과 콩의 무게의 합)＝5 kg 500 g＋1 kg 200 g
＝6 kg 700 g

6 영민이가 짐을 넣은 가방의 무게:
1 kg 100 g＋2 kg 700 g＝3 kg 800 g
예은이가 짐을 넣은 가방의 무게:
2 kg 200 g＋1 kg 100 g＝3 kg 300 g
따라서 영민이가 짐을 넣은 가방의 무게가
3 kg 800 g－3 kg 300 g＝500 g 더 무겁습니다.

---

6 그림그래프

기초력 더하기

58쪽 1. 그림그래프 알아보기

1 (1) 10, 1 (2) 24 (3) 40
2 (1) 10, 1 (2) 25 (3) 32
3 (1) 36 (2) 청송, 41 (3) 풀잎, 14
4 (1) 31 (2) 싱싱, 50 (3) 희망, 27

59쪽 2. 그림그래프로 나타내기

1 마을별 심은 나무 수

마을	나무 수
꽃	△△ △△△
바람	△△ △ △
호수	△ △△△△△△△

△ 10그루
△ 1그루

2 마을별 학생 수

마을	학생 수
샛별	□□□□ □□□
무지개	□□□□□
우주	□□□ □□

□ 10명
□ 1명

3 반별 학급 문고 수

반	학급 문고 수
1반	□□□ ○○○○
2반	□ ○
3반	□□ ○○○○

□ 10권
○ 1권

4 농장별 오리 수

농장	오리 수
강산	◎ ○○
달빛	◎◎◎ ○○○○○○○○
우리	◎ ○○○○

◎ 10마리
○ 1마리

5 좋아하는 프로그램별 학생 수

프로그램	학생 수
만화	○○○○○△△
예능	○○○△△
교육	○△△△△△△

○ 100명
△ 10명

6 가계별 아이스크림 판매량

가게	판매량
하나	▽▽▽▽▽ ▽▽
제일	▽▽▽▽ ▽▽▽▽
보람	▽▽ ▽

▽ 100개
▽ 10개

4 22, 16, 7, 15, 60

/ 색깔별 구슬의 수

색깔	구슬의 수
초록색	▽ ▽ ▽▽
빨간색	▽ ▽▽▽▽▽
노란색	▽▽▽▽▽
파란색	▽ ▽▽▽▽▽

▽ 10개
▽ 1개

수학익힘 다잡기

60쪽 3. 자료를 조사하여 그림그래프로 나타내기

1 12, 15, 20, 23, 70

/ 좋아하는 과일별 학생 수

과일	학생 수
사과	△△△
귤	△△△△△△
바나나	△△
포도	△△△△△

△ 10명
△ 1명

2 16, 21, 14, 24, 75

/ 좋아하는 음식별 학생 수

음식	학생 수
떡볶이	□□□□□□
햄버거	□□□
자장면	□□□□
피자	□□□□□□

□ 10명
□ 1명

3 12, 20, 14, 8, 54

/ 종류별 공의 수

종류	공의 수
축구공	◎○○
야구공	◎◎
농구공	◎○○○○
배구공	○○○○○○○○

◎ 10개
○ 1개

61쪽 1. 그림그래프는 무엇일까요

1 그림그래프
2 예 농장별 기르고 있는 닭의 수
3 10마리 / 1마리 **4** 100개 / 10개
5 1, 2, 120 **6** 230개
7 예 자료의 크기 비교를 한눈에 하기 쉽습니다.

5 1개는 100개이고, 2개는 20개이므로 100＋20＝120(개)입니다.

6 2개, 3개 ➜ 230개

62쪽 2. 그림그래프로 어떻게 나타낼까요

1 예 2가지
2 가 보고 싶은 산별 학생 수

산	학생 수
한라산	◎◎◎◎◎○○○○○
설악산	◎◎◎○○
북한산	◎◎◎○○
지리산	◎◎○○○○○○○○

◎ 10명
○ 1명

3 한라산, 북한산, 설악산, 지리산

4 ⓔ 2가지 / ⓔ 과수원별 사과 생산량의 수가 모두 세 자리 수이므로 100상자와 10상자인 2가지로 하는 것이 좋습니다.

5 10상자, 100상자에 ○표

6

과수원별 사과 생산량

과수원	생산량
아름	□□○○○○○○○
튼튼	□○○○○○○
하늘	□□□○○
햇님	□○○○○○

□ 100상자
○ 10상자

2
- 설악산: 32명 ➡ ◎ 3개, ○ 2개
- 북한산: 43명 ➡ ◎ 4개, ○ 3개
- 지리산: 27명 ➡ ◎ 2개, ○ 7개

3 ◎의 수를 비교하면 한라산, 북한산, 설악산, 지리산의 순서대로 가 보고 싶은 학생 수가 많습니다.

63쪽 3. 그림그래프를 어떻게 해석할까요

1 짬뽕, 볶음밥, 자장면, 탕수육

2 탕수육, 15그릇　　　**3** 25그릇

4 달 농장, 꿈 농장, 별 농장, 해 농장

5 꿈 농장　　　**6** ㉢

1 10그릇짜리 그림의 수가 많을수록 많이 팔린 음식입니다. 10그릇짜리 그림의 수가 같으면 1그릇짜리 그림의 수가 많은 것이 더 많이 팔린 것입니다.

2 10그릇을 나타내는 그림의 수가 가장 적은 것을 찾으면 탕수육입니다.
🍜이 1개, 🥣이 5개이므로 탕수육은 15그릇 팔렸습니다.

3
- 짬뽕: 40그릇　　　• 탕수육: 15그릇
➡ (짬뽕 수와 탕수육 수의 차)
　 =40−15=25(그릇)

---

4 큰 그림의 수가 많을수록 생산량이 많습니다.
- 해: 1개　• 달: 4개　• 별: 2개　• 꿈: 3개
➡ 귤 생산량이 많은 농장부터 순서대로 쓰면 달 농장, 꿈 농장, 별 농장, 해 농장입니다.

5 • 해 농장: 🟡 1개, 🟠 5개 ➡ 15상자
(해 농장의 귤 생산량)×2=15×2=30(상자)
귤 생산량이 30상자인 농장은 꿈 농장입니다.

6 ㉢ 귤 생산량이 가장 적은 농장은 해 농장입니다.

64쪽 4. 어떻게 자료를 수집하여 그림그래프로 나타낼까요

1 ⓔ 3학년 학생들이 배우고 싶은 악기

2 15, 17, 14, 18, 64

3

배우고 싶은 악기별 학생 수

악기	학생 수
플룻	◎○○○○○
피아노	◎○○○○○○○
기타	○○○○○
드럼	◎○○○○○○○○

◎ 10명
○ 1명

4 수학, 음악, 국어, 과학

5 ⓔ 과학을 좋아하는 학생의 수가 가장 적습니다.
/ ⓔ 수학을 좋아하는 학생이 음악을 좋아하는 학생보다 1명 더 많습니다.

6 ⓔ 방과 후 활동 과목을 정할 때 활용할 수 있습니다.

2 악기별 붙임딱지의 수를 세어 봅니다.
(합계)=15+17+14+18=64(명)

3 조사한 수에 맞게 그림그래프로 나타냅니다.

4 □의 수를 먼저 비교하고 □의 수가 같을 때에는 △의 수를 비교합니다.

5 그림그래프를 보고 알 수 있는 내용을 다양하게 쓸 수 있습니다.

실수를 줄이는 한 끗 차이!

빈틈없는 연산서

·교과서 전단원 연산 구성　·하루 4쪽, 4단계 학습　·실수 방지 팁 제공

수학의 기본

실력이 완성되는 강력한 차이!

새로워진 유형서

·기본부터 응용까지 모든 유형 구성

·대표 예제로 유형 해결 방법 학습

·서술형 강화책 제공

개념 이해가 실력의 차이!

대체불가 개념서

·교과서 개념 시각화 구성

·수학익힘 교과서 완벽 학습

·기본 강화책 제공

동아출판

큐브 개념

정답 및 풀이 | 초등 수학 3·2